빅데이터 분석 도구
R 프로그래밍

데이터 고급 분석과 통계 프로그래밍을 위한

빅데이터 분석 도구
R 프로그래밍

노만 매트로프 지음
권정민 옮김

에이콘

에이콘출판의 기틀을 마련하신 故 정완재 선생님 (1935-2004)

노만 매트로프 Norman Matloff

UC Davis의 전산학과(전 통계학과) 교수다. 병렬 처리 및 통계적 회귀 기법에 대해 연구 중이며, 소프트웨어 개발에서 널리 사용되는 수많은 웹 튜토리얼의 저자다. 뉴욕타임스, 워싱턴포스트, 포브스, LA타임스 등에 여러 칼럼을 기고했으며, 『The Art of Debugging』의 공저자이기도 하다.

감사의 글

이 책은 여러 원전으로부터 많은 도움을 받았다.

무엇보다도 먼저 ggplot2와 plyr을 만든 테크니컬 리뷰어인 해들리 위컴에게 진심으로 감사한다. 해들리는 이 패키지들과 R 사용자가 만드는 코드 저장소인 CRAN에서 매우 유명한 패키지들을 개발한 분이다. 나는 이 분을 노스타치No Starch 출판사에 리뷰어로 강력히 추천했다. 그리고 예상대로 해들리가 낸 수많은 의견들은 이 책을 개선하는 데에 반영됐으며, 특히 "이런 식으로 작성해도 되는지 잘 모르겠다…"고 시작되는 예제 관련 의견들은 특히 많은 도움이 됐다. 일부 경우에는 이 의견들로 인해 한두 가지의 예제였던 것을 서너 개 이상의 버전으로 개발해 코드의 목적에 맞추려 했다. 이로 인해 다양한 방법의 장단점을 비교할 수 있었고, 이런 작업이 독자들에게 도움이 될 것이라고 믿는다.

또한 이 책을 쓸 때 종종 용기를 북돋아 줬던 베이 에리어 유저 그룹(BARUG, http://www.bay-r.org/)의 공동 창립자인 짐 포작에게도 매우 감사한다. BARUG의 짐뿐만 아닌 다른 공동 창립자인 마이크 드리스콜 또한 매우 활발한 포럼을 열어 내게 많은 영감을 줬다. BARUG에서 R의 놀라운 애플리케이션에 대해 소개해준 발표자들은 늘 나로 하여금 이 책을 쓰는 것이 얼마나 가치 있는 일인지를 깨닫게 했다. 또한 BARUG은 레볼루션 애널리틱스로부터 재정적 지원을 받고 있으며, 이 회사의 데이비드 스미스와 조 리커트로부터 셀 수 없이 많은 시간과 에너지와 아이디어를 얻고 있다.

CRAN에서 수상 경력이 있는 bigmemory 패키지를 만든 제이 에머슨과 마이크 케인은 병렬 R에 대한 16장의 초본을 읽고 매우 좋은 조언을 해 주셨다.

존 챔버(R의 '선조'인 S를 설계한 사람)와 마틴 모건은 14장 R의 성능 문제에 대한 토의를 통해 R의 내부 구조에 대한 많은 조언을 해주셨는데 큰 도움이 됐다.

7.8.4절에서는 프로그래밍 커뮤니티에서 많은 논란이 되고 있는 광역변수 사

용에 대해 다룬다. 다양한 관점을 얻기 위해 나의 생각을 R 코어 그룹 회원인 토머스 럼리와 UC 데이비스(UCD) 전산학과 동료인 션 데이비스와 많은 사람들에게 물었다. 당연하지만 이 분들의 '저자 의견에 전적으로 동의한다'는 입장은 이 책의 어디에도 언급돼 있지 않지만 충분히 도움이 됐다.

이 프로젝트의 초반에는 외부로부터 의견을 받기 위해 매우 간략한 책의 초안을 작성·전달했다. 이를 통해 라몬 디아즈 유리아트, 바바라 F. 라 스칼라, 제이슨 리아오, 내 오랜 친구 마이크 해논으로부터 매우 쓸 만한 피드백을 받았다. 공학도인 나의 딸 로라는 이 책의 초반부를 읽고 개선할 수 있도록 좋은 제안을 해 줬다.

진행중인 CRAN 프로젝트와 R 관련 연구(이 책의 예제로도 일부 사용됐다) 역시 마크 브라빙턴, 스티븐 이글런, 더크 에델버트, 제이 에머슨, 마이크 케인, 게리 킹, 덩칸 머독, 조 리케르트를 비롯한 많은 사람들의 조언과 피드백, 응원이 큰 힘이 됐다.

R 코어 그룹의 덩칸 템플 랑은 나와 같은 UCD에 있다. 우리는 서로 다른 과이고 그동안 별로 교류가 없었지만, 그와 같은 곳에서 일한다는 것으로도 이 책을 쓰는 데 큰 도움이 됐다. UCD가 R에 친숙해지는 데 덩칸이 기여해준 덕분에, 내가 이 책을 쓰는 데 들인 많은 시간에 대해 따로 우리 과에 설명하느라 애쓸 필요가 크게 줄었다.

이 책은 내가 노스타치 출판사에서 출간한 두 번째 책이다. 노스타치의 격식을 차리지 않는 스타일, 훌륭한 실용성과 경제성을 좋아했기 때문에, 이 책을 써야겠다고 결심하자마자 자연스럽게 이 출판사에서 책을 출간하기로 했다. 이 책을 출간하게 해준 빌 폴록과 편집자 키스 팬서, 앨리슨 로, 프리랜서 편집자 마릴린 스미스에게 감사 드린다.

끝으로 일에 몰입해 있을 때마다 "R 책을 쓰는 중"이라면 이해해주고 응원해준 아름답고 똑똑하고 사랑스러운 두 여인, 아내 가미스와 앞에서 언급한 로라에게 감사한다.

노만 매트로프

권정민 cojette@gmail.com

세상은 데이터로 이루어져 있다고 생각하며 이를 잘 활용해 좀 더 많은 사람을 널리 즐겁게 하자는 목표가 있다. 이런 목표를 기반으로 다양한 데이터 분석 및 활용 방안을 고민하고 연구하는 것을 업으로 삼고 있다. 카이스트와 포스텍에서 산업공학과 전산학을 전공했으며 다양한 산업군에서 데이터 분석을 해왔다. 데이터가 화두로 떠오르기 조금 전에 세상이 데이터로 이뤄졌음을 깨달았다는 것에 조그마한 자부심을 느끼며, 데이터에서 가치를 찾아내는 일을 좀 더 즐겁고 지속적으로 할 수 있는 방안을 찾고자 매일 고민하며 연구한다. 『빅데이터 분석 도구 R 프로그래밍』(에이콘출판, 2012), 『The R Book(Second Edition) 한국어판』(에이콘출판, 2014), 『파이썬을 활용한 베이지안 통계』를 번역했다.

빅데이터가 시대의 화두가 되면서 '그들만의 리그'로 여겨졌던 데이터 분석이
특정 사업영역에서 벗어나 '데이터 처리-활용 주기'의 일부로 인식되고 있습
니다. 데이터 처리와 활용 플랫폼 또한 데이터 분석에 초점이 맞춰지면서 하둡
Hadoop이라는 오픈소스 빅데이터 플랫폼이 각광받고 있습니다. R은 하둡과 기
존 분석도구 간 결합에 대한 관심과 함께 떠오르는 오픈소스 통계 분석 언어입
니다.

기존 DB 및 관련 프로그램들만을 다루던 전산 분야의 사람들도 데이터 분석
에 대해 관심을 보이고, 분석 분야에도 발을 들이고자 하는 시도가 활발히 이
뤄지면서, 자연스럽게 R을 배우고자 하는 사람도 늘었습니다. 또한 기존부터
꾸준히 데이터 분석 업무를 하던 사람들도 그동안 사용하던 상용 분석 도구인
SAS나 SPSS보다 패키지 업데이트가 빠르고, 다양한 데이터 소스와의 연결이
쉬운 R에 좀더 많은 관심을 갖게 되었습니다. 바야흐로 R이 '데이터 분석'계의
화두로 떠오르게 된 것입니다.

이와 같은 상황에서 데이터 분석을 하고 R을 사용하다 보니, 주변에서 'R을
공부하고 싶다, 방법을 알려달라'라든가 '초보자가 보기 쉬운 R 책을 추천해 달
라'는 이야기를 종종 듣게 됩니다. 하지만 추천도 참 쉽지 않은 것이, R이 '통계
분석'을 주 목적으로 만들어진 '프로그래밍' 언어다 보니 전반적으로 '통계적
지식'과 '전산학적 지식'을 어느 정도 갖춘 상태라고 전제하고 만들어진 책들
이 대부분입니다. 심지어 기본 매뉴얼조차 어느 정도 이런 경향이 있습니다. 그
러다 보니 보통 R에 관심을 갖게 되는 개발자 혹은 기존 데이터 분석가의 경우
한쪽의 지식만 많이 아는 상태이므로 어떤 교재, 어떤 방법을 추천해 줘야 할지
어려웠습니다. 게다가 이 양쪽의 지식을 어느 정도 갖춰야 하는지 가늠하는 것
또한 쉽지 않아서 섣불리 어떤 조언을 해 주기도 쉽지 않았습니다.

그런 의미에서 이 책을 접하고 굉장히 반가웠습니다. R이 통계 분석을 위한 응용 언어다 보니까, 일반적으로 통계, 수학 등 어떤 목적에 대해 R을 어떻게 활용할 수 있는지 보여주는 형식의 책이나 매뉴얼이 많았습니다. 하지만 이 책에서는 R을 '프로그래밍 언어'로 보고 이를 어떻게 배울 수 있는지 기초부터 고난도의 내용까지 꼼꼼하게 설명합니다. 그렇기 때문에 특히 '전산학 지식'을 기본적으로 갖춘 사람에게 적합한 책이라고 생각합니다. 저자 역시 전산학을 먼저 시작한 후 통계학으로 넘어가면서 R을 접하게 된 분이어서 그런지 몰라도, R을 프로그래밍 언어 구조를 바탕으로 굉장히 차근차근 설명해줍니다. 통계학적 지식은 예제를 살펴볼 때 외에는 크게 필요하지 않고, 그나마도 쉬운 예제들로 접근하고 있기 때문에 심한 불편함은 겪지 않을 것이라고 생각합니다.

반면 '통계 지식'을 먼저 쌓은 사람에게는 추천하지 않느냐고 하면, 그렇지 않습니다. 기본적으로 책이 쉽게 쓰여졌고, R 프로그래밍에 대해 쉽고 친절하게 설명하기 때문에 타 분석 도구의 GUI에 익숙한 사람들이 R 프로그래밍을 익히는 데에 큰 도움이 될 수 있다고 봅니다. 이미 R 프로그래밍에 어느 정도 익숙한 사람이라면, R의 구조나 프로그래밍에 대한 참고 자료로 옆에 두고 사용할 수도 있을 것이라고 생각합니다.

R을 실제로 공부하고 사용하는 사람으로서 이 책을 원서로 처음 접했을 때부터 참 좋은 책이라고 생각했고 참고 자료로 충분히 잘 사용할 수 있겠다고 생각했습니다. 때마침 이 책을 번역할 수 있는 기회가 주어져, 번역작업이 쉽지는 않았지만 굉장히 즐거운 시간을 보낼 수 있었습니다. 그만큼 이 책을 본 사람들이 R을 좀더 잘 이해하고 즐겁게 사용할 수 있기를 바랍니다. 혹여 이 책을 보고 불편한 느낌이 들었다면 그것은 책이 나쁘다기보다는 이 책을 번역한 저의 불찰일 것입니다.

마지막으로 이 책을 소개해주고 R을 익히고 사용하는 데에 많은 도움을 주신 NexR의 데이터 분석팀 팀원 분들과 이 책을 내 주시고 교정하고 편집하느라 고생하신 에이콘출판사 식구들, 또한 항상 멀리서 지켜봐 주시고 힘이 되어 주시는 부모님과 언니들에게 감사합니다.

권정민

저자 소개 • 5

감사의 글 • 6

옮긴이 소개 • 9

옮긴이의 말 • 10

들어가며 • 24

1장 **시작하기** • 31

1.1 R 실행하기 • 32

    1.1.1 인터랙티브 모드 • 32

    1.1.2 배치 모드 • 33

1.2 첫 번째 R 세션 • 34

1.3 함수 소개 • 39

    1.3.1 변수의 범위 • 41

    1.3.2 기본 인수 • 42

1.4 중요한 R 데이터 구조 예습하기 • 43

    1.4.1 R의 일꾼, 벡터 • 43

    1.4.2 문자열 • 44

    1.4.3 행렬 • 45

    1.4.4 리스트 • 46

    1.4.5 데이터 프레임 • 48

    1.4.6 클래스 • 49

1.5 확장 예제: 시험 성적을 회귀분석하기(1) • 50

1.6 시작과 종료 • 54

1.7 도움말 사용하기 • 56

    1.7.1 help( ) 함수 • 57

    1.7.2 example( ) 함수 • 57

    1.7.3 무엇을 찾는지 정확하게 모르는 경우 • 59

    1.7.4 다른 주제들에 대한 도움말 • 60

    1.7.5 배치 모드에서 도움말 • 61

    1.7.6 인터넷 도움말 • 61

2장 → 벡터 • 63

2.1 스칼라, 벡터, 배열, 행렬 • 64

2.1.1 벡터에 원소 추가/삭제하기 • **64**

2.1.2 벡터의 길이 파악하기 • **65**

2.1.3 행렬과 배열을 벡터처럼 사용하기 • **66**

2.2 선언 • 67

2.3 재사용 • 69

2.4 일반 벡터 연산 • 70

2.4.1 벡터의 산술 및 논리 연산 • **70**

2.4.2 벡터 인덱싱 • **71**

2.4.3 연산자로 유용한 벡터 생성하기 • **72**

2.4.4 seq( )를 이용해 벡터 순서 생성하기 • **73**

2.4.5 rep( )을 이용해 숫자 반복 벡터 만들기 • **75**

2.5 all( )과 any( ) 사용하기 • 75

2.5.1 확장 예제: 1이 연달아 나오는 부분 찾기 • **76**

2.5.2 확장 예제: 이산적 시계열값 예측하기 • **78**

2.6 벡터화 연산 • 82

2.6.1 벡터 입력과 출력 • **82**

2.6.2 벡터 입력, 행렬 출력 • **85**

2.7 NA와 NULL값 • 86

2.7.1 NA 사용하기 • **86**

2.7.2 NULL 사용하기 • **87**

2.8 필터링 • 88

2.8.1 필터링된 인덱스 생성하기 • **88**

2.8.2 subset( ) 함수로 필터링하기 • **91**

2.8.3 선택 함수 which( ) • **91**

2.9 벡터화된 조건문: ifelse( ) 함수 • 93

2.9.1 확장 예제: 연관성 측정 • **94**

2.9.2 확장 예제: Abalone 데이터 세트 기록하기 • **97**

2.10 벡터 동일성 테스트 • 101

2.11 벡터 원소의 이름 • 103

2.12 c( ) 이상의 것 • 103

3장 행렬과 배열 • 105

3.1 행렬 만들기 • 106

3.2 일반 행렬 연산 • 107

    3.2.1 행렬에서 선형대수 연산 처리 • 108

    3.2.2 행렬 인덱싱 • 108

    3.2.3 확장 예제: 이미지 다루기 • 110

    3.2.4 행렬 필터링 • 114

    3.2.5 확장 예제: 공분산 행렬 생성하기 • 117

3.3 행렬의 행과 열에 함수 적용하기 • 118

    3.3.1 apply( ) 함수 사용하기 • 118

    3.3.2 확장 예제: 아웃라이어 탐색 • 121

3.4 행렬에 행과 열 추가 및 제거하기 • 123

    3.4.1 행렬 크기 바꾸기 • 123

    3.4.2 확장 예제: 그래프에서 서로 거리가 가장 가까운 두 점 찾기 • 125

3.5 벡터·행렬을 더 정확히 구분하기 • 129

3.6 의도하지 않은 차원 축소 피하기 • 131

3.7 행렬의 행과 열에 이름 붙이기 • 133

3.8 고차원 배열 • 134

4장 리스트 • 137

4.1 리스트 생성하기 • 138

4.2 일반 리스트 연산 • 139

    4.2.1 리스트 인덱싱 • 139

    4.2.2 리스트에 원소 추가/삭제하기 • 141

    4.2.3 리스트의 크기 확인하기 • 143

    4.2.4 확장 예제: 텍스트 일치 확인하기(1) • 143

4.3 리스트 구성요소와 값에 접근하기 • 147

4.4 리스트에 함수 적용하기 • 149

    4.4.1 lapply( )와 sapply( ) 함수 사용하기 • 149

4.4.2 확장 예제: 텍스트 일치 확인하기(2) • **150**

4.4.3 확장 예제: Abalone 데이터 사용하기 • **154**

4.5 재귀 리스트 • **155**

5장 **데이터 프레임** • 157

5.1 데이터 프레임 생성하기 • **158**

5.1.1 데이터 프레임에 접근하기 • **158**

5.1.2 확장 예제: 시험 성적을 회귀분석하기(2) • **159**

5.2 기타 행렬 방식 연산 • **160**

5.2.1 부분 데이터 프레임 추출하기 • **161**

5.2.2 NA 값을 다루는 추가적 방법들 • **162**

5.2.3 rbind()와 cbind() 및 관련 함수 사용하기 • **163**

5.2.4 apply() 적용하기 • **165**

5.2.5 확장 예제: 월급 연구 • **165**

5.3 데이터 프레임 결합하기 • **168**

5.3.1 확장 예제: 직원 데이터베이스 • **170**

5.4 데이터 프레임에 함수 적용하기 • **171**

5.4.1 데이터 프레임에 lapply()와 sapply() 사용하기 • **171**

5.4.2 확장 예제: 로지스틱 회귀 모델 적용하기 • **172**

5.4.3 확장 예제: 중국어 사투리 공부 도와주기 • **174**

6장 **팩터와 테이블** • 183

6.1 팩터와 레벨 • **184**

6.2 팩터에 사용되는 일반적인 함수 • **185**

6.2.1 tapply() 함수 • **185**

6.2.2 split() 함수 • **187**

6.2.3 by() 함수 • **190**

6.3 테이블 사용하기 • **191**

6.3.1 테이블로 행렬 · 배열 연산하기 • **194**

6.3.2 확장 예제: 부분 테이블 추출하기 • 196

6.3.3 확장 예제: 테이블에서 가장 큰 셀 찾기 • 200

6.4 그 밖의 팩터 및 테이블 관련 함수 • 202

　　6.4.1 aggregate( ) 함수 • 202

　　6.4.2 cut( ) 함수 • 203

7장 R 프로그래밍 구조 • 205

7.1 조건문 • 206

　　7.1.1 반복문 • 206

　　7.1.2 벡터 이외의 유형을 사용하는 반복문 • 209

　　7.1.3 if-else • 210

7.2 산술 및 불리언 연산과 값 • 212

7.3 인수의 기본값 • 214

7.4 반환값 • 215

　　7.4.1 명시적으로 return()을 호출할지 판단하기 • 216

　　7.4.2 복잡한 객체 반환하기 • 217

7.5 함수는 객체다 • 217

7.6 환경 설정 및 범위 문제 • 221

　　7.6.1 최상위 레벨 환경변수 • 221

　　7.6.2 범위 계층 구조 • 222

　　7.6.3 ls( ) 좀더 살펴보기 • 226

　　7.6.4 함수는 거의 부작용이 없다 • 227

　　7.6.5 확장 예제: 호출 프레임의 내용을 보여주는 함수 • 228

7.7 R에는 포인터가 없다 • 231

7.8 위층에 쓰기 • 233

　　7.8.1 고급 할당 연산자를 이용한 지역 외 변수 사용하기 • 234

　　7.8.2 assign( )을 이용해 지역 외 변수 사용하기 • 235

　　7.8.3 확장 예제: R에서의 이산 사건 시뮬레이션 • 236

　　7.8.4 광역변수는 언제 사용해야 하나? • 246

　　7.8.5 클로저(Closure) • 250

7.9 재귀 • 252

    7.9.1 퀵소트 구현 • 253

    7.9.2 확장 예제: 바이너리 서치 트리 • 254

7.10 교체 함수 • 261

    7.10.1 교체 함수를 사용할 때 고려해야 하는 사항 • 262

    7.10.2 확장 예제: 자동 부기 벡터 클래스 • 263

7.11 함수 코드 작성용 도구 • 265

    7.11.1 텍스트 에디터와 통합개발환경 • 265

    7.11.2 edit( ) 함수 • 266

7.12 자신만의 바이너리 연산자 사용하기 • 267

7.13 무기명 함수 • 267

8장 ▶ **R에서 수학과 시뮬레이션하기** • 269

8.1 수학 함수 • 270

    8.1.1 확장 예제: 확률 계산 • 270

    8.1.2 누적 합과 곱 • 271

    8.1.3 최소값과 최대값(복수 가능) • 272

    8.1.4 미적분 • 273

8.2 통계 분포를 위한 함수 • 274

8.3 정렬 • 275

8.4 벡터와 행렬의 선형 대수 연산 • 277

    8.4.1 확장 예제: 벡터 외적 • 280

    8.4.2 확장 예제: 마코브 체인(Markov Chain)의 고정 분포 찾기 • 281

8.5 집합 연산 • 284

8.6 R에서 시뮬레이션 프로그래밍하기 • 286

    8.6.1 내장 랜덤 변수 생성기 • 287

    8.6.2 반복 수행 시에 동일한 랜덤 연속값 얻기 • 288

    8.6.3 확장 예제: 조합 시뮬레이션 • 288

9장 ▶ **객체지향 프로그래밍 • 291**

9.1 S3 클래스 • 292
    9.1.1 S3 제네릭 함수 • 292
    9.1.2 예제: 선형 모델 함수 lm( )에서 OOP • 293
    9.1.3 제네릭 메소드 실행 내역 찾기 • 295
    9.1.4 S3 클래스 작성하기 • 297
    9.1.5 상속 사용하기 • 299
    9.1.6 확장 예제: 위 삼각 행렬 저장 클래스 • 300
    9.1.7 확장 예제: 다항 회귀분석 과정 • 306

9.2 S4 클래스 • 310
    9.2.1 S4 클래스 작성하기 • 311
    9.2.2 S4 클래스에서 제네릭 함수 구현하기 • 313

9.3 S3 대 S4 • 315

9.4 객체 관리하기 • 315
    9.4.1 ls( ) 함수를 사용해 객체 나열하기 • 316
    9.4.2 rm( ) 함수를 사용해 특정 객체 제거하기 • 316
    9.4.3 save( ) 함수를 사용해 객체들을 저장하기 • 317
    9.4.4 '이건 뭐지?' • 318
    9.4.5 exists( ) 함수 • 321

10장 ▶ **입력과 출력 • 323**

10.1 키보드와 모니터에 접근하기 • 324
    10.1.1 scan( ) 함수 사용하기 • 324
    10.1.2 readline( ) 함수 사용하기 • 327
    10.1.3 화면에 출력하기 • 327

10.2 파일 읽고 쓰기 • 329
    10.2.1 파일에서 데이터 프레임이나 행렬 읽어오기 • 329
    10.2.2 텍스트 파일 읽기 • 330
    10.2.3 커넥션 입문 • 331
    10.2.4 확장 예제: PUMS 통계 파일 • 333
    10.2.5 URL을 통해 원격으로 파일에 접속하기 • 338

10.2.6 파일에 쓰기 • 339

10.2.7 파일과 디렉터리 정보 얻기 • 341

10.2.8 확장 예제: 많은 파일의 내용의 합 • 342

10.3 인터넷에 접근하기 • 343

10.3.1 TCP/IP 개요 • 343

10.3.2 R의 소켓 • 345

10.3.3 확장 예제: 병렬처리 R 구현하기 • 346

11장 **문자열 처리** • 349

11.1 문자열 처리 함수 개요 • 350

11.1.1 grep( ) • 350

11.1.2 nchar( ) • 350

11.1.3 paste( ) • 351

11.1.4 sprint( ) • 351

11.1.5 substr( ) • 352

11.1.6 strsplit( ) • 352

11.1.7 regexpr( ) • 352

11.1.8 gregexpr( ) • 352

11.2 정규 표현식 • 353

11.2.1 확장 예제: 주어진 확장자의 파일명 테스트 • 354

11.2.2 확장 예제: 파일명 구성하기 • 356

11.3 디버깅 도구 edtdbg에서 문자열 관련 기능 사용하기 • 358

12장 **그래픽** • 361

12.1 그래프 만들기 • 362

12.1.1 R 기본 그래픽의 주요 담당자: plot( ) 함수 • 362

12.1.2 선 추가하기: abline( ) 함수 • 363

12.1.3 기존 것을 유지한 상태로 새 그래프 그리기 • 365

12.1.4 확장 예제: 한 화면에 두 개의 밀도 추정 그래프 나타내기 • 365

12.1.5 확장 예제: 다항 회귀 예제 • 367

12.1.6 점 추가: points( ) 함수 • 371

12.1.7 범례 추가: legend( ) 함수 • 372

12.1.8 텍스트 추가: text( ) 함수 • 372

12.1.9 위치 찾기: locator( ) 함수 • 373

12.1.10 그래프 복구 • 374

12.2 그래프 꾸미기 • 375

12.2.1 문자 크기 조절: cex 옵션 • 375

12.2.2 축의 범위 바꾸기: xlim과 ylim 옵션 • 375

12.2.3 다각형 추가: polygon( ) 함수 • 378

12.2.4 선의 곡선화: lowess( )와 loess( ) 함수 • 379

12.2.5 명시적 함수 그래프화 • 380

12.2.6 확장 예제: 곡선의 일부 확대하기 • 381

12.3 그래프를 파일에 저장하기 • 384

12.3.1 R 그래픽 장치 • 384

12.3.2 출력된 그래프 저장하기 • 385

12.3.3 R 그래픽 장치 닫기 • 385

12.4 3차원 그래프 생성하기 • 386

13장 디버깅 • 389

13.1 디버깅의 기본 원칙 • 390

13.1.1 디버깅의 기본: 확인 원칙 • 390

13.1.2 작은 것부터 시작하기 • 391

13.1.3 모듈식, 하향식 디버깅 • 391

13.1.4 버그 예방 • 391

13.2 왜 디버깅 도구를 사용할까? • 392

13.3 R 디버깅 기능 사용하기 • 393

13.3.1 debug()와 browser( ) 함수를 사용한 개별 단계 살펴보기 • 393

13.3.2 브라우저 명령어 사용하기 • 394

13.3.3 중단점 설정하기 • 395

13.3.4 trace( ) 함수로 추적하기 • 397

13.3.5 충돌 발생 후 traceback()과 debugger( ) 함수를 사용해 확인하기 • 398

13.3.6 확장 예제: 두 가지의 전체 디버깅 과정 • 399

13.4 세계적 움직임: 보다 편리한 디버깅 도구 • 409

13.5 시뮬레이션 코드 디버깅에서의 일관성 보장하기 • 412

13.6 구문 및 런타임 오류 • 412

13.7 R 자체에서 GDB 실행하기 • 413

14장 ▶ 성능 향상: 속도와 메모리 • 415

14.1 빠른 R 코드 작성하기 • 416

14.2 반복문에 대한 두려움 • 416

14.2.1 속도 향상을 위한 벡터화 • 416

14.2.2 확장 예제: 몬테카를로 시뮬레이션의 속도 향상시키기 • 419

14.2.3 확장 예제: 멱행렬 생성하기 • 423

14.3 함수형 프로그래밍과 메모리 문제 • 426

14.3.1 벡터 할당 문제 • 426

14.3.2 복사 후 변경 문제 • 426

14.3.3 확장 예제: 메모리 복사 피하기 • 428

14.4 코드에서 느린 부분을 찾을 때 사용하는 Rprof( ) • 429

14.4.1 Rprof( )를 사용한 모니터링 • 429

14.4.2 Rprof( )의 작동 원리 • 431

14.5 바이트 코드 컴파일 • 433

14.6 데이터가 메모리에 들어가지 않아요! • 434

14.6.1 청킹 • 434

14.6.2 메모리 관리를 위한 R 패키지 사용하기 • 435

15장 ▶ 타 언어와 R을 인터페이스하기 • 437

15.1 R에서 호출하는 C/C++ 함수 작성하기 • 438

15.1.1 R을 C/C++와 연동할 때 선행지식 • 438

15.1.2 예제: 정사각행렬에서 부분 대각행렬 추출 • 438

15.1.3 컴파일하고 코드 실행하기 • 439

15.1.4 R/C 코드 디버깅하기 • **441**

15.1.5 확장 예제: 이산 시계열값 예측 • **443**

15.2 파이썬에서 R 사용하기 • **446**

15.2.1 RPy 설치하기 • **446**

15.2.2 RPy 문법 • **446**

16장 병렬 R • **449**

16.1 상호 아웃링크 문제 • **450**

16.2 snow 패키지 소개 • **450**

16.2.1 snow 코드 실행하기 • **452**

16.2.2 snow 코드 분석하기 • **453**

16.2.3 어느 정도의 속도 향상이 가능할까 • **455**

16.2.4 확장 예제: K-평균 클러스터링 • **456**

16.3 C 사용하기 • **459**

16.3.1 멀티코어 사용하기 • **460**

16.3.2 확장 예제: OpenMP에서의 상호 아웃링크 문제 • **460**

16.3.3 OpemMP 코드 실행하기 • **461**

16.3.4 OpenMP 코드 분석 • **462**

16.3.5 다른 OpenMP 프라그마 • **464**

16.3.6 GPU 프로그래밍 • **466**

16.4 성능에 대해 일반적으로 고려할 사항 • **467**

16.4.1 과부하의 원인 • **467**

16.4.2 당황스러운 병렬 애플리케이션과 그렇지 않은 애플리케이션의 차이 • **469**

16.4.3 정적 할당 대 동적 할당 • **470**

16.4.4 소프트웨어 연금술: 일반적인 문제를 당황스러운 병렬 문제로 바꾸기 • **473**

16.5 병렬 R 코드 디버깅하기 • **474**

부록 A ▶ **R 설치하기** • 477

   A.1 CRAN에서 R 내려받기 • 478

   A.2 리눅스 패키지 매니저를 사용해 설치하기 • 478

   A.3 소스 파일로 설치하기 • 478

부록 B ▶ **패키지 설치 및 사용** • 481

   B.1 기본 패키지 • 482

   B.2 하드 디스크에서 패키지 불러오기 • 482

   B.3 웹에서 패키지 내려받기 • 483

      B.3.1 자동으로 패키지 설치하기 • 483

      B.3.2 수동으로 패키지 설치하기 • 484

   B.4 패키지 내의 함수 리스트 보기 • 486

   찾아보기 • 487

R은 통계 데이터 수정과 분석에 사용되는 스크립트 언어다. 이 언어는 AT&T에서 개발한 통계 언어인 S에서 영향을 받아 개발됐으며, S와의 호환성 또한 매우 높다. '통계'라는 단어에서 비롯된 S라는 이름은, AT&T에서 개발한 한 글자로 된 유명한 프로그래밍 언어 C를 떠올리게 한다. 이후 한 작은 회사에 인수된 S는 그래픽 사용자 인터페이스GUI, Graphical User Interface가 추가되어 S-Plus라는 이름으로 바뀌었다.

R은 무료이면서 많은 사람이 기여하고 있기 때문에 S나 S-Plus보다 더 유명해졌다. R은 가끔 GNU S(GNU 프로젝트는 오픈소스 소프트웨어의 주 집단임)라는 이름으로 불리기도 하는데, 이는 R의 오픈소스라는 특성에서 기인한다.

R이 통계 업무에 널리 쓰이는 이유

중국 광동계 속담 가운데 '저렴하고 아름답다'는 말인 'yauh peng, yauh leng'이란 말이 있다. 저렴한 데다 아름답기까지 한데 다른 걸 왜 쓰겠는가?

R의 특징

- R에서는 S 통계 언어로 널리 알려진 부분이 공개적으로 구현됐는데, R/S 플랫폼은 전문 통계학자들 사이에서는 사실상 표준 플랫폼이다.
- R은 다양한 기능을 사용할 수 있고, 프로그래밍이나 그래픽 측면 등 대부분의 주요 특징들에서 상용 프로그램과 대등하거나 월등하다.
- R은 윈도우, 맥, 리눅스 운영체제에서 사용할 수 있다.

- R은 통계 기능을 제공할 뿐만 아니라 일반적인 프로그래밍 언어로서 분석을 자동화하거나 기존 언어의 특징을 확장해 새로운 함수를 생성해 사용할 수 있다.
- R은 객체지향 언어나 함수형 프로그래밍 언어에서 볼 수 있는 특징을 포함한다.
- 각 세션 사이마다 시스템에 데이터 세트를 저장하므로 데이터를 매번 다시 로딩할 필요가 없다. 명령어 히스토리도 저장된다.
- R은 오픈소스 소프트웨어이므로 사용자 커뮤니티에 도움 요청이 쉬울 뿐 아니라, 사용자들이 수많은 새로운 함수를 공유한다. 그들 중 대다수는 유명한 통계학자들이다.

R을 처음 사용하는 경우라면, GUI를 통해 마우스로 클릭하는 것보다 터미널 윈도우에서 R 명령어를 직접 입력하는 편을 추천한다. 실제로 대다수 R 사용자는 GUI를 사용하지 않는다. 이는 R이 그래픽을 전혀 사용하지 않는다는 뜻은 아니다. R에는 매우 유용하고 아름다운 그래픽들을 만들어내는 기능이 들어있지만, 이는 도표 같은 시스템의 결과물을 만들어내는 데에 사용될 뿐 사용자 입력용으로 사용되지 않는다.

만약 GUI를 쓰지 않고서 도저히 R을 사용할 수 없다면, 다음에 나열한 오픈소스나 R용 무료 GUI 중 하나를 사용할 수 있다.

- RStudio, http://www.rstudio.org/
- StatET, http://www.walware.de/goto/statet/
- ESS Emacs Speaks Statistics, http://ess.r-project.org/
- R Commander: John Fox, "The R Commander: A Basic-Statistics Graphical Interface to R," Journal of Statistical Software 14, no. 9 (2005):1-42.
- JGR Java GUI for R, http://cran.r-project.org/web/packages/JGR/index.html

앞의 세 가지(RStudio, StatET, ESS)는 통합개발환경IDE, Integrated Development Environment으로서 프로그래밍에 좀더 무게를 둔다. StatET와 ESS는 각기 R 프로그래머에게 유명한 이클립스나 이맥스Emacs 식의 IDE를 제공한다.

상용 제품으로는 R 서비스 회사인 레볼루션 애널리틱스Revolution Analytics에서 공급하는 IDE가 있다(http://www.revolutionanalytics.com/).

R은 개별 명령어들의 집합이라기보다는 프로그래밍 언어이므로, 기존 결과값을 각각 받아서 처리하는 명령어를 다양하게 결합해 쓸 수 있다. 리눅스 사용자는 파이프를 이용해 쉘 명령어를 연쇄적으로 처리하는 것과 유사하다고 느낄 것이다. R 함수 조합 기능은 매우 유연하기 때문에 적절히 사용할 수 있다면 매우 큰 힘이 될 것이다. 다음 복합 명령어를 살펴보자.

```
nrow(subset(x03,z == 1))
```

우선 subset()이란 명령어는 x03이라는 데이터 프레임을 가져와 x라는 변수가 가진 값 1에 해당하는 모든 결과값을 추출한다. 이 결과는 nrow()라는 함수가 제공하는 새로운 프레임에 들어간다. 이 함수는 프레임 안의 행 수를 계산한다. 결론적으로 원래의 프레임에서 z=1인 부분을 계산한 값을 알려준다.

'객체지향 프로그래밍'과 '함수형 프로그래밍'이란 단어는 앞서 이미 언급했다. 이 주제들은 전산학자들의 흥미를 자극했다. 어쩌면 독자들에게는 낯설지도 모르지만, R을 통계 프로그래밍용으로 사용하려는 사람들에게는 의의가 있을 것이다.

이후 내용에서 이 두 주제에 대해 개괄적으로 알아보겠다.

객체지향 프로그래밍

객체지향의 장점을 예제를 통해 살펴보자. SAS나 SPSS 등 다양한 통계 패키지를 이용해 통계 회귀분석을 한다면, 화면에 결과가 산처럼 쌓일 것이다. 대신 R에서 회귀분석 함수인 lm()을 호출하면, 이 함수는 추정 계수, 각각의 표준 오차, 잔차 등이 포함된 결과값인 '객체'를 반환한다. 이 객체 중 필요한 부분을 프로그래밍으로 골라서 추출하면 된다.

R이 데이터 접근에 대해 확실한 표준 역할을 하므로, R로 분석하면 프로그래밍이 훨씬 수월해진다. 이는 각자 편한 방식으로 함수를 사용하는 과정에서 만들어진 다양한 형태의 입력들을 모두 하나의 함수에서 처리할 수 있음을 의미하는, R의 다형성polymorphic 특징과 일맥상통한다. 이때 이 함수를 포괄적 함수generic function라고 한다. 만약 C++ 프로그래머라면 유사한 개념인 가상 함수virtual function를 본 적이 있을 것이다.

예를 들어 plot() 함수를 보자. 이 함수를 숫자로 된 리스트에 대입하면 단순한 도표가 나온다. 하지만 이 함수를 회귀분석 결과에 적용한다면, 분석의 다양한 면을 보여주는 여러 도표들이 출력될 것이다. 실제로 plot() 함수는 R에서 만들어지는 어떤 결과물에도 적용할 수 있다. 이는 R 사용자가 적은 명령어를 기억해도 된다는 의미다. 얼마나 훌륭한가!

함수형 프로그래밍

보통 함수형 프로그래밍 언어처럼, R 프로그래밍의 일반적인 관심사 또한 명시적인 반복법을 피한다. 루프 코드 대신 내부에서 반복을 수행하는 R의 함수 기능을 이용할 수 있다. 이런 기능은 코드가 더 효율적으로 수행되게 하고, R이 큰 데이터 세트를 처리할 때 걸리는 시간을 크게 줄여준다.

R 언어가 지닌 함수형 프로그래밍의 특징은 다음과 같다.

- 더욱 깔끔하고 단축된 코드
- 매우 빠른 코드 수행 속도
- 단순한 코드로 디버깅 노력 감소
- 병렬 프로그래밍으로의 전환이 더욱 용이함

이 책의 대상 독자

많은 사람이 R을 주로 임시변통으로 사용한다. 히스토그램을 그리거나 회귀분석을 한다든가, 통계 기능 등 다양한 용도로 사용하는 식이다. 그러나 이 책은 R로 소프트웨어를 개발하는 사람들을 위해 기획됐다. 이 책은 전문적인 소프트웨어 개발자부터 '대학에서 프로그래밍 수업을 들어 본' 사람까지 모두를 대상으로 한다. 그 중에서도 '특정한 목적을 갖고 R 코드를 작성하려는 사람'이라면 꼭 읽어야 할 책이다. 하지만 통계 지식은 그다지 필요하지 않다.

이 책은 다음과 같은 사람들에게 도움이 될 것이다.

- 병원이나 정부 기관에서 일하면서 정기적으로 통계 보고서를 작성해야 하고 이를 자동화한 프로그램을 개발하려는 분석가
- 새로이 혹은 기존 방식의 절차를 통합해 통계 방법론을 개발, 이를 코드화해 일반 연구 커뮤니티에서 쓰려는 학계 연구원
- 마케팅, 소송 지원, 언론, 출판, 그 외 복잡한 데이터를 표현하는 그래픽 코드를 개발해야 하는 관련 전문가
- 통계 분석이 포함된 프로젝트를 진행하는 소프트웨어 개발 경험이 있는 전문 프로그래머
- 통계 컴퓨팅 수업을 듣는 학생

따라서 이 책은 훌륭한 R 패키지들로 가능한 수많은 유형의 통계 방법으로 가득 채운 개론서가 아니다. 프로그래밍에 대한 책으로서 기존의 R 책에서 놓친 프로그래밍 관련 주제를 담았다. 또한 기본적 R 사용에 대한 주제에 대해서도 프로그래밍적 관점으로 접근했다.

이 책에서 다루는 내용은 크게 다음과 같다.

- 이 책 전반에 '확장 예제' 부분이 등장할 것이다. 이 부분에서는 보통 특정 데이터 기반의 단일 코드 조각이 아닌 완결된, 일반 목적의 함수들을 다룬다. 실제 이런 함수들 중 일부는 매일 하는 R 업무에서 매우 유용하게 사용할 수 있다. 이런 예제들을 익히면서 R이 어떻게 구성돼 동작하는

지, 이를 프로그램에 어떻게 추가해 유용하게 사용할 수 있는지도 알아본다. 많은 경우에 '왜 이런 방식으로 사용했을까?' 하는 질문에 대답함으로써 여러 대안도 함께 알아본다.

- 사용된 예제들은 프로그래머들의 감성에 와 닿는다. 예를 들어 데이터 프레임에 대한 토론에서는 R의 리스트 형식의 데이터 프레임뿐 아니라 이에 대한 프로그래밍 구현 방식에 대해서도 다룬다. R을 다른 언어와 비교하는 부분은 이미 다른 언어를 알고 있는 사람에게는 매우 유용하다.

- 디버깅은 어떤 언어로 프로그래밍하는 경우라도 매우 중요하다. 대다수의 R 책에서는 이를 강조하지 않는다. 이 책에서는 '확장 예제'를 통해 실제 프로그램이 어떻게 디버깅되는지 전반적인 수행 과정을 모두 보여주는 형태로 한 장을 모두 디버깅 기술에 할애했다.

- 오늘날은 가정에서도 멀티코어 컴퓨터를 보편적으로 사용하며, GUI 프로그래밍이 과학 응용 컴퓨팅 분야에서 조용한 혁명을 일으키고 있다. R 애플리케이션이 증가함에 따라 계산량도 매우 많아졌고, 병렬 프로세싱은 R 프로그래머 사이에서 화두로 떠올랐다. 이에 따라 기술만이 아닌 확장을 주제로 장 하나를 할애했다.

- R의 내부 구조에 대한 지식이 어떤 도움이 되는지와 R 코드의 수행 속도 향상 기능에 대해서도 각각 한 단원씩을 할애했다.

- R과 C나 파이썬 등의 언어를 인터페이스하는 방법에 대해서도 다룬다. 이 장 역시 디버깅 팁을 제공하는 확장 예제를 함께 수록했다.

마지막으로

나는 조금은 평범하지 않은 과정을 통해 R 사용자가 됐다.

추상 확률 이론에 대한 논문을 썼고, 사회생활 초반에는 통계학 교수로 몇 년을 지냈다. 가르치고 연구하고, 통계 방법론에 대해 컨설팅하는 일이었다. UCD에서 통계학과를 만든 12명 정도 되는 교수 가운데 한 명이었다.

몇 년 후 나는 같은 학교의 전산학과로 옮겼고, 이후 많은 시간을 이곳에서 병렬 프로그래밍, 웹 트래픽, 데이터 마이닝, 디스크 시스템 성능 등 다양한 분야를 연구하며 보냈다. 나의 전산 교육과 연구는 대부분 통계를 포함한다.

이런 많은 경험을 거쳐 나는 '하드코어한' 전산학자이며 통계학자이자 통계 연구원으로서 다양한 관점을 모두 지니게 됐다. 나의 많은 경험이 이 책의 부족함을 보충하고 독자들에게 더 큰 가치를 줄 수 있기를 바란다.

## 1장

시작하기

서문에서 자세히 소개했듯이 R은 통계와 데이터 과학에 쓰이는 매우 다재 다능한 오픈소스 프로그래밍 언어다. R은 데이터가 쓰이는 곳이라면 경영, 산업 현장, 정부 기관, 의약계, 학계 등 어느 분야에서든지 폭넓게 사용된다.

이 장에서는 R을 어떻게 실행하고, R로 무엇을 할 수 있으며, 어떤 파일을 사용할 것인지 간단하게 소개한다. 여기서는 보다 자세한 내용이 나올 다음 몇 장의 예제들을 다루는데 필요한 기본적인 내용을 소개한다.

회사나 학교에서 허가를 받았다면, R은 이 시점에서는 이미 설치돼 있어야 한다. 만약 아직 설치 안 됐다면, R 설치 관련 내용인 '부록 A'를 참고하기 바란다.

1.1 R 실행하기

R은 인터랙티브 모드와 배치 모드 두 가지로 실행할 수 있다. 보통 인터랙티브 모드를 많이 사용한다. 이 모드는 명령어를 입력하면 결과를 보여주고, 다음 명령어를 입력하면 또 보여주는 형태로 작동한다. 반면 배치 모드에서는 사용자와 인터랙션이 필요하지 않다. 이 모드는 프로그램을 하루에 한 번씩 주기적으로 돌려야 할 때 프로세스를 자동화할 수 있으므로 실행 작업 같은 데에 유용하다.

1.1.1 인터랙티브 모드

리눅스나 맥 시스템의 터미널 윈도우의 명령어 라인에 R이라고 입력하면 R이 시작된다. 윈도우에서는 R 아이콘을 더블 클릭해 R을 시작한다.

그러면 다음과 같이 인사말이 나오고 > 표시와 함께 R 프롬프트가 뜬다.

```
R version 2.10.0 (2009-10-26)
Copyright (C) 2009 The R Foundation for Statistical Computing
ISBN 3-900051-07-0
...
Type 'demo()' for some demos, 'help()' for on-line help, or
'help.start()' for an HTML browser interface to help.
Type 'q()' to quit R.

>
```

이제 R 명령어를 실행해 볼 수 있다. 이 화면을 보통 'R 콘솔'이라 한다.

간단한 예로서 평균이 0이고 분산이 1인 기본 표준 분포를 생각해 보자. 임의의 변수 X가 이런 분포를 갖는다면 X 값은 0을 중심으로 음수와 양수가 적절히 분포돼 있기 때문에 평균값은 0이 될 것이다. 이번에는 새로운 임의의 변수인 Y = |X|를 설정해 보자. Y에 절대값을 대입하면, Y 값은 0 주위에서 분포된 식이 아니고, Y의 평균은 양수일 것이다.

그럼 Y의 평균을 구해보자. 일단 N(0,1) 분포를 시뮬레이션한 것으로부터 시작한다.

```
> mean(abs(rnorm(100)))
[1] 0.7194236
```

이 코드는 100개의 임의의 수를 생성한 후 절대값을 취하고, 이 절대값의 평균을 구하기 위한 것이다.

[1] 부분은 결과에서 이 줄에 나오는 첫 번째 값이 1번 위치에 존재한다는 뜻이다. 이 경우 결과값이 한 줄(에 값 하나씩)이기 때문에 필요 없는 표시다. 이 표시는 여러 값이 여러 줄에 걸쳐서 나오는 큰 결과값을 볼 때 유용하다. 예를 들어 한 줄에 값이 6개씩 표시될 때 두 줄에 걸쳐서 값이 출력되면, 두 번째 줄에는 다음과 같이 [7]이라고 표시된다.

```
> rnorm(10)
[1] -0.6427784 -1.0416696 -1.4020476 -0.6718250 -0.9590894 -0.8684650
[7] -0.5974668 0.6877001 1.3577618 -2.2794378
```

이 예제에서 결과값은 10개지만, 두 번째 줄에 [7]이라고 표시돼 있기 때문에 8번째 값이 0.6877001임을 금방 알 수 있다.

입력한 R 명령어는 파일로도 저장할 수 있다. R 코드 파일은 규칙상 끝을 .R 또는 .r로 맞춰준다. 만약 z.R이라는 이름의 코드 파일을 만들었다면, 다음과 같은 명령어를 실행해 파일 내용을 불러올 수 있다.

```
> source("z.R")
```

1.1.2 배치 모드

어떤 경우에는 R 세션이 자동으로 실행되는 게 편할 수 있다. 예를 들어 일일이 R을 실행해 스크립트를 직접 실행할 필요 없이 그래프를 그리는 R 스크립트를 돌아가게 하고 싶을 수 있다. 이 경우 배치 모드에서 R을 실행할 수 있다.

다음 예제는 z.R 파일에 그래프를 그리는 코드를 입력한 것이다.

```
pdf("xh.pdf")   # 그래픽을 출력할 파일을 지정
hist(rnorm(100))  # 100 N(0,1) 변수를 생성해 히스토그램을 그림
dev.off()   # 출력할 파일을 닫음
```

표시가 된 부분은 주석이다. R 인터프리터에서는 이 부분을 무시한다. 주석은 이 코드가 어떤 내용을 실행하는지 다른 사람들이 파악할 수 있도록 다는 것이다.

다음 내용에서 이 코드가 어떻게 진행되는지 단계별로 살펴보자.

- `pdf()` 함수는 그래프를 xh.pdf라는 PDF 파일로 저장할 것이라고 R에게 알려준다.
- `rnorm()` 함수는 100개의 N(0,1)을 따르는 임의의 변수를 생성한다.
- `hist()` 함수를 통해 이 변수들의 히스토그램을 그린다.
- `dev.off()` 함수로 사용한 그래픽 '장치'를 닫는데, 이 경우에는 xh.pdf 파일을 의미한다. 이때 실제로 이 파일이 디스크에 쓰인다.

이 코드를 리눅스의 $ 프롬프트 같은 운영체제의 쉘 입력 창에서 R을 호출함으로써, R의 인터랙티브 모드에 들어가지 않고서도 코드를 자동으로 실행할 수 있다.

```
$ R CMD BATCH z.R
```

이 작업이 잘 실행됐는지 확인하려면 PDF 뷰어에서 저장된 히스토그램 파일을 열어보면 된다. 아마도 보통 소프트 아이스크림 형태의 히스토그램이겠지만, R에서는 더 정교하고 다양한 형태로 표현할 수 있다.

1.2 첫 번째 R 세션

숫자 1, 2, 4로 이뤄진, 흔히 R에서는 '벡터'라는 간단한 데이터 세트를 만들고 x라는 이름을 붙여보자.

```
> x <- c(1,2,4)
```

R에서 값 할당을 위해 표준으로 사용하는 기호는 '<-' 이다. '='을 사용할 수도 있으나 동작하지 않는 경우가 있으므로 추천하지 않는다. 또한 변수 선언 시

미리 데이터 형을 지정하지 않는다는 것을 기억하자. 이 예제에서는 x를 벡터로 지정했지만, 나중에 이 변수를 다른 데이터 형으로 지정할 수도 있다. 벡터나 다른 데이터 형에 대해서는 1.4장에서 살펴 볼 것이다.

c는 연결concatenate를 의미한다. 여기서는 숫자 1,2,4를 연결했다. 좀더 정확히 말하면, 각각 하나의 숫자로 구성된 세 벡터를 하나로 연결한 것이다. 이는 어떤 숫자든지 하나의 벡터 개념으로 볼 수 있기 때문이다.

다음 예제를 보자.

```
> q <- c(x,x,8)
```

이때 q는 (1,2,4,1,2,4,8)로 이뤄진 것이다. 즉 중복이 가능하다.

그럼 데이터가 실제로 x에 들어가 있는지 확인해 보자. 벡터를 화면에 출력하려면, 간단하게 화면에 벡터 이름만 입력하면 된다. 인터랙티브 모드에서 어떤 변수의 이름을 넣든, 즉 어떤 표현식이든 R에서는 그 변수 혹은 표현식의 값을 출력할 것이다. 파이썬 같은 다른 프로그래밍 언어에 친숙한 프로그래머들은 이런 기능 역시 익숙할 것이다. 다음처럼 입력해 보자.

```
> x
[1] 1 2 4
```

당연히 x는 1,2,4 값을 가진다.

벡터 내 개별 값들은 []을 통해 찾을 수 있다. x의 세 번째 값을 출력하는 방법은 다음과 같다.

```
> x[3]
[1] 4
```

다른 언어들처럼 선택하는 값(이 경우에는 3)을 '인덱스' 혹은 '첨자'라고 한다. C나 C++ 같은 알골 계열의 언어에 친숙한 사람이라면, R 벡터의 인덱스는 0이 아닌 1부터 시작한다는 것을 기억해 둬야 한다.

벡터에서 부분집합을 만드는 것은 매우 중요하다. 다음 예제를 보자.

```
> x <- c(1,2,4)
> x[2:3]
[1] 2 4
```

x[2:3]은 x의 벡터 중 2와 3의 위치 값으로 이뤄진 x의 부분 벡터를 말한다. 여기서는 2와 4가 될 것이다.

데이터 세트에서 평균과 표준편차도 다음과 같이 쉽게 구할 수 있다.

```
> mean(x)
[1] 2.333333
> sd(x)
[1] 1.527525
```

이번에도 결과값을 보기 위해 프롬프트에 함수를 직접 입력했다. 첫 줄에서 입력한 함수는 mean(x)이다. 이에 대한 결과값은 굳이 R의 print() 함수를 호출하지 않아도 자동으로 출력된다.

만약 결과값을 화면에 호출하지 않고 특정 변수에 평균값을 계산해 넣고 싶다면, 다음 코드를 실행하면 된다.

```
> y <- mean(x)
```

그럼 x의 평균값이 y에 잘 들어갔는지 확인하자.

```
> y
[1] 2.333333
```

앞서 언급했듯이 주석 앞에는 다음과 같이 #을 사용한다.

```
> y # print out y
[1] 2.333333
```

주석은 프로그램 코드를 문서화할 때 특히 중요하다. 하지만 R이 주석을 히스토리로 남긴 이후부터는 인터랙티브 모드에서도 주석의 중요성이 커졌다. 이에 대해서는 1.6장에서 소개한다. 세션을 저장하고 다시 실행하면, 이전에 무슨 작업을 하고 있었는지 주석을 보고 기억할 수 있다.

마지막으로 R의 데모에서 사용되는 내장 데이터 세트 중 하나를 활용해보자. 데이터 세트의 리스트를 보고 싶으면 다음과 같이 입력하면 된다.

```
> data()
```

Nile이라는 데이터 세트는 나일강의 흐름에 대한 데이터다. 이 데이터 세트의 평균과 표준편차를 구해보자.

```
> mean(Nile)
[1] 919.35
> sd(Nile)
[1] 169.2275
```

다음과 같이 이 데이터의 히스토그램도 그릴 수 있다.

```
> hist(Nile)
```

그림 1-1과 같은 히스토그램이 그려진 팝업 창이 뜰 것이다. 지금 그린 그래프는 매우 단순하지만 R은 그래프를 그릴 때에 선택할 수 있는 다양한 부가기능을 갖고 있다. 예를 들면 break 변수를 이용해 히스토그램의 도수 숫자를 바꿀 수 있다. hist(z, breaks = 12)는 데이터 세트 z에 대해 12개의 도수로 이뤄진 히스토그램을 그릴 것이다. 또한 축의 레이블을 좀더 근사하게 붙일 수도, 색을 넣을 수도 있다. 이것 저것 바꿔가며 보다 많은 정보를 제공하면서 더 예쁜 그래프로 꾸밀 수 있다. R에 보다 친숙해지면 다양하고 풍부한 색채를 사용해 눈에 확 들어올 만큼 훌륭한 그래픽을 할 수 있다.

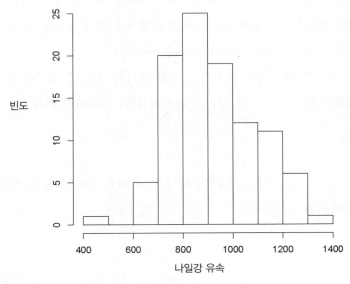

그림 1-1 Nile 데이터의 기본 히스토그램

지금까지가 이 책의 시작으로서 R에 대한 5분 간의 소개였다. R을 끝내려면 q() 함수를 호출하면 된다. 리눅스 환경이라면 ctrl-D, 맥 환경에서는 cmd-D 단축키로 종료할 수 있다.

```
> q()
Save workspace image? [y/n/c]: n
```

프롬프트의 마지막 문장은 지금까지 작업하면서 사용한 변수들을 저장함으로써 이후 사용할 때에 다시 불러오도록 할 것인지 묻는 것이다. 만약 y라고 답하면, 다음 번에 R을 실행했을 때 자동으로 모든 객체들이 로딩될 것이다. 특히 크거나 많은 데이터 세트를 이용하는 경우, 이 기능은 더 유용하다. y라고 답한 경우 현재 세션의 명령어 히스토리도 저장된다. 작업 공간 및 명령어 히스토리 저장에 대한 내용은 1.6장에서 보다 자세히 소개하겠다.

1.3 ▶ 함수 소개

대부분의 프로그래밍 언어처럼 R 프로그래밍의 중심에도 '함수 작성'이 있다. '함수'란 입력 값을 넣고 이를 기반으로 계산해 결과값을 출력하는 명령들의 묶음이다.

간단한 예제로서 정수형으로 이뤄진 벡터에서 홀수의 개수를 세는 oddcount()라는 함수를 정의해 보자. 보통은 함수를 만드는 코드를 텍스트 편집기에서 작성한 후 파일로 저장하지만, 여기서는 임시방편으로 R의 인터랙티브 모드에서 한 줄 한 줄 입력해 보자. 그리고 두 개의 예제에 대해 이 함수를 호출해 보겠다.

```
# x 중 홀수의 개수 세기
> oddcount <- function(x) {
+    k <- 0 # assign 0 to k
+    for (n in x) {
+        if (n %% 2 == 1) k <- k+1 # %%는 모듈로 연산자임
+    }
+    return(k)
+ }
> oddcount(c(1,3,5))
[1] 3
> oddcount(c(1,2,3,7,9))
[1] 4
```

우선 R에 x라는 하나의 변수를 사용하는 oddcount 함수를 정의한다고 선언했다. 좌 브레이스({)는 함수 내용이 시작되는 경계를 의미한다. 그리고 한 줄당 하나의 R 명령어를 입력했다.

함수 본문이 끝날 때까지 R은 평소 프롬프트로 표시되는 > 대신 + 기호를 보여줌으로써 아직 함수 정의중임을 상기시켜준다(보통 + 표시는 프롬프트에서 새로 입력을 받는 상태가 아니라 줄이 계속됨을 의미한다). 함수 본문을 다 작성하고 최종적으로 우 브레이스(})를 입력하면 > 프롬프트 상태로 돌아간다.

함수 정의 후에 oddcount() 함수를 두 경우에 대해 호출해 보았다. 벡터 (1,3,5)에는 3개의 홀수가 들어가 있고, oddcount(c(1,3,5))를 호출하면 3이

라는 결과가 출력된다. (1, 2, 3, 7, 9)에는 4개의 홀수가 들어 있고, 두 번째로 호출된 함수의 결과 역시 4가 된다.

이 예제의 주석에서 언급된 대로, R에서 나머지 값을 돌려주는 모듈의 기호는 %%이다. 예를 들어 38을 7로 나누면 나머지가 3이 나온다.

```
> 38 %% 7
[1] 3
```

다음 코드에서는 어떤 결과가 나오는 지 살펴 보자.

```
for (n in x) {
   if (n %% 2 == 1) k <- k+1
}
```

우선 x[1]을 n에 할당하고, 이 값이 홀수인지 짝수인지 테스트한다. 만약 여기 나온 예제처럼 그 값이 홀수라면, 숫자를 세는 변수인 k 값은 증가한다. 그리고 n에는 x[2]가 할당되고, 그 값이 홀수인지 짝수인지를 테스트하는 식으로 반복된다.

만약 C/C++ 프로그래머라면 다음과 같이 반복문을 만들고 싶을 것이다.

```
for (i in 1:length(x)) {
   if (x[i] %% 2 == 1) k <- k+1
}
```

여기서 length(x)는 x 원소의 개수다. 25개의 원소가 있다고 했을 때, 1:length(x)는 1:25로 바꿔 볼 수 있는데, 이는 1,2,3,…,25라는 뜻이다.

물론 이 코드는 x의 원소 개수가 0이 아니라면 동작한다. 하지만 R 프로그래밍의 기본 철학 가운데 하나는 '가능한 한 반복문을 피하고 불가피하다면 반복문을 단순하게 만드는 것'이다. 원래 만들었던 코드를 다시 보자.

```
for (n in x) {
   if (n %% 2 == 1) k <- k+1
}
```

이 코드가 더 단순하고 깔끔하다. 굳이 length() 함수와 행렬 인덱싱을 사용할 필요가 없다.

코드의 끝에는 return 명령어를 사용한다.

```
return(k)
```

이는 호출된 코드에서 계산된 값인 k를 돌려주는 함수다. 하지만 간단하게 이렇게 써도 된다.

```
k
```

R의 함수는 return()이라고 명시적으로 호출하지 않을 경우 최종적으로 계산된 값을 돌려준다. 하지만 이런 방식은 조심스럽게 사용해야 한다. 이에 대해서는 7.4.1장에서 다룰 것이다.

프로그래밍 용어 측면에서 x는 oddcount()의 '정식 인수' 혹은 '정식 매개 변수'다. 선행 예제에서 첫 번째 함수 호출에서 사용된 c(1,3,5)는 '실제 인수'라 한다. 이런 용어들은 함수 정의 시 사용된 x는 가짜 변수일 뿐이고, c(1,3,5)가 실제 계산에 사용되는 값임을 암묵적으로 알려준다. 비슷하게 두 번째 함수 호출에서는 c(1,2,3,7,9)가 실제 인수다.

1.3.1 변수의 범위

함수 본문 내에서만 볼 수 있는 변수는 그 함수의 '지역변수'라고 한다. oddcount()에서, k와 n은 지역변수다. 이 변수들은 함수 호출된 후에는 사라진다.

```
> oddcount(c(1,2,3,7,9))
[1] 4
> n
Error: object 'n' not found
```

R 함수의 형식 매개변수가 지역변수라는 사실은 매우 중요하므로 꼭 기억해 두자. 다음과 같은 함수를 호출했다고 가정하자.

```
> z <- c(2,6,7)
> oddcount(z)
```

oddcount()의 코드에서 x가 변했다고 가정하자. 그래도 z는 변하지 않는다. oddcount() 호출 후에도 z 값은 이전과 같다. 함수 호출 값을 계산하기 위해 R 은 각 실제 인수를 이에 대응되는 지역 매개변수에 복사해, 그 변수들이 함수 밖에서는 보이지 않도록 한다. 이런 '범위 규칙'에 대해서는 7장에서 자세히 다룬다.

함수 밖에서 생성되는 변수는 '전역변수'로 함수 내에서도 사용 가능하다. 다음 예제를 보자.

```
> f <- function(x) return(x+y)
> y <- 3
> f(5)
[1] 8
```

여기서 y는 전역변수다.

R에서 고급 할당 연산자 <<-를 사용해 전역변수를 만들 수 있다. 이 내용 역시 7장에서 다룰 것이다.

1.3.2 기본 인수

R에서는 기본 인수가 자주 사용된다. 다음과 같은 함수 정의를 생각해 보자.

```
> g <- function(x,y=2,z=T) { ... }
```

여기서 프로그래머가 함수 호출 시 y를 따로 지정해주지 않으면 y는 2로 초기화된다. 비슷하게 z는 기본 값을 TRUE로 갖는다.

다음 함수 호출 내용을 보자.

```
> g(12,z=FALSE)
```

여기서 x는 실제 인수로 12 값을 갖고 y는 기본 인수로 2 값을 갖게 되지만, z의 경우는 FALSE 값이 들어감으로써 기본 값은 무시된다.

또한 이 예제에서는 많은 프로그래밍 언어에서처럼 R 또한 TRUE와 FALSE 논리값을 갖는 불리언 데이터 형임을 보여준다.

> **노트** R에서 TRUE와 FALSE는 T와 F로 줄여 사용할 수 있다. 대신 T나 F라는 변수를 만들 경우 이 약자를 사용해 문제가 생기지 않도록 해야 한다.

1.4 중요한 R 데이터 구조 예습하기

R은 다양한 데이터 구조를 가진다. 여기서 자세히 알아보기 전, R을 소개하기 위해 R에서 가장 자주 사용되는 몇 가지 구조를 훑어보고 넘어가자. 더 중요한 이야기들이 뒤에 기다리고 있지만, 여기서 중요한 예제 몇 개를 시작해 보자.

1.4.1 R의 일꾼, 벡터

벡터 형식은 R의 핵심이다. 벡터를 거론하지 않고서는 R 코드나 인터랙티브 R 세션을 상상하기 어렵다.

벡터의 원소는 모두 같은 '형식'이나 데이터 형을 가져야 한다. 3개의 문자열로 이뤄진 문자 형식의 벡터나 세 개의 정수 원소로 이뤄진 정수 형식의 벡터를 만들 수는 있다. 하지만 한 개의 정수와 두 개의 문자열을 원소로 갖는 벡터는 만들 수 없다.

벡터에 대해서는 2장에서 보다 자세히 소개한다.

1.4.1.1 스칼라

R에서 스칼라 혹은 단일 수치 값은 실제로 존재하지는 않는다. 앞서 언급했듯이 단일 숫자처럼 보이는 것은 사실 한 개의 원소를 갖는 벡터다. 다음을 보자.

```
> x <- 8
> x
[1] 8
```

[1]의 의미는 '이 줄에서 벡터의 첫 번째 원소부터 보여주기 시작한다'임을 기억하자. 이 경우에는 x[1]을 가리킨다. 그러므로 x를 하나의 원소를 가진 벡터로 취급한다는 것을 알 수 있다.

1.4.2 문자열

문자열은 실제로는 숫자 형식이 아닌 문자 형식의 단일 원소를 갖는 벡터다.

```
> x <- c(5,12,13)
> x
[1] 5 12 13
> length(x)
[1] 3
> mode(x)
[1] "numeric"
> y <- "abc"
> y
[1] "abc"
> length(y)
[1] 1
> mode(y)
[1] "character"
> z <- c("abc","29 88")
> length(z)
[1] 2
> mode(z)
[1] "character"
```

첫 번째 예제에서 숫자 형식이라고 할 수 있는 x라는 벡터를 생성했다. 그리고 문자 형식의 벡터 두 개를 생성했다. y는 1개의 원소를 갖는 한 개의 문자열인 벡터고, z는 두 개의 문자열로 이뤄졌다.

R에는 다양한 문자열 처리 함수가 있다. 아래의 두 예제처럼 문자열을 합치거나 나눌 수도 있다.

```
> u <- paste("abc","de","f")  # 문자열을 결합함
> u
[1] "abc de f"
> v <- strsplit(u," ")  # 문자열을 공백 기준으로 나눔
```

```
> v
[[1]]
[1] "abc" "de" "f"
```

문자열에 대해서는 11장에서 자세히 다룬다.

1.4.3 행렬

R의 행렬은 수학에서 같은 이름을 갖는 개념(직사각형의 숫자 집합)에 부합한다. 기술적으로 행렬은 벡터지만 행의 개수와 열의 개수라는 두 가지 속성을 추가로 갖는다. 다음 행렬 예제 코드를 보자.

```
> m <- rbind(c(1,4),c(2,2))
> m
     [,1] [,2]
[1,]    1    4
[2,]    2    2
> m %*% c(1,1)
     [,1]
[1,]    5
[2,]    4
```

일단 두 벡터를 가져와 그것들을 행으로 하는 행렬을 만들기 위해 행 결합을 위한 rbind() 함수를 사용해 결과를 m에 저장한다. 이에 대응하는 함수로서 여러 열을 결합해 행렬을 만드는 cbind()가 있다. 그 후 변수 이름만 입력, 변수 값을 출력해 의도한 대로 행렬이 만들어졌는지 확인한다. 마지막으로 행렬 m과 벡터 (1,1)의 곱을 계산한다. 선형 대수학에서 배우는 행렬 곱 연산자는 R에서는 %*%을 사용한다.

행렬은 C나 C++처럼 이중 첨자를 사용해 인덱스를 만들지만, 첨자가 0이 아닌 1부터 시작한다.

```
> m[1,2]
[1] 4
> m[2,2]
[1] 2
```

R에서 굉장히 유용한 기능은 벡터에서 부분 벡터를 뽑을 수 있는 것처럼, 행렬에서 부분 행렬을 뽑아낼 수 있다는 것이다. 다음은 그 예다.

```
> m[1,]  # 1행
[1] 1 4
> m[,2]  # 2열
[1] 4 2
```

이에 대해서는 3장에서 보다 자세히 소개한다.

1.4.4 리스트

R의 벡터처럼 R 리스트 또한 어떤 값들을 담고 있지만, 이 내용은 여러 데이터 형으로 이뤄져 있다. C나 C++ 프로그래머들은 C 구조체와 유사성을 기억해 내면 좋을 것이다. 리스트의 원소들은 두 부분으로 나뉜 이름을 통해 접근 가능하다. 이들은 R에서 $ 기호로 구분돼 있다. 간단한 예제를 보자.

```
> x <- list(u=2, v="abc")
> x
$u
[1] 2

$v
[1] "abc"

> x$u
[1] 2
```

x$u라는 표현은 리스트 x의 u라는 요소를 뜻한다. 후자의 v는 x의 다른 요소를 뜻한다.

리스트는 보통 함수에서 여러 값을 하나의 묶음으로 합쳐서 반환할 때 사용된다. 특히 정교한 결과값을 갖는 통계 함수에서 유용하게 쓰인다. 예를 들어, 1.2장에서 소개한 R의 기본 히스토그램 함수인 hist()를 보자. 이 함수를 R의 내장 데이터 세트인 나일강 데이터(Nile)에 호출했다.

```
> hist(Nile)
```

이 결과 그래프가 만들어졌지만, hist() 값을 저장하면 특정 값이 반환됨을 알 수 있다.

```
> hn <- hist(Nile)
```

hn 안에 어떤 값이 들어 있는지 확인해 보자.

```
> print(hn)
$breaks
 [1]  400  500  600  700  800  900 1000 1100 1200 1300 1400

$counts
 [1]  1  0  5 20 25 19 12 11  6  1

$intensities
[1] 9.999998e-05 0.000000e+00 5.000000e-04 2.000000e-03 2.500000e-03
[6] 1.900000e-03 1.200000e-03 1.100000e-03 6.000000e-04 1.000000e-04

$density
[1] 9.999998e-05 0.000000e+00 5.000000e-04 2.000000e-03 2.500000e-03
[6] 1.900000e-03 1.200000e-03 1.100000e-03 6.000000e-04 1.000000e-04

$mids
 [1]  450  550  650  750  850  950 1050 1150 1250 1350

$xname
[1] "Nile"

$equidist
[1] TRUE

attr(,"class")
[1] "histogram"
```

이 내용을 한 번에 다 이해하려고 하지 말자. 일단 요점은 hist() 함수에서 그래프를 만들면서 여러 값을 가진 리스트를 반환한다는 것이다. 여기서 이 요소들은 히스토그램의 특성을 나타낸다. 예를 들면 break라는 요소는 히스토그램의 시작부터 끝까지를 몇 개의 도수로 나눴는지를 알려주고, counts라는 요소는 각 도수별 측정치를 가진다.

R을 디자인한 사람은 hist()에서 반환되는 모든 정보를 묶어 R 리스트로 만든 다음, 그래프를 만들어 R 명령어에서 $를 통해 이 정보에 접근하고 다룰 수 있게 하려고 했다.

간단히 hn이라고 이름을 입력하는 것으로도 이런 정보를 출력할 수 있다.

```
> hn
```

하지만 str() 명령어를 통해 리스트를 보다 간결하게 출력할 수 있다.

```
> str(hn)
List of 7
 $ breaks : num [1:11] 400 500 600 700 800 900 1000 1100 1200 1300 ...
 $ counts : int [1:10] 1 0 5 20 25 19 12 11 6 1
 $ intensities: num [1:10] 0.0001 0 0.0005 0.002 0.0025 ...
 $ density : num [1:10] 0.0001 0 0.0005 0.002 0.0025 ...
 $ mids : num [1:10] 450 550 650 750 850 950 1050 1150 1250 1350
 $ xname : chr "Nile"
 $ equidist : logi TRUE
 - attr(*, "class")= chr "histogram"
```

str은 구조structure를 뜻한다. 이 기능은 리스트뿐 아니라 모든 R 객체의 구조를 보여준다.

1.4.5 데이터 프레임

일반적인 데이터 세트는 여러 형식의 데이터를 포함한다. 예를 들어 employee 데이터 세트에서는 직원 이름 등의 문자열 데이터도 있지만, 월급 같은 숫자 데이터도 있다. 그러므로 50명의 직원에 각 직원당 4개의 변수를 갖는 데이터 세트라면 50 * 4 행렬로 보일 것이다. 이 경우 데이터 형이 섞여있기 때문에 R 같은 데서는 쓰일 수 없다.

이때는 행렬 대신 '데이터 프레임'을 사용할 수 있다. R에서 데이터 프레임은 일종의 리스트로서 각 리스트의 구성 요소는 데이터의 '행렬' 열에 해당하는 벡터가 된다. 데이터 프레임은 다음과 같이 간단하게 만들 수 있다.

```
> d <- data.frame(list(kids=c("Jack","Jill"),ages=c(12,10)))
> d
  kids ages
1 Jack 12
2 Jill 10
> d$ages
[1] 12 10
```

그러나 보통 데이터 프레임은 파일이나 데이터베이스에서 데이터 세트를 읽어 들일 때 생성된다.

데이터 프레임에 대해서는 5장에서 자세히 다룬다.

1.4.6 클래스

R은 객체지향 언어다. '객체'는 '클래스'의 인스턴스다. 클래스는 지금까지 봐왔던 데이터 형들보다 좀더 추상적이다. 여기서는 R의 S3 클래스를 활용한 개념에 대해 간단히 알아본다. 이 이름은 R에 영감을 준 S언어 버전 3에서 따왔다. R의 대부분은 이 클래스에서 왔으며 매우 간단하다. 이 클래스의 인스턴스는 간단한 R 리스트지만 '클래스 이름'이라는 추가 속성을 갖고 있다.

예를 들어 히스토그램을 그리는 hist() 함수의 그래프를 제외한 결과물은 break나 count같은 여러 요소를 갖는 리스트라는 것을 이전에 확인했다. 또한 여기에는 이 리스트의 클래스를 histogram이라고 명명하는 '속성'이 있다.

```
> print(hn)
$breaks
 [1]  400  500  600  700  800  900 1000 1100 1200 1300 1400

$counts
 [1]  1  0  5 20 25 19 12 11  6  1
...
...
attr(,"class")
[1] "histogram"
```

여기서 아마 궁금한 점을 발견했을 것이다. 'S3 클래스 객체가 그냥 리스트들이라면, 도대체 그게 왜 필요한 거지?' 그 이유는 이 클래스가 '제네릭 함수'에서 사용되기 때문이다. 제네릭 함수는 동일한 하나의 목적을 갖고 있지만 각각 다른 클래스에 적합하게 만들어진 함수의 집합을 말한다.

널리 사용되는 제네릭 함수에는 summary()가 있다. hist()같은 통계 함수를 사용하고 싶지만, 매우 방대한 양일지도 모르는 결과값을 어떻게 다뤄야 할지 정확히 모르는 R 사용자가 있을 것이다. 이때는 단순한 리스트는 아니지만, S3 클래스의 인스턴스인 결과값에 대해 간단히 summary() 함수를 호출할 수 있다.

결국 summary() 함수는 실제로는 각 클래스 객체들을 갖고 요약한 값을 만드는 함수의 집합이다. 어떤 결과값에 대해 summary() 함수를 호출하면, R은 해당 값의 클래스에 적합한 요약 함수를 찾고 이를 이용해 리스트로 된 친숙한 결과를 제공한다. 따라서 hist()의 결과에 summary()를 호출하면 이 함수를 통해 가공된 요약 결과를 만들어 준다. lm() 회귀분석 함수의 결과값에 summary()를 호출하면 이 함수에 적합한 요약 결과를 만들어 준다.

plot() 함수는 제네릭 함수의 또 다른 예다. plot() 함수는 어떤 R 객체에도 사용할 수 있다. R은 객체의 클래스에 기반한 플롯 함수를 찾아 줄 것이다.

클래스는 객체를 조직화하기 위해 사용된다. 제네릭 함수와 클래스를 이용하면 서로 다르지만 관련된 다양한 일을 처리하기 위한 코드를 유연하게 작성할 수 있다. 9장에서는 클래스를 보다 자세히 다룰 것이다.

1.5 확장 예제: 시험 성적을 회귀분석하기(1)

이번 예제에서 간단한 회귀분석을 해보겠다. 이 예제에서 실제로 프로그래밍할 일은 많지 않지만, R의 S3 객체를 비롯한 몇몇 데이터 형이 어떻게 사용되는지를 볼 수 있다. 또한 뒤에서 다룰 여러 프로그래밍 예제의 기초가 될 것이다.

예를 들어 여기에 1반의 성적이 기록된 ExamsQuiz.txt라는 파일이 있다고 가정해보자. 이 파일의 앞 몇 줄은 다음과 같다.

```
2    3.3   4
3.3  2     3.7
4    4.3   4
2.3  0     3.3
...
```

각각의 숫자는 0.4 단위로 각각의 학점에 매칭된다. 예를 들어 3.3은 B+인식이다. 각 줄은 한 학생에 대한 데이터로서 중간고사, 기말고사, 평균 퀴즈 점수가 기록돼 있다. 여기서 중간고사와 퀴즈의 학점으로 기말고사의 학점을 예측할 수 있는지 보는 것도 재미있을 것이다.

일단 데이터 파일을 읽어 들이자.

```
> examsquiz <- read.table("ExamsQuiz.txt",header=FALSE)
```

파일에는 각각의 학생들의 점수를 가리키는 변수에 대한 이름이 첫 줄에 기록돼 있지 않으므로, 함수 호출 시 header=FALSE라고 정의해 줬다. 이는 전에 이야기했던 함수의 기본 인수에 대한 예시이기도 하다. 사실 header 인수의 기본값은 원래 FALSE이므로 굳이 이렇게 명시해 줄 필요는 없지만, 이렇게 확실히 해두는 것이 좋다. read.table()에 대한 R의 온라인 도움말을 찾아 확인할 수 있다.

이제 데이터 파일의 내용은 R의 데이터 프레임 객체인 examsquiz에 기록됐다.

```
> class(examsquiz)
[1] "data.frame"
```

파일이 제대로 읽혔는지 체크하기 위해 앞 몇 줄만 확인해 보자.

```
> head(examsquiz)
V1 V2 V3
1 2.0 3.3 4.0
2 3.3 2.0 3.7
3 4.0 4.3 4.0
4 2.3 0.0 3.3
5 2.3 1.0 3.3
6 3.3 3.7 4.0
```

데이터의 이름이 지정돼 있지 않으므로 R에서 각 행에 V1, V2, V3라고 이름을 붙였다. 열 번호는 왼쪽에서 볼 수 있다. 데이터 파일에 Exam1같은 의미 있는 이름이 기록됐으면 더 좋았을 거라고 생각할 것이다. 이후 예제에서는 보통 각 이름을 정의해 줄 것이다.

그럼 exam1(examsquiz의 첫째 열)에서 exam2(둘째 열)를 예측해 보자.

```
lma <- lm(examsquiz[,2] ~ examsquiz[,1])
```

lm()(선형 모델) 함수를 호출해 R에서 아래의 예측 방정식을 만들자.

$$predicted\ Exam\ 2 = \beta_0 + \beta_1\ Exam\ 1$$

여기서 β_0과 β_1은 데이터를 통해 추정할 상수다. 다르게 말하자면 이 데이터에서 (exam1, exam2) 쌍으로 이뤄진 값을 직선에 최대한 맞출 것이다. 이때 고전적인 최소 제곱법을 사용해 계산할 것이다. 이에 대한 배경 지식이 없더라도 걱정할 필요는 없다.

examsquiz 데이터 프레임의 첫째 행인 exam1 전체는 examsquiz[,1]로 나타낼 수 있음을 기억하자. 첫 번째 기호를 생략한 것은 이 행 전체를 나타내겠다는 뜻이다. exam2 값도 비슷한 방법으로 표현할 수 있다. 그러므로 앞의 lm() 함수는 examsquiz의 첫 번째 행 값으로 둘째 행 값을 예측할 것이다.

데이터 프레임을 벡터를 원소로 가진 리스트로 생각해 다음과 같이 쓸 수도 있다.

```
lma <- lm(examsquiz$V2 ~ examsquiz$V1)
```

여기서 각 행은 이 리스트의 V1, V2, V3에 해당하는 요소다.

lm()의 결과는 lma라는 객체에 저장돼 있다. 이 객체는 lm 클래스의 인스턴스다. attribute()를 호출해 이 객체의 요소들을 확인할 수 있다.

```
> attributes(lma)
$names
```

```
[1] "coefficients"  "residuals"    "effects"      "rank"
[5] "fitted.values" "assign"       "qr"           "df.residual"
[9] "xlevels"       "call"         "terms"        "model"

$class
[1] "lm"
```

보통, 보다 자세한 수치를 확인하기 위해 str(lma)를 호출한다. β_i에 대한 추정치는 lma$coefficients에 저장돼 있다. 이런 이름을 프롬프트에 입력해 값을 출력할 수 있다.

또한 너무 짧아져서 이름이 모호해질 정도가 아니라면 각 요소 이름을 단축해 타이핑을 적게 하는 것도 가능하다. 예를 들어 리스트가 xyz, xywa, xbcde라는 요소로 이뤄졌다면, 두 번째와 세 번째 요소는 xyw와 xb로 축약해 사용할 수 있다. 이를 통해 다음처럼 입력하는 것도 가능하다.

```
> lma$coef
   (Intercept) examsquiz[, 1]
     1.1205209      0.5899803
```

lma$coefficients는 벡터로서 화면에 간단히 출력된다. 하지만 만약 lma 자체를 출력할 경우 어떤 결과가 나오는지 확인해 보자.

```
> lma

Call:
lm(formula = examsquiz[, 2] ~ examsquiz[, 1])

Coefficients:
   (Intercept)   examsquiz[, 1]
       1.121          0.590
```

R은 왜 이 내용 외의 lma의 다른 요소들은 출력하지 않을까? 답은 R이 제네릭 함수 중 하나인 print() 함수를 사용한다는 데에 있다. 제네릭 함수로서 print()는 lm 클래스 객체를 출력하는 print.lm() 함수가 동작하도록 할 뿐이고, 실제 이 함수가 동작한 값이 출력된다.

앞서 언급했던 제네릭 함수인 summary() 함수를 호출하면 lma의 내용을 보다 상세히 볼 수 있다. 이 함수는 내부에서 summary.lm() 함수를 호출해 회귀분석에 최적화된 요약 내용을 출력한다.

```
> summary(lma)

Call:
lm(formula = examsquiz[, 2] ~ examsquiz[, 1])

Residuals:
    Min       1Q  Median      3Q     Max
-3.4804 -0.1239  0.3426  0.7261  1.2225

Coefficients:
               Estimate Std. Error  t value  Pr(>|t|)
(Intercept)      1.1205     0.6375    1.758   0.08709 .
examsquiz[, 1]   0.5900     0.2030    2.907   0.00614 **
...
```

다른 많은 제네릭 함수 또한 이 클래스에 대해 정의돼 있다. lm()에 대한 더 자세한 내용은 온라인 도움말을 참고하자. R의 온라인 도움말 사용법은 1.7장에 있다.

exam1과 quiz 점수를 모두 이용해 exam2의 값을 예측하는 방정식을 추정하기 위해서는 + 기호를 사용한다.

```
> lmb <- lm(examsquiz[,2] ~ examsquiz[,1] + examsquiz[,3])
```

여기서 + 기호는 두 값의 합을 계산하는 뜻이 아님을 기억하자. 이는 예측 변수를 구분하는 기호로 사용될 뿐이다.

1.6 시작과 종료

다른 복잡한 프로그램들처럼 R의 구동방식 또한 시작 파일을 이용해 사용자 정의화할 수 있다. 게다가 R은 실행한 기록이나 결과물 같은 세션의 전체 혹은 일부를 저장할 수 있다. 만약 모든 R 세션을 시작할 때 실행됐으면 하는 R

명령어가 있다면, 그 명령어를 현재 R이 구동되는 디렉터리나 홈 디렉터리의 .Rprofile 파일에 넣어 놓으면 된다. 홈 디렉터리는 이 파일을 먼저 찾아 실행해 이 파일에서 특정 프로젝트별 사용자 프로파일을 사용할 수 있게 해준다.

예를 들어 R에서 edit() 함수를 호출했을 때, 사용할 텍스트 에디터를 설정하고 싶다면 .Rprofile 파일 안에 다음과 같은 한 줄을 입력하면 된다. 이는 리눅스 사용자일 때에 한해 적용된다.

```
options(editor="/usr/bin/vim")
```

R의 options() 함수는 다양한 설정을 수정할 수 있는 설정 변경에 사용된다. 사용중인 OS에 따라 '/' 혹은 '\'를 사용해 현재 쓰고 있는 에디터의 전체 패스를 입력할 수 있다.

다른 예제로 내가 집에서 사용하는 리눅스 머신의 .Rprofile에 다음과 같은 줄을 입력했다.

```
.libPaths("/home/nm/R")
```

이 줄은 내가 사용하는 모든 패키지가 저장된 디렉터리를 나의 R 패스에 자동으로 추가하는 내용이다.

많은 프로그램처럼 R은 현재 사용 중인 디렉터리를 쓰려는 경향이 있다. 이 디렉터리는 리눅스나 맥OS 사용자라면 보통 R을 구동할 때 사용 중인 디렉터리가 될 것이다. 윈도우의 경우에는 보통 '내문서' 폴더를 말한다. 이때 R 세션에서 다른 파일을 참조하려면, 해당 파일들이 이런 디렉터리에 포함돼 있어야한다. 그러므로 항상 다음과 같은 명령어를 사용해 현재의 디렉터리를 확인해야 한다.

```
> getwd()
```

또한 현재 사용하려는 디렉터리를 ""를 사용해 setwd() 명령어 안에 입력함으로써 현재 사용 중인 디렉터리를 변경할 수 있다. 예를 통해 알아보자.

```
> setwd("q")
```

이렇게 하면 현재 사용 중인 디렉터리가 q로 바뀐다.

인터랙티브 R 세션을 사용 중이라면, R은 실행한 명령어들을 기록할 것이다. 만약 R 세션 종료 시에 나오는 '사용 공간 이미지를 저장하겠습니까?'라는 질문에 '예'라고 답하면, R은 그 세션에 만들어진 모든 객체를 저장해 다음 세션 시작 시에 그 내용을 복구할 것이다. 시작 시점부터 종료 시점까지 한 모든 일을 새로 시작해 다시 할 필요가 없다는 뜻이다.

저장된 사용 공간은 R 세션을 호출한 디렉터리(리눅스)나 R을 설치한 디렉터리(윈도우)에 .Rdata라는 파일로 저장된다. 명령어를 기록하는 .Rhistory 파일을 통해 사용 공간이 어떻게 만들어졌는지도 기억해 낼 수 있다.

보다 빠르게 R을 시작하거나 종료할 때 vanilla 옵션을 적용해 R을 실행하면, 이런 파일들을 로딩하고 세션 내용을 끝에서 종료하는 단계를 건너뛸 수 있다.

```
R --vanilla
```

vanilla와 '모두 로딩하는 단계' 사이의 옵션들도 있다. 시작 파일에 대한 정보를 보다 자세히 알고 싶다면 다음과 같이 입력해 R의 온라인 도움말을 검색할 수도 있다.

```
> ?Startup
```

1.7 도움말 사용하기

R에 대해 더 배우고 싶다면 방대한 양의 리소스를 활용할 수 있다. R에 대한 다양한 기능들을 웹으로 제공하고 있다.

상당수는 R 내부에 문서화돼 있다. 여기서는 R의 내장 도움말 일부와 인터넷 도움말의 일부를 살펴 본다.

1.7.1 help( ) 함수

온라인 도움말을 보기 위해 `help()`를 호출한다. 예를 들어 `seq()` 함수에 대한 정보가 필요하면 다음과 같이 입력한다.

```
> help(seq)
```

`help()`의 단축키는 '?'다.

```
> ?seq
```

특수 문자와 일부 예약어들을 `help()` 함수에 사용할 때는 ""를 동시에 사용해야 한다. 예를 들어 <에 대한 도움말을 보기 위해서는 다음과 같이 입력하면 된다.

```
> ?"<"
```

for 반복문에 대한 온라인 도움말을 보고 싶다면 다음과 같이 입력한다.

```
> ?"for"
```

1.7.2 example( ) 함수

각 도움말에는 예제가 실려 있다. R의 매우 좋은 기능 중 하나는 `example()` 함수를 사용해 이 예제들을 실제로 실행해 볼 수 있음이다. 다음 예제를 보자.

```
> example(seq)

seq> seq(0, 1, length.out=11)
 [1] 0.0 0.1 0.2 0.3 0.4 0.5 0.6 0.7 0.8 0.9 1.0

seq> seq(stats::rnorm(20))
 [1]  1  2  3  4  5  6  7  8  9 10 11 12 13 14 15 16 17 18 19 20

seq> seq(1, 9, by = 2) #
[1] 1 3 5 7 9의 값이 나온다.
```

```
seq> seq(1, 9, by = pi)#
[1] 1.000000 4.141593 7.283185의 값이 나온다.

seq> seq(1, 6, by = 3)
[1] 1 4

seq> seq(1.575, 5.125,   [1] 1.575 1.625 1.675 [13] 2.175 2.225
2.275 [25] 2.775 2.825 2.875 [37] 3.375 3.425 3.475 [49] 3.975
4.025 4.075 [61] 4.575 4.625 4.675

seq> seq(17) #  [1] 1 2 3 4 5 6과 같다.
by=0.05)  1.725 1.775 1.825 1.875 1.925 1.975 2.025 2.325 2.375
2.425 2.475 2.525 2.575 2.625 2.925 2.975 3.025 3.075 3.125 3.175
3.225 3.525 3.575 3.625 3.675 3.725 3.775 3.825 4.125 4.175 4.225
4.275 4.325 4.375 4.425 4.725 4.775 4.825 4.875 4.925 4.975 5.025
1:17 7 8 910111213141516117
```

seq() 함수는 산술적 방법을 통해 다양한 방법의 숫자 배열을 생성한다. R에서 example(seq)를 실행하면 몇 개의 예제가 정말로 눈 앞에서 실행되는 것을 볼 수 있다.

이게 그래픽의 경우 얼마나 유용한지 상상해보자. R의 근사한 그래픽 함수에 대해 보고 싶다면, example() 함수가 '그래픽'의 사례를 보여줄 것이다. 쉽게 멋진 예제를 보고 싶다면, 다음과 같이 명령어를 입력해 보자.

```
> example(persp)
```

이 명령어를 통해 persp() 함수의 예제 그래프들을 볼 수 있다. 이 중 하나는 그림 1-2와 같다. 다음 것을 보고 싶다면 R 콘솔에서 엔터 키를 입력한다. 각 예제의 코드는 콘솔에서 보여지므로 각 변수의 값을 바꿔 실행해 볼 수도 있다.

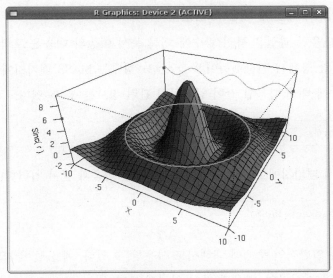

그림 1-2 persp() 예제 일부

1.7.3 무엇을 찾는지 정확하게 모르는 경우

R의 문서를 구글 검색처럼 검색하려면 `help.search()` 함수를 사용하면 된다. 예를 들어 다변량 정규 분포 식을 통한 변수를 무작위로 생성하는 함수가 필요하다고 하자. 이 경우 다음과 같이 검색할 수 있다.

```
> help.search("multivariate normal")
```

이 경우 나온 답변의 일부만 발췌하면 다음과 같다.

```
mvrnorm(MASS)        Simulate from a Multivariate Normal
                     Distribution
```

`mvrnorm()`이라는 함수가 이런 일을 해 줄 것이고, 이 함수는 MASS 패키지에 있음을 알 수 있다.

`help.search()`의 단축키 역시 '?'를 갖고 사용한다.

```
> ??"multivariate normal"
```

1.7.4 다른 주제들에 대한 도움말

R의 내부 도움말 파일은 특정 함수에 대해 문서 이상의 내용을 포함하고 있다.
예를 들어 앞 장에서 언급했듯이 mvrnorm() 함수는 MASS 패키지에 포함돼 있
다. 이 함수에 대해 다음과 같이 입력하면 관련 정보를 볼 수 있다.

```
> ?mvrnorm
```

또한 전체 패키지에 대한 내용을 보고 싶다면 다음과 같이 입력한다.

```
> help(package=MASS)
```

도움말은 일반적인 주제에 대해서도 사용할 수 있다. 예를 들어 파일 관련 내
용에 대해 알고 싶다면, 다음과 같이 입력해 보자.

```
> ?files
```

이 경우 file.create() 같은 파일을 다루는 많은 함수에 대한 정보를 얻을
수 있다.

몇몇 다른 주제들은 다음과 같다.

```
Arithmetic
Comparison
Control
Dates
Extract
Math
Memory
NA
NULL
NumericaConstants
Paren
Quotes
Startup
Syntax
```

특정 주제를 염두에 두지 않더라도 검색해 보면 도움이 될 것이다.

1.7.5 배치 모드에서 도움말

OS의 쉘에서 명령어를 바로 입력 가능한 배치 모드가 있다는 사실을 기억해보자. 이 경우 도움말을 사용하려면 다음과 같이 입력한다.

```
R CMD command --help
```

예를 들어 INSTALL 명령어와 관련된 모든 옵션(부록 B에 소개됨)을 알고 싶다면, 다음과 같이 입력하자.

```
R CMD INSTALL --help
```

1.7.6 인터넷 도움말

인터넷에는 R 관련 훌륭한 정보가 많다. 몇 개만 제시하면 다음과 같다.

- R 홈페이지의 R 프로젝트 도움말: http://www.r-project.org/에서 'Manuals'를 클릭한다.
- R 홈페이지의 다양한 R 검색 엔진. 'Search'를 클릭한다.
- sos 패키지는 R 문서에 대한 매우 정교한 검색을 제공한다. R 패키지를 설치하는 방법은 부록 B를 참고한다.
- RSeek 검색 엔진: http://www.rseek.org/
- R 리스트 서버의 r-help에 직접 R 관련 질문을 올릴 수 있다. R 리스트 서버 관련 정보는 http://www.r-project.org/main.html에서 얻을 수 있다. 이때 다양한 인터페이스를 사용 가능한데, 나는 개인적으로는 Gmane을 좋아한다(http://www.gmane.org).

R은 이름이 한 글자여서 구글 같은 일반적 검색 엔진에서 검색하기가 어렵다. 다만 적용해 볼 수 있는 몇 가지 트릭이 있다. 그중 하나는 구글에서 파일 유형을 설정하는 것이다. .R로 끝나는 파일인 순열 관련 R 스크립트를 검색하고 싶다면 다음과 같이 입력한다.

```
filetype:R permutations -rebol
```

-rebol은 구글에서 'rebol'이라는 단어가 들어간 페이지를 제외하고 검색하게 한다. REBOL 프로그램 언어가 같은 파일 확장명을 갖고 있기 때문이다.

종합 R 아카이브 네트워크(Comprehensive R Archive Network, CRAN, http://cran.r-project.org/)는 사용자가 제공하는 R 코드의 저장소로서 구글에서 검색하기 좋은 단어다. 예를 들어 'lm CRAN'을 검색하면 R의 lm() 함수 관련 문서들을 찾을 수 있다.

벡터

R의 기본 데이터 타입은 벡터다. 이에 대해서는 이미 1장에서 몇 가지 예제를 통해 확인했지만, 여기서 보다 자세하게 알아보자. C 계열 언어와 달리, 각 숫자값은 각기 다른 데이터 타입을 가질 수 없지만 벡터에서는 특수한 케이스들이 있음을 알게 될 것이다. 그러나 행렬은 C 계열 언어와 마찬가지로 벡터의 특수한 케이스다.

2장에서는 아래의 주제들에 대해 주로 다룬다.

- **재사용** 임의의 설정을 통한 벡터의 자동 길이 조정
- **필터링** 벡터의 부분집합 추출
- **벡터화** 함수가 벡터의 각 원소 단위로 적용되는 부분

모든 기능은 R 프로그래밍 중심으로 돼 있으며, 뒤에서도 2장의 내용을 종종 참고할 것이다.

2.1 스칼라, 벡터, 배열, 행렬

많은 프로그래밍 언어에서, 벡터 변수는 한 개의 숫자로 이뤄진 변수인 스칼라와는 다르게 취급된다. 다음 C코드를 보자.

```
int x;
int y[3];
```

여기서는 컴파일러가 x라는 하나의 정수와 y라는 3개의 원소로 이뤄진 정수형 배열(R의 벡터 유형과 유사한 C 용어)을 위한 공간을 할당하도록 요청한다. 그러나 R에서는 실제로 숫자의 경우 하나의 원소를 가진 벡터형으로 취급되기 때문에 실제로 '숫자값' 같은 것은 존재하지 않는다.

R의 변수형은 '형식mode'으로 불린다. 1장에서 벡터의 모든 원소들은 정수형, 숫자형(소수점이 붙은 숫자들), 문자(혹은 문자열), 논리형(불형), 복소수형 같은 형식을 가진다는 사실을 기억해 보자. 현재 프로그램에서 사용중인 x라는 변수의 형식은 typeof(x)를 호출해 확인할 수 있다.

C나 파이썬 같은 알골 계열 언어에서 사용하는 벡터의 인덱스와 달리, R의 벡터 인덱스는 1부터 시작한다.

2.1.1 벡터에 원소 추가/삭제하기

벡터는 C의 배열처럼 저장되므로 파이썬에서 사용하는 것처럼 원소를 추가하거나 삭제할 수 없다. 벡터의 크기는 처음 만들어질 때 정해진다. 만약 원소를 추가하거나 삭제하고 싶다면, 벡터를 새로 할당해야 한다.

한 예로 다음과 같이 4개의 원소로 이뤄진 벡터의 가운데에 새 원소를 추가해 보자.

```
>x<- c(88,5,12,13)
> x <- c(x[1:3],168,x[4]) # 13 앞에 168을 넣음
>x
[1]  88   5  12 168  13
```

이 예제에서 4개의 원소를 가진 벡터를 먼저 만든 후 그것을 x에 할당했다. 새로운 숫자 168을 세 번째와 네 번째 원소 사이에 넣기 위해 x의 처음 세 원소를 묶고, 거기에 168과 x의 네 번째 원소를 연결했다. 이렇게 x를 전혀 변경하지 않은 채 새로운 5개의 원소를 가진 벡터를 생성했다. 그리고 새롭게 만들어진 벡터를 x에 할당했다.

결과적으로 변수 x에 저장된 벡터는 변경된 것처럼 보이지만, 실제로는 '새롭게 만든' 벡터를 x에 저장한 것이다. 이 차이는 미미해 보이지만 여러 의미를 갖고 있다. 14장에서 알아보겠지만, 어떤 경우 이는 R의 빠른 성능을 제한하는 요인이 될 수 있다.

> **노트** C를 알고 있는 독자를 위해 설명하자면, 내부적으로 x는 실제 포인터다. 값을 재할당한 이유는 x가 새로 만들어진 벡터를 가리키도록 하기 위해서다.

2.1.2 벡터의 길이 파악하기

length() 함수를 이용해 벡터의 길이를 파악할 수 있다.

```
>x<- c(1,2,4)
>length(x)
[1] 3
```

이 예에서 이미 x의 길이를 알고 있으므로 군이 찾아 볼 필요는 없다. 하지만 일반적인 함수 코드를 작성하다 보면, 벡터 변수의 길이를 알아야 할 때가 종종 있다.

예를 들어 값이 들어 있음이 분명한 벡터 변수에서 1이 처음 나오는 위치를 찾아야 하는 함수가 필요하다고 가정해 보자. 이에 대해 다음과 같이 코드를 작성할 수 있다. 그렇다고 이 방법이 반드시 효율적인 건 아니다.

```
first1<- function(x) {
    for (i in 1:length(x)) {
        if (x[i] == 1) break # 반복문 밖으로 빠져 나와서 return(i) 실행
```

```
    }
    return(i)
}
```

length() 함수를 사용하지 않으면 first1()이라는 함수에서 x의 길이를 정의하는 n이라는 두 번째 변수를 추가로 정의해 줘야 한다.

이 경우 다음과 같은 반복문은 동작하지 않음을 기억하자.

```
for (n in x)
```

이렇게 접근할 경우 원하는 원소의 인덱스를 검색 못하는 문제가 발생한다. 따라서 이 경우 x의 길이를 계산하는 반복문을 사용해야 한다.

주의할 점 또 하나가 있다. 반복문은 length(x)가 0인 경우가 있을 수 있으므로 조심해 코딩해야 한다. 다음과 같이 for 반복문에 1:length(x)를 사용했을 경우 어떻게 되는지 살펴보자.

```
>x<- c()
>x
NULL
>length(x)
[1] 0
>1:length(x)
[1] 1 0
```

이 반복문의 i는 1의 값을 가졌다가 0의 값을 가지므로, 벡터 x가 비어 있는 경우에는 우리가 원하는 대로 동작하지 않는다.

이를 위한 안전한 방법으로 seq()라는 고급 R 함수를 사용하는 방법이 있다. 이는 2.4.4장에서 살펴본다.

2.1.3 행렬과 배열을 벡터처럼 사용하기

알고 있듯이 배열과 행렬(및 리스트)은 사실 벡터다. 추가 클래스 속성을 갖고 있을 뿐이다. 예를 들어 행렬은 행과 열의 수를 갖고 있다. 3장에서 보다 자세히 소개하겠지만, 배열이나 행렬은 사실 벡터다. 벡터에 대해 소개한 내용들이 배열이나 행렬에도 모두 적용된다는 것은 매우 중요한 사실이다.

다음 예제를 살펴보자.

```
> m
   [,1] [,2]
[1,]    1    2
[2,]    3    4
>m + 10:13
   [,1] [,2]
[1,]   11   14
[2,]   14   17
```

2-2 행렬 m은 세로 방향으로 (1,3,2,4)의 4개의 원소를 가진 벡터로 저장된
다. 그래서 여기에 (10, 11, 12, 13)을 더하면 (11, 14, 14, 17)이 된다. 하지만
R은 현재 행렬 연산 중임을 기억하기 때문에 예제에서도 나오듯이 다시 2-2
행렬로 결과값을 보여 준다.

2.2 선언

일반적으로 컴파일이 필요한 언어는 인터프리터나 컴파일러에 변수가 있음을
알려주기 위해 변수 사용 전에 이를 '선언'해 줄 필요가 있다. 다음 C의 경우를
보자.

```
int x;
int y[3];
```

파이썬이나 펄 등 대부분의 스크립트 언어와 마찬가지로, R에서도 변수를 선
언할 필요는 없다. 다음의 코드를 살펴보자.

```
z <- 3
```

이 코드에서 이전에 z에 대해 전혀 언급하지 않아도 문법적으로 완벽하다.
이는 또한 통용되는 방식이기도 하다.

그러나 벡터의 특정 원소를 언급하고 싶다면, 그 내용을 미리 R에 알려줘야한다. 예를 들어 y가 5와 12라는 두 값을 가진 벡터를 만들어 보자. 다음처럼 만들면 동작하지 않을 것이다.

```
> y[1] <- 5
> y[2] <- 12
```

그 대신 다음과 같이 y를 먼저 생성해 줘야 한다.

```
> y <- vector(length=2)
> y[1] <- 5
> y[2] <- 12
```

다음 코드 역시 동작한다.

```
> y <- c(5,12)
```

이 방식도 역시 가능하다. 이는 오른쪽에서 먼저 새 벡터를 생성한 후 y에 연결해 준 것이다.

R에서 y[2]처럼 바로 값을 적용하는 표현을 쓸 수 없는 이유는 R의 함수형 언어의 특성에서 기인한다. 개별 벡터 원소를 읽고 쓰는 것은 실질적으로는 함수가 처리한다. R이 y가 벡터라는 것을 모르고 있다면, 이 함수들은 어떤 동작도 하지 않는다.

값을 연결한다는 면에서 볼 때 변수를 선언하지 않으므로 형식에 제한도 없다. 따라서 다음 예제를 순차적으로 실행해도 완벽하게 돌아간다.

```
> x <- c(1,5)
> x
[1] 1 5
> x <- "abc"
```

우선 x는 숫자 함수와 연결됐다가 다시 문자열과 연결된다. C/C++ 프로그래머를 위해 다시 한번 얘기하자면, x는 포인터일 뿐이므로 서로 다른 시간대에 서로 다른 객체를 가리킬 수 있다.

2.3 재사용

두 벡터를 사용하는 연산을 할 때 각각의 길이가 같아야 한다면, R은 자동으로 더 짧은 쪽을 재사용하거나 혹은 반복 사용해 긴 쪽에 맞추도록 한다. 다음 예제를 보자.

```
> c(1,2,4) + c(6,0,9,20,22)
[1]  7  2 13 21 24
Warning message:
longer object length
   is not a multiple of shorter object length in: c(1, 2, 4) +
   c(6, 0, 9, 20, 22)
```

더 짧은 벡터는 재사용돼 실제로는 다음과 같이 수행됐다.

```
> c(1,2,4,1,2) + c(6,0,9,20,22)
```

다음 예제는 보다 복잡하다.

```
> x
     [,1] [,2]
[1,]    1    4
[2,]    2    5
[3,]    3    6
> x+c(1,2)
     [,1] [,2]
[1,]    2    6
[2,]    4    6
[3,]    4    8
```

행렬이 긴 벡터라는 사실을 다시 한번 상기하자. x는 3-2 행렬이지만, 이 역시 R에서 열 순서로 저장된 6개의 원소로 이뤄진 벡터다. 저장 관점에서 보자면, x는 c(1,2,3,4,5,6)과 같다. 이 6개의 원소로 이뤄진 벡터에 원소가 2개인 벡터를 더했으므로, 더해진 벡터는 두 번 더 반복돼 6개의 원소가 된다. 이는 곧 다음과 같이 했다는 뜻이다.

```
x + c(1,2,1,2,1,2)
```

더불어 c(1,2,1,2,1,2)는 더해지기 전에 벡터에서 x와 같은 형태의 행렬로 변환된다.

```
1 2
2 1
1 2
```

결국 결과는 다음을 계산한 것과 같다.

$$\begin{pmatrix} 1 & 4 \\ 2 & 5 \\ 3 & 6 \end{pmatrix} + \begin{pmatrix} 1 & 2 \\ 2 & 1 \\ 1 & 2 \end{pmatrix}$$

2.4 일반 벡터 연산

그럼 벡터와 관련된 일반 연산들을 살펴보자. 이 장에서 벡터의 산술 및 논리 연산, 벡터 인덱싱, 벡터 생성에 대한 몇 가지 유용한 방법을 소개하겠다. 그 후 이런 연산을 사용하는 두 개의 확장 예제를 살펴 볼 것이다.

2.4.1 벡터의 산술 및 논리 연산

R은 함수형 언어다. 다음 예제에 나오는 + 같은 기호도 실제로는 함수다.

```
> 2+3
[1] 5
> "+"(2,3)
[1] 5
```

스칼라는 하나의 원소로 이뤄진 벡터이므로 벡터끼리도 더할 수 있다. 이때 + 연산은 원소 단위로 이뤄진다.

```
> x <- c(1,2,4)
> x + c(5,0,-1)
[1] 6 2 3
```

선형대수에 익숙한 사람이라면 다음과 같이 두 벡터를 곱했을 때에 어떤 결과가 나타나는지를 확인하면 아마 당황할 것이다.

```
> x * c(5,0,-1)
[1]  5  0 -4
```

하지만 * 함수의 적용 방식 때문에 원소 대 원소 단위로 곱셈이 이뤄진다는 것을 기억해야 한다. 처음 결과값 (5)는 x의 첫 번째 원소 (1)과 c(5,0,1)의 첫 번째 원소 (5)의 곱으로 나온 결과이고, 다른 값도 마찬가지다.

다른 산술 연산 역시 마찬가지 방식으로 이뤄진다. 다음 예제를 보자.

```
> x <- c(1,2,4)
> x / c(5,4,-1)
[1]  0.2  0.5 -4.0
> x %% c(5,4,-1)
[1] 1 2 0
```

2.4.2 벡터 인덱싱

R에서 가장 중요하고 자주 사용되는 연산 중 하나가 벡터 인덱싱이다. 이 기능은 벡터의 특정 위치에 있는 원소들을 뽑아내 다른 벡터를 생성한다든가 할 때 유용하다. 형식은 vector1[vector2]로, vector1의 vector2의 인덱스에 해당하는 원소들을 뽑아낸다.

```
> y <- c(1.2,3.9,0.4,0.12)
> y[c(1,3)]   #y의 1번째, 3번째 원소를 골라냄
[1] 1.2 0.4
> y[2:3]
[1] 3.9 0.4
> v <- 3:4
> y[v]
[1] 0.40 0.12
```

이때 중복 가능함을 기억해 두자.

```
> x <- c(4,2,17,5)
> y <- x[c(1,1,3)]
> y
[1]  4  4 17
```

인덱스를 음수로 표시하는 것은 해당 위치의 원소만 결과에서 제거하고 싶다는 뜻이다.

```
> z <- c(5,12,13)
> z[-1]    # 1번째 원소 제외
[1] 12 13
> z[-1:-2]   # 1부터 2번째까지의 원소 제외
[1] 13
```

이런 기능을 활용할 때 length() 함수가 종종 유용하게 사용된다. 예를 들어 z라는 벡터에서 마지막 원소를 제외한 모든 원소를 추출하고 싶다고 하자. 이 때는 다음과 같이 코드를 작성하면 된다.

```
> z <- c(5,12,13)
> z[1:(length(z)-1)]
[1] 5 12
```

아니면 다음과 같이 더 간단하게 할 수도 있다.

```
> z[-length(z)]
[1] 5 12
```

이 방법은 z[1:2]같이 쓰는 것보다 보편적인 방법이다. 프로그램들은 길이가 2인 벡터만 다루지 않을 것이므로, 두 번째 접근 방법이 보다 보편적이다.

2.4.3 연산자로 유용한 벡터 생성하기

벡터를 생성하는 데에 유용하게 사용되는 몇 가지 R 연산자가 있다. 이 중 1장에서 소개했던 :연산자를 알아보자. 이는 일정 범위의 숫자로 이뤄진 벡터를 만들어 준다.

```
> 5:8
[1] 5 6 7 8
> 5:1
[1] 5 4 3 2 1
```

다음과 같은 반복문을 이 장 앞쪽에서도 사용했음을 기억할 것이다.

```
for (i in 1:length(x)) {
```

연산자를 여러 개 사용할 경우 순서에 신경써야 한다.

```
> i <- 2
> 1:i-1  # (1:i) - 1의 뜻으로, 1:(i-1)이 아님
[1] 0 1
> 1:(i-1)
[1] 1
```

1:i-1에서 :은 -연산보다 우선한다. 그러므로 1:i가 먼저 실행돼 1:2가 된다. 그후 이 식에서 1을 빼게 된다. 이 경우 2개의 원소를 가진 벡터에서 1개의 원소를 가진 벡터를 빼는 것으로, 벡터가 반복 사용된다. 원소 1개의 벡터 (1)은 1:2와 같은 길이인 (1,1)로 확장되고, 원소별 계산이 이뤄지면서 벡터 (0,1)이 도출된다.

반면 1:(i-1)의 경우는 괄호가 :보다 우선한다. i에서 1을 빼게 되므로 예제 하단의 결과로서 1:1이 나온 것을 알 수 있다.

> **노트** R의 연산자 순서에 대한 모든 정보는 도움말 페이지에서 확인할 수 있다. 프롬프트에서 ?Syntax라고 입력하면 된다.

2.4.4 seq()를 이용해 벡터 순서 생성하기

:를 일반화한 함수는 seq() 혹은 sequence로, 산술연산을 통해 순서를 만든다. 예를 들어 3:8은 각 원소가 1씩 차이 나는(4 - 3 = 1, 5 - 4 = 1 등) 벡터 (3,4,5,6,7,8)를 만들어 내는 것처럼, 다음처럼 하면 3씩 차이가 나는 것도 만들 수 있다.

```
>seq(from=12,to=30,by=3)
[1] 12 15 18 21 24 27 30
```

간격은 0.1처럼 꼭 정수가 아니어도 가능하다.

```
>seq(from=1.1,to=2,length=10)
[1] 1.1 1.2 1.3 1.4 1.5 1.6 1.7 1.8 1.9 2.0
```

seq()를 유용하게 사용하는 방법 중 하나는 2.1.2장에서 이미 언급했던 것처럼 빈 벡터를 처리할 때 쓰는 것이다. 앞서 우리는 다음과 같이 시작하는 반복문을 사용했다.

```
for (i in 1:length(x))
```

이 경우 x가 비어 있다면 반복은 한 번도 일어나지 않을 것이다. 하지만 실제로는 1:length(x)로부터 (1,0)이 생성되기 때문에 두 번 실행된다. 이 문장은 다음과 같이 수정할 수 있다.

```
for (i in seq(x))
```

이게 어떻게 작동하는 지 seq()를 간단하게 테스트해 보자.

```
> x <- c(5,12,13)
> x
[1]  5 12 13
> seq(x)
[1] 1 2 3
> x <- NULL
> x
NULL
> seq(x)
integer(0)
```

seq(x)로부터 x가 비어있지 않을 때는 1:length(x)와 같은 결과를 보여주고, x가 비어 있는 경우 NULL 값을 생성하므로 앞 예제의 반복문을 한 번도 실행하지 않는다.

2.4.5 rep()을 이용해 숫자 반복 벡터 만들기

rep() 혹은 repeat 함수는 긴 벡터에 손쉽게 같은 숫자로 채워준다. rep(x,times)로 호출하면, times * length(x) 개의 원소로 채워진 벡터가 생성된다. x가 times만큼 복제되는 것이다. 다음 예제를 보자.

```
> x <- rep(8,4)
> x
[1] 8 8 8 8
> rep(c(5,12,13),3)
[1]  5 12 13  5 12 13  5 12 13
> rep(1:3,2)
[1] 1 2 3 1 2 3
```

each라는 인수는 약간 특이한 행동을 하게 한다. x를 복사해 사이사이에 끼워 넣는 것이다.

```
> rep(c(5,12,13),each=2)
[1]  5  5 12 12 13 13
```

2.5 all()과 any() 사용하기

any()와 all() 함수는 편리한 축약식이다. 이 함수들은 일부 혹은 모든 인수가 TRUE인지 알려준다.

```
> x <- 1:10
> any(x > 8)
[1] TRUE
> any(x > 88)
[1] FALSE
> all(x > 88)
[1] FALSE
> all(x > 0)
[1] TRUE
```

예를 들어 R이 다음 내용을 수행했다고 하자.

```
> any(x > 8)
```

일단 x > 8인지 검사하고 다음과 같은 결과를 낼 것이다.

```
(FALSE,FALSE,FALSE,FALSE,FALSE,FALSE,FALSE,FALSE,TRUE,TRUE)
```

any() 함수는 각각의 값이 TRUE인지 알려준다. all() 함수는 유사하게 동작하나 모든 값에 대해 TRUE가 맞는지 알려준다.

2.5.1 확장 예제: 1이 연달아 나오는 부분 찾기

1과 0으로만 이뤄진 벡터에서 1이 연달아 나오는 부분을 찾고 싶다고 가정하자. 예를 들어 (1,0,0,1,1,1,0,1,1) 벡터에는 4번째부터 3의 길이로 연달아 나오고, 1이 2번 나오는 부분을 찾으면 4, 5, 8번째다. 그럼 직접 만든 함수인 findruns(c(1,0,0,1,1,1,0,1,1), 2)를 실행해 (4,5,8)이 나오는지 보자. 다음의 코드를 보자.

```
1 findruns <- function(x,k) {
2    n <- length(x)
3    runs <- NULL
4    for (i in 1:(n-k+1)) {
5       if (all(x[i:(i+k-1)]==1)) runs <- c(runs,i)
6    }
7    return(runs)
8 }
```

5번째 줄에서 x[1]부터 시작해 k에 따라서 변해가는 x[1], x[1+1], ..., x[1+k-1]의 모든 값들이 1인지를 확인한다. x[1:(1+k-1)]는 x의 값 중 확인해야 하는 범위를 정해 주고, all()은 이 범위 내에서 연속돼 나오는 부분이 있는지 확인해 준다.

그럼 테스트해 보자.

```
> y <- c(1,0,0,1,1,1,0,1,1)
> findruns(y,3)
[1] 4
```

```
> findruns(y,2)
[1] 4 5 8
> findruns(y,6)
NULL
```

이전 코드에서 all()을 제대로 사용했다고 해도, runs라는 벡터를 만드는 것 자체는 그다지 좋은 선택이 아니다. 벡터 할당은 소모적인 작업이다. 다음 코드는 c(runs, 1)이라는 새 벡터를 매번 할당해 전체 실행 속도를 느리게 만든다. 즉 새 벡터를 runs에 할당하는 것과는 무관하다. 벡터 메모리 공간 할당은 여전히 실행되고 있다.

```
runs<- c(runs,i)
```

반복문이 짧게 실행될 경우에는 별 문제가 없을 것이다. 하지만 애플리케이션의 성능이 문제가 된다면, 보다 나은 방법을 사용할 수 있다.

한 가지 방법은 다음과 같이 메모리 공간을 미리 할당하는 것이다.

```
1  findruns1 <- function(x,k) {
2     n <- length(x)
3     runs <- vector(length=n)
4     count <- 0
5     for (i in 1:(n-k+1)) {
6        if (all(x[i:(i+k-1)]==1)) {
7           count <- count + 1
8           runs[count] <- i
9        }
10    }
11    if (count > 0) {
12       runs <- runs[1:count]
13    } else runs <- NULL
14    return(runs)
15 }
```

코드의 3번째 줄에서 길이가 n인 벡터 공간을 미리 할당했다. 이렇게 해서 반복문 내에서 매번 새로 공간을 할당하는 것을 피할 수 있다. 단지 8번째 줄에서 runs를 채우면 된다. 함수를 끝내기 전에 코드의 12번째 줄에서 runs를 재정의하면서 벡터에서 사용되지 않는 부분을 제거한다.

이런 식으로 첫 번째 버전의 코드에 비해, 메모리 할당 작업을 2번으로 최대한 크게 줄일 수 있다.

정말로 빠른 속도가 필요하다면, 이를 C로 작성하는 방안도 고려해 볼 수 있다. 이런 내용에 대해서는 14장에서 다룰 것이다.

2.5.2 확장 예제: 이산적 시계열값 예측하기

매 시간 단위마다 0 혹은 1 값을 갖는 데이터가 있다고 가정해 보자. 구체적으로 이것이 기상데이터라 하자. 비가 오면 1 값을 갖고, 비가 오지 않으면 0 값을 갖는다. 최근 비가 왔든 오지 않았든 상관없이 내일 비가 올지 여부를 예측한다고 하자. 정확하게 어떤 수 k에 대해, 지난 k일의 기상 기록을 기반으로 해 내일의 날씨를 예측할 것이다. 여기서는 다수결의 원칙을 사용할 것이다. 만약 이전 k 기간 동안 최소 k/2의 값이 1이었다면 1로, 아닌 경우 0으로 예측한다. 예를 들어 k = 3이고 지난 세 기간 동안의 데이터가 1,0,1이라면 다음 기간의 값은 1이라고 예측한다.

하지만 k 값은 어떻게 고를 것인가? 만약 너무 작은 값을 고른다면, 예측할 때 사용하는 값이 너무 작아진다. 너무 큰 값을 고른다면 너무 먼 과거의 값으로 미래 값을 예측하게 되기 때문에 신뢰성이 떨어질 것이다.

이런 문제에 대한 일반적인 대처 방안은 트레이닝 세트training set로 불리는 이미 알려진 데이터를 이용해, k 값이 어떤 경우 가장 성능이 좋은지 확인해 보는 것이다.

500일의 기상 데이터를 갖고 k = 3이라고 가정해 보자. k 값을 통한 예측 능력을 판단하기 위해, 이전 3일의 데이터로 매일의 날씨를 예측해 보고 실제 값과 비교해 보는 것이다. 이를 통해 k = 3일 때의 오차율을 구할 수 있다. k = 1, k = 2, k = 4 등 만족할 수 있는 k의 최대값까지에 대해서도 같은 식으로 반복한다. 그리고 가장 예측율이 좋았던 k에 대해 이후의 예측을 수행한다.

이 경우 R 코드는 어떻게 작성할까? 직관적으로는 다음과 같이 접근해 볼 수 있다.

```
1  preda <- function(x,k) {
2      n <- length(x)
3      k2<- k/2
4      # pred 벡터에 예측값이 들어 있다.
5      pred <- vector(length=n-k)
6      for (i in 1:(n-k)) {
7          if (sum(x[i:(i+(k-1))]) >= k2) pred[i] <- 1 else pred[i]
8              <- 0
9      }
10     return(mean(abs(pred-x[(k+1):n])))
11 }
```

이 코드의 핵심은 7번째 줄이다. 여기서 우리는 1, ..., i+k-1일의 k개의 데이터로 k+i일의 데이터를 예측한다. 이때 예측 결과는 pred[i]에 저장된다. 그러므로 이 기간 동안 1이 몇 번 나왔는지 세어야 한다. 0과 1로만 된 데이터를 사용하므로, 1의 개수는 이 기간의 x[j]의 데이터를 모두 더하면 되고, 이 값은 다음과 같이 간단하게 얻을 수 있다.

```
sum(x[i:(i+(k-1))])
```

sum()과 벡터 인덱싱은 반복문을 사용하지 않고 이런 계산을 간단하게 하도록 도와주므로, 코드를 더 단순하고 빠르게 만들게 해준다. 이는 R의 대표적인 장점이다.

9번째 줄에서도 이런 특성을 볼 수 있다.

```
mean(abs(pred-x[(k+1):n]))
```

여기서 pred는 예측 값이 들어 있고, x[(k+1):n]은 예측한 날짜에 대한 실제 값이 들어 있다. 첫 번째 값에서 두 번째 값을 빼면 0, 1, -1 중 한 값이 나올 것이다. 여기서 1이나 -1의 실제 값은 1인데 0으로 예측했거나, 반대의 경우에 발생하는 오차다. 이 값에 abs() 함수를 사용해 절대값을 취하면 0이나 1이 나오는데, 후자의 경우는 오류가 발생한 경우다.

이런 식으로 어느 날에 오류가 발생하는지 알 수 있다. 그럼 이제 오차율을 계산하는 것이 남았다. 0과 1로 된 데이터의 평균은 1의 비율과 같다는 수학적 사실을 활용해 mean() 함수를 통해 이를 구할 것이다. 이 방법은 R에서 보통 사용되는 트릭이다.

위에서 preda() 함수를 꽤 간단히 구현했고, 그래서 코드가 단순하고 함축적이다. 단 이 경우 느려질 가능성이 있다. 이를 개선하기 위해 2.6장에서 다룰 반복문의 벡터화를 사용할 수 있다. 하지만 이 방법이 속도 문제에 가장 큰 장애물인 중복 연산을 해결해 주지는 않는다. 반복문에서 연속적으로 봤을 때, 두 벡터값으로 인한 차이를 계산하기 위해 sum()이 매번 호출된다. k가 매우 작은 경우가 아니라면 이는 속도를 매우 느리게 할 수 있다.

그러므로 이전에 계산된 값을 활용할 수 있도록 코드를 다시 작성해 보자. 매번 반복문 실행 시, 새로 덧셈을 하는 대신에 이전에 더한 값을 갱신할 것이다.

```
1 predb <- function(x,k) {
2     n <- length(x)
3     k2<- k/2
4     pred <- vector(length=n-k)
5     sm <- sum(x[1:k])
6     if (sm >= k2) pred[1] <- 1 else pred[1] <- 0
7     if (n-k >= 2) {
8        for (i in 2:(n-k)) {
9            sm <- sm + x[i+k-1] - x[i-1]
10           if (sm >= k2) pred[i] <- 1 else pred[i] <- 0
11       }
12    }
13    return(mean(abs(pred-x[(k+1):n])))
14 }
```

이 코드에서 가장 중요한 부분은 9번째 줄이다. 이 줄에서는 sm이란 변수에 가장 오래된 원소의 값인 x[i-1]을 빼고 새 데이터인 x[i+k-1]을 더해 값을 갱신한다.

이 문제는 벡터의 누적합을 구해 주는 R 함수인 cumsum()을 사용해 접근할 수도 있다. 다음 예제를 보자.

```
> y <- c(5,2,-3,8)
> cumsum(y)
[1]  5  7  4 12
```

여기서 y의 누적합은 5 = 5, 5 + 2 = 7, 5 + 2+ (-3) = 4, 5+ 2+ (-3) + 8 = 12로, cumsum()에서 반환한 값과 같다.

예제의 preda()의 sum(x[1:(1+k-1)])은 cumsum()의 차를 이용해 다음과 같이 나타낼 수 있다.

```
predc <- function(x,k) {
   n <- length(x)
   k2 <- k/2
   # the vector red will contain our predicted values
   pred <- vector(length=n-k)
   csx <- c(0,cumsum(x))
   for (i in 1:(n-k)) {
      if (csx[i+k] - csx[i] >= k2) pred[i] <- 1 else pred[i] <- 0
   }
   return(mean(abs(pred-x[(k+1):n])))
}
```

다음처럼 x에서 연속된 k개의 원소만큼 sum()을 한다.

```
sum(x[i:(i+(k-1))])
```

이 대신에 k개의 원소가 시작하는 부분과 끝나는 부분 누적합의 차이를 통해 같은 값을 구한다.

```
csx[i+k] - csx[i]
```

이때 누적합의 벡터는 0부터 시작하도록 고정시켜 준다는 점을 기억하자.

```
csx<- c(0,cumsum(x))
```

이는 i = 1인 경우의 처리를 위해 필요하다.

predb()에서 두 개의 연산을 사용한 것에 비해, predc()의 방식에서는 반복문에서 1개의 뺄셈 연산만을 사용한다는 것을 알 수 있다.

2.6 벡터화 연산

벡터 x의 모든 원소에 함수 f()를 적용하고 싶다고 하자. 대부분의 경우 x 자체에 f()를 적용하는 식으로 간단하게 해결한다. 이런 방식은 코드를 매우 간단하게 하고, 몇 백 배 이상의 엄청난 성능 향상을 가져다 준다.

R 코드의 속도를 올리는 가장 효과적인 방법 중 하나는, 벡터에 함수를 적용하면 실제로는 내부의 원소에 각각 적용됨을 뜻하는 '벡터화'한 연산을 사용하는 것이다.

2.6.1 벡터 입력과 출력

2장의 앞쪽에서 이미 +나 * 연산 같은 벡터화 함수에 대한 예제를 보았다. 다른 예로는 >가 있다.

```
> u <- c(5,2,8)
> v <- c(1,3,9)
> u > v
[1]  TRUE FALSE FALSE
```

여기서 >함수는 u[1]과 v[1]을 비교해 TRUE를 반환하고, 이어서 u[2]와 v[2]를 비교하고 FALSE를 반환하는 식으로 사용됐다.

핵심은 R 함수를 벡터화해 사용하면 속도 향상 가능성이 높아진다는 것이다. 다음 예제를 보자.

```
> w <- function(x) return(x+1)
> w(u)
[1] 6 3 9
```

여기서 w()는 벡터화된 + 기능을 사용하므로 w() 역시도 벡터화된다. 보다시피 단순한 함수로부터 여기서 파생된 복잡한 함수들까지 셀 수 없이 많은 벡터화된 함수가 있다.

심지어는 제곱근, 로그, 삼각함수 등 초월함수도 벡터화 함수다.

```
> sqrt(1:9)
[1] 1.000000 1.414214 1.732051 2.000000 2.236068 2.449490 2.645751
    2.828427
[9] 3.000000
```

이런 방식은 많은 R 내장 함수에 적용할 수 있다. 예를 들어 소수를 가장 가까운 정수로 반올림하는 함수를 벡터 y에 적용해 보자.

```
> y <- c(1.2,3.9,0.4)
> z <- round(y)
> z
[1] 1 4 0
```

여기서 중요한 점은 round() 함수가 벡터 y의 개개의 원소에 적용됐다는 것이다. 또한 숫자는 한 개의 원소를 가진 벡터이므로 '일반적으로' round() 함수를 사용하는 방식도 그다지 특별한 경우가 아님을 기억해 두자.

```
> round(1.2)
[1] 1
```

여기서는 내장 함수인 round()를 사용했으나, 함수를 직접 만들어서 이와 유사하게 사용할 수 있다.

이미 앞서 언급했듯이 +같은 연산자도 실제로는 함수로 동작한다. 다음 코드를 보자.

```
> y <- c(12,5,13)
> y+4
[1] 16  9 17
```

원소 단위로 4를 더하는 작업이 일어나는 이유는 +가 실제로 함수이기 때문이다. 명시적으로 표기하면 다음과 같다.

```
> '+'(y,4)
[1] 16  9 17
```

여기서도 핵심 기능은 '재사용성'이다. 4가 (4,4,4)로 재사용됐다.

R에서는 '스칼라 데이터'가 따로 존재하지 않으므로 스칼라 변수로 보이는 것에도 벡터화된 함수를 사용해 보자.

```
> f
function(x,c) return((x+c)^2)
> f(1:3,0)
[1] 1 4 9
> f(1:3,1)
[1]  4  9 16
```

f()의 정의를 보면 c가 숫자라고 생각하기 쉽지만, 당연히 이는 길이가 1인 벡터다. 만약 c에 f()에 스칼라를 대입한다고 하더라도, f() 내에서 x+c를 계산하기 위해 재사용돼 확장될 것이다. 그러므로 예제에서처럼 f(1:3, 1)을 호출하더라도 실제로는 다음과 같이 계산된다.

$$\begin{pmatrix} 1 \\ 2 \\ 3 \end{pmatrix} + \begin{pmatrix} 1 \\ 1 \\ 1 \end{pmatrix}$$

대신 이는 코드 안정성 문제를 야기할 수 있다. 다음 예제처럼 c에 명시적으로 벡터를 사용하더라도 어떻게 할 방도가 없다.

```
> f(1:3,1:3)
[1]  4 16 36
```

(4,16,36)이 예상하던 결과값인지 확인한 후에 이 함수를 계속 사용해야 한다.

만약 c에 스칼라만 입력하고 싶다면, 다음 예제처럼 중간에 확인 과정을 넣어야 한다.

```
> f
function(x,c) {
if (length(c) != 1) stop("vector c not allowed")
   return((x+c)^2)
}
```

2.6.2 벡터 입력, 행렬 출력

지금까지 사용한 벡터화된 함수는 스칼라값들을 반환했다. sqrt()에 숫자를 넣으면 숫자가 나왔다. 만약 이 함수를 8개의 원소를 가진 벡터에 넣으면 다른 8개의 숫자값으로 이뤄진 벡터가 결과값으로 도출됐다.

하지만 함수 자체가 다음 예제의 z12()처럼 벡터값을 갖는 것이라면 어떨까?

```
z12 <- function(z) return(c(z,z^2))
```

x12()에 5를 대입하면 (5,25)라는 두 개의 원소를 가진 벡터를 얻게 될 것이다. 이 함수를 8개의 원소를 가진 벡터에 대입하면 16개의 숫자가 나온다.

```
x <- 1:8
> z12(x)
[1] 1 2 3 4 5 6 7 8 1 4 9 16 25 36 49 64
```

이 값은 matrix 함수를 사용해 8-2 행렬로 나타내는 것이 좀더 자연스럽다.

```
> matrix(z12(x),ncol=2)
     [,1] [,2]
[1,]    1    1
[2,]    2    4
[3,]    3    9
[4,]    4   16
[5,]    5   25
[6,]    6   36
[7,]    7   49
[8,]    8   64
```

그러나 sapply() 혹은 '단순화한 apply 함수(simplify apply)'를 사용해 이를 보다 능률적으로 처리할 수 있다. sapply(x, f) 함수를 사용하면 f() 함수를 x의 각 원소에 적용하고 그 결과값을 행렬로 바꿔준다. 다음 예제를 보자.

```
> z12<- function(z) return(c(z,z^2))
> sapply(1:8,z12)
     [,1] [,2] [,3] [,4] [,5] [,6] [,7] [,8]
```

```
[1,]    1    2    3    4    5    6    7    8
[2,]    1    4    9   16   25   36   49   64
```

여기서는 8-2가 아닌 2-8 연산으로 나왔으나 어쨌든 유용한 방식이다.
sapply()에 대해서는 이후 4장에서 좀더 이야기할 것이다.

2.7 NA와 NULL값

다른 스크립트 언어에 대한 지식이 있는 사람이라면 파이썬의 None이나 펄의
undefined 같은 '존재하지 않는 값'을 주의해야 한다. R에는 이런 값이 두 가
지가 있다. 바로 NA와 NULL이다.

통계 데이터 세트에서는 종종 NA로 표기된 누락된 값을 볼 수 있다. 반면에
존재하지만 불확실한 값이 아닌 아예 답이 없는 경우에는 NULL 값으로 표기된
다. 이 둘이 구체적으로 어떤 역할을 하는지 자세히 살펴보자.

2.7.1 NA 사용하기

많은 R의 통계 함수에서 누락된 값이나 NA는 건너뛰고 실행되도록 할 수 있다.
다음 예제를 보자.

```
> x <- c(88,NA,12,168,13)
> x
[1]  88  NA  12 168  13
> mean(x)
[1] NA
> mean(x,na.rm=T)
[1] 70.25
> x <- c(88,NULL,12,168,13)
> mean(x)
[1] 70.25
```

처음에, mean() 함수는 x의 값 중 하나가 NA이므로 계산을 거부한다. 그러나
옵션으로 na.rm(NA 제거remove)를 참(T)으로 설정해 나머지 원소들의 평균값을

계산할 수 있다. 하지만 다음 장에서 보겠지만 R에서 NULL 값은 자동으로 넘어간다.

NA는 각 형식에 따라서 다양한 형식으로 나타난다.

```
> x <- c(5,NA,12)
> mode(x[1])
[1] "numeric"
> mode(x[2])
[1] "numeric"
> y <- c("abc",'def',NA)
> mode(y[2])
[1] "character"
> mode(y[3])
[1] "character"
```

2.7.2 NULL 사용하기

NULL의 용도 중 하나는 반복문에서 매번 원소를 추가해가며 벡터를 생성할 때 쓰는 것이다. 다음의 간단한 예제에서는 짝수로 이뤄진 벡터를 생성한다.

```
# 1:10에서 짝수로 된 벡터를 생성함
> z <- NULL
> for (i in 1:10) if (i %%2 == 0) z <- c(z,i)
> z
[1]  2  4  6  8 10
```

1장에서 나누기 후 나머지를 돌려주는 %%라는 모듈로 연산자가 나왔다는 것을 기억해 보자. 예를 들어 13을 4로 나누면 나머지가 1이 되므로, 13 %% 4는 1이다. 7.2장에서 산술 및 논리 연산자를 다루니 확인해 보자. 그러므로 이 예제는 NULL 벡터로부터 반복문이 시작돼서 거기에 2를 추가하고, 4를 추가하는 식으로 진행된다.

물론 이것은 매우 인위적이기 때문에 각각의 작업을 훨씬 나은 방법으로 할 수 있다. 다음 예제에서는 1:10에서 짝수를 찾는 두어 가지 더 나은 방법을 제시한다.

```
> seq(2,10,2)
[1]  2  4  6  8 10
> 2*1:5
[1]  2  4  6  8 10
```

그러나 여기서 중요한 점은 NA와 NULL의 차이를 보이는 것이다. 만약 앞의
예제에서 NULL 대신 NA를 쓰고 싶다면, 나중에 사용되지 않을 NA를 골라내
야 한다.

```
> z <- NA
> for (i in 1:10) if (i %%2 == 0) z <- c(z,i)
> z
[1] NA  2  4  6  8 10
```

실제로 NULL은 다음 예제에서 볼 수 있듯이 존재하지 않는 것으로 계산된다.

```
> u <- NULL
> length(u)
[1] 0
> v <- NA
> length(v)
[1] 1
```

NULL은 어떤 형식도 취하지 않는 특별한 객체다.

2.8 ▶ 필터링

R의 함수형 언어적 성격을 반영하는 또 다른 특징은 '필터링'이다. 이는 벡터에
서 특정한 어떤 조건을 만족하는 원소들을 골라내는 것이다. 필터링은 통계 분
석에서 관심사에 따라 특정 조건을 만족하는 데이터에 대해서만 보는 일이 잦
기 때문에, R에서 가장 일반적으로 사용되는 연산 중 하나다.

2.8.1 필터링된 인덱스 생성하기

간단한 예제를 보면서 시작하자.

```
> z <- c(5,2,-3,8)
> w <- z[z*z > 8]
> w
[1]  5  -3  8
```

이 코드를 '여기서 보려는 게 뭐지?'라는 생각으로 딱 보면, z의 모든 원소들 중에서 제곱값이 8보다 더 큰 원소를 찾아 부분 벡터화해 w에 넣으라고 R에 명령어를 넣은 것으로 보인다.

R에서 이런 의도를 해소할 수 있는 기술을 갖고 있다면, 그중 가장 중요한 연산은 필터링일 것이다. 이것을 하나하나 살펴 보자.

```
> z <- c(5,2,-3,8)
> z
[1]  5  2 -3  8
> z*z > 8
[1]  TRUE FALSE  TRUE  TRUE
```

z*z > 8에 대한 결과는 불리언값의 벡터로 나온다. 이것이 정확히 어떻게 나온 것인지 이해하는 것은 매우 중요하다.

우선 z*z > 8에서 '모두' 벡터나 벡터 연산이라는 것을 기억하자.

- z가 벡터이므로 z*z 역시 z와 같은 크기의 벡터다.
- 숫자 혹은 길이가 1인 벡터 8은 재사용돼 여기서는 (8,8,8,8)이 된다.
- >는 +와 마찬가지로 실제로는 함수다.

마지막 특성에 관련된 예제를 보자.

```
> ">"(2,1)
[1] TRUE
> ">"(2,5)
[1] FALSE
```

따라서 다음과 같이 된다.

```
z*z > 8
```

이 예제는 실제로는 다음과 같다.

```
">"(z*z,8)
```

다른 관점에서 우리는 벡터에 함수를 적용했다. 이는 벡터화의 예 가운데 하나로서 앞서 알아본 예제와 다를 게 없다. 결과 역시 벡터(여기서는 불리언값의 벡터)다. 그리고 불리언값은 z에서 원하는 원소만을 가져올 때 사용한다.

```
> z[c(TRUE,FALSE,TRUE,TRUE)]
[1]  5 -3  8
```

다음 예제는 보다 복잡하다. 여기서도 z를 이용해 추출 조건을 정의하지만, 그 결과를 z가 아닌 다른 벡터 y에서 데이터를 추출하는 데에 사용할 것이다.

```
> z <- c(5,2,-3,8)
> j <- z*z > 8
> j
[1] TRUE FALSE TRUE TRUE
> y <- c(1,2,30,5)
> y[j]
[1]  1 30  5
```

아니면 좀더 짧게 다음과 같이 쓸 수도 있다.

```
> z <- c(5,2,-3,8)
> y <- c(1,2,30,5)
> y[z*z > 8]
[1]  1 30  5
```

이 예제에서 중요한 점은, 벡터 y를 필터링 하기 위해 '다른' 벡터 z를 인덱스처럼 사용하고 있다는 것이다. 앞선 예제에서는 z가 자기 자신을 필터링했는데 말이다.

여기 자기 자신을 사용한 다른 예제가 있다. 벡터 x 중 3보다 큰 모든 원소를 0으로 치환하려 한다. 이 내용은 매우 짧게, 딱 한 줄로 구현할 수 있다.

```
> x[x > 3] <- 0
```

확인해 보자.

```
> x <- c(1,3,8,2,20)
> x[x > 3] <- 0
> x
[1] 1 3 0 2 0
```

2.8.2 subset() 함수로 필터링하기

subset() 함수를 사용해 필터링할 수 있다. 기존 필터링 방식과 이 함수의 차
이는 벡터에 적용했을 때의 NA 처리 여부다.

```
> x <- c(6,1:3,NA,12)
> x
[1]  6  1  2  3 NA 12
> x[x > 5]
[1]  6 NA 12
> subset(x,x > 5)
[1]  6 12
```

2.8.1장에서 다뤘던 일반적인 필터링 방식은 R에서는 기본적으로 이렇게 말
한다. "음, x[5]는 알 수 없는 값이므로 그 값이 5보다 큰지도 알 수 없어요."
하지만 아마 결과값에 NA를 포함하고 싶은 사람은 없을 것이다. NA를 제외할
생각이라면, subset()를 사용하면 직접 NA를 골라내야 하는 귀찮은 일을 피할
수 있을 것이다.

2.8.3 선택 함수 which()

지금까지 벡터 z에서 특정 조건을 만족하는 원소들을 골라 재구성하는 작업을
살펴봤다. 하지만 어떤 경우에는 z에서 해당 조건을 만족하는 원소들의 위치만
찾고 싶을 때가 있다. 그 때는 다음과 같이 which() 함수를 사용할 수 있다.

```
> z <- c(5,2,-3,8)
> which(z*z > 8)
[1] 1 3 4
```

z의 1, 3, 4번째 원소의 제곱값이 8보다 크다는 결과가 나왔다.

필터링의 경우처럼 코드가 정확하게 어떤 식으로 실행되는지 이해하는 것이 중요하다. 다음의 표현을 보자.

```
z*z > 8
```

이 부분의 결과가 (TRUE, FALSE, TRUE, TRUE)로 나온다. which() 함수는 이 중 어떤 원소가 TRUE로 나왔는지를 보여준다.

다소 낭비처럼 느껴질 수 있지만, Which()의 유용한 사용법 중 하나는 벡터에서 어떤 상태가 처음 발생하는 위치를 찾아내는 데 쓰는 것이다. 예를 들어 벡터 x에서 처음으로 1의 값을 가진 원소를 찾아냈던 65쪽의 예제를 상기해보자.

```
first1 <- function(x) {
   for (i in 1:length(x)) {
      if (x[i] == 1) break  # break out of loop
   }
   return(i)
}
```

다음은 이 기능을 다르게 풀어낸 것이다.

```
first1a<- function(x) return(which(x == 1)[1])
```

which()를 호출하면 x에서 1인 부분의 인덱스를 찾아 준다. 이 인덱스는 벡터 형식일 것이므로 이 벡터에서 1번 인덱스에 있는 원소를 찾으면, 이것은 첫 번째로 1을 갖고 있는 원소의 인덱스가 된다.

이 쪽이 훨씬 더 간단하다. 반면 필요로 한 것은 첫 번째 1의 값이지만, 이 방식은 실제 x 내의 모든 원소에서 1의 값을 찾으므로 자원 낭비일 수 있다. 따라서 이것이 좀더 빠르고 벡터화된 접근법이지만, 벡터에서 처음 1이 앞에 위치한 경우라면 이 방법이 실제로는 더 느릴 수 있다.

2.9 벡터화된 조건문: ifelse( ) 함수

대부분의 언어는 일반적인 if-then-else 구문을 갖고 있다. R은 여기에다 벡터화된 버전의 ifelse() 함수까지 갖고 있다. 형식은 다음과 같다.

```
ifelse(b,u,v)
```

b는 불리언 벡터고, u와 v는 벡터다.

반환되는 값은 원소 i에 대해 b[i]가 참이면 u[i], b[i]가 거짓이면 v[i]로 구성된 벡터다. 개념은 비교적 간단하므로 바로 예제를 보자.

```
> x <- 1:10
> y <- ifelse(x %% 2 == 0,5,12) # %% is the mod operator
> y
[1] 12  5 12  5 12  5 12  5 12  5
```

이 예제에서는 x가 짝수면 5를, 짝수가 아니면 12 값을 가진 벡터를 만들려고 한다. b에 들어가는 실제 인수값은 (F,T,F,T,F,T,F,T,F,T)다. 또한 실제로 두 번째 인수인 u에 들어가는 값은 5로, 재사용 법칙에 따라 (5,5,…) (10개의 5)로 취급된다. 세 번째 인수 값인 12 역시 재사용돼 (12,12,…)가 된다.

다른 예제를 보자.

```
> x <- c(5,2,9,12)
> ifelse(x > 6,2*x,3*x)
[1] 15  6 18 24
```

여기서는 각 x의 원소가 6보다 크냐에 따라 2를 곱하거나 3을 곱한 값으로 만들어진 벡터를 반환한다.

다시 여기서 실제로 어떤 일이 일어나는지를 생각해 보자. x>6은 불리언 벡터다. i번째 원소가 참이라면 결과값의 i번째 원소는 2*x의 i번째 값이 될 것이고, 참이 아니라면 3*x[i]가 될 것이다.

표준 if-then-else의 구조를 넘어선 ifelse()의 장점은 벡터화돼 훨씬 빠를 수 있다는 것이다.

2.9.1 확장 예제: 연관성 측정

두 변수 간의 통계적 관계 측정 방식으로, 보통 사용하는 상관관계 측정(피어슨 상관계수Pearson product-moment correlation)[1] 외에도 다른 방식들이 많다. 예를 들어 독자들 중 일부는 스피어만 등위 상관계수Spearman rank correlation[2]에 대해 들어 본 적이 있을 것이다. 이런 방식들은 데이터 요소 중 극단적이거나 잘못됐을 수도 있는 아웃라이어에 대한 견고성robustness[3] 등의 동기를 갖고 있다.

여기서는 이런 것에 대해 새로운 통계 기법이 필요하지는 않지만(실제로 많이 쓰이는 방법 중 하나인 켄달의 τ(Kendall's τ)[4]와 관련이 있다), ifelse() 같이 이 장에서 소개했던 R 프로그래밍 기법을 사용하는 새로운 측정방식을 소개하고 있다.

매 시간별 기온과 기압을 측정해 모은 시계열 벡터 x와 y가 있다고 가정하자. 시간에 따라 x와 y가 증가하고 감소하는 것에 대한 상관관계를 정의할 것이다. 즉 y[i+1]-y[i]가 x[i+1]-x[i]와 같은 현상을 보이는 i의 비율을 보는 것이다. 다음 코드를 보자.

```
1  # findud()는 v를 1과 -1로 바꾼다.
2  # 앞의 값에 대해 증가하는 경우 1
3  # 그렇지 않은 경우 -1
4  findud <- function(v) {
5     vud <- v[-1] - v[-length(v)]
6     return(ifelse(vud > 0,1,-1))
7  }
8
9  udcorr <- function(x,y) {
10    ud <- lapply(list(x,y),findud)
11    return(mean(ud[[1]] == ud[[2]]))
12 }
```

---

1   변인 X와 변인 Y 간의 선형 관계성의 정도를 0에서 1.00 혹은 0에서 -1.00의 척도 상에서 기술해 주는 상관계수 통계치다. - 옮긴이

2   X와 Y의 상관관계를 빠르게 알고 싶거나 사례 수가 적을 때, 측정치가 서열 척도로 표현된 경우 사용하는 상관계수 척도로, 다른 상관계수의 경우와 마찬가지로 -1.0~+1.0 사이에 놓이게 된다. - 옮긴이

3   분포 및 통계 모형이 특이값에 영향을 적게 받는 성질이다. - 옮긴이

4   상관계수의 일종으로 두 변수 관계의 강도를 측정하는 계수다. - 옮긴이

다음은 그 예다.

```
> x
 [1]  5 12 13  3  6  0  1 15 16  8 88
> y
 [1]  4  2  3 23  6 10 11 12  6  3  2
> udcorr(x,y)
[1] 0.4
```

이 예제에서 x와 y는 10개 중 3번 동일하게 증가하고 감소한다. 이때 처음의
경우는 x가 12에서 13으로 증가할 때 y가 2에서 3으로 증가한다. 이를 통해 연
관치가 4/10 = 0.4임을 알 수 있다.

이 코드가 어떻게 동작하는지 살펴보자. 여기서 첫 번째로 해야 할 일은 x와
y를 1과 -1로 기록하는 것이다. 이때 1은 이전 관찰치보다 현 관찰지가 증가한
경우다. 이 작업은 5번과 6번 줄에서 일어난다.

예를 들어 5번 줄에서 findud()를 16개의 원소를 가진 v에 적용하면 어떤
일이 일어날지 생각해 보자. v[-1]은 v의 두 번째 원소부터 시작하는 15개의
원소를 가진 벡터가 될 것이다. 비슷한 이치로 v[-length(v)] 역시 15개의 원
소를 가진 벡터가 될 것이다. 물론 이때는 v의 첫 번째 원소부터 시작한다. 그
리고 결과값은 원래의 벡터의 각 원소들 값에서 각 값의 오른쪽에 있는 값과의
차이로 나올 것이다. 이 값은 매 기간별 증가/감소 상태를 보여줄 것이다. 딱
여기서 필요한 값이다.

그 후 이 차이가 음수인지 양수인지에 따라 1과 -1로 변환한다. ifelse() 함
수를 호출해 반복문을 사용하는 것보다 간단하고 쉽게, 짧은 시간에 이 기능을
수행할 수 있다.

그리고 x와 y에 적용하기 위해 findud()을 두 번 호출해야 한다. 하지만 x와
y를 리스트에 넣고 lapply()를 사용하면, 같은 코드를 두 번 쓰지 않고도 이를
실행할 수 있다. 같은 작업을 두 번이 아닌 매우 많은 벡터에 적용해야 한다면,
lapply() 같은 함수는 코드를 짧고 명확하게 작성하는 데에 큰 도움이 될 것이
고, 속도 또한 매우 빨라질 수 있다.

그리고 다음과 같이 결과가 맞을 비율을 구한다.

```
return(mean(ud[[1]] == ud[[2]]))
```

lapply()가 리스트를 반환한다는 것을 기억하자. 리스트의 요소는 1과 -1로 구성돼 있다. Ud[[1]] == ud[[2]]는 TRUE와 FALSE로 구성된 벡터를 반환하는데, 각 값은 mean()에서는 1과 0으로 사용된다. 그리고 이 결과 원하는 비율값을 얻을 수 있다.

보다 발전된 형태로는 벡터 간의 '차이lag'를 찾는 기능인 R의 diff() 함수를 들 수 있다. 예를 들어 벡터의 각 원소의 3개 뒤의 값과 각각 비교한다면, 이는 '3구간 차이lag of 3'라고 한다. 보통 차이 비교는 다음 예제처럼 하나의 구간 단위로 한다.

```
> u
[1] 1 6 7 2 3 5
> diff(u)
[1]  5  1 -5  1  2
```

앞 예제의 5번 줄은 다음처럼 될 수 있다.

```
vud <- diff(d)
```

각 인수에 할당된 숫자를 양의 값인지, 0인지, 음의 값인지에 따라 1, 0, -1로 바꿔주는 sign()이라는 또 다른 고급 R 함수를 사용해 코드를 더욱 간결하게 만들 수 있다. 다음 예제를 보자.

```
> u
[1] 1 6 7 2 3 5
> diff(u)
[1] 5 1 -5 1 2
> sign(diff(u))
[1]  1  1 -1  1  1
```

sign()을 사용하면 이전 예제의 평균을 구해주는 udcorr() 함수를 다음과 같이 한 줄에 작성할 수 있다.

```
>udcorr <- function(x,y) mean(sign(diff(x)) == sign(diff(y)))
```

이는 원 버전에 비해 정말 많이 짧아졌다. 그러나 이게 과연 더 나은 것일까? 대부분의 사람들이 이렇게 코드를 작성하려면 더 오래 걸릴 것이다. 그리고 코드가 짧더라도, 이해하기에는 더 어려울 것이다.

모든 R 프로그래머들은 간결성과 명확성 사이에서 자신만의 '적정선'을 찾아야 한다.

2.9.2 확장 예제: Abalone 데이터 세트 기록하기

인수가 '벡터'라는 성질을 갖고 있기 때문에 ifelse()로 모두 묶어 처리할 수 있다. 다음 예제에서 성별이 M, F, I(어린 경우)로 표기된 전복abalone 데이터 세트를 사용할 것이다. 여기서 성별 표기 문자를 1, 2, 3으로 기록하고자 한다. 실제 데이터 세트는 4000건이 넘지만, 이 예제에서는 g에 저장된 일부만 갖고 있다.

```
> g
[1] "M" "F" "F" "I" "M" "M" "F"
> ifelse(g == "M",1,ifelse(g == "F",2,3))
[1] 1 2 2 3 1 1 2
```

ifelse() 속에서는 실제로 무슨 일이 일어났을까? 조심스럽게 살펴보자. 우선 구체적으로 살펴보기 위해 ifelse()에서 정식 인수명을 확인하자.

```
> args(ifelse)
function (test, yes, no)
NULL
```

test의 각 원소가 참값을 갖는다면, 함수에서는 yes에서 해당 원소의 값을 찾아준다는 것을 기억하자. 비슷한 방식으로 test[i]가 거짓이라면, 함수에서는 no[i]의 값을 반환한다. 그리고 이 값들은 하나의 벡터로 다 같이 반환된다.

여기서 R은 test에 g=="M"이, yes에 1(재사용됨)이, no에는 나중에 나올 ifelse(g=="F", 2, 3)이 실행된 결과값을 대입한 후 바깥의 ifelse()를 먼저 실행한다. 만약 test[1]이 참이라면, yes[1] 값을 생성하는데, 이 값은 1이다. 따라서 외부 함수의 결과값 중 첫 번째 원소는 1이 될 것이다.

다음은 R에서 test[2]를 판단한다. 이 값은 거짓이므로 R은 no[2]를 찾아야 한다. 이번엔 R에서 내부의 ifelse()를 호출해야 한다. 이 부분은 아직까지는 쓸 필요가 없었으므로 실행된 적이 없다. R은 표현식이 필요할 때까지는 실행하지 않는 '느슨한 평가lazy evaluation' 원리를 사용한다.

R은 이제 ifelse(g=="F", 2, 3)을 실행해 (3,2,2,3,3,3,2)라는 결과값을 낸다. 이 값은 바깥의 ifelse()에서 no에 해당하는 것이므로, 이전 단계 실행에서는 (3,2,2,3,3,2,2,)의 두 번째 원소인 2가 반환된다.

바깥쪽 ifelse()가 test[4]에 대해 실행하면, 이 값은 거짓이므로 no[4]를 반환한다. R은 이미 no 값을 계산했으므로, 이것을 실행하는 데에 필요한 값인 3을 갖고 있다.

벡터는 일반적으로 행렬의 행이 될 수 있다는 것을 기억하자. 여기서 사용한 전복 데이터는 성별이 첫 번째 행에 기록된 행렬 ab에 저장돼 있다. 앞에서 사용한 예제처럼 이를 사용하고 싶다면 다음과 같이 실행해야 한다.

```
>ab[,1] <- ifelse(ab[,1] == "M",1,ifelse(ab[,1] == "F",2,3))
```

만약 성별에 따른 부분집합을 만들고 싶다면 M, F, I에 해당하는 원소들의 번호를 which()를 사용해 찾아낼 수 있다.

```
> m <- which(g == "M")
> f <- which(g == "F")
> i <- which(g == "I")
> m
[1] 1 5 6
> f
[1] 2 3 7
> i
[1] 4
```

한 발짝 더 나아가, 이 집합을 다음과 같이 리스트에 저장할 수 있다.

```
> grps <- list()
> for (gen in c("M","F","I")) grps[[gen]] <- which(g==gen)
> grps
$M
[1] 1 5 6

$F
[1] 2 3 7

$I
[1] 4
```

R의 for() 반복문은 문자열 벡터에서도 사용 가능함을 기억해 둘 필요가 있다. 이에 대해 보다 효율적인 접근 방법을 4.4장에서 살펴 볼 것이다.

전복 데이터를 다양한 변수를 탐색하거나 그래프를 그리는 데에 사용할 수도 있다. 각 변수의 성격을 요약해 파일에 다음과 같이 헤더를 추가하자.

```
Gender,Length,Diameter,Height,WholeWt,ShuckedWt,ViscWt,ShellWt,Rings
```

예를 들면 다음 코드를 사용해 길이 대비 너비를 암수 각각 그래프로 그릴 수도 있다.

```
aba <- read.csv("abalone.data",header=T,as.is=T)
grps <- list()
for (gen in c("M","F")) grps[[gen]] <- which(aba==gen)
abam <- aba[grps$M,]
abaf <- aba[grps$F,]
plot(abam$Length,abam$Diameter)
plot(abaf$Length,abaf$Diameter,pch="x",new=FALSE)
```

우선 데이터 세트를 읽어와 전복 관련 데이터가 들어 있는 aba 변수에 할당한다. read.csv()는 1장에서 사용한 read.table()과 유사하며, 6장과 10장에서 설명할 것이다. 이후 암수를 각각 구분해 aba를 abam과 abaf라는 부분행렬로 나눠 놓는다.

다음으로 그래프를 만든다. 첫 번째 플롯은 수컷의 길이 대비 지름의 산포도 scatter plot다. 두 번째는 암컷에 대한 그래프다. 수컷 그래프에 겹쳐서 그리고 싶다면, R이 그래프를 새로 생성하지 못하도록 new=FALSE 옵션을 줘야 한다. pch="x" 인수는 그래프에 찍히는 문자 모양에 기본인 'o' 대신 'x'를 사용하라는 뜻이다.

전체 데이터 세트를 사용한 그래프는 그림 2-1과 같다. 그런데 이게 그리 만족스럽지는 않다. 점들이 촘촘하게 모여있는 것으로 봤을 때, 지름과 길이 사이에는 꽤 높은 상관관계가 있고 암수 그래프가 매우 비슷한 형태인 것 같다. 다만 수컷이 보다 변산도variability[5]가 높은 것으로 보인다. 이는 통계 그래프에서 일반적으로 나타나는 문제다. 보다 좋은 시각적 분석이 이해하기 좀더 쉽겠지만, 최소한 여기서 변수 간 높은 상관관계가 있다는 것과 그런 관계가 성별에 따라 크게 달라지지 않는다는 것은 알 수 있다.

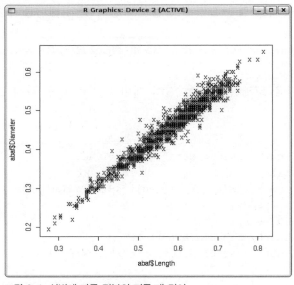

그림 2-1 성별에 따른 전복의 지름 대 길이

---

5   한 분포에 있는 여러 점수들이 집중 경향으로부터 흩어져 있는지 아니면 몰려 있는지의 정도를 양적으로 나타내는 수치다. - 옮긴이 주

ifelse()를 다르게 사용해 이전 예제의 그래프 코드를 간소화할 수 있다. 플롯의 인수인 pch를 단일 문자가 아닌 벡터로 사용 가능함을 활용하는 것이다. 이는 R에서 각 그래프의 점마다 다른 문자를 지정해 사용할 수 있다는 말이다.

```
pchvec <- ifelse(aba$Gender == "M","o","x")
plot(aba$Length,aba$Diameter,pch=pchvec)
```

여기서 성별을 1, 2, 3으로 기록하는 내용은 생략했지만, 여러 이유 측면에서 이 데이터를 그대로 유지하는 것이 좋을 수도 있다.

2.10 벡터 동일성 테스트

두 벡터가 동일한지 테스트해야 한다고 가정하자. 보통 사용하는 ==는 제대로 동작하지 않는다.

```
> x <- 1:3
> y <- c(1,3,4)
> x == y
[1] TRUE FALSE FALSE
```

어떤 일이 일어났는가? 여기서 중요한 점은 벡터화된 데이터를 다루고 있다는 점이다. R의 다른 기능들처럼 == 또한 함수다.

```
> "=="(3,2)
[1] FALSE
> i <- 2
> "=="(i,2)
[1] TRUE
```

사실 ==는 벡터화된 함수다. x == y라는 식은 ==() 함수에 x와 y 원소를 대입한 것과 마찬가지로, 불리언값을 내놓는다.

그럼 대신 어떻게 해야 할까? 한 가지 옵션은 ==의 벡터화된 성격을 활용해 all() 함수를 적용하는 것이다.

```
> x <- 1:3
> y <- c(1,3,4)
> x == y
[1] TRUE FALSE FALSE
> all(x == y)
[1] FALSE
```

==의 결과에 all()을 적용하면 모든 원소가 참인지 아닌지를 확인하고, 이를 통해 x와 y가 같은지를 확인할 수 있다.

아니면 좀더 나은 방법으로 다음과 같이 identical 함수를 사용할 수 있다.

```
> identical(x,y)
[1] FALSE
```

이때 조심해야 할 점은, identical동일한이 단어의 뜻 그대로 사용된다는 것이다.

다음의 짧은 R 세션을 살펴보자.

```
> x <- 1:2
> y <- c(1,2)
> x
[1] 1 2
> y
[1] 1 2
> identical(x,y)
[1] FALSE
> typeof(x)
[1] "integer"
> typeof(y)
[1] "double"
```

c()가 소수 값을 만들었을 때 :는 정수값을 만들었다. 이것을 어떻게 알 수 있을까?

2.11 벡터 원소의 이름

벡터의 원소들에 임의로 이름을 지정할 수 있다. 예를 들어 미국의 주별 인구를 나타내는 50개의 원소를 가진 벡터가 있다고 하자. 각 원소에 'Montana'라든가 'New Jersey'처럼 해당 주의 이름을 붙여줄 수 있다. 이를 그래프의 점에 이름을 지정하는 등의 용도로 활용할 수 있다.

names()를 이용해 벡터의 원소에 이름을 붙이거나 찾아볼 수 있다.

```
> x <- c(1,2,4)
> names(x)
NULL
> names(x) <- c("a","b","ab")
> names(x)
[1] "a" "b" "ab"
> x
 a  b ab
 1  2  4
```

벡터 원소의 이름에 NULL을 지정해 이름을 삭제할 수도 있다.

```
> names(x) <- NULL
> x
[1] 1 2 4
```

게다가 원소의 이름을 갖고 벡터에서 원소를 찾는 데에도 이용할 수 있다.

```
> x <- c(1,2,4)
> names(x) <- c("a","b","ab")
> x["b"]
b
2
```

2.12 c( ) 이상의 것

이 장에서는 편하게 종종 사용되는 결합 함수인 c()에 관해 두 가지의 세부적인 내용을 살펴본다.

만약 c()에서 사용하려는 인수가 다른 형태라면, 아마 다음처럼 최소의 공통 분모의 형태로 맞출 것이다.

```
> c(5,2,"abc")
[1] "5" "2" "abc"
> c(5,2,list(a=1,b=4))
[[1]]
[1] 5

[[2]]
[1] 2

$a
[1] 1

$b
[1] 4
```

첫 번째 예제에서는 정수형과 문자형을 섞어 보았다. 이 경우 R은 모든 변수의 형태를 후자의 형태로 바꿔버렸다. 두 번째 예제에서 R은 리스트 형태의 우선순위를 낮게 됐다. 이에 대해서는 4.3에서 자세히 소개하겠다.

코드에서 이와 같은 조합을 일부러 사용하지는 않겠지만, 이런 경우가 발생하는 경우를 반드시 접할 것이므로 이 현상에 대한 이해는 매우 중요하다. 또 기억해야 할 핵심은 c()는 다음 예제처럼 벡터를 분해하는 경향이 있다는 것이다.

```
> c(5,2,c(1.5,6))
[1] 5.0 2.0 1.5 6.0
```

파이썬 같은 다른 언어들에 익숙하다면, 앞 예제에서 두 단계의 객체가 생성될 것이라고 생각할 것이다. 4장에서 곧 접하겠지만 R에서는 두 단계의 벡터가 생성되지 않는다.

다음 장에서는 매우 중요한 벡터의 특수한 경우인 행렬과 배열에 대해 살펴본다.

## 3장

행렬과 배열

'행렬'은 행의 개수와 열의 개수라는 두 가지 속성을 추가로 갖는 벡터다. 행렬은 벡터이므로 숫자형이나 문자형 같은 형식을 갖는다. 곧 벡터는 한 행이나 한 열을 가진 행렬이 '아니다'.

행렬은 보다 일반적인 R 객체 형태인 '배열'의 특이한 형태다. 배열은 다차원 (multidimensional)을 가질 수 있다. 예를 들어 3차원 배열은 행렬처럼 행과 열로만 이뤄진 것이 아니라 행, 열, 층으로 구성됐다. 이번 장의 대부분은 행렬에 대해 다루겠지만, 마지막 부분에서는 고차원 배열에 대해서도 간단히 소개하겠다.

R의 대부분의 위력은 행렬로 다양한 기능을 사용할 수 있는 데에서 나온다. 이번 장에서는 벡터 분할 및 벡터화와 유사한 이런 기능들에 대해 살펴본다.

3.1 행렬 만들기

행렬의 행과 열은 1부터 시작한다. 예를 들어 행렬 a의 왼쪽 위 끝은 a[1,1]로 표기한다. 행렬의 내부 저장 공간은 '열 우선 배열column-major order' 방식이다. 이는 2.1.3장에서 본 것처럼 1번 열 전체가 저장되고 2번 열 전체가 저장되는 방식이다.

행렬을 만드는 한 가지 방법은 matrix() 함수를 이용하는 것이다.

```
> y <- matrix(c(1,2,3,4),nrow=2,ncol=2)
> y
  [,1] [,2]
[1,] 1    3
[2,] 2    4
```

첫 번째 열로 가정한 1, 2와 두 번째 열로 가정한 3, 4를 붙여서 사용했다. 그러므로 여기서 데이터는 (1,2,3,4)다. 그리고 행과 열의 수를 지정해 준다. R에서는 열 우선 배열 방식을 사용해 행렬에 네 숫자를 배치한다.

앞 예제에서 행렬의 공간을 지정했고 네 숫자가 배치됐으므로, 또한 사용된 ncol이나 nrow 값 모두 적합했으므로 두 변수를 모두 지정해 줄 필요가 없다. 총 4개의 원소에 대해 2개의 행을 가진다면, 이는 2개의 열을 가진다는 의미를 내포하고 있다.

```
> y <- matrix(c(1,2,3,4),nrow=2)
> y
  [,1] [,2]
[1,] 1    3
[2,] 2    4
```

y를 출력하면 R에서는 자동으로 행렬 표시를 해준다. 예를 들어 [,2]는 다음과 같이 2번 열 전체를 말한다.

```
> y[,2]
[1] 3 4
```

y를 생성하는 다른 방법은 각각의 원소를 지정해주는 것이다.

```
> y <- matrix(nrow=2,ncol=2)
> y[1,1] <- 1
> y[2,1] <- 2
> y[1,2] <- 3
> y[2,2] <- 4
> y
     [,1] [,2]
[1,] 1    3
[2,] 2    4
```

이때 R에 y는 행렬이고 행과 열이 몇 개인지 미리 알려줘야 한다는 것을 기억하자.

행렬의 내부 저장소는 열 우선 배열 형식이지만, matrix()에서 byrow 인수를 참으로 설정하면 데이터가 행 우선 배열 방식으로 입력된다. byrow를 사용한 다음 예제를 보자.

```
> m <- matrix(c(1,2,3,4,5,6),nrow=2,byrow=T)
> m
     [,1] [,2] [,3]
[1,]   1    2    3
[2,]   4    5    6
```

행렬은 여전히 열 우선 배열 형식으로 저장된다는 것을 기억하자. byrow 인수는 '입력' 때에만 행우선 형태가 가능하도록 한다. 이 방식은 데이터 파일을 열부터 기록해 사용하고자 하는 경우 편리하다.

3.2 일반 행렬 연산

지금까지 행렬 생성에 대한 기본적인 내용을 다뤘다. 이제 행렬에서 사용하는 일반적인 연산 몇 가지를 살펴보자. 여기엔 선형대수, 행렬 인덱싱, 행렬 필터링 등이 포함된다.

3.2.1 행렬에서 선형대수 연산 처리

행렬 간 곱, 행렬-상수 간 곱, 행렬 간 합 같은 행렬의 선형대수 연산을 처리할 수 있다.

이전 예제의 y를 사용해 이 세 가지 연산이 어떻게 동작하는지 살펴보자.

```
> y %*% y # 행렬 간 곱
   [,1] [,2]
[1,] 7   15
[2,]10   22
> 3*y # 행렬-상수 간 곱
   [,1] [,2]
[1,] 3    9
[2,] 6   12
> y+y # 행렬 간 합
   [,1] [,2]
[1,] 2    6
[2,] 4    8
```

행렬을 이용한 선형대수 연산에 대해 더 자세한 내용을 확인하고 싶다면 8.4장을 참고하자.

3.2.2 행렬 인덱싱

2.4.2장에서 벡터에 대해 사용한 연산들을 동일하게 행렬에 적용할 것이다. 다음 예제를 보자.

```
> z
   [,1] [,2] [,3]
[1,] 1    1    1
[2,] 2    1    0
[3,] 3    0    1
[4,] 4    0    0
> z[,2:3]
   [,1] [,2]
[1,] 1    1
[2,] 1    0
[3,] 0    1
[4,] 0    0
```

이 예제에서 z의 2, 3번 열에 행 전체를 가져온 부분행렬을 호출했다. 그러자 2, 3번째 열 전체를 추출했다.

다음은 열 대신 행에서 추출하는 예제다.

```
> y
   [,1] [,2]
[1,]11   12
[2,]21   22
[3,]31   32
> y[2:3,]
   [,1] [,2]
[1,]21   22
[2,]31   32
> y[2:3,2]
[1] 22 32
```

부분행렬에 다음과 같이 값을 할당할 수도 있다.

```
> y
     [,1] [,2]
[1,]   1    4
[2,]   2    5
[3,]   3    6
> y[c(1,3),] <- matrix(c(1,1,8,12),nrow=2)
> y
     [,1] [,2]
[1,]   1    8
[2,]   2    5
[3,]   1   12
```

이 예제에서 y의 첫 번째와 세 번째 행에 새로운 값을 할당했다.

부분행렬에 값을 할당하는 또 다른 예도 있다.

```
> x <- matrix(nrow=3,ncol=3)
> y <- matrix(c(4,5,2,3),nrow=2)
> y
     [,1] [,2]
[1,]   4    2
[2,]   5    3
> x[2:3,2:3] <- y
```

```
> x
      [,1] [,2] [,3]
[1,]    NA   NA   NA
[2,]    NA    4    2
[3,]    NA    5    3
```

벡터에서 특정 원소를 제외하는 용도로 사용됐던 음수의 경우는 행렬에서도 동일한 방식으로 사용된다.

```
> y
      [,1] [,2]
[1,]    1    4
[2,] 2 5
[3,] 3 6
> y[-2,]
      [,1] [,2]
[1,]    1    4
[2,]    3    6
```

두 번째 명령어를 통해 y에서 두 번째 행을 제외한 모든 행을 호출했다.

3.2.3 확장 예제: 이미지 다루기

이미지 파일의 내부는 픽셀들이 행과 열로 나열된 행렬로 돼 있다. 흑백 이미지의 경우 각 픽셀당 이미지의 강도(밝기)를 저장하고 있다. 그러므로 28개의 행과 88개의 열의 픽셀을 가진 이미지의 강도는 28개의 행과 88개의 열을 가진 행렬에 저장하고 있다는 뜻이다. 컬러 이미지의 경우에는 빨강, 녹색, 파랑에 대한 강도를 저장한 세 개의 행렬이 저장되지만, 여기서는 흑백 이미지만 다루도록 하겠다.

예제로는 미국 러시모어산 국립기념관Mount Rushmore National Memorial 사진을 사용해 보자. pixmap 라이브러리를 사용해 이미지 파일을 읽어 들여보자. 부록 B에 이 라이브러리의 다운로드 방법과 설치 방법이 나와있다.

```
> library(pixmap)
> mtrush1<- read.pnm("mtrush1.pgm")
> mtrush1
```

```
Pixmap image
  Type          : pixmapGrey
  Size          : 194x259
  Resolution    : 1x1
  Bounding box  : 0 0 259 194
> plot(mtrush1)
```

파일명이 mtrush1.pgm인 파일을 읽어와 `pixmap` 객체로 만들었다. 그리고 그것을 그림 3-1처럼 플로팅했다.

그림 3-1 읽어들인 러시모어산 기념관 이미지

그럼 이 클래스가 어떻게 구성됐는지 보자.

```
> str(mtrush1)
Formal class 'pixmapGrey' [package "pixmap"] with 6 slots
  ..@ grey: num [1:194, 1:259] 0.278 0.263 0.239 0.212 0.192 ...
  ..@ channels: chr "grey"
  ..@ size: int [1:2] 194 259
...
```

이 클래스는 각 요소가 $ 가 아닌 @로 지정된 S4 유형이다. S3와 S4 클래스에 대해서는 9장에서 다룰 것이다. 여기서 중요한 부분은 강도에 대한 행렬인 `mtrush1@grey`다. 예제에서 이 행렬은 194 행과 259 열을 갖는다.

이 클래스에서 강도는 회색의 정도가 표현된 0.0(검정)부터 1.0(흰색)까지의 범위 내의 숫자들로 저장돼 있다. 예를 들어 28 행의 88번째 열의 픽셀은 꽤 밝은 편이다.

```
> mtrush1@grey[28,88]
[1] 0.7960784
```

행렬 연산을 보여주기 위해 루즈벨트 대통령을 이미지에서 날려보자(테디[1], 미안해요. 개인적인 감정은 없어요). 관련된 열과 행을 찾기 위해 R의 locator() 함수를 사용할 수 있다. 이 함수를 호출한 상태에서 그래프 위의 한 점을 클릭하면, 그 점의 정확한 위치를 알려준다. 이 예제에서는 루즈벨트 모습이 그림의 84~163 행과 135~177 열에 위치함을 알아냈다. Pixmap 객체에서 행 숫자는 위에서 아래로 갈수록 증가하고, locator()의 경우는 반대다. 이미지에서 이 부분을 날려 버리기 위해 이 부분의 모든 픽셀 값을 1.0으로 바꾼다.

```
> mtrush2 <- mtrush1
> mtrush2@grey[84:163,135:177] <- 1
> plot(mtrush2)
```

결과는 그림 3-2와 같다.

그림 3-2 루즈벨트 대통령이 지워진 러시모어산 기념관 이미지

루즈벨트 대통령의 형태를 왜곡시키고 싶다면 어떻게 해야 할까? 그림에 무작위로 노이즈를 넣어서 사용할 수 있다. 다음 코드처럼 하면 된다.

---

1   루즈벨트 대통령의 애칭 – 옮긴이

```
# img의 행과 열의 범위 내에 무작위로 노이즈를 넣는다.
# 반환되는 값은 pixmap 클래스 객체다.
# q로 노이즈의 정도를 조절한다.
# 원래 이미지에 1-q를 곱하고 q만큼의 노이즈를 추가한 결과를 반환한다.
blurpart <- function(img,rows,cols,q) {
    lrows <- length(rows)
    lcols <- length(cols)
    newimg <- img
    randomnoise <- matrix(nrow=lrows, ncol=lcols, runif(lrows*lcons))
    newimg@grey[rows, cols] <- (1-q) * img@grey[rows, cols] + q *
randomnois
    return(newimg)
}
```

주석에 나온 대로 무작위로 노이즈를 생성한 후에 원 픽셀과 노이즈에 가중
치를 줘 평균을 냈다. 매개변수 q로 노이즈의 가중치를 조절한다. 이때 q가 커
질수록 그림은 더 흐릿해진다. 무작위 노이즈는 (0, 1) 간의 균등 분포uniform
distribution인 U(0,1)에서 샘플링해서 가져온다. 다음 예제는 행렬 연산이라는
것을 기억하자.

```
newimg@grey[rows,cols] <- (1-q) * img@grey + q * randomnoise
```

그럼 이제 실제로 해보자.

```
> mtrush3 <- blurpart(mtrush1,84:163,135:177,0.65)
> plot(mtrush3)
```

결과는 그림 3-3처럼 나온다.

그림 3-3 루즈벨트 대통령이 흐릿하게 나온 러시모어산 기념관 이미지

3.2.4 행렬 필터링

벡터에서처럼 행렬에서도 필터링할 수 있다. 다만 문법에 유의해야 한다. 간단한 예제를 보면서 시작해 보자.

```
> x
     x
[1,] 1 2
[2,] 2 3
[3,] 3 4
> x[x[,2] >= 3,]
     x
[1,] 2 3
[2,] 3 4
```

2장에서 필터링을 처음 접했을 때 했던 방식대로, 이 내용을 하나하나 분해해가면서 살펴보자.

```
> j <- x[,2] >= 3
> j
[1] FALSE  TRUE  TRUE
```

일단 x의 두 번째 열인 x[,2]의 원소가 3보다 크거나 같은지를 판단한다. 그리고 그 결과로 나온 불리언 벡터를 j에 할당한다.

다음과 같이 x에 j를 사용한다.

```
> x[j,]
     x
[1,] 2 3
[2,] 3 4
```

여기서 x[j,]를 계산해 2번 열의 원소 중 최소 3 이상이었던 행들을 가져온다. x[j,]는 j의 원소 중 참인 값의 x의 행이다.

이 예제 시작했을 때 보여줬던 부분을 확인하자.

```
> x
     x
```

```
[1,] 1 2
[2,] 2 3
[3,] 3 4
> x[x[,2] >= 3,]
     x
[1,] 2 3
[2,] 3 4
```

성능 기준으로 봤을 때 j를 계산하는 것은 다음 조건을 모두 만족하므로 완벽하게 벡터화된 연산이라는 것을 다시 한번 상기할 필요가 있다.

- x[,2]는 벡터다.
- >= 는 두 벡터를 비교한다.
- 3은 3들로 만들어진 벡터로 재사용된다.

또한 j는 x에 의해 정의됐지만 x에서 값을 추출할 때 사용됨을 알 수 있다. 굳이 이런 방식으로 할 필요는 없다는 것을 기억해 두자. 필터링 기준은 필터링이 적용될 변수와 관계없는 변수를 사용할 수 있다. 다음 예제는 이전 예제와 동일한 x를 사용한다.

```
> z <- c(5,12,13)
> x[z %% 2 == 1,]
     [,1] [,2]
[1,]    1    2
[2,]    3    4
```

z %% 2 == 1은 z의 각 원소가 홀수인지를 판단해(TRUE, FALSE, TRUE)라는 값을 내놓는다. 이 결과로 x의 1번째와 3번째 행의 값을 추출한다.

또 다른 예제를 보자.

```
> m
     [,1] [,2]
[1,]    1    4
[2,]    2    5
[3,]    3    6
> m[m[,1] > 1 & m[,2] > 5,]
[1] 3 6
```

이 예제에서는 전과 같은 방식을 사용했지만, 행을 추출할 때의 조건을 좀더 복잡하게 줬다. 열 추출, 혹은 좀더 일반적으로 얘기해 부분행렬 추출 역시 동일한 방식을 사용한다. 우선 m[,1] > 1은 m의 첫째 열의 모든 원소를 1과 비교해 (FALSE, TRUE, TRUE)를 반환한다. 이후 m[,2] > 5도 유사한 방식으로 (FALSE, FALSE, TRUE)를 반환한다. 그리고 여기서 (FALSE, TRUE, TRUE)와 (FALSE, FALSE, TRUE) 간에 논리부호 AND를 사용하여 (FALSE, FALSE, TRUE)라는 결과값을 가져온다. 이를 m의 열 인덱스로 활용해 m의 세 번째 열을 가져온 것이다.

이때 if문 내에서 사용하는 스칼라값 비교에 사용하는 &&가 아닌 벡터의 불리언 AND 연산자인 &를 사용했다는 것을 기억하자. 이런 연산자의 리스트는 7.2장에서 제시할 것이다.

눈치 빠른 독자라면 이전 예제에서 이상한 점이 있음을 벌써 알아차렸을 것이다. 필터링한 결과는 1-2 크기의 부분행렬이 아닌 2개의 원소를 가진 벡터가 됐다. 원소는 정확하게 나왔으나, 데이터 형태는 다르다. 이런 경우 이 값을 행렬용 함수에 적용하면 문제가 생긴다. 이를 해결하기 위해 데이터의 2차원 성격을 그대로 유지한다고 R에게 미리 알려주는 drop이라는 인수를 사용하면 된다. drop에 대한 보다 자세한 내용은 3.6장에서 의도하지 않은 차원 축소를 살펴볼 때 다룰 것이다.

행렬은 벡터이므로 벡터 연산자를 그대로 적용할 수 있다. 다음 예제를 보자.

```
> m
     [,1] [,2]
[1,]    5   -1
[2,]    2   10
[3,]    9   11
> which(m > 2)
[1] 1 3 5 6
```

벡터 인덱싱 관점에서 봤을 때, m의 1, 3, 5, 6번째 원소는 2보다 크다. 예를 들어 5번째 원소의 경우 m의 2번째 행, 2번째 열에 위치한 원소로 10의 값을 가지므로 2보다 크다.

3.2.5 확장 예제: 공분산 행렬 생성하기

이 예제에서는 인수를 행렬로 갖는 row()와 col()을 사용한다. 예를 들어 a라는 행렬에서 row(a[2,8])은 a의 원소의 행 번호인 2를 반환할 것이다. 물론 row(a[2,8])은 2번째 행에 있다는 건 뻔히 알고 있다. 그럼 이 함수가 어디에 유용한 걸까?

다음 예제를 살펴보자. 다변량 정규 분포 시뮬레이션 코드를 작성할 때, 예를 들어 MASS 라이브러리에서 mvrnorm()을 사용한다고 하면 공분산 행렬 정의가 필요하다. 여기서 핵심은 행렬은 대칭적이라는 것이다. 예를 들자면 1열의 2행의 원소는 2열의 1행의 원소와 같다.

n변량 정규 분포를 사용한다고 해보자. 이때 행렬은 n개의 열과 n개의 행을 가질 것이다. 각 n개의 변수들이 변수 쌍에서의 상관계수 rho 및 분산 1을 갖게 하려고 한다. n = 3이고 rho = 0.2라면 행렬은 다음과 같이 될 것이다.

$$\begin{pmatrix} 1 & 0.2 & 0.2 \\ 0.2 & 1 & 0.2 \\ 0.2 & 0.2 & 1 \end{pmatrix}$$

다음은 이런 행렬을 생성하는 코드다.

```
1 makecov <- function(rho,n) {
2    m <- matrix(nrow=n,ncol=n)
3    m <- ifelse(row(m) == col(m),1,rho)
4    return(m)
5 }
```

이 코드가 어떻게 동작하는지 보자. 첫 번째로 아마 이미 예측했겠지만, row()가 행 번호를 반환하는 것처럼 col()은 해당 인수의 열 번호를 반환한다. 그리고 3번째 줄의 row(m)은 정수값을 가진 행렬을 반환한다. 행렬의 각 원소는 m의 원소 각각의 열 번호를 가리킨다. 예를 들자면 다음과 같다.

```
> z
     [,1] [,2]
[1,]    3    6
```

```
[2,]    4    7
[3,]    5    8
> row(z)
     [,1] [,2]
[1,]    1    1
[2,]    2    2
[3,]    3    3
```

그러므로 row(m) == col(m)이란 식은 TRUE와 FALSE 값을 갖는 행렬을 반환한다. 행렬의 대각선상에 있는 원소에서는 TRUE 값이 나올 것이고 다른 곳의 원소에서는 FALSE 값이 나올 것이다. 다시 한번 이항 연산자(이 경우에는 ==)도 함수의 일종이라는 것을 기억하자. 물론 row()와 col() 역시 함수다.

```
row(m) == col(m)
```

이 식은 행렬 m의 각 원소에 적용되어, m과 동일한 크기의 TRUE/FALSE 행렬을 반환한다. 그리고 다른 함수 ifelse()가 호출된다.

```
ifelse(row(m) == col(m),1,rho)
```

이 경우 앞서 언급한 대로 TRUE/FALSE 행렬이 인수로 들어가므로, 출력되는 행렬에는 각 위치에 1이나 rho의 값이 들어갈 것이다.

3.3 행렬의 행과 열에 함수 적용하기

R에서 가장 유명하고 가장 많이 사용되는 기능 중 하나는 apply(), tapply(), lapply() 같은 *apply()군 함수다. 이 장에서는 R에서 사용자 정의 함수를 행렬의 각 행이나 각 열에 적용할 수 있게 apply() 사용 법에 대해 알아볼 것이다.

3.3.1 apply( ) 함수 사용하기

다음은 행렬에서 apply를 사용하는 일반적인 형태다.

```
apply(m,dimcode,f,fargs)
```

인수들은 다음과 같다.

- m은 행렬이다.
- dimcode는 차원수로, 1인 경우 함수를 행에 적용하고 2인 경우 열에 적용한다.
- f는 적용할 함수다.
- fargs는 f에 필요한 인수의 집합으로 선택사항이다.

하나의 예로서 행렬 z의 각 행에 R의 mean() 함수를 적용해 보겠다.

```
> z
     [,1] [,2]
[1,]    1    4
[2,]    2    5
[3,]    3    6
> apply(z,2,mean)
[1] 2 5
```

이 예의 경우 이전에는 colMeans() 함수를 사용했지만, 여기서는 apply()를 사용해 간단하게 적용했다.

apply()에 mean() 함수 같은 R 내장 함수뿐만 아니라 직접 작성한 함수 사용도 가능하다. 다음은 직접 만든 함수 f를 사용한 예제다.

```
> z
     [,1] [,2]
[1,]    1    4
[2,]    2    5
[3,]    3    6
> f <- function(x) x/c(2,8)
> y <- apply(z,1,f)
> y
  [,1]  [,2] [,3]
[1,]  0.5 1.000 1.50
[2,]  0.5 0.625 0.75
```

직접 만든 f() 함수는 두 원소를 가진 벡터를 벡터 (2, 8)로 나눈다. 이때 만약 x가 2보다 긴 벡터라면 재사용 법칙이 사용된다. apply()를 호출해 f()를

z의 각 행에 적용한다. 이때 첫 행은 (1,4)이므로 f()가 호출됐을 때 형식 인수 x에 실제로 대응되는 실제 인수는 (1,4)다. 그러므로 R에서는 (1,4)/(2,8)을 계산하게 되고, R의 원소 단위 벡터 계산 식에 의해 (0.5,0.5)가 나오게 된다. 다음 두 열에 대한 계산도 비슷하다.

이 결과값이 3-2 행렬이 아닌 2-3 행렬이라는 것에 놀랐을 지도 모르겠다. 처음 계산해 나온 값인 (0.5,0.5)는 apply() 결과의 첫 번째 행이 아닌, 첫 번째 열이 된다. 이는 apply()의 특성이다. 만약 apply()에 사용된 함수가 k개의 벡터 요소를 반환한다면, 결과는 k개의 열을 갖게 된다. 필요 시에는 다음과 같이 행렬 치환 함수를 사용해 변환할 수 있다.

```
> t(apply(z,1,f))
     [,1]  [,2]
[1,]  0.5 0.500
[2,]  1.0 0.625
[3,]  1.5 0.750
```

만약 함수가 단일 숫자(이미 한 개의 원소로 이뤄진 벡터라는 것을 알고 있지만)를 반환한다면, 최종 결과는 행렬이 아닌 벡터일 것이다.

적용된 함수는 최소 1개의 인수를 필요로 한다. 앞서 보았듯이 형식 인수에는 행렬의 하나의 행 또는 열이라는 실제 인수가 대입될 것이다. 일부 경우에는 이 함수에 필요한 추가 인수를 apply() 내에서 함수명 뒤에 넣어줘야 한다.

예를 들어 1과 0으로 이뤄진 행렬로 다음과 같은 벡터를 만들고 싶다고 해보자. 행렬의 각 열에 해당하는 벡터의 원소에 그 열의 앞 d개의 원소들 중에서 1과 0 중 많은 것을 기록하는 것이다. 여기서 d는 입력 받아야 하는 변수다. 이 기능은 다음과 같이 할 수 있다.

```
> copymaj
function(rw,d) {
   maj <- sum(rw[1:d]) / d
   return(if(maj > 0.5) 1 else 0)
}
> x
     [,1] [,2] [,3] [,4] [,5]
```

```
[1,]    1    0    1    1    0
[2,]    1    1    1    1    0
[3,]    1    0    0    1    1
[4,]    0    1    1    1    0
> apply(x,1,copymaj,3)
[1] 1 1 0 1
> apply(x,1,copymaj,2)
[1] 0 1 0 0
```

여기서 3과 2라는 값은 copymaj()의 형식 인수 d에 대한 실제 인수다. 이때 x의 1열에서 무슨 일이 일어났는지 보자. (1,0,1,1,0)으로 구성된 행에서 앞에서부터 d개의 원소를 가져오면 (1,0,1)이 된다. 이 세 원소 중 1이 더 많으므로 copymaj()는 1을 반환한다. 그러므로 apply()의 결과값의 첫 번째 원소는 1이 된다.

보통 생각하는 것과 다르게, apply()를 사용하는 것은 보통 코드의 속도를 높여주지 않는다. 이것을 사용할 때의 장점은 코드를 매우 짧게 해주기 때문에 읽고 고치기 쉽고, 루프를 사용할 때 발생할 수 있는 오류들을 피할 수 있게 해주는 것이다. 게다가 R이 병렬 처리에 보다 근접할수록, apply()같은 함수는 점점 더 중요해진다.[2] 예를 들어 snow 패키지의 clusterApply() 함수는 R에서 다양한 네트워크의 노드에 부분행렬의 데이터를 분배한다. 이후 각 노드에서 기본적으로 각 부분행렬을 갖고 주어진 함수를 적용할 수 있게 하는 병렬 프로세스로 처리하도록 한다.

3.3.2 확장 예제: 아웃라이어 탐색

통계에서 '아웃라이어'란 다른 대부분의 관측치와 확연하게 다른 개별 데이터들을 말한다. 이런 데이터는 보통 잘못된 데이터로 의심을 하게 되거나 대표값으로는 사용하지 않는다(워싱턴 주 시민들의 소득 중 빌 게이츠의 소득 같은 값을 말한다). 아웃라이어를 찾기 위해 수많은 방법들이 고안됐다. 여기서는 이 중 매우 단순한 것을 구현해 보겠다.

---

2   2011년 11월에 발표된 R 2.14 버전에서 R의 병렬 처리를 가능하게 하는 parallel 패키지가 R base에 공식적으로 추가됐다. - 옮긴이

소매점 판매 데이터가 기록된 행렬 rs가 있다. 데이터의 각 열은 각각 다른 매장에 대한 데이터로, 기록된 내용은 일별 판매량이다. 의심할 여지 없이 극도로 단순하게 접근해서, 각 매장별 가장 특이한 수치를 정의하는 코드를 작성해 보자. 이 수치는 각 매장의 중간값에서 가장 많이 벗어난 수치로 정의할 것이다. 코드는 다음과 같다.

```
1 findols <- function(x) {
2   findol <- function(xrow) {
3     mdn <- median(xrow)
4     devs <- abs(xrow-mdn)
5     return(which.max(devs))
6   }
7   return(apply(x,1,findol))
8 }
```

다음과 같이 함수를 호출한다.

```
findols(rs)
```

이 함수가 어떻게 동작할까? 우선 apply() 내에서 사용할 함수가 필요하다.

이 함수는 판매량 행렬의 각 행에 적용될 것이므로 주어질 행에서 가장 특이한 값의 인덱스를 찾아주는 함수를 작성해야 한다. 4, 5번째 줄에서 사용한 사용자 정의 함수 findol()이 이 역할을 할 것이다. 여기서는 함수 안에 다른 함수를 정의했는데, 내부에 정의한 함수가 짧은 경우에 종종 사용되는 방식이라는 것을 염두에 두자. xrow-mdn 식에서는 보통 1 이상의 길이일 벡터에서 한 개의 원소로 된 벡터인 하나의 숫자를 빼는 연산을 한다. 이때 뺄셈 연산 이전에 xrow에 대응되도록 mdn은 재사용돼 확장된 형태로 사용된다.

그 후 5번째 줄에서 R 함수인 which.max()를 사용한다. max()는 벡터 내의 최대값을 찾지만, which.max()는 '어디에' 최대값이 있는지(최대값의 '인덱스')를 알려준다. 이것이 여기서 필요한 기능이다.

마지막으로 7번째 줄에서 R이 findol()을 x의 각 행에 적용하게 해, 각 열에서 가장 특이한 값의 인덱스를 찾도록 한다.

3.4 행렬에 행과 열 추가 및 제거하기

기술적으로 봤을 때 행렬은 고정된 길이와 차원을 가지고 있기 때문에 행이나 열을 추가/삭제할 수 없다. 하지만 행렬을 '재할당'할 수 있고, 이를 이용해 열을 직접 추가하거나 삭제한 것과 같은 효과를 볼 수 있다.

3.4.1 행렬 크기 바꾸기

벡터 크기를 바꾸기 위해 벡터를 어떻게 재할당했는지 기억해 보자.

```
> x
[1] 12   5 13 16   8
> x <- c(x,20)  # 20 추가하기
> x
[1] 12   5 13 16   8 20
> x <- c(x[1:3],20,x[4:6])  # 중간에 20 끼워 넣기
> x
[1] 12   5 13 20 16   8 20
> x <- x[-2:-4]  # 2~4번째 원소 제거하기
> x
[1] 12 16   8 20
```

첫 번째의 경우 x의 길이는 원래 5였으나, 원소 추가 후 재할당함으로써 6으로 늘렸다. x의 길이 자체를 바꾸지 않고 x로부터 새로운 벡터를 생성한 후 새 벡터를 x에 할당했다.

> **노트** 의도하지 않았더라도 재할당은 가끔 일어나는데, 이에 대해서는 14장에서 다룰 것이다. 예를 들면 별것 아닌 것 같은 할당 작업인 x[2] <- 12 마저도 실제로는 재할당 작업이다.

행렬 크기를 바꾸는 데에도 비슷한 방식이 사용된다. 예를 들면 rbind()(행 붙이기)와 cbind()(열 붙이기) 함수를 사용해 행렬에 열과 행을 추가할 수 있다.

```
> one
[1] 1 1 1 1
> z
  [,1] [,2] [,3]
```

```
[1,]  1    1    1
[2,]  2    1    0
[3,]  3    0    1
[4,]  4    0    0
> cbind(one,z)
[1,]1 1 1 1
[2,]1 2 1 0
[3,]1 3 0 1
[4,]1 4 0 0
```

여기서 cbind()는 x의 행들과 1로 이뤄진 행을 결합한 새 행렬을 생성한다. 여기서는 이 결과를 바로 출력하도록 했으나, 다음과 같이 z(혹은 다른 변수)에 할당할 수 있다.

```
z <- cbind(one,z)
```

이때 재사용 역시 가능함을 기억해 두자.

```
> cbind(1,z)
     [,1] [,2] [,3] [,4]
[1,]   1    1    1    1
[2,]   1    2    1    0
[3,]   1    3    0    1
[4,]   1    4    0    0
```

여기서 1의 값은 재사용돼 네 개의 1이 있는 벡터가 됐다.

또한 간단한 행렬을 만드는 데에도 rbind()와 cbind() 함수를 사용할 수 있다. 다음 예제를 보자.

```
> q <- cbind(c(1,2),c(3,4))
> q
     [,1] [,2]
[1,]   1    3
[2,]   2    4
```

하지만 rbind()와 cbind()를 사용할 때는 조심해야 한다. 벡터를 새로 만드는 것처럼, 행렬을 새로 만드는 것 역시 시간이 상당히 걸린다. 어쨌든 행렬도 벡터이므로 말이다. 다음 코드에서 cbind()를 사용해 새로운 행렬을 생성한다.

```
z <- cbind(one,z)
```

새 행렬은 z에 재할당된다. 즉 이 행렬의 이름을 z로 붙여준 것이다. 같은 이름을 가졌던 원래 행렬은 사라진다. 하지만 여기서 중요한 점은 새 행렬을 만드는 데 시간 페널티가 발생했다는 것이다. 만약 이런 작업을 반복문 내에서 계속 수행했다면, 누적 페널티는 매우 커졌을 것이다.

그러므로 만약 반복문 내에서 행이나 열을 한 번에 하나씩 추가하고 결과적으로 행렬이 커지기를 원한다면, 애초에 큰 행렬을 할당하는 것이 낫다. 처음에는 비어있지만, 한 번에 하나씩 행이나 열을 채워넣는 방식이 매번 메모리에 행렬을 재할당하는 것보다 시간 절약 면에서 나을 것이다.

재할당하는 방식으로 행이나 열을 제거하는 것 역시 가능하다.

```
> m <- matrix(1:6,nrow=3)
> m
     [,1] [,2]
[1,]    1    4
[2,]    2    5
[3,]    3    6
> m <- m[c(1,3),]
> m
     [,1] [,2]
[1,]    1    4
[2,]    3    6
```

3.4.2 확장 예제: 그래프에서 서로 거리가 가장 가까운 두 점 찾기

그래프에서 점 간 거리를 찾는 것은 전산과 수업에서 사용되는 가장 일반적인 예제이며 통계 및 데이터 과학에서도 쓰인다. 예를 들자면 이런 종류의 문제는 몇몇 클러스터링 알고리즘이나 유전체 genomics 응용 프로그램에서도 사용된다.

여기서는 도시 간의 거리를 찾는 일반적인 예제를 사용할 것이다. 이 쪽이 DNA 가닥 간의 거리를 찾는 것보다 설명하기 쉽다.

i열 j행의 원소는 i번 도시와 j번 도시 간의 거리를 갖고 있는 식으로 거리가 기록된 행렬을 입력하면, 도시 간을 한 번에 가는 거리 중 최소값과 이 최소값을 만족하는 도시 쌍을 출력하는 함수가 필요하다고 해보자. 이를 위한 코드는 다음과 같다.

```
1  # 정사각 대칭행렬 d에 대해 d[i,j] 중 i != j인 값에서 최소값과
2  # 최소값이 위치한 행과 열을 반환함. 같은 경우 특별한 규칙 없음
3  mind <- function(d) {
4     n <- nrow(d)
5     #apply()에 사용할 열 번호를 정의해주는 행 추가
6     dd <- cbind(d,1:n)
7     wmins <- apply(dd[-n,],1,imin)
8     # wmins 는 1번 열에는 인덱스가 들어가고
9     # 2번 열에는 그 값이 들어간 2-n 행렬 형태가 된다.
10    i <- which.min(wmins[2,])
11    j <- wmins[1,i]
12    return(c(d[i,j],i,j))
13 }
14
15 # 열 x 중 최소값의 인덱스와 최소값을 찾아줌
16 imin <- function(x) {
17    lx <- length(x)
18    i <- x[lx] # original row number
19    j <- which.min(x[(i+1):(lx-1)])
20    k <- i+j
21    return(c(k,x[k]))
22 }
```

새로 정의한 함수를 사용한 예제다.

```
> q
     [,1] [,2] [,3] [,4] [,5]
[1,]    0   12   13    8   20
[2,]   12    0   15   28   88
[3,]   13   15    0    6    9
[4,]    8   28    6    0   33
[5,]   20   88    9   33    0
> mind(q)
[1] 6 3 4
```

최소값은 3행, 4열의 6이다. 보다시피 apply()는 여기서도 중요한 역할을 한다.

해야 할 일은 매우 간단하다. 행렬에서 0이 아닌 최소값을 찾아야 한다. 각 열에서 최소값을 찾아(apply()를 한 번 호출하면 이것을 모든 행에서 수행해 준다) 이 중 가장 작은 값을 찾는 것이다. 하지만 역시 코드상 논리 진행은 보다 복잡해진다.

중요한 점 하나는 i번 도시에서 j번 도시까지의 거리는 j번에서 i번까지의 거리와 동일하므로, 행렬이 '대칭'이라는 것이다. 그러므로 n이 행렬의 행과 열의 수라면, 1번째 행에서 최소값을 찾을 때 1+1, 1+2, ..., n번 원소를 확인해야 한다. 이것은 곧 코드의 7번 줄에서 apply()를 적용할 때 d의 마지막 열에서는 건너뛰어도 된다는 의미다.

행렬이 매우 크다면(1000개의 도시 사용시 백만 개의 데이터가 들어간다) 대칭성을 충분히 활용해 일을 단축해야 한다. 하지만 이 경우 문제가 생긴다. 기본적인 계산을 위해 apply() 내에서 호출되는 함수는 원래 행렬의 행 개수를 알아야 한다. apply()에서는 이런 정보를 함수에 넘겨주지 않는다. 그래서 코드의 6번째 줄에서는 행렬에 열 번호로 이뤄진 추가 행을 더해, apply()에서 호출된 함수가 열 번호를 가져갈 수 있도록 했다.

apply()에서 호출한 함수는 코드의 16번째 줄부터 시작되는 imin() 함수로, 이 함수는 형식 인수 x에 정의된 열에서 최소값을 찾아준다. 이 함수는 주어진 열의 최소값뿐 아니라 최소값의 인덱스도 같이 반환한다. 앞 예제의 행렬 q에서 1열에서 imin()이 호출됐을 때, 최소값은 8이고 이에 해당하는 인덱스는 4다. 후자의 목적을 위해서는 19번째 줄에 사용된 R 함수 which.min()이 편리하다.

20번째 줄에 주목할 필요가 있다. 행렬이 대칭적이라는 것을 상기하자. 19번째 줄의 (i+1):(1x-1)에서 보다시피 각 열의 앞부분은 연산을 건너뛴다. 하지만 이것은 같은 줄의 which.min() 역시 (i+1):(1x-1) 범위 내에서의 최소값의 인덱스를 반환한다는 말이다. 예제 행렬 q의 3열에서는 출력 인덱스가 4가 아닌 1이 될 것이다. 그러므로 코드의 20번째 줄에서처럼 i를 더해주는 단계를 추가해야 한다.

마지막으로 apply()의 결과를 적절히 사용하는 방법은 조금 복잡하다. 앞의 예제 행렬 q를 다시 한 번 떠올려보자. apply()를 적용하면 행렬 wmins가 반환될 것이다.

$$\begin{pmatrix} 4 & 3 & 4 & 5 \\ 8 & 15 & 6 & 33 \end{pmatrix}$$

주석에 달았듯이 행렬의 두 번째 행은 d의 여러 행의 대각 상위 부분의 최소값들이 들어있다. 예를 들어 wmins의 첫째 열에는, q의 첫째 행에서 최소값은 행의 4번 인덱스에 있는 8이라는 정보가 들어 있다.

코드의 10번째 줄에서는 행별로 나온 최소값 중 가장 작은 값을 i에 지정해주는데, 예제의 q에서는 6에 해당된다. 11번째 줄에서는 j에 최소값이 위치한 행의 위치를 지정해주는데, q의 경우에는 4다. 다르게 말하자면 최종적으로 나온 최소값은 i행 j열에 있다는 정보로, 이는 12번째 줄에서 사용된다.

한편 apply()의 결과에서 1행은 각 행별 최소값의 인덱스를 나타낸다. 이를 통해 어떤 다른 도시가 가장 나은 짝인지를 볼 수 있기 때문에 매우 편리하다. 우리는 3번 도시가 그중 하나임을 알기 때문에, 1행의 3번 지점으로 가서 이에 대응되는 도시가 4번이라는 것을 알 수 있다. 그러므로 서로 가장 가까운 도시의 쌍은 3번 도시와 4번 도시다. 따라서 코드의 9번과 10번은 이런 추론을 일반화한 것이다.

만약 행렬에서 최소값을 가진 원소가 하나라면 훨씬 간단한 방법도 있다.

```
minda <- function(d) {
    smallest <- min(d)
    ij <- which(d == smallest,arr.ind=TRUE)
    return(c(smallest,ij))
}
```

이 예제는 작동하지만 몇 개의 가능한 문제점이 있다. 이 코드에서 가장 중요한 부분은 다음 줄이다.

```
ij <- which(d == smallest,arr.ind=TRUE)
```

이 줄에서는 d의 원소 중 최소값 인덱스를 결정한다. arr.ind=TRUE라는 인수는 반환할 인덱스가 단일 벡터가 아닌 행과 열을 가진 행렬 인덱스라고 지정해 준다. 이 인수가 없다면 d는 벡터로 취급됐을 것이다.

언급했던 대로 이 새 코드는 최소값이 유일할 때만 작동한다. 만약 이런 경우가 아니라면 원래 목적과 다르게 whichi()에서 여러 행/열의 쌍들을 반환할 것이다. 만약 이전 코드를 사용하고 d가 여러 개의 최소값을 갖고 있다면, 이 중 단지 하나만 반환될 것이다.

다른 문제는 성능이다. 새 코드는 사용한 행렬에서 두 개의 (보이지 않는) 반복문으로 이뤄져 있다. 하나는 smallest를 계산하는 부분이고 또 하나는 which() 내에서 사용한다. 그래서 원래의 코드보다 더 느려질 수 있다.

두 방법 중 수행 속도가 문제가 된다거나 여러 최소값이 존재한다면 원래의 코드를 선택하겠지만, 그렇지 않다면 다른 대안인 후자를 선택할 것이다. 후자가 더 단순해서 코드를 읽고 유지하기가 더 쉽기 때문이다.

3.5 벡터·행렬을 더 정확히 구분하기

이 장을 시작할 때, 행렬은 단순히 벡터지만 행과 열의 숫자라는 두 개의 추가적인 속성을 갖고 있다고 했다. 여기서는 행렬의 벡터적 속성에 대해 좀더 자세히 살펴본다. 다음 예제를 보자.

```
> z <- matrix(1:8,nrow=4)
> z
     [,1] [,2]
[1,]    1    5
[2,]    2    6
[3,]    3    7
[4,]    4    8
```

z는 여전히 벡터이므로 다음과 같이 크기를 확인할 수 있다.

```
> length(z)
[1] 8
```

하지만 행렬이므로 z는 벡터보다 조금 더 추가된 것이 있다.

```
> class(z)
[1] "matrix"
> attributes(z)
$dim
[1] 4 2
```

객체지향 프로그래밍 관점에서 보자면 실제로 matrix라는 클래스가 있는 것이다. 1장에서 언급했듯이 R의 대부분은 S3 클래스를 포함하는데, 여기서는 구성 요소가 $로 표기된다. matrix 클래스에서는 dim이라는 하나의 속성을 갖는데, 이는 행렬에서 열과 행의 숫자가 되는 벡터다. 클래스에 대해서는 9장에서 자세히 다룰 것이다.

또한 dim() 함수를 이용해 dim의 값을 얻을 수 있다.

```
> dim(z)
[1] 4 2
```

행과 열의 숫자는 nrow()와 ncol() 함수를 써서 따로따로 얻을 수도 있다.

```
> nrow(z)
[1] 4
> ncol(z)
[1] 2
```

이 함수들은 코드를 확인해 보면 알겠지만, 그저 dim()에서 파생된 것이다. 인터랙티브 모드에서 객체를 불러내는 방법은 간단히 이름만 입력해도 된다는 것을 기억하자.

```
> nrow
function (x)
dim(x)[1]
```

이런 함수들은 행렬을 인수로 받는 일반적인 라이브러리 함수를 작성할 때 유용하다. 코드에서 행과 열의 숫자를 결정할 수 있도록 해, 두 추가 인수에 대한 정보를 따로 제공해야 하는 부담이 없다. 이는 객체지향 프로그래밍의 장점 중 하나이다.

3.6 의도하지 않은 차원 축소 피하기

통계의 세계에서는 차원 축소는 매우 좋은 것이고, 이를 쉽게 하기 위한 많은 통계 기법이 있다. 예를 들어 10개의 변수를 다뤄야 하는데, 이를 3개로 줄였는데도 데이터의 핵심은 모두 잘 잡아낼 수 있다면 즐거울 것이다.

하지만 R에서 '차원 축소'라는 이름은 피하는 게 더 좋을 때도 있다. 4개의 행을 가진 행렬이 있고 여기서 한 행을 뽑았다고 해보자.

```
> z
     [,1] [,2]
[1,]    1    5
[2,]    2    6
[3,]    3    7
[4,]    4    8
> r <- z[2,]
> r
[1] 2 6
```

이는 별 문제 없어 보이지만, R에서 r을 출력하는 포맷에 주의해야 한다. 이는 행렬이 아닌 벡터 형식이다. 다르게 말하자면 1-2 행렬이 아닌 길이 2의 벡터라는 것이다. 이를 두 가지 방식으로 확인해 보자.

```
> attributes(z)
$dim
[1] 4 2
> attributes(r)
NULL
> str(z)
 int [1:4, 1:2] 1 2 3 4 5 6 7 8
> str(r)
 int [1:2] 2 6
```

여기서 R은, z는 행과 열 수를 갖고 있지만 r은 없다고 알려준다. 유사한 방식으로 str()은 z는 행과 열에 대해 1:4와 1:2 범위의 인덱스를 갖고 있지만, r의 인덱스는 단순히 1:2 범위라고 알려준다. 의심할 여지없이 r은 행렬이 아닌 벡터다.

이는 자연스러워 보이지만 많은 경우에 많은 행렬 연산을 처리해야 하는 프로그램에서 문제를 야기할 수 있다. 코드가 평소에는 잘 돌아가다가 특수한 케이스에서 실패하는 것을 발견할 수도 있다. 예를 들어 코드에 주어진 행렬에서 부분행렬을 뽑아내고 이 부분행렬에 몇몇 행렬 연산을 취한다고 가정해 보자. 부분행렬이 한 개의 행일 경우 R은 이것을 벡터로 취급할 것이고, 이는 코드 실행에 피해를 입힐 수 있다.

다행히도 R은 이런 차원 축소를 막을 수 있는 방법을 갖고 있다. 바로 drop 인수다. 다음은 앞의 z를 활용한 예제다.

```
> r <- z[2,, drop=FALSE]
> r
     [,1] [,2]
[1,]    2    6
> dim(r)
[1] 1 2
```

이제 r은 2개의 원소를 가진 벡터가 아니라 1-2 행렬이 됐다.

이런 이유로 모든 행렬을 다루는 코드에는 drop=FALSE 인수를 습관적으로 집어넣는 것이 편리하다는 걸 알 수 있다.

왜 drop을 인수라고 할까? 그 이유는 [도 +같은 연산자의 경우처럼 실제로는 함수이기 때문이다. 다음 코드를 보자.

```
> z[3,2]
[1] 7
> "["(z,3,2)
[1] 7
```

만약 벡터를 행렬처럼 다루고 싶다면, 다음 예제처럼 as.matrix() 함수를 사용할 수 있다.

```
> u
[1] 1 2 3
> v <- as.matrix(u)
> attributes(u)
NULL
> attributes(v)
$dim
[1] 3 1
```

3.7 행렬의 행과 열에 이름 붙이기

행렬의 행과 열은 보통 각각의 숫자로 통칭한다. 하지만 각각에 이름을 붙여줄
수도 있다. 다음은 이에 대한 예제다.

```
> z
     [,1] [,2]
[1,]  1   3
[2,]  2   4
> colnames(z)
NULL
> colnames(z) <- c("a","b")
> z
     a b
[1,] 1 3
[2,] 2 4
> colnames(z)
[1] "a" "b"
> z[,"a"]
[1] 1 2
```

보다시피 이 이름들은 특정 열을 대표해 사용된다. rownames() 함수도 유사
하다.

행과 열에 이름을 부여하는 것은 보통 일반적인 R 코드를 작성할 때 그다지
중요하지 않다. 하지만 특정 데이터 세트를 분석할 경우 유용하게 사용될 수도
있다.

3.8 ▶ 고차원 배열

통계적 관점에서 R의 일반적인 행렬의 행은 다양한 사람 같은 관측치에 해당하고, 열은 몸무게나 혈압 같은 변수에 해당한다. 그래서 행렬은 2차원 구조다. 하지만 만약 이 데이터를 시간별로 가져온다면, 하나의 데이터는 한 사람의 한 변수의 하나의 시간 단위에 대한 것이 된다. 시간은 열과 행에 이어 세 번째 차원이 되는 것이다. R에서 이런 데이터 세트를 '배열'이라고 한다.

간단한 예로 학생과 시험 성적을 보자. 각 시험은 두 부분으로 구성돼 있기 때문에 한 학생에 대해 매 시험마다 두 개의 성적을 기록하게 된다. 그럼 예제를 작게 만들어서, 딱 3명의 학생이 시험을 두 번 봤다고 가정하자. 다음은 첫 번째 시험의 데이터다.

```
> firsttest
     [,1] [,2]
[1,]   46   30
[2,]   21   25
[3,]   50   48
```

1번 학생은 첫 시험에서 46점과 30점을 받았고, 2번 학생은 21점과 25점을 맞았다. 다음은 동일한 학생들의 두 번째 시험 점수다.

```
> secondtest
     [,1] [,2]
[1,]   46   43
[2,]   41   35
[3,]   50   49
```

그럼 두 데이터를 tests라고 명명할 하나의 데이터 구조에 넣어 보자. 여기서는 한 계층당 하나의 시험으로 두 '계층'을 마련할 것이다. 각 계층에는 3개의 행과 2개의 열을 둘 것이다. firsttest를 첫째 층에 넣고 secondtest를 두 번째에 넣을 것이다.

1계층에는 첫 번째 시험에 대한 세 학생의 점수가 들어간 세 개의 행과 행마다 테스트의 두 부분이 기록된 열이 생길 것이다. 데이터 구조 생성을 위해서는 R의 array 함수를 사용한다.

```
> tests<- array(data=c(firsttest,secondtest),dim=c(3,2,2))
```

인수 dim=c(3,2,2)에서 3개의 행과 2개의 열을 가진 두 개의 층(두 번째 2가 이를 의미한다)을 정의했다. 그리고 이는 데이터 구조의 속성이 된다.

```
> attributes(tests)
$dim
[1] 3 2 2
```

tests의 각 원소는 행렬의 경우처럼 2개의 서술자를 갖는 게 아니라, 3개의 서술자를 갖게 된다. 첫 번째 서술자는 $dim 벡터의 첫 번째 원소에 대응되며, 두 번째 서술자는 $dim의 두 번째 원소에 대응되는 식이다. 예를 들어 3번 학생이 1번 시험의 두 번째 부분에서 얻은 점수는 다음과 같이 기술된다.

```
> tests[3,2,1]
[1] 48
```

R에서 배열을 출력해 보면 계층별로 데이터가 표시되는 것을 알 수 있다.

```
> tests
, , 1

     [,1] [,2]
[1,]   46   30
[2,]   21   25
[3,]   50   48

, , 2

     [,1] [,2]
[1,]   46   43
[2,]   41   35
[3,]   50   49
```

지금은 간단히 두 행렬을 결합해 3차원 배열을 만들어 보았지만, 2~3개의 3차원 배열을 결합해 4차원 배열을 만들 수도 그 이상도 가능하다.

배열을 보통 사용하는 경우 가운데 하나는 표를 계산할 때다. 3차원 표에 대한 예제는 6.3장에서 볼 수 있다.

4장

리스트

 모든 원소가 같은 형식을 띠는 벡터와 달리 R의 리스트 구조는 다른 형의 객체끼리도 결합할 수 있다. 파이썬에 친숙한 독자를 위해 설명하자면 R의 리스트는 파이썬의 딕셔너리와 같다고 보면 된다. 펄의 해시와도 비슷하다고 볼 수도 있다. C 프로그래머라면 C의 구조체(struct)를 떠올리면 좋을 것이다. 리스트는 R에서 데이터 프레임과 객체지향 프로그래밍 등의 기본을 형성하는 중요한 역할을 한다.

이 장에서는 리스트 생성 방법과 이를 활용하는 방법에 대해 소개한다. 벡터나 행렬과 같이 리스트에서 주로 사용되는 기능 중 하나는 인덱싱이다. 리스트 인덱싱은 벡터나 행렬 인덱싱과 비슷하지만 중요한 몇몇 다른 점이 있다. 또한 행렬처럼 리스트 또한 apply()를 활용할 수 있다. 여기서는 이런 주제와 리스트를 손쉽게 분리하는 방법 같은 다른 리스트 관련 주제에 대해 알아본다.

4.1 리스트 생성하기

기술적으로 봤을 때 리스트는 벡터의 일종이다. 이 책에서 지금까지 소개해온 일반적인 벡터는 구성 요소가 더 작은 요소로 나뉠 수 없기 때문에 원자 벡터atomic vector라 한다. 반면 리스트는 순환 벡터recursive vector라 한다.

리스트를 처음 접한다면 직원 데이터베이스를 떠올려보자. 각 직원별로 이름, 연봉, 노조 가입 여부가 표시된 불리언값을 저장하고자 한다. 여기에는 문자형, 숫자형, 논리형의 세 가지 형식이 사용될 것이므로 리스트를 사용하기에 완벽한 조건이다. 그러면 전체 데이터베이스는 리스트의 리스트가 되거나, 여기서 원하는 바는 아니지만 데이터 프레임 같은 다른 유형의 리스트일 수 있다.

Joe라는 직원을 나타내는 리스트는 다음과 같은 식으로 생성할 수 있다.

```
j <- list(name="Joe", salary=55000, union=T)
```

j를 전체 혹은 구성 요소별로 출력할 수 있다.

```
> j
$name
[1] "Joe"

$salary
[1] 55000

$union
[1] TRUE
```

실제로 salary 같은 구성 요소의 이름, 즉 R 문법에서 태그tag는 선택적 요소다. 다른 식으로는 다음과 같이 쓸 수 있다.

```
> jalt <- list("Joe", 55000, T)
> jalt
[[1]]
[1] "Joe"

[[2]]
[1] 55000
```

```
[[3]]
[1] TRUE
```

하지만 숫자 인덱스 대신 이름을 붙이는 편이 보통 더 명확하고 에러를 적게 만드는 경향이 있다.

리스트 구성요소의 이름은 다른 것과 겹치지 않는 선에서 축약해 사용할 수 있다.

```
> j$sal
[1] 55000
```

리스트는 벡터이므로 vector()를 통해 만들 수 있다.

```
> z <- vector(mode="list")
> z[["abc"]] <- 3
> z
$abc
[1] 3
```

4.2 일반 리스트 연산

앞서 리스트를 만드는 법에 대한 간단한 예제를 보았으니 이번에는 리스트에 어떻게 접근해 사용할 수 있는지 살펴보자.

4.2.1 리스트 인덱싱

리스트의 구성요소에는 여러 방법으로 접근할 수 있다.

```
> j$salary
[1] 55000
> j[["salary"]]
[1] 55000
> j[[2]]
[1] 55000
```

리스트를 벡터처럼 사용하면 리스트의 요소를 각 숫자 인덱스를 이용해 호출할 수 있다. 다만 이 경우에 대괄호를 두 개 겹쳐서 사용해야 한다.

이런 식으로 리스트 lst의 구성요소 c에 접근해서 c의 데이터 형으로 가져오는 방법은 3가지가 있다.

- lst$c

- lst[["c"]]

- lst[[i]] (i는 lst에서 c의 인덱스임)

이 방법들은 각각 유용할 때가 있다. 이에 대한 예제들을 곧 소개하겠다. 하지만 앞서 'c의 데이터 형으로 가져오는'이라는 말에 유의하자. 앞의 두 번째와 세 번째 방법에서 대괄호 두 개가 아닌 하나만 사용할 수도 있다.

- lst["c"]

- lst[i] (i는 lst에서 c의 인덱스임)

대괄호를 하나만 사용하는 것과 두 개를 사용하는 것 모두 벡터에서 인덱스를 사용하는 방식으로 리스트의 원소에 접근한다. 하지만 보통 (원자) 벡터 인덱싱과 확실히 다른 점이 있다. 만약 []가 사용되면 그 결과는 리스트(원래 리스트의 부분 리스트)가 될 것이다. 앞의 예제를 계속 사용해 다음과 같이 해보자.

```
> j[1:2]
$name
[1] "Joe"

$salary
[1] 55000
> j2<- j[2]
> j2
$salary
[1] 55000
> class(j2)
[1] "list"
> str(j2)
List of 1
 $ salary: num 55000
```

부분집합 연산으로 원 리스트 j의 처음 두 요소로 이뤄진 다른 리스트가 반환됐다. 여기서 '반환'이란 단어를 사용한 이유는 [] 역시 함수이기 때문이다. 이 역시 +처럼 함수처럼 보이지 않는 연산자들과 마찬가지다.

반면 한 요소를 불러와서 그 요소의 형식을 결과값으로 하고 싶다면 [[]]를 사용하면 된다.

```
> j[[1:2]]
Error in j[[1:2]] : subscript out of bounds
> j2a<- j[[2]]
> j2a
[1] 55000
> class(j2a)
[1] "numeric"
```

4.2.2 리스트에 원소 추가/삭제하기

리스트 원소를 추가하거나 삭제하는 연산은 놀라울 정도로 많이 발생한다. 특히 리스트가 기초가 된 데이터 구조인 데이터 프레임이나 R 클래스 같은 경우가 그렇다.

새 구성요소는 리스트가 생성된 후에 추가될 수 있다.

```
> z <- list(a="abc",b=12)
> z
$a
[1] "abc"
$b
[1] 12

> z$c <- "sailing"  # c 구성 요소 추가
> # c가 제대로 추가됐는가?
> z
$a
[1] "abc"

$b
[1] 12
```

```
$c
[1] "sailing"
```

구성 요소를 추가할 때도 벡터 인덱스를 사용할 수 있다.

```
> z[[4]] <- 28
> z[5:7] <- c(FALSE,TRUE,TRUE)
> z
$a
[1] "abc"

$b
[1] 12

$c
[1] "sailing"

[[4]]
[1] 28

[[5]]
[1] FALSE

[[6]]
[1] TRUE

[[7]]
[1] TRUE
```

리스트에서 해당 부분을 NULL로 설정해 구성요소를 제거할 수 있다.

```
> z$b <- NULL
> z
$a
[1] "abc"
$c
[1] "sailing"

[[3]]
[1] 28

[[4]]
```

```
[1] FALSE

[[5]]
[1] TRUE

[[6]]
[1] TRUE
```

z$b를 삭제한 후 원소의 인덱스가 1씩 이동된 것을 확인하자. 예를 들어 앞서 z[[4]]였던 것이 z[[3]]이 됐다.

리스트를 합치는 것도 가능하다.

```
> c(list("Joe", 55000, T),list(5))
[[1]]
[1] "Joe"

[[2]]
[1] 55000

[[3]]
[1] TRUE

[[4]]
[1] 5
```

4.2.3 리스트의 크기 확인하기

리스트는 벡터이므로 length()를 사용해 리스트 구성요소의 개수를 알 수 있다.

```
> length(j)
[1] 3
```

4.2.4 확장 예제: 텍스트 일치 확인하기(1)

최근 웹 검색 및 텍스트 데이터 마이닝이 관심을 끌고 있다. R 리스트 예제 코드로 이 분야의 예제를 사용해 보자.

어떤 단어가 텍스트 파일 안에 들어있는지 판단하고 각 단어 위치의 리스트를 만들어주는 findwords()라는 함수를 작성할 것이다. 이 함수는 문맥 분석 등에 유용할 것이다.

입력 파일인 testconcord.txt에는 다음과 같은 내용이 들어있다(이 책 1.1.1의 일부다).

```
The [1] here means that the first item in this line of output is
item 1. In this case, our output consists of only one line (and one
item), so this is redundant, but this notation helps to read
voluminous output that consists of many items spread over many
lines. For example, if there were two rows of output with six items
per row, the second row would be labeled [7].
```

단어 확인을 위해 글자가 아닌 모든 문자를 공백으로 처리하고 대문자를 모두 소문자로 바꿀 것이다. 이를 위해 11장에서 다룰 문자열 함수를 사용할 수도 있지만, 여기서 나오지 않는 코드를 사용해 문제를 어렵게 만들 필요는 없다. 새 파일 testconcorda.txt는 다음과 같게 나와야 한다.

```
the     here means that the first item in this line of output is
item    in this case our output consists of only one line and one
item  so this is redundant but this notation helps to read
voluminous output that consists of many items spread over many
lines  for example if there were two rows of output with six items
per row the second row would be labeled
```

여기서 예를 들어 item이란 단어의 위치는 7, 14, 27이다. 이는 이 단어가 파일 안에서 7, 14, 27번째에 있다는 뜻이다.

다음은 함수 findwords()가 이 파일에 대해 호출됐을 때 나오는 결과 리스트 중 일부를 발췌한 것이다.

```
> findwords("testconcorda.txt")
Read 68 items
$the
[1]  1  5 63
```

```
$here
[1] 2

$means
[1] 3

$that
[1]   4 40

$first
[1] 6

$item
[1]   7 14 27
...
```

파일의 단어별 하나의 구성요소로 이뤄진 리스트로, 각 구성요소는 해당 단어별 파일 내 위치를 보여준다. 당연히 item은 7, 14, 27의 위치에 있다고 나온다.

코드를 보기 전에 왜 리스트 구조를 선택했는지 알아보자. 텍스트의 각 단어에 대해 한 열씩 할당한 행렬을 사용할 수도 있었다. rownames()로 열의 이름에 각 단어를 주고 해당 열에 그 단어의 위치를 보여주는 식을 사용하는 것이다. 예를 들어 item 열은 7,14,27과 빈 부분이 0으로 채워진 형태가 됐을 것이다. 하지만 행렬을 사용하는 방식에는 두 가지 중요한 약점이 있다.

- 행렬을 할당할 때 열 부분에 대해 문제가 있다. 텍스트 내에서 단어가 가장 많이 나타나는 경우가 10회라면, 10개의 열이 필요하다. 하지만 그것을 미리 알 수는 없다. 따라서 새 단어를 추가하려면 매번 rbind()로 행을 늘려 가면서 cbind()로 열을 추가해 줘야 한다. 아니면 입력 받은 파일을 먼저 탐색해 최대 단어 빈도를 찾아내야 한다. 두 방법 모두 코드 복잡도나 수행 시간 증가에 따른 비용 문제에 직면할 수 있다.
- 저장 공간 측면에서 많은 열이 수많은 0으로 채워지는 것은 메모리 낭비다. 일반적으로 수치분석 쪽에서는 행렬을 사용하는 경우는 극히 드물다.

그러므로 리스트 구조가 적합하다. 코드가 어떻게 작동하는지 살펴보자.

```
1   findwords <- function(tf) {
2   # 파일에서 단어를 읽어와 문자형 벡터로 변환한다.
3   txt <- scan(tf,"")
4   wl <- list()
5   for (i in 1:length(txt)) {
6   wrd <- txt[i] # 입력 파일의 i번째 단어
7   wl[[wrd]] <- c(wl[[wrd]],i)
8   }
9   return(wl)
10  }
```

파일의 단어는 scan()을 호출해 읽어 들인다. 여기서 '단어'는 단순히 공백으로 구분된 문자들의 조합을 의미한다. 파일을 읽고 쓰는 것에 대한 내용은 10장에서 자세히 다루겠지만, 여기서 중요한 점은 txt는 파일의 단어당 한 줄을 차지하는 식의 문자열로 이루어진 벡터라는 것이다. 파일을 읽어 들인 후의 txt는 다음과 같다.

```
> txt
 [1] "the"        "here"       "means"      "that"       "the"
 [6] "first"      "item"       "in"         "this"       "line"
[11] "of"         "output"     "is"         "item"       "in"
[16] "this"       "case"       "our"        "output"     "consists"
[21] "of"         "only"       "one"        "line"       "and"
[26] "one"        "item"       "so"         "this"       "is"
[31] "redundant"  "but"        "this"       "notation"   "helps"
[36] "to"         "read"       "voluminous" "output"     "that"
[41] "consists"   "of"         "many"       "items"      "spread"
[46] "over"       "many"       "lines"      "for"        "example"
[51] "if"         "there"      "were"       "two"        "rows"
[56] "of"         "output"     "with"       "six"        "items"
[61] "per"        "row"        "the"        "second"     "row"
[66] "would"      "be"         "labeled"
```

4~8번째 줄의 리스트 연산에서는 여기서 가장 중요하게 사용되는 변수인 리스트 wl(단어 리스트word list의 약자다)을 만든다. 반복문을 사용해 wrd에 현재 위치

의 단어를 넣은 후 이 변수를 이용해 전체의 긴 줄에서 모든 단어를 가져오는 식이다.

i = 4일 때 코드의 7번째 줄에서 어떤 일이 일어나는지 보자. 예제 파일 testconcorda.txt에서 wrd = "that"이 될 것이다. 이때까지 wl[["that"]]은 존재하지 않을 것이다. 앞서 소개한 대로 R은 이런 경우 wl[["that"]] = NULL로 설정하므로, 7번째 줄에 값을 이어 붙일 수 있는 것이다. 그러면 wl[["that"]]은 한 개의 원소를 가진 벡터 (4)가 될 것이다. 이후 i = 40일 때 wl[["that"]]은 파일 내의 4번째와 40번째 단어가 모두 "that"이라는 내용을 의미하는 (4, 40)이 될 것이다. wl[["that"]]처럼 문자열에 따옴표를 붙인 형태의 리스트 인덱싱이 매우 편리하다는 것을 기억해 두자.

R의 split() 함수를 보다 우아하게 고난이도로 사용하는 방법에 대해서는 6.2.2장에서 소개하겠다.

4.3 리스트 구성요소와 값에 접근하기

4.1의 리스트 j처럼 name, salary, union처럼 리스트의 각 구성요소에 이름이 붙어 있다면, names()을 사용해 이를 확인할 수 있다.

```
> names(j)
[1] "name"    "salary" "union"
```

그 값을 얻고 싶다면 unlist()를 사용하자.

```
> ulj <- unlist(j)
> ulj
   name  salary   union
  "Joe" "55000"  "TRUE"
> class(ulj)
[1] "character"
```

unlist()의 결과값은 문자열로 이뤄진 벡터다. 벡터 원소들의 이름은 원 리스트의 구성요소 이름에서 온 것이라는 것을 기억하자.

그러나 만약 값이 숫자로 시작한다면 숫자형 벡터를 얻게 된다.

```
> z <- list(a=5,b=12,c=13)
> y <- unlist(z)
> class(y)
[1] "numeric"
> y
 a  b  c
 5 12 13
```

따라서 이 경우 unlist()의 결과값은 숫자형 벡터다. 그럼 혼합된 경우는 어떨까?

```
> w <- list(a=5,b="xyz")
> wu <- unlist(w)
> class(wu)
[1] "character"
> wu
    a     b
  "5" "xyz"
```

이런 경우 R은 최대로 포함할 수 있는 형태를 고른다. 이 경우에는 문자열이다. 이를 보면 각 형태에도 우선순위가 있다고 생각할 수 있고, 실제로 그렇다. unlist()에 대한 R 도움말을 보면 다음과 같다.

> 리스트의 구성요소가 해체돼서 일반적 형식이 될 때, 그 결과는 보통 문자형 벡터로 나오게 된다. 벡터는 각 구성요소 형식 중 다음 서열에서 최대한 높은 순위를 취한다. NULL 〈 이진수 〈 정수형 〈 실수 〈 복소수 〈 문자 〈 리스트 〈 표현식 : 페어리스트의 경우 리스트로 취급된다.

또한 여기서 또 손봐야 할 문제가 있다. wu는 리스트가 아닌 벡터지만, R은 각 원소에 이름을 붙여줬다. 이는 2.11장에서 봤던 것처럼 각 이름을 NULL로 설정해 제거할 수 있다.

```
> names(wu) <- NULL
> wu
[1] "5"    "xyz"
```

다음과 같이 unname()을 사용해 각 원소의 이름을 직접 제거할 수도 있다.

```
> wun <- unname(wu)
> wun
[1] "5"     "xyz"
```

나중에 필요한 경우 wu에 이름을 그대로 남겨 놓는 게 좋을 수도 있다. 필요 없다고 생각된다면 이전 예제에서 wun을 사용하지 않고 wu에 바로 값을 할당할 수도 있다.

4.4 리스트에 함수 적용하기

리스트에 함수를 간편하게 적용할 수 있도록 하는 두 함수가 있다. 바로 lapply()와 sapply()다.

4.4.1 lapply()와 sapply() 함수 사용하기

list apply를 위한 lapply()는 행렬에 apply()를 적용하는 것처럼, 특정 함수를 리스트의 각 요소(혹은 리스트화 된 벡터)에 적용하고 결과값으로 리스트를 반환한다. 예제를 보자.

```
> lapply(list(1:3,25:29),median)
[[1]]
[1] 2

[[2]]
[1] 27
```

R은 1:3과 25:29에 median()을 적용해 결과값으로 2와 27로 이뤄진 리스트를 반환했다.

이 예제와 같은 경우 lapply()의 결과값은 벡터나 행렬로 간단하게 나타낼 수 있다. 이런 역할을 하는 함수가 simplified [l]apply를 단순화한 sapply()다.

```
> sapply(list(1:3,25:29),median)
[1] 2 27
```

2.6.2장에서 행렬 결과 예제를 보았다. 이때는 벡터화된 벡터 함수(각 구성요소는 벡터화돼 결과값이 벡터로 나오는 함수)를 벡터에 적용했다. 함수를 직접 적용하는 대신 sapply()를 사용하면 결과값을 원하는 행렬 형태로 만들 수 있다.

4.4.2 확장 예제: 텍스트 일치 확인하기(2)

4.2.4장에서 만들었던 텍스트 일치 결과 생성 함수인 findwords()는 단어별로 인덱싱된 단어 위치의 리스트를 반환한다. 이는 여러 면에서 리스트를 정렬하는 데 편리하다.

앞서 입력 파일로 testconcorda.txt를 넣었을 때 이런 결과가 나왔음을 알아봤다.

```
$the
[1]  1  5 63

$here
[1] 2

$means
[1] 3

$that
[1]  4 40
...
```

알파벳 순서대로 단어를 정렬해 보여주는 코드는 다음과 같다.

```
1 # wrdlst를 정렬해 findwords()의 결과값의 단어를 알파벳 순으로 보여준다.
2 alphawl <- function(wrdlst) {
3    nms <- names(wrdlst) # 단어들
4    sn <- sort(nms) # 해당 단어들을 알파벳 순서로 정렬
5    return(wrdlst[sn]) # 정렬된 내용 반환
6 }
```

단어가 각 리스트 요소의 이름이므로 names()를 호출해 단어들을 간단히 추출할 수 있다. 이를 알파벳 순서대로 정렬하고, 코드의 5번째 줄에서 리스트 인덱스로 이 버전을 사용한다. 리스트에서 부분 리스트를 뽑아내기 위해 대괄호를 겹쳐 사용하지 않고 하나만 사용한다는 것을 기억하자. 이때 sort() 대신 order를 사용할 수도 있다. 이에 대해서는 8.3장에서 다룰 것이다.

그럼 이를 실행해 보자.

```
> alphawl(wl)
$and
[1] 25

$be
[1] 67

$but
[1] 32

$case
[1] 17

$consists
[1] 20 41

$example
[1] 50
...
```

제대로 동작하고 있다. and가 가장 처음에 나오고 이어서 be가 나오는 식이다. 단어의 빈도 순서대로 정렬하는 것도 비슷한 방식으로 구현할 수 있다.

```
1 # findwords()의 결과를 단어 빈도 순으로 정렬한다.
2 freqwl <- function(wrdlst) {
3    freqs <- sapply(wrdlst,length) # get word frequencies
4    return(wrdlst[order(freqs)])
5 }
```

코드의 3번째 줄에서 wrdlst의 각 원소는 입력한 파일에서 주어진 단어의 위치를 표현하는 숫자로 된 벡터라는 사실을 활용했다. length()를 이 벡터에 호출하면, 각 단어가 파일에서 몇 번이나 나왔는지 알 수 있다. 그러므로 sapply()를 호출한 결과값은 단어의 빈도에 대한 벡터가 된다.

여기서도 sort()를 사용할 수 있지만, order()가 좀더 직관적이다. Order()는 원래 벡터의 정렬된 값에 대한 인덱스를 반환한다. 다음 예제를 보자.

```
> x <- c(12,5,13,8)
> order(x)
[1] 2 4 1 3
```

여기서 결과값의 뜻은 x[2]가 x에서 가장 작은 값이고, 두 번째로 작은 값은 x[4]라는 의미다. 이 경우 order()를 사용해 어떤 단어의 빈도가 가장 낮은지, 두 번째로 낮은 빈도의 단어는 무엇인지 등을 알 수 있다. 이런 인덱스를 단어 리스트에 연결하면 같은 단어 리스트가 빈도에 의해서 정렬된 리스트가 된다.

직접 확인해 보자.

```
> freqwl(wl)
$here
[1] 2

$means
[1] 3

$first
[1] 6
...
$that
[1]   4 40

$`in`
[1]   8 15

$line
[1] 10 24
...
$this
[1]   9 16 29 33

$of
```

```
[1]  11 21 42 56

$output
[1]  12 19 39 57
```

이렇게 빈도가 가장 낮은 것부터 시작해 가장 높은 것까지 순서대로 정렬됐다. 가장 높은 빈도의 단어를 플로팅할 수도 있다. 다음은 「뉴욕타임스」 2009년 1월 6일자 'R의 위력에 매료된 데이터 분석가'라는 R에 대한 기사에 실었던 코드다.

```
> nyt <- findwords("nyt.txt")
Read 1011 items
> snyt <- freqwl(nyt)
> nwords <- length(snyt)
> barplot(snyt[round(0.9*nwords):nwords])
```

이것의 목적은 이 기사의 단어 중 빈도가 높은 10%를 플로팅하는 것이었다. 결과는 그림 4-1과 같다.

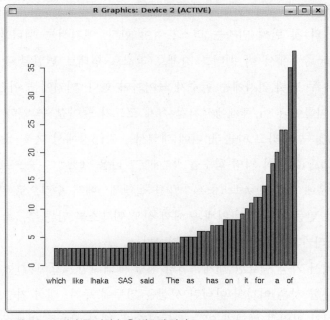

그림 4-1 R 기사 중 가장 높은 빈도의 단어

4.4.3 확장 예제: Abalone 데이터 사용하기

2.9.2장에서 사용했던 전복 성별 데이터에 `lapply()` 함수를 적용해 보자. 이 예제에서 수컷, 암컷, 새끼 전복으로 구분된 관측치의 인덱스에 대해 알고 싶다고 하자. 쉽게 이해하기 위해 성별에 대한 벡터를 갖고 간단한 테스트 예제를 만들어 보자.

```
g <- c("M","F","F","I","M","M","F")
```

목적 달성을 위해 다음과 같이 간단한 방법을 사용해 보자.

```
> lapply(c("M","F","I"),function(gender) which(g==gender))
[[1]]
[1] 1 5 6

[[2]]
[1] 2 3 7

[[3]]
[1] 4
```

`lapply()`의 첫 번째 인자는 리스트여야 한다. 여기서는 벡터를 사용하고 있지만, `lapply()`에서 이 벡터를 강제로 리스트 형태로 변환할 것이다. 또한 `lapply()`의 두 번째 인자에는 함수가 들어가야 한다. 여기에는 이전에 보았듯이 함수의 이름이나 이 예제에서처럼 실제 코드가 들어갈 수 있다. 이런 것을 익명anonymous 함수라고 하는데, 이에 대해서는 7.13장에서 다룰 것이다.

이후 `lapply()`는 이 익명 함수를 "M"에, 그 다음 "F", "I" 순으로 적용한다. 첫 번째 경우에 함수는 `which(g=="M")`를 실행해 g에서 수컷으로 분류된 인덱스의 벡터를 만든다. 이어서 암컷과 새끼 전복 인덱스를 만든 후, `lapply()`에서는 이 세 벡터가 든 리스트를 반환할 것이다.

물론 여기서 가장 중요한 객체는 g의 성별 벡터지만, `lapply()`에서 첫 번째 인자로 사용한 것은 이것이 아니란 사실을 염두에 두자. 대신 가능한 세 개의 성별이 들어간 평범한 벡터가 인수로 들어갔다. 대신 g는 두 번째 실인수인 함수 내에서만 잠시 언급된다. 이는 R에서 일반적으로 사용되는 형태다. 6.2.2장에서는 이에 대해 좀더 나은 방식을 보여줄 것이다.

4.5 재귀 리스트

리스트는 리스트 내에 리스트를 갖는 재귀적 구조가 가능하다. 다음 예제를 보자.

```
> b <- list(u = 5, v = 12)
> c <- list(w = 13)
> a <- list(b,c)
> a
[[1]]
[[1]]$u
[1] 5

[[1]]$v
[1] 12

[[2]]
[[2]]$w
[1] 13

> length(a)
[1] 2
```

이 코드에서는 두 개의 구성 요소를 가진 리스트를 만들게 되는데, 두 요소 역시 리스트다.

연결함수 c()에도 recursive라는 옵션을 사용할 수 있는데, 이는 재귀식으로 리스트가 결합된 경우 편평화flattening를 한다.

```
> c(list(a=1,b=2,c=list(d=5,e=9)))
$a
[1] 1

$b
[1] 2

$c
```

```
$c$d
[1] 5

$c$e
[1] 9
> c(list(a=1,b=2,c=list(d=5,e=9)),recursive=T)
  a   b c.d c.e
  1   2   5   9
```

전자의 경우 recursive 옵션이 기본값인 FALSE로 사용돼, 기본 리스트 내의 구성요소인 c가 리스트 형태를 가진 재귀 리스트를 얻었다. 후자의 경우에는 recursive 옵션이 TRUE로 설정돼, 구성요소의 이름은 재귀적으로 보이나 실제로는 단일 리스트인 결과값을 얻었다. recursive를 TRUE로 설정했는데 비재귀적nonrecursive 리스트를 얻는다는 것은 모순적이기는 하다.

처음 예제에서 사용했던 직원 데이터베이스로 만든 리스트를 떠올려보자. 처음에 각 직원은 리스트이고, 전체 데이터베이스는 리스트의 리스트라고 소개했다. 이는 재귀 리스트에 대한 구체적인 사례다.

5장

데이터 프레임

 직관적으로 데이터 프레임은 행과 열의 2차원 구조를 가진 행렬이다. 하지만 각 열이 다른 형식을 취할 수 있다는 점에서 행렬과는 다르다. 예를 들어 한 열은 숫자로, 다른 한 열은 문자열로 구성될 수 있다. 즉 리스트가 서로 다른 형식의 1차원 벡터를 담을 수 있다고 한다면 데이터 프레임은 서로 다른 형식의 2차원 행렬을 담을 수 있다고 볼 수 있다.

기술적으로 접근하면 데이터 프레임은 동일한 길이의 벡터로 이뤄진 리스트를 구성 요소로 갖는 리스트라고 볼 수 있다. 실제로 R은 데이터 프레임을 포함한 서로 다른 유형의 객체를 구성 요소로 갖도록 한다. 이형 데이터의 조합인 배열의 개념으로 보면 된다. 하지만 실제로 데이터 프레임을 이런 식으로 사용하는 일은 드물다. 이 책에서는 일단 데이터 프레임의 모든 구성 요소는 벡터라고 가정한다.

이번 장에서는 몇 개의 데이터 프레임을 예제와 함께 제시해 R에서 이를 쉽고 유용하게 활용할 수 있는 기반을 닦고자 한다.

5.1 데이터 프레임 생성하기

시작에 앞서, 1.4.5장에서 사용했던 간단한 데이터 프레임 예제를 다시 한번 살펴 보자.

```
> kids <- c("Jack","Jill")
> ages <- c(12,10)
> d <- data.frame(kids,ages,stringsAsFactors=FALSE)
> d # matrix-like viewpoint
  kids ages
1 Jack   12
2 Jill   10
```

data.frame()을 호출하면서 사용한 앞의 두 인수는 명확하다. 이미 정의된 두 벡터 kids와 ages를 사용한 데이터 프레임을 생성하려는 것이다. 하지만 세 번째 인수인 stringsAsFactors=FALSE에 대해서는 부연설명이 필요하다.

만약 stringsAsFactors라고 명명된 인수가 따로 정의돼 있지 않다면, 기본적으로 stringsAsFactors는 TRUE 값을 가진다. 이때 options()를 써서 기본값의 반대값을 나열할 수도 있다. 이는 곧 이 예제에서의 kids 같은 문자열 벡터를 사용해 데이터 프레임을 생성할 때, R에서는 그 벡터를 인수factor로 바꾼다. 하지만 여기서는 문자 데이터를 보통 인수가 아닌 벡터로 사용하므로 stringsAsFactors를 FALSE로 설정할 것이다. 인수에 대해서는 6장에서 다룰 것이다.

5.1.1 데이터 프레임에 접근하기

데이터 프레임이 생겼으니 잠깐 살펴보자. d는 리스트이므로 구성 요소의 인덱스 값이나 이름을 통해 접근할 수 있다.

```
> d[[1]]
[1] "Jack" "Jill"
> d$kids
[1] "Jack" "Jill"
```

하지만 행렬처럼 사용할 수도 있다. 예를 들면 1열을 찾아 볼 수도 있다.

```
> d[,1]
[1] "Jack" "Jill"
```

이렇듯 행렬 같은 성격은 d에 str()을 적용해 구분할 때에도 확인할 수 있다.

```
> str(d)
'data.frame':   2 obs. of  2 variables:
$ kids: chr   "Jack" "Jill"
$ ages: num  12 10
```

R은 d가 두 값(두 열)에 대한 데이터를 저장하는 두 가지 관측치(두 행)로 구성됐다는 것을 알려준다.

위의 데이터 프레임의 첫째 열에 접근하는 방법으로는 세 가지가 있다. 바로 d[[1]], d[,1], d$kids이다. 이 중 세 번째 방법이 다른 두 방법에 비해 보다 명확하다. 무엇보다 중요한 점은 보다 안전하다는 것이다. 이 방법이 열을 보다 명확히 정의하고 다른 열을 잘못 참조할 가능성을 줄여준다. 하지만 R 패키지를 작성하는 등의 일반적인 코드에서는 d[,1] 같은 행렬 방식 표기법이 필요하다. 이는 특히 부분 데이터 프레임을 추출하게 될 때 편리하다. 부분 데이터 프레임 추출은 5.2장에서 소개한다.

5.1.2 확장 예제: 시험 성적을 회귀분석하기(2)

1.5장에서 봤던 시험 데이터 세트를 떠올려 보자. 그때는 헤더가 없었지만 이번에는 헤더를 사용해 보면, 파일의 앞 몇 개의 데이터는 다음과 같을 것이다.

```
"Exam 1" "Exam 2" Quiz
2.0      3.3      4.0
3.3      2.0      3.7
4.0      4.0      4.0
2.3      0.0      3.3
2.3      1.0      3.3
3.3      3.7      4.0
```

보다시피 각 줄에는 한 명의 학생에 대한 세 개의 시험 성적이 나와 있다. 이는 앞의 str()을 사용한 결과물에서 언급한 것 같은 고전적인 이차원 파일 방식이다. 여기서는 파일의 한 줄에는 통계 데이터 세트에서의 하나의 관측치를 담고 있는 형태다. 데이터 프레임의 개념은 이런 데이터를 변수 이름과 함께 하나의 객체로 캡슐화 하는 것이다.

각 필드는 띄어쓰기로 구분된다는 것을 명심하자. CSVcomma-separated value 파일에서 쉼표로 구분되는 것 같이 다른 구분자가 쓰인 경우 미리 명시해야 한다. CSV 파일에 대해서는 5.2.5장에서 살펴 본다. 첫 번째 줄에 기록된 변수명은 데이터에서 사용된 것과 동일한 구분자로 구분돼 있어야 하므로, 이 경우에는 띄어쓰기로 돼 있어야 한다. 이 예제에서처럼 이름 자체에 띄어쓰기가 돼 있는 경우에는 따옴표로 묶여 있어야 한다.

이 파일은 이전에도 읽어들인 적이 있지만 이번에는 헤더가 있다.

```
examsquiz <- read.table("exams",header=TRUE)
```

이번에는 띄어쓰기 부분이 점으로 채워진 열의 이름이 나타난다.

```
> head(examsquiz)
  Exam.1 Exam.2 Quiz
1    2.0    3.3  4.0
2    3.3    2.0  3.7
3    4.0    4.0  4.0
4    2.3    0.0  3.3
5    2.3    1.0  3.3
6    3.3    3.7  4.0
```

5.2 기타 행렬 방식 연산

다양한 행렬 연산은 데이터 프레임에도 적용 가능하다. 가장 중요하고 유용한 기능으로, 관심있는 특정 변수에 대한 부분 데이터 프레임을 추출하기 위한 필터링이 있다.

5.2.1 부분 데이터 프레임 추출하기

앞서 언급했듯이 데이터 프레임은 행과 열로 표현할 수 있다. 특히 행과 열에 대해 부분 데이터 프레임을 추출하는 것이 가능하다. 다음 예제를 보자.

```
> examsquiz[2:5,]
  Exam.1 Exam.2 Quiz
2    3.3      2  3.7
3    4.0      4  4.0
4    2.3      0  3.3
5    2.3      1  3.3
> examsquiz[2:5,2]
[1] 2 4 0 1
> class(examsquiz[2:5,2])
[1] "numeric"
> examsquiz[2:5,2,drop=FALSE]
  Exam.2
2      2
3      4
4      0
5      1
> class(examsquiz[2:5,2,drop=FALSE])
[1] "data.frame"
```

두 번째 호출에서 R이 추가로 데이터 프레임을 만들지 않고 대신 벡터 examsquiz[2:5,2]를 만들었다. 3.6장의 행렬 예제에서 나온 대로 drop=FALSE 를 명시해 주면 이를 하나의 열로 이뤄진 데이터 프레임으로 유지할 수 있다.

필터링 또한 가능하다. 다음은 첫 번째 시험의 점수가 3.8 이상인 모든 학생에 대한 부분 데이터 프레임을 추출하는 방법이다.

```
> examsquiz[examsquiz$Exam.1 >= 3.8,]
   Exam.1 Exam.2 Quiz
3       4    4.0  4.0
9       4    3.3  4.0
11      4    4.0  4.0
14      4    0.0  4.0
16      4    3.7  4.0
19      4    4.0  4.0
22      4    4.0  4.0
25      4    4.0  3.3
29      4    3.0  3.7
```

5.2.2 NA 값을 다루는 추가적 방법들

첫 번째 학생의 두 번째 시험 점수가 누락됐다고 가정하자. 데이터 파일을 만들 때 다음과 같이 기록했을 것이다.

```
2.0 NA 4.0
```

어떤 통계 분석 과정에서든 R은 최선을 다해 결측치missing data를 처리한다. 하지만 간혹 R이 NA를 무시하도록 na.rm=TRUE 옵션을 설정해야 하는 경우가 있다. 예를 들어 시험 점수가 일부 누락된 경우, 두 번째 시험에 대해서 R의 mean()을 사용해 평균값을 계산할 경우 첫 번째 학생의 점수는 건너뛰어야 할 것이다. 그렇지 않을 경우 R은 평균값이 NA라는 결과를 낼 것이다.

다음의 간단한 예제를 살펴보자.

```
> x <- c(2,NA,4)
> mean(x)
[1] NA
> mean(x,na.rm=TRUE)
[1] 3
```

2.8.2장에서 subset() 함수를 사용할 때, na.rm=TRUE 옵션을 사용해서 생기는 문제를 subset를 사용해 해결했다. 데이터 프레임의 열 부분에도 이를 적용할 수 있다. 열의 이름은 주어진 데이터 프레임으로부터 가져온다. 우리가 사용하는 예제에서는 다음과 같이 입력하지 않는다.

```
> examsquiz[examsquiz$Exam.1 >= 3.8,]
```

대신 다음을 수행한다.

```
> subset(examsquiz,Exam.1 >= 3.8)
```

다음과 같이 할 필요가 없음을 기억하자.

```
> subset(examsquiz,examsquiz$Exam.1 >= 3.8)
```

경우에 따라 하나라도 NA가 있는 관측치라면 모두 데이터 프레임에서 제거하고 싶을 수 있다. 이런 목적으로 사용하는 간단한 함수인 complete.cases()가 있다.

```
> d4
      kids    states
1     Jack      CA
2     <NA>      MA
3   Jillian     MA
4     John     <NA>
> complete.cases(d4)
[1]  TRUE FALSE TRUE FALSE
> d5 <- d4[complete.cases(d4),]
> d5
      kids    states
1     Jack      CA
3   Jillian     MA
```

2번째, 4번째 값은 불완전하므로 complete.cases(d4)의 결과는 FALSE가 된다. 이를 이용해 문제 없는 열을 결과값으로 사용할 수 있다.

5.2.3 rbind()와 cbind() 및 관련 함수 사용하기

3.4장에서 소개한 행렬 함수인 rbind()와 cbind()는 크기 변경이 가능한 데이터 프레임에서도 사용할 수 있다. 예를 들어 cbind()를 사용해 기존 열과 같은 길이의 새 열을 추가할 수 있다.

rbind()를 사용해 행을 추가할 때, 추가되는 행은 보통 다른 데이터 프레임이나 리스트 형태다.

```
> d
  kids  ages
1 Jack   12
2 Jill   10
> rbind(d,list("Laura",19))
  kids  ages
1 Jack   12
2 Jill   10
3 Laura  19
```

또한 기존 데이터를 이용해 새 열을 추가할 수도 있다. 예를 들면 첫 번째 시험과 두 번째 시험의 차이를 하나의 변수로 추가할 수 있다.

```
> eq <- cbind(examsquiz,examsquiz$Exam.2-examsquiz$Exam.1)
> class(eq)
[1] "data.frame"
> head(eq)
  Exam.1 Exam.2 Quiz examsquiz$Exam.2 - examsquiz$Exam.1
1 2.0 3.3 4.0 1.3
2 3.3 2.0 3.7 -1.3
3 4.0 4.0 4.0 0.0
4 2.3 0.0 3.3 -2.3
5 2.3 1.0 3.3 -1.3
6 3.3 3.7 4.0 0.4
```

새 열의 이름은 너무 길고 공백도 있어서 사용하기에 좀 불편하다. 이는 names()를 사용해 바꿀 수 있지만, 데이터 프레임의 리스트 성질을 사용해 이 결과를 데이터 프레임에 같은 크기의 열에 추가하는 게 더 좋을 것이다.

```
> examsquiz$ExamDiff <- examsquiz$Exam.2 - examsquiz$Exam.1
> head(examsquiz)
  Exam.1 Exam.2 Quiz ExamDiff
1    2.0    3.3  4.0      1.3
2    3.3    2.0  3.7     -1.3
3    4.0    4.0  4.0      0.0
4    2.3    0.0  3.3     -2.3
5    2.3    1.0  3.3     -1.3
6    3.3    3.7  4.0      0.4
```

무슨 일이 일어났을까? 언제든지 기존 리스트에 새 구성요소를 추가할 수 있으므로 이렇게 했다. ExamDiff라는 요소를 examsquiz라는 리스트 혹은 데이터 프레임에 추가했다.

또한 재사용을 활용할 수 있으므로 데이터 프레임에서 길이가 다른 열 역시 추가할 수 있다.

```
> d
  kids  ages
```

```
1 Jack    12
2 Jill    10
> d$one <- 1
> d
  kids  ages one
1 Jack    12   1
2 Jill    10   1
```

5.2.4 apply() 적용하기

한 열의 데이터가 모두 같은 형식이라면 데이터 프레임에 `apply()`를 사용할 수 있다. 예를 들어 다음과 같이 각 학생별로 최고 점수를 찾고자 하는 경우에 사용할 수 있다.

```
> apply(examsquiz,1,max)
[1] 4.0 3.7 4.0 3.3 3.3 4.0 3.7 3.3 4.0 4.0 4.0 3.3 4.0 4.0 3.7 4.0 3.3 3.7 4.0
[20] 3.7 4.0 4.0 3.3 3.3 4.0 4.0 3.3 3.3 4.0 3.7 3.3 3.3 3.7 2.7 3.3 4.0 3.7 3.7
[39] 3.7
```

5.2.5 확장 예제: 월급 연구

공학자나 프로그래머들에 대해 연구하다 보면 이런 질문이 떠오른다. '이들 중 몇 명이나 최고로 훌륭하고 똑똑할까, 특이한 능력을 가진 사람은 몇 명일까?' 이때 세부 내용은 달라질 수 있다.

내가 사용할 수 있는 정부의 데이터는 제한돼 있다. 일하는 사람이 특별한 능력을 갖고 있는지 판단할 수 있는 하나의 불완전하지만 이해가 되는 방법은, 해당 직업과 위치에 대해 정부가 일반적으로 제시하는 월급에 비해 실제 연봉이 어느 정도의 비율인지를 확인하는 것이다. 만약 비율이 실질적으로 1.0보다 높다면, 그 사람의 능력이 좋다고 합리적으로 가정할 수 있다.

R을 사용해 이 데이터를 정제·분석했을 때의 코드를 일부 발췌해 보여주겠다. 일단 데이터 파일을 읽어들인다.

```
all2006 <- read.csv("2006.csv",header=TRUE,as.is=TRUE)
```

read.csv()는 CSV 형식을 입력 파일로 받는다는 것을 제외하면 read.table()과 근본적으로 일치한다. CSV 파일은 미국 노동부(US Department of Labor, DOL)에서 만든 데이터 세트에 적용된 스프레드시트에서 추출한 것이다. as.is 인수는 5.1장에서 살펴 보았던 stringsAsFactors의 부정형이다. 그러므로 as.is를 여기서처럼 TRUE로 설정한 것은 간단히 말해 stringsAsFactors=FALSE를 다르게 표현한 것이다.

다음은 2006년의 데이터로 이뤄진 all2006이라는 데이터 프레임을 사용한 것이다. 여기서 일부를 필터링할 것이다.

```
all2006 <- all2006[all2006$Wage_Per=="Year",]  # 시간제 직원 제외
all2006 <- all2006[all2006$Wage_Offered_From > 20000,]  # 특이한 경우 제외
all2006 <- all2006[all2006$Prevailing_Wage_Amount > 200,]  # 시간제 임금 지불 제외
```

이런 연산은 일반적인 데이터 클렌징에 사용된다. 대부분의 큰 데이터 세트는 몇몇 이상한 값을 포함하고 있다. 일부는 분명히 오류인 경우이고, 그 외 측정 시스템이 달랐다든가 하는 경우가 있다. 분석 이전에 이런 내용을 바로 잡아야 한다.

또한 실제 임금과 적정 임금 간의 비율을 입력할 새 열을 추가해야 한다.

```
all2006$rat <- all2006$Wage_Offered_From / all2006$Prevailing_Wage_Amount
```

데이터의 많은 부분 집합에서 사용하기 위해 새 열의 중간값을 계산해야 할 필요가 있다. 이를 위해 다음과 같은 함수를 정의했다.

```
medrat <- function(dataframe) {
    return(median(dataframe$rat,na.rm=TRUE))
}
```

정부 기관의 데이터 세트에서 일반적으로 나타나는 NA 값은 제외해야 한다는 것을 기억하자.

여기서는 특별히 세 가지 직종에 관심이 있으므로 분석을 보다 편리하게 하기 위해 각각을 부분 데이터 프레임으로 뽑아냈다.

```
se2006 <- all2006[grep("Software Engineer",all2006),]
prg2006 <- all2006[grep("Programmer",all2006),]
ee2006 <- all2006[grep("Electronics Engineer",all2006),]
```

여기서 주어진 직함을 갖고 있는 행을 찾기 위해 R의 grep() 함수를 사용했다. 이 함수에 대해서는 11장에서 자세히 설명할 것이다.

다른 중요한 측면은 회사별 분석이다. 주어진 회사 이름으로 부분 데이터 프레임을 추출하기 위해 다음 함수를 작성했다.

```
makecorp <- function(corpname) {
    t <- all2006[all2006$Employer_Name == corpname,]
    return(t)
}
```

이후 다수의 회사명을 갖고 부분 데이터 프레임을 만들었다. 다음은 그것의 일부다.

```
corplist <- c("MICROSOFT CORPORATION","ms","INTEL
    CORPORATION","intel","
    SUN MICROSYSTEMS, INC.","sun","GOOGLE INC.","google")
for (i in 1:(length(corplist)/2)) {
    corp <- corplist[2*i-1]
    newdtf <- paste(corplist[2*i],"2006",sep="")
    assign(newdtf,makecorp(corp),pos=.GlobalEnv)
}
```

앞의 코드에 대해 알아볼 게 있다. 우선 상호 분석에 가장 유용한 위치인 최상위 레벨(광역 레벨)에서 변수를 생성하려 했다는 것을 염두에 두자. 또한 새 변수명에 'intel2006' 같이 문자열을 사용했다. 이런 연유로 assign()은 완벽하게 돌아갔다. 이 함수를 사용하기 위해서는 변수의 이름이 문자열로 돼 있어야 하고, 최상위 레벨에서 정의돼 있어야 한다. 이에 대해서는 7.8.2장에서 알아본다.

paste()는 문자열을 연결하는데, 이때 sep=""는 문자열을 붙일 때 그 사이에 어떤 문자도 넣지 않겠다는 의미다.

5.3 데이터 프레임 결합하기

관계형 데이터베이스의 세계에서 가장 중요한 연산 중 하나는 '조인join'으로, 두 테이블을 공통 변수의 값을 이용해 합치는 기능이다. R에서도 merge()를 사용해 비슷하게 두 데이터 프레임을 합칠 수 있다.

가장 단순한 형태는 다음과 같다.

```
merge(x,y)
```

여기서는 x와 y라는 데이터 프레임을 결합한다. 이때 두 데이터 프레임이 한 개 이상의 공통된 이름의 열을 갖고 있다고 가정하고 다음 예제를 보자.

```
> d1
     kids states
1    Jack    CA
2    Jill    MA
3 Jillian    MA
4    John    HI
> d2
  ages    kids
1   10    Jill
2    7 Lillian
3   12    Jack
> d <- merge(d1,d2)
> d
  kids states ages
1 Jack     CA   12
2 Jill     MA   10
```

여기서 두 데이터 프레임은 공통으로 kids라는 변수를 갖고 있다. R은 두 데이터 프레임의 kids에서 같은 값을 갖고 있는 열을 찾아낸다. 여기서는 Jack과 Jill이다. 그리고 이 열을 갖고 데이터 프레임에서 가져온 열(kids, states, ages)에 맞춰서 데이터 프레임을 생성한다.

merge()에는 변수가 같은 정보를 갖고 있으나 두 데이터 프레임에서 이름이 다를 경우에 사용하는 by.x와 by.y라는 인수가 있다. 다음 예제를 보자.

```
> d3
   ages    pals
1   12    Jack
2   10    Jill
3    7 Lillian
> merge(d1,d3,by.x="kids",by.y="pals")
   kids states ages
1 Jack     CA   12
2 Jill     MA   10
```

우리가 사용할 변수가 한 데이터 프레임에서는 kids고 다른 데이터 프레임
에서는 pals라고 해도 같은 정보를 포함하고 있고, 데이터는 잘 합쳐진다.

원하지 않을 가능성이 높지만 결과값에서 중복된 값이 나오는 경우도 있다.

```
> d1
    kids states
1   Jack     CA
2   Jill     MA
3 Jillian    MA
4   John     HI
> d2a <- rbind(d2,list(15,"Jill"))
> d2a
   ages    kids
1   12    Jack
2   10    Jill
3    7 Lillian
4   15    Jill
> merge(d1,d2a)
   kids states ages
1 Jack     CA   12
2 Jill     MA   10
3 Jill     MA   15
```

d2a에는 두 개의 Jill이 있다. d1에는 매사추세츠의 Jill이 있고, 어디 사는
지 모르는 다른 Jill이 있다. 이전 예제에서 merge(d1,d2)를 했을 때, 양쪽 데
이터 프레임에 같은 사람으로 추정되는 한 명의 Jill만 있었다. 하지만 여기서
merge(d1,d2a)를 호출하면 매사추세츠의 Jill이라는 하나의 경우만 나올 것이
다. 짝을 지을 변수를 찾을 때는 매우 조심해야 함을 이 간단한 예제가 확실히
알려준다.

5.3.1 확장 예제: 직원 데이터베이스

다음은 내가 했던 컨설팅 프로젝트 중 하나를 변형한 것이다. 문제는 나이가 많은 사원이 젊은 사원들만큼 임금을 받고 있는지 여부에 대한 것이었다. 나이가 많고 적은 직원을 비교하기 위해 나이와 실적 등급 등의 변수를 가진 데이터를 갖고 있었다. 또한 DA와 DB라는 두 데이터 파일을 연결하기 위해 필요한 직원 ID 번호 또한 갖고 있었다.

DA 파일의 헤더는 다음과 같다.

```
"EmpID","Perf 1","Perf 2","Perf 3","Job Title"
```

이는 직원 ID, 세 개의 실적 등급, 직함 데이터에 대한 이름이다. DB에는 헤더가 없다. 변수는 역시 ID로 시작하고, 입사일 및 퇴사일이 이어진다.

두 파일 모두 CSV 형식이다. 데이터 클렌징 단계에서는 각 데이터가 정확한 필드의 개수로 구성됐는지를 확인한다. 예를 들어 DA는 각 데이터별 5개의 필드를 갖고 있어야 한다. 다음은 확인하는 내용이다.

```
> count.fields("DA",sep=",")
 [1] 5 5 5 5 5 5 5 5 5 5 5 5 5 5 5 5 5 5 5 5 5 5 5 5 5 5 5 5 5 5 5
5 5 5 5
...
```

여기서 우선 DA 파일에는 필드가 ','로 구분돼 있다고 명시했다. 파일의 각 줄에 필드가 몇 개씩 있는지를 세는 함수로부터 다행히 모두 5라는 결과를 얻었다.

이를 일일이 눈으로 확인하는 것보다 정확하게 확인하기 위해 다음과 같이 all() 함수를 사용해 보았다.

```
all(count.fields("DA",sep=",") >= 5)
```

TRUE 값이 반환되면 모두 괜찮다는 이야기다. 대신 나는 다음과 같은 형식을 사용했다.

```
table(count.fields("DA",sep=","))
```

그리고 필드가 5개인 경우, 4개인 경우, 6개인 경우 등의 개수를 확인했다.
이렇게 확인이 끝나면 데이터 프레임 형식으로 파일을 읽어들인다.

```
da <- read.csv("DA",header=TRUE,stringsAsFactors=FALSE)
db <- read.csv("DB",header=FALSE,stringsAsFactors=FALSE)
```

각 필드에서 철자 오류를 확인하고 싶어서 다음과 같은 코드를 실행했다.

```
for (col in 1:6)
    print(unique(sort(da[,col])))
```

이는 각 열에서 모든 고유값에 대한 리스트를 보여주므로 이를 직접 확인해
잘못된 철자를 잡아낼 수 있다.

여기서 두 데이터 프레임을 직원 ID를 갖고 합치는 작업이 필요하므로 다음
코드를 실행했다.

```
mrg <- merge(da,db,by.x=1,by.y=1)
```

두 데이터 프레임을 합칠 때 양쪽에서 모두 첫 번째 열을 사용한다고 정의했
다. 앞서 언급했듯이 숫자 대신 필드명을 사용할 수도 있다.

5.4 데이터 프레임에 함수 적용하기

리스트에서처럼 데이터 프레임에도 lapply와 sapply를 사용할 수 있다.

5.4.1 데이터 프레임에 lapply()와 sapply() 사용하기

데이터 프레임은 리스트의 요소가 데이터 프레임의 열로 구성된 리스트의 특
이한 경우라는 것을 기억하자. 그러므로 데이터 프레임에 lapply()를 사용해
특정 함수 f()를 적용하면, f()는 프레임의 각 열에 호출되고 리스트 형식으로
결과값을 생성할 것이다.

예를 들어 이전 예제에다 `lapply()`를 다음과 같이 사용할 수 있다.

```
> d
  kids ages
1 Jack   12
2 Jill   10
> dl <- lapply(d,sort)
> dl
$kids
[1] "Jack" "Jill"

$ages
[1] 10 12
```

dl은 kids와 ages가 정렬된, 두 벡터로 이뤄진 리스트가 된다.

dl은 데이터 프레임이 아닌 그냥 리스트라는 것을 염두에 두자. 대신 이를 다음과 같이 데이터 프레임으로 바꿀 수 있다.

```
as.data.frame(dl)
  kids ages
1 Jack   10
2 Jill   12
```

하지만 이는 이름과 나이의 관계가 사라졌으므로 별로 소용이 없다. 예를 들어 Jack의 경우 12살이 아닌 10살로 리스트에 들어갔다. 하지만 만약 관계성을 유지한 채로 한 열을 기준으로 해 데이터 프레임을 정렬하고 싶다면, 6.3.3에 나온 방법으로 접근하면 된다.

5.4.2 확장 예제: 로지스틱 회귀 모델 적용하기

2.9.2장에서 사용한 전복 데이터에 길이, 무게, 고리 등 8가지 변수를 사용해 로지스틱 회귀모델로 성별을 예측해 보자.

로지스틱 모델은 1개 이상의 관측 변수를 사용해 랜덤 변수 Y에 대해 0 또는 1 값을 예측하는 데에 사용된다. 함수값은 주어진 관측 변수에 대해 Y가 1일 확률이다. 이에 대해 관측 치 중 하나를 X로 두면, 모델은 다음과 같이 나타난다.

$$Pr(Y = 1|X = t) = \frac{1}{1 + \exp[-(\beta_0 + \beta_1 t)]}$$

선형 회귀 모델처럼 β_i의 값은 glm()에 family=binomial 인수를 추가해 데이터를 통해 추정한다.

sapply()를 사용해 8개의 각 변수별로 성별을 예측하는 8개의 단일 예측 모델을 코드 한 줄만으로 생성할 수 있다.

```
1 aba <- read.csv("abalone.data",header=T)
2 abamf <- aba[aba$Gender != "I",] # 새끼 전복은 분석에서 제외
3 lftn <- function(clmn) {
4    glm(abamf$Gender ~ clmn, family=binomial)$coef
5 }
6 loall <- sapply(abamf[,-1],lftn)
```

1, 2번째 줄에서는 데이터 프레임을 읽어서 새끼 전복에 대한 관측치를 제외한다. 6번째 줄에서 sapply()를 Gender라는 첫 번째 열을 제외한 부분 데이터 프레임에 호출한다. 달리 말하자면 이는 8가지 관측 변수로 이뤄진 8개의 열로 이뤄진 부분 프레임이다. 그러므로 lftn()은 부분 프레임의 각 열에 적용된다.

형식 인수 clmn을 통해 부분 프레임의 각 열이 입력값으로 들어가면, 코드의 4번째 줄에서 이 열을 이용해 성별을 예측하는 로지스틱 모델을 생성한다. 1.5장에서 일반적인 회귀 함수인 lm()이 여러 인수를 가진 "lm" 클래스의 객체를 반환했고, 그중에 β_i의 추정값 벡터인 $coefficients가 있었다는 것을 떠올려 보자. 또한 다른 이름과 겹치지 않을 경우 리스트의 구성 요소 이름은 요약해 쓸 수 있다는 것도 기억하자. 그러므로 여기서는 coefficients를 coef로 줄여 사용한다.

마지막으로 6번째 줄에서는 β_i의 추정값인 8쌍의 값을 반환한다. 결과를 확인해 보자.

```
> loall
            Length    Diameter  Height    WholeW     ShuckedWt  ViscWt
(Intercept) 1.275832  1.289130  1.027872  0.4300827  0.2855054  0.4829153
clmn        -1.962613 -2.533227 -5.643495 -0.2688070 -0.2941351 -1.4647507
```

```
           ShellWt      Rings
(Intercept)   0.5103942   0.64823569
col          -1.2135496  -0.04509376
```

당연히 2-8 행렬을 얻게 된다. 이 행렬의 j번째 열에는 j번째 관측치를 사용해 로지스틱 회귀분석을 할 때 사용하는 β_i의 추정값 쌍이 들어있다.

사실 일반적인 행렬 및 데이터 프레임에서는 apply()를 사용해서도 같은 결과를 얻을 수 있지만, 실제로 써보니 이 경우 좀 느려지는 것을 발견했다. 아마 행렬을 할당하는 시간에서 차이가 나는 것으로 보인다.

glm()의 반환값에 쓰이는 클래스를 보자.

```
> class(loall)
[1] "glm" "lm"
```

이는 loall은 glm과 lm이라는 클래스를 가진다는 뜻이다. glm이 lm의 부분 클래스이기 때문인데, 이에 대해서는 9장에서 보다 자세히 다룰 것이다.

5.4.3 확장 예제: 중국어 사투리 공부 도와주기

중국 밖에서는 '만다린'이라고 불리는 표준 중국어는 공식적으로는 보통화 Putonghua나 국어guoyu라고 사용된다. 이는 대부분의 중국인과 중국 밖의 중국 민족들이 사용하고 있으나, 광둥어나 상해어 같은 사투리 역시 널리 사용되고 있다. 그러므로 홍콩과 사업 관계가 있는 베이징의 중국인 사업가는 광둥어를 배워두는 게 좋다고 생각할 것이다. 비슷한 식으로 홍콩의 대다수는 만다린 공부를 좀더 해야 한다고 생각할 것이다. 그럼 이런 학습 과정을 줄여주고 이때 R이 어떤 도움을 줄 수 있는지 살펴보자.

사투리 간 분명한 의미 차이를 보이는 것도 있다. '아래'를 뜻하는 下라는 한자는 만다린에서는 xia로, 광둥어에서는 ha, 상해어에서는 wu로 발음된다. 이런 차이에다가 문법 역시 차이가 나기 때문에 많은 언어학자가 이 언어들을 사투리라기 보다는 전혀 다른 언어로 취급한다. 이를 중국에서는 방언(方言 fangyan)이라고 한다.

R이 하나의 방언을 사용하는 사람이 다른 언어를 배우는 걸 어떻게 도와줄 수 있는지 살펴보자. 핵심은 방언 간 차이에 패턴이 종종 보인다는 것이다. 예를 들어 앞 문단의 下에서 xia → ha처럼 초성 자음이 x → h로 바뀌는 현상이 일반적으로 일어난다. 그래서 香(향)이 만다린에서는 xiang으로 발음되지만 광둥어에서는 heung으로 발음된다. 또한 초성이 모음으로 시작되는 경우 iang → eung으로 변환되는 경우도 일반적으로 나타난다는 점도 기억해 두자. 여기서 언급한 것 같은 변환공식을 기억해 둔다면 광둥어를 배우는 만다린 사용자의 학습률이 급격히 상승 곡선을 그릴 것이다.

성조에 대해서는 아직 언급하지 않았다. 모든 지역어는 음조를 갖고 있고, 이 역시도 학습을 쉽게 하도록 도울 수 있는 패턴이 발견된다. 하지만 이 내용은 이 책의 주제에서 벗어나기 때문에 여기서는 소개하지 않겠다. 예제 코드가 성조 사용에 도움을 줄 수 있다는 것을 알게 되겠지만, 하나의 방언에서 다른 방언으로 성조가 어떻게 바뀌는지를 분석하지는 않을 것이다. 간단하게 말해서 모음으로 시작되는 문자, 한 개 이상의 발음으로 읽히는 문자 등에 대해서는 다루지 않을 계획이다.

앞서 보았듯이 만다린에서 x로 시작되는 자음이 h로 바뀌는 경우가 종종 있지만, 가끔은 s, y 혹은 다른 자음으로 바뀌기도 한다. 예를 들어 유명한 만다린어 문장 xiexie(감사합니다)에 사용되는 문자인 謝는 만다린에서는 xie로 읽지만 광둥어에서는 je로 읽는다. 여기서는 자음이 x → j로 변환됐다.

변환되는 것과 각 발생 빈도를 리스트로 만들어 놓으면 배우는 사람들이 매우 유용하게 활용할 수 있을 것이다. 이는 R로 할 수 있는 일이다! 이 장 후반부에서 나올 mapsound()라는 함수가 이 역할을 한다. 이 함수는 앞서 간단히 언급된 몇 개의 함수를 사용한다.

mapsound()의 기능을 설명하기 위해 앞의 x → h 예제에서 사용된 몇 가지 개념의 용어를 만들어보자. x를 '원본값source value'으로 h, s 등을 '매핑값mapped value'으로 부르기로 하자.

다음은 형식 매개 변수다.

- df: 두 방언의 발음 데이터로 구성된 데이터 프레임
- fromcol, tocol: df의 원본 값과 매핑값 열의 이름
- sourceval: 앞 예에서 나온 x 같은 매핑될 원본값

다음은 df에 사용될 일반적인 두 방언 데이터 프레임인 canman8의 앞부분이다.

```
> head(canman8)
  Ch char   Can     Man Can cons Can sound Can tone Man cons Man sound Man tone
1    一  yat1    yi1        y        at        1        y        i 1
2    丁 ding1  ding1        d       ing        1        d      ing 1
3    七 chat1    qi1       ch        at        1        q        i 1
4    丈 jeung6 zhang4       j      eung        6       zh      ang 4
5    上 seung5 shang3       s      eung        5       sh      ang 3
6    下   ha5   xia4        h         a        5        x       ia 4
```

다음 함수는 두 요소로 구성된 리스트를 반환한다.

- counts: 매핑값을 인덱스로 하는 벡터로서 각 값이 몇 번 나왔는지를 알려준다. 벡터 원소들의 이름은 각 매핑값이 된다.
- images: 문자 벡터 리스트. 이 리스트의 인덱스도 매핑값으로서 각 벡터는 매핑값에 대응되는 문자들로 이뤄져 있다.

직접 확인해 보자.

```
> m2cx <- mapsound(canman8,"Man cons","Can cons","x")
> m2cx$counts
ch  f  g  h  j  k kw  n  s  y
15  2  1 87 12  4  2  1 81 21
```

x가 ch에 15번, f에 2번 등으로 매핑되는 것을 알 수 있다. 이 발음들을 빈도가 가장 많은 것부터 적은 것까지 순서로 보고 싶다면 m2cx$counts에 sort()를 적용하면 된다는 것을 알아두자.

광둥어를 배우는 만다린 사용자가 만다린에서 x로 발음이 시작되는 단어들이 광둥어로 어떻게 발음되는지 알고 싶다면, 이 리스트를 확인해 광둥어에서

는 보통 h나 s로 발음된다는 것을 알 수 있을 것이다. 이런 간단한 팁이 배우는 과정에 꽤 도움을 줄 수 있다.

패턴들을 좀더 정의해 보자. 예를 들어 배우는 사람이 어떤 문자가 x에서 ch로 매핑되는지 알고자 한다고 하자. 앞의 6가지 문자를 사용한 예제 결과를 사용해 이를 알 수 있다. 이 중 어떤 문자들일까?

이런 정보는 images에 들어있다. 앞서 말했듯이 이는 벡터 리스트다. 우리는 이 중 ch에 해당하는 벡터들을 보고자 한다.

```
> head(m2cx$images[["ch"]])
     Ch char  Can  Man Can cons Can sound Can tone Man cons Man sound Man tone
613    嗅 chau3 xiu4       ch        au        3        x              iu 4
982    尋 cham4 xin2       ch        am        4        x              in 2
1050   巡 chun3 xun2       ch        un        3        x              un 2
1173   徐 chui4  xu2       ch        ui        4        x               u 2
1184   循 chun3 xun2       ch        un        3        x              un 2
1566   斜 che4 xie2        ch         e        4        x              ie 2
```

그럼 코드를 살펴보자. mapsound() 코드를 보기 전에 도움을 받을 다른 방법은 없는지 생각해 보자. mapsound()의 입력값으로 쓰인 df 데이터 프레임은 두 지역어 프레임을 합쳐서 만들어진 것이라고 가정하자. 예를 들면 이 경우 광둥어 입력 프레임은 다음과 같을 것이다.

```
> head(can8)
  Ch char  Can
1     一  yat1
2     乙 yuet3
3     丁 ding1
4     七 chat1
5     乃 naai5
6     九  gau2
```

만다린의 경우에도 비슷하다. 이 두 프레임을 앞에 나왔던 canman8로 합쳐야 한다. 이 과정에서 두 프레임을 결합할 뿐만 아니라 발음의 로마자 중 맨 앞의 자음과 나머지 부분, 성조 번호를 구분하는 작업까지 됐다고 생각하고 코드를 작성했다. 예를 들어 ding1은 d, ing, 1로 분리된다.

비슷한 방식으로 반대 방향, 즉 광둥어에서 만다린으로 변환하는 것도 할 수 있고 자음을 제거하고 남은 부분을 사용하는 것 또한 가능하다. 예를 들어 광둥어 발음에서 초성 자음을 뺀 나머지가 eung인 문자를 찾고자 하면 다음과 같이 호출할 수 있다.

```
> c2meung <- mapsound(canman8,c("Can cons","Man cons"),"eung")
```

그러면 이와 관련된 만다린 발음들을 찾아낼 수 있다.

이 모든 것을 이루기 위한 코드는 다음과 같다.

```
1  # 두 지역어 데이터 프레임을 합침
2  merge2fy <- function(fy1,fy2) {
3     outdf <- merge(fy1,fy2)
4     # 발음에서 성조를 분리해 새 열으로 만듦
5     for (fy in list(fy1,fy2)) {
6        # saplout 은 초성 자음은 1열에,
7        # 나머지는 2열에, 성조는 3열에 넣은 행렬임
8        saplout <- sapply((fy[[2]]),sepsoundtone)
9        # 데이터 프레임으로 변환
10       tmpdf <- data.frame(fy[,1],t(saplout),row.names=NULL,
11          stringsAsFactors=F)
12       # 열에 이름 붙이기
13       consname <- paste(names(fy)[[2]]," cons",sep="")
14       restname <- paste(names(fy)[[2]]," sound",sep="")
15       tonename <- paste(names(fy)[[2]]," tone",sep="")
16       names(tmpdf) <- c("Ch char",consname,restname,tonename)
17       # outdf와 tmpdf의 배열 순서가 다를 수 있으므로
18       # cbind() 대신 merge() 사용
19       outdf <- merge(outdf,tmpdf)
20    }
21    return(outdf)
22 }
23
24 # 로마자 발음에서 초성 자음과
25 # 나머지 발음 및 성조 분리
26 sepsoundtone <- function(pronun) {
27    nchr <- nchar(pronun)
28    vowels <- c("a","e","i","o","u")
29       # how many initial consonants?
```

```
30     numcons <- 0
31     for (i in 1:nchr) {
32        ltr <- substr(pronun,i,i)
33        if (!ltr %in% vowels) numcons <- numcons + 1 else break
34     }
35     cons <- if (numcons > 0) substr(pronun,1,numcons) else NA
36     tone <- substr(pronun,nchr,nchr)
37     numtones <- tone %in% letters # T이면 1, F이면 0
38     if (numtones == 1) tone <- NA
39     therest <- substr(pronun,numcons+1,nchr-numtones)
40     return(c(cons,therest,tone))
41  }
```

합치는 코드마저도 그리 간단하지 않다. 더불어 이 코드는 중요한 경우 몇 개를 제외하고는 매우 가정을 단순화해 만든 것이다. 심장이 약한 독자라면 텍스트 분석은 반드시 피하시라!

놀랄 일도 아니지만 합치는 과정은 3번째 줄에서 merge()를 호출하는 것으로부터 시작된다. 여기서는 발음 부분을 분리해 새 열을 만들어 붙일 outdf라는 새 데이터 프레임을 생성한다.

그리고 실제로 발음 부분을 분리하는 작업이 수행된다. 이를 위해 코드의 5번째 줄에서는 입력받은 두 데이터 프레임에 반복문을 적용한다. 반복 때마다 현재 데이터 프레임에서 발음 부분이 나눠져 이것이 19번째 줄에서 outdf에 합쳐진다. 여기서 cbind()는 적합하지 않다고 한 주석 부분을 기억해 두자.

실제로 발음 부분이 나뉜 것은 8번째 줄이다. 그럼 다음과 같은 발음 부분의 열이 있다고 해보자.

```
yat1
yuet3
ding1
chat1
naai5
gau2
```

이를 초성 자음, 발음의 나머지 부분, 성조의 세 열로 나눈다. 예를 들어 yat1의 경우 y, at, 1로 나뉜다.

이때 'apply' 계열의 함수를 떠올리는 건 매우 당연한 일이고, 실제로 8번째 줄에서 sapply()가 사용됐다. 물론 이를 사용하려면 적용할 적절한 함수를 미리 작성해야 한다. 만약 운이 좋다면 이미 구현된 R 함수를 사용할 수도 있지만, 여기서는 그런 행운이 따르지 않는다. 우리가 사용한 함수는 sepsoundtone()으로, 26번째 줄부터 시작한다.

sepsoundtone()은 R의 substr() (문자열 분할 함수)을 매우 자주 사용하는데, 이 함수에 대해서는 11장에서 보다 자세히 설명할 것이다. 예를 들어 코드의 31번째 줄을 보면 ch 같은 모든 초성 자음을 수집할 때까지 이를 반복한다. 40번째의 반환되는 값은 주어진 로마자 형식의 발음에서 추출된 세 발음 요소로 구성돼 있고, 이는 형식 인수 pronun에 들어간다.

37번째 줄에서 R의 내장 인수인 letters를 사용한 것을 주목하자. 주어진 문자가 성조를 뜻하는 숫자인지 판단하는 데에 이 인수를 사용했다. 일부 발음에는 성조가 없다.

코드의 8번째 줄은 각 열에 세 발음 구성 요소가 들어있는 3-1 행렬을 반환한다. 19번째 줄에서는 이를 outdf와 합치기 위해 데이터 프레임으로 변환하고, 이를 준비하는 작업을 10번째 줄에서 한다.

행을 열로 바꾸기 위해서 행렬 변환 함수 t()를 호출한 것을 확인하자. 데이터 프레임은 열 단위로 데이터를 저장하기 때문에 이를 사용한다. 또한 19번째 줄에서 한자를 저장하기 위한 열 fy[,1]을 추가해 이를 합치기 위해 merge()를 호출한다.

그럼 앞의 합치는 코드보다 훨씬 단순한 mapsound() 코드로 돌아가보자.

```
1 mapsound <- function(df,fromcol,tocol,sourceval) {
2    base <- which(df[[fromcol]] == sourceval)
3    basedf <- df[base,]
4    # determine which rows of basedf correspond to the various mapped
5    # values
6    sp <- split(basedf,basedf[[tocol]])
7    retval <- list()
8    retval$counts <- sapply(sp,nrow)
9    retval$images <- sp
```

```
10      return(retval)
11 }
```

인수 df는 두 지역어 데이터 프레임으로, merge2fy()의 결과라는 것을 상기하자. fromcol과 tocol 인수는 원본과 매핑된 열의 이름이다. sourceval 문자열은 매핑된 원본 값이다. 헷갈리지 않기 위해 앞 예제에서 sourceval은 x라는 것을 염두에 두자.

첫 번째로 해야 할 일은 df에서 어떤 열이 sourceval에 반영되는지 파악하는 것이다. 이는 2번째 줄의 which()에서 바로 수행된다. 이 정보는 3번째 줄에서 부분 데이터 프레임을 추출하는 데에 사용된다.

이 프레임 중 후자는 basedf[[tocol]]의 형식으로 6번째 줄에서 사용된다. 이는 x가 매핑될 ch, h 등의 값을 갖게 된다. 6번째 줄의 목적은 basedf의 어떤 열이 이런 매핑값을 갖고 있는지 파악하는 것이다. 여기서는 R의 split()을 사용한다. split()에 대해서는 6.2.2장에서 자세히 다루겠지만, 주목해야 할 점은 sp는 ch, h 등에 대한 데이터 프레임의 리스트 형태라는 것이다.

이는 8번째 줄에서 만들어진다. sp는 각 매핑값에 대한 데이터 프레임의 리스트이므로 sapply()를 통해서 nrow()를 적용하면 x → ch로 매핑이 몇 번 이뤄졌는지(예제를 실행해 봤을 때는 15회라고 나왔다) 같은 각 매핑값의 문자 수가 계산된다.

프로그래밍 스타일에 대해 조언하자면, 이 코드의 복잡도는 나쁘지 않다. 몇몇 독자들은 정확하게 두 번째 줄과 3번째 줄을 한 줄로 쓸 수 있다고 지적할 것이다.

```
basedf <- df[df[[fromcol]] == sourceval,]
```

하지만 이 줄은 내가 보기에는 괄호가 너무 많아서 읽기 힘들다. 너무 복잡해 보일 경우에는 나눠서 연산하는 것이 좋다.

유사하게 마지막 몇 줄 역시 다음과 같이 한 줄로 줄일 수 있다.

```
list(counts=sapply(sp,nrow),images=sp)
```

다른 부분들에서 코드의 속도를 높이기 위해 고려할 수 있는 부분은 return()이다. R에서 마지막 값은 return()을 호출하지 않아도 자동으로 반환된다는 것을 기억할 것이다. 하지만 여기서 절약되는 시간은 매우 소소해 고려되지 않더라도, return()을 명시하는 것이 깔끔하다.

6장

팩터와 테이블

 팩터 형식은 표 데이터에서 사용되는 수많은 R의 훌륭한 연산들의 기반이 된다. 팩터의 개념은 통계의 명사형(nominal), 범주형(categorical) 변수 개념에서 왔다. 이 값은 숫자로 표기돼 있다고 해도 일반적으로 숫자가 아니라 민주당, 공화당, 무소속 등의 범주에 해당한다.

이 장에서는 팩터에 어떤 정보가 실리는지를 비롯해 팩터에 사용되는 함수에 초점을 맞춰 살펴볼 것이다. 또한 테이블과 일반적인 테이블 연산에 대해서도 알아보겠다.

6.1 팩터와 레벨

R 팩터는 간단하게 벡터에 추가 정보가 더해진 것으로 보면 된다. 하지만 다음에서 보겠지만 내부적으로는 좀 다르다. 추가 정보는 벡터의 값 가운데 겹치지 않는 값의 기록으로 이뤄져 있고, 이를 '레벨level'이라고 한다. 다음 예제를 보자.

```
> x <- c(5,12,13,12)
> xf <- factor(x)
> xf
[1] 5  12 13 12
Levels: 5 12 13
```

xf의 고유 값(5, 12, 13)이 레벨이다.

좀더 자세히 살펴보자.

```
> str(xf)
 Factor w/ 3 levels "5","12","13": 1 2 3 2
> unclass(xf)
[1] 1 2 3 2
attr(,"levels")
[1] "5"  "12" "13"
```

내부는 다음과 같다. xf의 중심 값은 (5,12,13,12)가 아니라 (1,2,3,2)다. 이는 데이터가 첫 번째는 레벨 1, 다음은 레벨 2, 레벨 3, 마지막이 레벨 2의 값으로 이뤄졌다는 뜻이다. 그러므로 데이터는 레벨값으로 기록되고 있는 것이다. 레벨 역시도 따로 기록되고 있다. 이때는 당연히 숫자가 아닌 문자 '5'로 기록된다.

그래도 팩터의 길이는 레벨의 수가 아닌 데이터의 길이로 정의된다.

```
> length(xf)
[1] 4
```

다음처럼 새 레벨을 추가할 수도 있다.

```
> x <- c(5,12,13,12)
> xff <- factor(x,levels=c(5,12,13,88))
> xff
[1] 5  12 13 12
Levels: 5 12 13 88
> xff[2] <- 88
> xff
[1] 5  88 13 12
Levels: 5 12 13 88
```

원래 xff는 88을 포함하지 않았지만, 이후에 사용될지도 모르므로 미리 정의해 놓았다. 그리고 이후 새 값을 추가했다.

비슷한 맥락으로 '불법' 레벨을 집어넣을 수 없다. 만약 시도할 경우 어떻게 되는지 다음을 살펴보자.

```
> xff[2] <- 28
Warning message:
In `[<-.factor`(`*tmp*`, 2, value = 28) :
    invalid factor level, NAs generated
```

6.2 팩터에 사용되는 일반적인 함수

팩터에는 apply 함수 군의 또 다른 일원인 tapply를 사용한다. 이 함수와 더불어 팩터에 많이 사용되는 두 함수 split()과 by()를 살펴보자.

6.2.1 tapply() 함수

이해를 쉽게 하기 위해 투표자 나이 벡터 x와 이 투표자의 지지 정당(민주당, 공화당, 무소속) 같은 비수치적 성향을 보여주는 팩터 f가 있다고 가정해 보자. 각 정당별로 지지자의 나이 평균을 구하고 싶다고 하자.

보통 x에 벡터, f에 팩터나 팩터의 리스트, g에 함수를 넣어 tapply(x, f, g)를 호출한다. 이 간단한 예제에서 사용할 함수 g()는 R의 내장 함수 mean()이다. 만약 두 정당과 성별 같은 또 다른 팩터로 묶고 싶다면, 성별과 정당 팩터로 구성된 f가 필요하다.

f의 각 팩터는 x와 길이가 같아야 한다. 위의 투표자 예제라면 당연히 나이의 수와 정당의 수가 같을 것이다. f의 요소가 벡터로 돼 있다면 as.factor()를 적용해 팩터로 변환해야 한다.

tapply()는 임시로 x를 팩터의 각 레벨(혹은 팩터가 여러 개일 경우 팩터의 레벨 간의 조합)에 대응되는 그룹별로 나눈 후 이에 따른 x의 부분 벡터에 g()를 적용한다. 다음의 간단한 예제를 보자.

```
> ages <- c(25,26,55,37,21,42)
> affils <- c("R","D","D","R","U","D")
> tapply(ages,affils,mean)
 D  R  U
41 31 21
```

무슨 일이 일어났는지 살펴보자. tapply() 함수는 벡터("R","D","D","R","U","D")를 "D","R","U" 레벨의 팩터로 취급한다. "D"는 2·3·6번째, "R"은 1·4번째, "U"는 5번째에 기록돼 있다. 편의를 위해 x, y, z를 인덱스 벡터로 순서대로 (2,3,6), (1,4), (5)로 표현하기로 하자. 그러면 tapply()는 mean(u[x]), mean(u[y]), mean(u[z])를 계산하고 이 평균을 3개의 원소를 가진 벡터로 반환할 것이다. 벡터의 각 원소의 이름은 tapply()가 쓰인 팩터의 레벨을 반영해 'D', 'R', 'U'가 된다.

두 개 이상의 팩터일 때는 어떻게 될까? 그럼 각 팩터는 앞의 예제처럼 각 그룹을 만들고, 각 그룹 간에 AND 연산이 일어난다. 예를 들어 성별, 나이, 수입에 대한 변수를 포함하는 경제학 데이터 세트가 있다고 해보자. 이때 tapply(x,f,g)에서 x는 수입, f는 성별과 해당 사람이 25살을 기준으로 아래인지 혹은 위인지가 표기된 두 개의 팩터가 될 것이다. 이때 수입의 평균이 나이와 성별에 의해 어떻게 나뉘는지 보고싶다고 하자. 만약 g를 mean()으로 한다면 tapply()는 각 네 그룹에 대해서 평균 수입을 반환할 것이다.

- 25살 이하의 남자
- 25살 이하의 여자

- 25살 이상의 남자

- 25살 이상의 여자

다음은 이 설정을 갖고 만든 단순한 예제다.

```
> d <- data.frame(list(gender=c("M","M","F","M","F","F"),
+ age=c(47,59,21,32,33,24),income
    =c(55000,88000,32450,76500,123000,45650)))
> d
  gender  age income
1      M   47  55000
2      M   59  88000
3      F   21  32450
4      M   32  76500
5      F   33 123000
6      F   24  45650
> d$over25 <- ifelse(d$age > 25,1,0)
> d
  gender age income over25
1      M  47  55000      1
2      M  59  88000      1
3      F  21  32450      0
4      M  32  76500      1
5      F  33 123000      1
6      F  24  45650      0
> tapply(d$income,list(d$gender,d$over25),mean)
      0          1
F 39050 123000.00
M    NA  73166.67
```

여기서는 성별과 25살 이상인지 여부에 대한 구분자인 두 팩터를 명시했다. 각 팩터는 두 개의 레벨을 가지므로, tapply()는 수입 데이터를 성별과 나이의 조합인 4개의 그룹으로 나누고 각 그룹에 대해 mean()을 적용했다.

6.2.2 split() 함수

tapply()가 벡터를 개별 그룹으로 나누고 각 그룹에 대해 명시된 함수를 적용하는 데 비해, split()은 첫 번째 단계인 그룹을 만드는 데에서 그친다.

세부 트릭이 없는 간단한 형태는 split(x,f)이다. 이때 x와 f는 tapply(x,f,g)에서의 역할과 유사하다. x는 데이터 프레임이나 벡터이고 f는 팩터 혹은 팩터의 리스트다. x를 그룹별로 나눠서 리스트로 반환해 주는 기능을 한다. 이때 split()의 x에는 데이터 프레임이 쓰일 수 있지만 tapply()에서는 안 됨을 기억하자.

앞의 예제를 갖고 직접 확인해 보자.

```
> d
  gender age income over25
1      M  47  55000     1
2      M  59  88000     1
3      F  21  32450     0
4      M  32  76500     1
5      F  33 123000     1
6      F  24  45650     0
> split(d$income,list(d$gender,d$over25))
$F.0
[1] 32450 45650

$M.0
numeric(0)

$F.1
[1] 123000

$M.1
[1] 55000 88000 76500
```

split()의 결과는 리스트이므로, 각 구성요소는 $로 표기된다는 것을 상기하자. 그러므로 예를 들어 'M. 1'이라고 된 마지막 벡터는 첫 번째 팩터의 'M'과 두 번째 팩터의 '1'의 조합 결과를 의미한다.

다른 예로 2.9.2장에서 다룬 전복에 대한 예제를 보자. 수컷, 암컷, 새끼 전복에 해당하는 벡터의 인덱스를 찾고자 했다. 이 예제에서는 간단하게 7개의 관측 값 벡터 ("M","F","F","I","M","M","F")로 구성된 데이터가 할당된 g를 사용한다. 이를 갖고 순식간에 split()을 실행할 수 있다.

```
> g <- c("M","F","F","I","M","M","F")
> split(1:7,g)
$F
[1] 2 3 7

$I
[1] 4

$M
[1] 1 5 6
```

이 결과 암컷의 경우 2·3·7번째, 새끼 전복은 4번째, 수컷은 1·5·6번째 기록에 들어 있다는 것을 알려준다.

단계별로 살펴보자. 팩터로 처리되는 벡터 g는 'M', 'F', 'I'의 세 레벨로 이뤄져 있다. 첫 번째 레벨에 해당하는 인덱스는 1,5,6으로, 이는 g[1], g[5], g[6]은 모두 'M'값을 갖고 있다는 말이다. 그러므로 R은 결과값의 M 요소에 1:7 중 1, 5, 6번째 원소를 할당하는데, 이는 (1,5,6) 벡터로 나타난다.

4.2.4장의 텍스트 일치 여부 예제 코드를 간단하게 하는 데에도 비슷한 방법을 사용할 수 있다. 여기서는 텍스트 파일을 넣고 어떤 단어가 텍스트에 있는지를 판단한 다음, 각 단어별 텍스트 내 위치를 정리한 리스트를 결과물로 내놓는다. 다음과 같이 split()을 사용해 이 코드를 보다 짧게 만들 수 있다.

```
1 findwords <- function(tf) {
2   # read in the words from the file, into a vector of mode character
3   txt <- scan(tf,"")
4   words <- split(1:length(txt),txt)
5   return(words)
6 }
```

scan()을 호출하면 tf 파일을 읽어와 나온 단어의 리스트 txt를 반환한다. 그러므로 txt[[1]]에는 파일의 첫 번째 단어가 들어 있고, txt[[2]]에는 두 번째 단어가 들어 있는 형태가 된다. 또한 length(txt)는 읽어들인 전체 단어의 수를 출력할 것이다. 오류가 없다면 아마도 값은 220일 것이다.

한편 앞 `split()`의 두 번째 인수로 들어간 `txt`는 팩터로 취급된다. 팩터의 레벨은 파일 내의 다양한 단어들이 될 것이다. 만약 예를 들어 파일에 world란 단어가 6번 나오고 climate란 단어가 10번 나왔다면, world와 climate는 `txt`의 두 레벨이 된다.

`split()`을 호출하면 이 단어나 다른 단어들이 `txt`에 나타나는지를 판단할 수 있다.

6.2.3 by() 함수

전복 데이터 예제에서 수컷, 암컷, 새끼 전복의 각 성별을 구분해 길이 대비 지름으로 회귀분석을 하려고 했다고 하자. 처음 보기에 이는 `tapply()`를 이용해 각각에 맞게 무언가를 할 수 있을 것 같지만, 함수의 첫 번째 인수에 데이터 프레임이나 행렬이 아닌 벡터가 들어가야 한다는 벽에 부딪힌다. 사용되는 함수는 `range()` 같이 다변량 함수일 수 있지만, 입력 값은 벡터여야 한다. 하지만 회귀분석을 위한 입력값은 예측될 값과 예측 변수로 이뤄진 최소 두 개의 열을 가진 행렬(이나 데이터 프레임)이어야 한다. 전복 데이터의 경우에는 행렬은 지름과 길이 열로 이뤄져 있다.

`by()`는 여기서 사용된다. 이는 `tapply()`와 비슷한 역할을 하지만, 벡터 대신 객체를 사용한다. 실제로 내부에서는 `tapply()`를 호출한다. 앞서 소개한 회귀 분석을 다음과 같이 할 수 있다.

```
> aba <- read.csv("abalone.data",header=TRUE)
> by(aba,aba$Gender,function(m) lm(m[,2]~m[,3]))
aba$Gender: F
Call:
lm(formula = m[, 2] ~ m[, 3])

Coefficients:
(Intercept)       m[, 3]
    0.04288      1.17918


----------------------------------------------------------
aba$Gender: I
```

```
Call:
lm(formula = m[, 2] ~ m[, 3])

Coefficients:
(Intercept)        m[, 3]
    0.02997       1.21833


----------------------------------------------------------
aba$Gender: M

Call:
lm(formula = m[, 2] ~ m[, 3])

Coefficients:
(Intercept)        m[, 3]
    0.03653       1.19480
```

by()를 호출할 때 첫 번째 인수에는 데이터, 두 번째에는 그룹을 만들 팩터, 세 번째에는 각 그룹에 적용할 함수를 넣는다. 이는 tapply()를 호출할 때와 매우 유사하다.

단 tapply()에서는 팩터의 레벨에 따라서 벡터의 인덱스를 갖고 그룹을 만드는데, by()는 데이터 프레임 aba의 행 번호를 사용해 그룹을 만든다. 이때 3개의 부분 데이터 프레임이 만들어지는데, 각각 성별 레벨 M, F, I에 대한 것이다.

앞서 정의한 무명 함수는 행렬 인수 m의 세 번째 열에 대해 두 번째 열을 사용해 회귀분석을 수행한다. 이 함수는 앞서 만든 세 개의 부분 데이터 프레임에 한 번씩 총 세 번 호출돼, 세 개의 회귀분석 식을 만들게 된다.

6.3 테이블 사용하기

R 테이블에 대해 다음 예제를 시작으로 알아보자.

```
> u <- c(22,8,33,6,8,29,-2)
> fl <- list(c(5,12,13,12,13,5,13),c("a","bc","a","a","bc","a","a"))
> tapply(u,fl,length)
    a bc
5   2 NA
12  1  1
13  2  1
```

여기서 `tapply()`는 앞서 알바본 것처럼 임시로 u를 부분 벡터로 쪼개, 각 부분 벡터에 `length()`를 적용한다. 이때 u에 뭐가 들어있든 상관없다는 것을 기억하자. 우리가 보고자 하는 것은 단순히 팩터에 대한 것이다. 부분 벡터의 길이는 각 두 팩터의 조합인 3*2 = 6가지 경우가 각각 몇 번 발생했는지를 센 것이다. 예를 들어 5가 'a'의 자리에 두 번 나왔고 'bc'의 자리에는 한 번도 나오지 않았으므로 결과의 첫 번째 줄에는 2와 NA가 들어간 것이다. 통계에서는 이를 '분할표contingency table'라고 한다.

이 예제에서는 한 가지 문제가 있다. 바로 NA 값이다. 이는 첫 번째에 '5'이고 두 번째 레벨이 'bc'인 경우가 하나도 없다는 뜻이므로 실제로는 0이 돼야 한다. `table()` 함수는 분할표를 보다 정확하게 만들어 준다.

```
> table(fl)
     fl.2
fl.1 a bc
   5 2  1
  12 1  1
  13 1  0
```

`table()`에서 첫 번째 인수는 팩터나 팩터의 리스트다. 여기서 두 팩터는 (5,12,13,12,13,5,13)과 ("a","bc","a","a","bc","a","a")이다. 이 경우 팩터로 해석되는 객체는 이를 하나로 세 버린다.

일반적으로 `table()`의 데이터 인수는 데이터 프레임으로 해석된다. 후보자 X가 재선을 치르는 것에 대한 투표 데이터로 이뤄진 ct.dat 파일이 있다고 가정하자. ct.dat 파일은 다음과 같을 것이다.

```
"Vote for X" "Voted For X Last Time"
#  "X에 투표할 예정" "지난 번에 X에 투표함"
"Yes" "Yes"
"Yes" "No"
"No" "No"
"Not Sure" "Yes"
"No" "No"
```

일반적인 통계 관점으로 보면 이 파일의 각 행에는 보고자 하는 하나의 값들이 들어 있어야 한다. 이 예제에서는 5명에게 다음과 같은 질문을 했다.

- X에 투표할 예정인가?
- 지난 번에 X에 투표했는가?

이로부터 데이터 파일에 다섯 개의 행을 얻게 됐다.
파일을 읽어 들이자.

```
> ct <- read.table("ct.dat",header=T)
> ct
  Vote.for.X Voted.for.X.Last.Time
1        Yes                   Yes
2        Yes                    No
3         No                    No
4   Not Sure                   Yes
5         No                    No
```

table()을 사용해 이 데이터에 대한 분할표를 만든다.

```
> cttab <- table(ct)
> cttab
          Voted.for.X.Last.Time
Vote.for.X No Yes
  No        2   0
  Not Sure  0   1
  Yes       1   1
```

예를 들어 테이블의 왼쪽 위의 2는 두 질문 모두 'no'라고 대답했다는 뜻임을 알 수 있다. 가운데 줄 오른쪽의 1은 한 사람이 첫 번째 질문에는 'not sure(잘 모르겠음)', 두 번째 질문에는 'yes'라고 대답했다는 것을 가리킨다.

단일 팩터에 대해 계산할 때는 다음과 같이 1차원의 빈도 수 테이블을 얻을 수 있다.

```
> table(c(5,12,13,12,8,5))

 5  8 12 13
 2  1  2  1
```

다음은 투표자의 성별, 인종(백인white, 흑인black, 동양인Asian 등), 정치 관점(진보적 liberal, 보수적conservative)에 대한 3차원 테이블 예제다.

```
> v # 데이터 프레임
  gender race pol
1 M W L
2 M W L
3 F A C
4 M O L
5 F B L
6 F B C
> vt <- table(v)
> vt
, , pol = C
race
gender A B O W
     F 1 1 0 0
     M 0 0 0 0

, , pol = L

      race
gender A B O W
     F 0 1 0 0
     M 0 0 1 2
```

R은 2차원 테이블 여러 개로 3차원 테이블을 출력한다. 이 경우 보수 성향에 대한 성별과 인종 테이블을 생성하고 진보 성향에 대해서도 동일하게 생성한다. 예를 들어 두 번째의 2차원 테이블을 보면 진보 성향인 두 백인 남자가 있음을 알 수 있다.

6.3.1 테이블로 행렬 · 배열 연산하기

대부분의 수학적 용도가 아닌 행렬 · 배열 연산이 데이터 프레임에서 사용될 수 있듯이, 테이블에도 동일하게 적용할 수 있다. 이때 테이블의 셀 호출이 배열의 경우와 유사한 것을 볼 때 별로 놀라운 일은 아니다.

예를 들어 행렬의 방식으로 테이블 셀에 접근할 수 있다. 앞 장의 투표 예제에 이를 적용해 보자.

```
> class(cttab)
[1] "table"
> cttab[1,1]
[1] 2
> cttab[1,]
  No Yes
   2   0
```

첫 번째 명령어 호출 시 cttab이 '테이블' 클래스라는 것을 확인했음에도 불구하고 두 번째 명령어에서 마치 행렬인 양 이 테이블의 '[1,1]의 원소'를 출력했다. 이 개념 그대로 세 번째 명령어에서는 이 '행렬'의 첫 번째 행을 출력했다.

행렬과 상수를 곱할 수 있다. 예를 들어 셀 별 수치를 비율로 변환하는 법은 다음과 같다.

```
> ctt/5
         Voted.for.X.Last.Time
Vote.for.X  No Yes
   No        0.4 0.0
   Not Sure 0.0 0.2
   Yes       0.2 0.2
```

통계에서 변수의 중간합marginal 값은 이 변수에 해당하는 값들을 모두 더해 계산할 수 있다. 투표 예제에서 Vote.for.X.의 중간합값은 2 + 0 = 2, 0 + 1 = 1, 1 + 1 = 2다. 물론 이는 행렬에 apply()를 적용해 바로 계산할 수 있다.

```
> apply(ctt,1,sum)
    No Not Sure      Yes
     2        1        2
```

여기서 No 같은 라벨은 table()에서 만들어 낸 행렬의 행 이름에서 나온 것임을 염두에 두자.

하지만 R에서는 중간합값을 계산해 주는 addmargins()라는 함수를 제공한다. 다음 예제를 보자.

```
> addmargins(cttab)
          Voted.for.X.Last.Time
Vote.for.X No Yes Sum
  No         2   0   2
  Not Sure   0   1   1
  Yes        1   1   2
  Sum        3   2   5
```

이렇게 두 가지 차원에 대한 중간합값을 한 번에 편하게 확인했다.

각 차원 및 레벨의 이름은 다음과 같이 dimnames()로 찾을 수 있다.

```
> dimnames(cttab)
$Vote.for.X
[1] "No"       "Not Sure" "Yes"

$Voted.for.X.Last.Time
[1] "No"  "Yes"
```

6.3.2 확장 예제: 부분 테이블 추출하기

투표 예제를 계속 활용해 보자.

```
> cttab
          Voted.for.X.Last.Time
Vote.for.X No Yes
  No         2   0
  Not Sure   0   1
  Yes        1   1
```

이 데이터를 이번 선거에서 X에게 투표할 것이라고 응답한 사람들에게 초점을 맞춘 회의에서 보여줄 것이라고 가정해 보자. 그래서 Not Sure 항목을 제외하고 다음과 같은 부분 테이블을 보여주려고 한다.

```
          Voted.for.X.Last.Time
Vote.for.X No Yes
  No         2   0
  Yes        1   1
```

다음에 나올 subtable()이란 함수는 부분 테이블 추출 기능을 한다. 이 함수에는 두 인수가 필요하다.

- tbl: table 클래스를 갖는 사용하고자 하는 테이블
- subnames: 부분 테이블 추출 시에 사용하고자 하는 리스트. tbl의 각 차원을 이름으로 하는 리스트의 각 구성 요소에는 필요한 레벨의 이름이 들어간다.

코드를 보기 전에 이 예제를 한번 다시 훑어보자. cttab의 인수에는 각 차원의 이름이 Voted.for.X와 Voted.for.X.Last.Time인 2차원 테이블이 들어갈 것이다. 첫 번째 차원의 레벨 이름은 No, NOt Sure, Yes이고 두 번째는 No와 Yes다. 이 중 Not Sure는 제거하고 싶으므로, 형식 인수 subnames에 해당하는 실인수는 다음과 같을 것이다.

```
list(Vote.for.X=c("No","Yes"),Voted.for.X.Last.Time=c("No","Yes"))
```

그럼 이제 함수를 호출해 보자.

```
> subtable(cttab,list(Vote.for.X=c("No","Yes"),
+     Voted.for.X.Last.Time=c("No","Yes")))
          Voted.for.X.Last.Time
Vote.for.X No Yes
       No   2   0
       Yes  1   1
```

그럼 이제 이 함수가 어떤 일을 수행했는지 자세히 살펴보자.

```
1 subtable <- function(tbl,subnames) {
2     # tbl의 셀 수를 가진 배열을 만든다.
3     tblarray <- unclass(tbl)
4     # do.call()을 사용해
5     # [ 안에 들어갈 인수 리스트를 먼저 만든다.
6     # 그 이후 각 이름에 따른 부분 배열을 만들 것이다.
7     dcargs <- list(tblarray)
8     ndims <- length(subnames) # 차원 수
9     for (i in 1:ndims) {
```

```
10      dcargs[[i+1]] <- subnames[[i]]
11    }
12    subarray <- do.call("[",dcargs)
13    # 부분 배열로 이뤄진 새 테이블을 만든다.
14    # 각 차원은 레벨 수로 하고 dimnames() 값을 부여한 후
15    # "table" 클래스를 명시한다.
16    dims <- lapply(subnames,length)
17    subtbl <- array(subarray,dims,dimnames=subnames)
18    class(subtbl) <- "table"
19    return(subtbl)
20 }
```

여기서 무슨 일이 일어났을까? 코드를 작성하기 전에 테이블 클래스 객체의 구조가 어떻게 이뤄졌는지 간단히 탐색해 보았다. table() 함수의 코드를 살펴보니 테이블 클래스 객체는 각 셀의 횟수를 원소로 갖는 배열로 이뤄졌다는 중요한 사실을 발견했다. 그러므로 원하는 부분 배열을 추출해 각 부분 배열의 차원에 대해 이름을 붙이고, 그 결과를 테이블 클래스로 만들면 된다는 전략이 나온다.

그럼 코드를 만들기 위해 첫 번째로 해야 할 일은 각 사용자가 원하는 부분 테이블에 해당하는 부분 배열을 구성하고, 이를 대부분의 코드에 사용하는 것이다. 이를 위해 3번째 줄에서 일단 전체 셀의 횟수 배열을 추출해 이를 tblarray에 저장한다. 그럼 여기서 이걸로 원하는 부분 배열을 어떻게 찾을 것인가 하는 의문이 들 것이다. 이론적으로는 굉장히 쉽다. 하지만 실제로는 항상 쉽지만은 않다.

원하는 부분 배열을 얻기 위해 tblarray 배열의 부분 집합을 만드는 식을 다음과 같이 만든다.

```
tblarray[some index ranges here]
```

여기서는 투표 예제를 적용해 다음과 같이 쓸 수 있다.

```
tblarray[c("No","Yes"),c("No","Yes")]
```

개념상으로는 매우 간단하다. 하지만 실제로 tblarray는 서로 다른 차원(2차원, 3차원 등)으로 구성될 수 있으므로 간단히 사용하기는 어렵다. R의 배열은 실제로 '['() 함수에 의해 쓰여진다. 이 함수는 다양한 수의 인수를 가진다. 2차원 배열일 경우에는 두 개, 3차원 배열에는 세 개가 쓰이는 식이다.

이 문제는 R의 do.call()을 사용해 해결할 수 있다. 이 함수의 기본 형식은 다음과 같다.

```
do.call(f,argslist)
```

f는 함수이고 argslist는 f()에 사용되는 인수의 리스트다. 즉 이 코드는 원래 이런 식으로 쓸 수 있다.

```
f(argslist[[1]],argslist[[2]],...)
```

이로 인해 인수의 수가 다양하게 사용되는 함수를 보다 쉽게 호출할 수 있다.

위 예제를 적용하기 위해서는 tblarray의 차원 이름과 각 차원에서 필요한 레벨들로 구성된 리스트 형태가 필요하다. 그렇게 구성된 리스트는 다음과 같다.

```
list(tblarray,Vote.for.X=c("No","Yes"),Voted.for.X.Last.Time=c("No","Yes"))
```

7번째부터 11번째 줄에서는 이런 리스트를 만드는 과정을 일반화한다. 이것이 부분 배열이다. 그 후 이름을 부여하고 테이블 클래스로 변환해 준다. 전자의 경우는 다음 인수들을 사용해 R의 array()를 적용한다.

- data: 새 배열에 들어갈 데이터. 이 예제에서는 subarray다.
- dim: 차원의 크기(행의 수, 열의 수, 층의 수 등). 이 예제에서는 16번째 줄에서 계산한 ndims의 값이다.
- dimnames: 차원 이름과 레벨의 이름들로, subnames 인수처럼 사용자가 미리 입력해 준다.

이는 실제로 작성하기에는 개념적으로 좀 복잡한 함수지만 테이블 클래스의 내부 구조를 완벽하게 한번 깨우친다면 훨씬 쉽게 할 수 있을 것이다.

6.3.3 확장 예제: 테이블에서 가장 큰 셀 찾기

행이나 차원이 매우 큰 테이블을 보는 것은 어려운 일이다. 이 경우 가장 많이 나타나는 셀들에 초점을 맞추는 것이 하나의 방법이다. 이는 다음의 tabdom() 함수를 개발한 목적으로, 이 함수는 테이블에서 가장 자주 나타나는 셀을 알려 준다. 다음에서 간단히 호출해 보겠다.

```
tabdom(tbl,k)
```

이 경우 tbl 테이블에서 k개의 높은 빈도의 셀을 알려준다.

다음 예제를 보자.

```
> d <- c(5,12,13,4,3,28,12,12,9,5,5,13,5,4,12)
> dtab <- table(d)
> tabdom(dtab,3)
    d Freq
3   5    4
5  12    4
2   4    2
```

이 코드는 5와 12가 d에서 각 4번씩으로 가장 많이 나타나고, 다음은 4가 2번 나타난다고 알려준다. 왼쪽의 3, 5, 2는 실제로는 별로 상관없는 정보다. 이에 대해서는 뒤에서 언급할 테이블에서 데이터 프레임으로 변환 시 고려해야 할 사항에 대한 내용을 참고하자.

다른 예제로 이전 장에서 사용된 예제인 cttab 테이블을 보자.

```
> tabdom(cttab,2)
  Vote.for.X Voted.For.X.Last.Time Freq
1       No                     No    2
3      Yes                     No    1
```

보다시피 No-No가 두 번으로 가장 자주 나왔고, 두 번째로 Yes-No가 한 번 나왔다.[1]

그럼 어떻게 이런 결과가 나왔을까? 이는 꽤 복잡해 보이지만, 데이터 프레임에서 테이블을 표현할 수 있다는 사실을 활용하면 실제로는 그럭저럭 쉽게 해결할 수 있다. cttab 테이블을 다시 사용해 보자.

```
> as.data.frame(cttab)
  Vote.for.X Voted.For.X.Last.Time Freq
1         No                    No    2
2   Not Sure                    No    0
3        Yes                    No    1
4         No                   Yes    0
5   Not Sure                   Yes    1
6        Yes                   Yes    1
```

cttab을 만들 때 나온 데이터 프레임 ct는 원래 데이터 프레임이 '아니다' 라는 것을 기억하자. 이는 테이블 그 자체가 다르게 표현된 것일 뿐이다. 여기에는 각 팩터의 조합이 한 행에 들어가 있고, 각 조합의 인자의 수를 보여주는 Freq 열이 추가됐다. 이 열을 사용해 우리가 하고자 하는 것을 보다 빠르게 할 수 있다.

```
 1  # tbl 테이블에서 k개의 최고 빈도 셀을 찾는다.
 2  # 수가 같은 경우는 따로 처리하지 않았다.
 3  tabdom <- function(tbl,k) {
 4      # Freq 열을 추가해 tbl을 나타내는 데이터 프레임을 생성한다.
 5      tbldf <- as.data.frame(tbl)
 6      # 빈도 순으로 정렬해 보다 명확한 위치를 판단할 수 있게 한다.
 7      freqord <- order(tbldf$Freq,decreasing=TRUE)
 8      # 이 순서대로 데이터 프레임을 재배열한 후 위의 k 행을 가져온다.
 9      dom <- tbldf[freqord,][1:k,]
10      return(dom)
11  }
```

---

1   Not Sure-Yes와 Yes-Yes 조합도 한 번씩 나왔으므로 Yes-No와 공동 2위 아닐까? 물론 그렇다. 내 코드는 동점 따위는 무시해 버렸으므로, 독자들이 자극 받아서 이를 개선해 주기를 바란다.

주석은 코드를 보다 명확하게 볼 수 있게 작성해야 한다.

7번째 줄의 order()를 사용한 정렬 방식은 데이터 프레임을 정렬하는 기본적인 방식이다. 정렬이 필요한 상황이 꽤 자주 발생하므로 기억해 둘 필요가 있다.

여기서 사용한 테이블을 데이터 프레임으로 변경하는 방식은 6.3.2장에서도 사용했다. 하지만 셀에 0이 들어가는 경우를 피하고 싶다면 팩터에서 레벨을 제거할 때 조심해야 한다.

6.4 그 밖의 팩터 및 테이블 관련 함수

R은 테이블과 팩터를 쉽게 다룰 수 있는 수많은 함수를 갖고 있다. 우리는 이 중 aggregate()와 cut()의 두 함수에 대해 다룰 것이다.

> **노트** 해들리 위컴(Hadley Wickham)이 만든 reshape라는 패키지는 'melt와 cast라는 두 함수만 사용해서 데이터를 유연하게 재구축하고 조합할 수 있게 해 줄 것이다'. 이 패키지는 배우는 데에 시간이 좀 걸리지만 매우 강력하다. 그가 만든 plyr 패키지 역시 다양하게 활용할 수 있다. 두 패키지 모두 R의 CRAN 저장소에서 다운받을 수 있다. 패키지 다운로드 및 설치에 대한 것은 부록 B를 참고하면 된다.

6.4.1 aggregate( ) 함수

aggregate() 함수는 그룹의 각 변수 별로 tapply()를 한 번씩 호출한다. 예를 들어 전복 데이터에서는 성별로 나뉜 각 변수 별 중간값을 다음과 같이 구할 수 있다.

```
> aggregate(aba[,-1],list(aba$Gender),median)
  Group.1 Length Diameter Height WholeWt ShuckedWt ViscWt ShellWt Rings
1       F  0.590    0.465  0.160 1.03850   0.44050 0.2240   0.295    10
2       I  0.435    0.335  0.110 0.38400   0.16975 0.0805   0.113     8
3       M  0.580    0.455  0.155 0.97575   0.42175 0.2100   0.276    10
```

첫 번째 인수인 aba[,-1]은 첫 번째 열인 Gender를 제외한 전체 데이터 프레임이다. 두 번째 인수는 Gender 팩터로 리스트 형이다. 마지막으로 세 번째 인수는 R이 팩터별로 부분그룹으로 나눠진 각 데이터 프레임에 대해서 각 열의 중간값을 계산하라고 알려주는 역할을 한다. 이 예제에서는 3개의 부분그룹이 있으므로 aggregate()의 결과값으로 3개의 행이 나오게 된다.

6.4.2 cut( ) 함수

테이블을 위해 팩터를 생성하는 일반적인 방법은 cut() 함수를 사용하는 것이다. 데이터 벡터 x와 벡터 b에 의해 정의된 데이터 집합들을 넣어준다. 그러면 각 집합이 x의 원소 중 어디에 속하게 되는지를 알려준다.

여기서 사용할 함수 호출 방식은 다음과 같다.

```
y <- cut(x,b,labels=FALSE)
```

데이터 집합들은 (b[1], b[2]], (b[2], b[3]], ….. 세미 오픈 간격으로 정의된다. 다음 예제를 보자.

```
> z
[1] 0.88114802 0.28532689 0.58647376 0.42851862 0.46881514
    0.24226859 0.05289197
[8] 0.88035617
> seq(from=0.0,to=1.0,by=0.1)
 [1] 0.0 0.1 0.2 0.3 0.4 0.5 0.6 0.7 0.8 0.9 1.0
> binmarks <- seq(from=0.0,to=1.0,by=0.1)
> cut(z,binmarks,labels=F)
[1] 9 3 6 5 5 3 1 9
```

여기서 z[1]인 0.88114812는 (0,0,0.1]이었던 9번 집합에 떨어지고, z[2]는 0.28532689로 3번 집합에 떨어지는 식이다.

이 함수는 예제에서 보다시피 결과값으로 벡터를 출력한다. 하지만 이를 팩터로 바꿀 수 있고, 테이블을 만드는 데에도 이를 사용할 수 있다. 예를 들어 사용자 정의 히스토그램 함수를 작성하는데 이 기능을 사용한다고 상상해 보자. R의 findInterval()도 이를 위해 유용할 것이다.

7장

R 프로그래밍 구조

R은 C, C++, 파이썬, 펄 등의 알골 계열의 블록 구조의 프로그래밍 언어다. 이미 알다시피 블록은 한 문장일 때에는 괄호를 사용하지 않아도 되지만 대개는 괄호로 표시된다. 문장은 줄 바꿈 기호나 혹은 세미콜론을 사용해 구분된다.

이 장에서는 프로그래밍 언어로서 R의 기본 구조에 대해 다룰 것이다. 반복문과 이에 관련된 것에 대해 좀더 자세히 살펴보고 이 장의 대부분을 차지하는 함수 주제에 대해 바로 설명할 것이다.

세부적으로는 변수의 범위에 대한 이슈가 가장 중요하게 다뤄질 것이다. 다른 많은 스크립트 언어처럼 R에서도 변수를 따로 '선언(declare)'하지 않는다. C 등의 언어를 알고 있는 프로그래머라면 첫 눈에 R과의 유사성을 눈치챘겠지만 그 이후에는 R이 보다 풍부한 변수 범위 구조를 갖고 있음을 알게 될 것이다.

7.1 조건문

R의 조건문은 이전에 언급한 적 있는 알골 계열과 매우 유사하게 보인다. 이 장에서는 반복문과 if-else문을 살펴볼 것이다.

7.1.1 반복문

1.3장에서 oddcount() 함수를 작성했다. 이 함수에서 다음 예제의 줄은 파이썬 프로그래머라면 즉시 알아차릴 것이다.

```
for (n in x) {
```

이는 벡터 x의 각 구성요소에 대해 반복문이 한 번씩 돌게 되는데, 이때 n은 첫 번째 반복 시에는 n = x[1], 두 번째 반복 시 n = x[2]인 식으로 n은 각 구성요소의 값을 취하게 된다. 예를 들어 다음 코드는 이 구조를 벡터의 각 원소의 제곱값을 내기 위해 사용된다.

```
> x <- c(5,12,13)
> for (n in x) print(n^2)
[1] 25
[1] 144
[1] 169
```

while과 repeat를 사용하고 반복문을 중단할 때 break를 사용하는 C 언어 스타일의 반복문도 쓸 수 있다. 다음 예제에서는 이 세 가지를 모두 사용한다.

```
> i <- 1
> while (i <= 10) i <- i+4
> i
[1] 13
>
> i <- 1
> while(TRUE) { # 위와 유사한 반복문
+     i <- i+4
+     if (i > 10) break
+ }
> i
```

```
[1] 13
>
> i <- 1
> repeat { # 위와 유사
+     i <- i+4
+     if (i > 10) break
+ }
> i
[1] 13
```

첫 번째 부분에서 i는 반복문이 실행되면서 1, 5, 9, 13의 값을 갖는다. 마지막 값이 i<= 10이란 상태를 만족시키지 않으므로 break가 실행돼서 반복문에서 빠져 나오게 된다.

이 코드는 같은 내용을 세 가지 다른 방식을 사용해 보여주고 있다. 두 번째와 세 번째의 경우 break가 중요한 역할을 한다.

repeat는 불리언 상태값을 갖지 않는다는 것을 기억하자. 그러므로 반드시 break(혹은 return() 같은 것)를 사용해야 한다. 물론 break는 for 반복문에서도 사용된다.

다른 유용한 구문은 인터프리터가 반복문의 나머지 부분을 건너뛰고 다음 반복을 시작하도록 하는 next다. 이는 if-then-else로 코드가 복잡해 지는 것을 막아준다. next를 사용한 다음 예제를 살펴보자. 다음 예제는 8장의 확장 예제에서 인용됐다.

```
1 sim <- function(nreps) {
2     commdata <- list()
3     commdata$countabsamecomm <- 0
4     for (rep in 1:nreps) {
5         commdata$whosleft <- 1:20
6         commdata$numabchosen <- 0
7         commdata <- choosecomm(commdata,5)
8         if (commdata$numabchosen > 0) next
9             commdata <- choosecomm(commdata,4)
10            if (commdata$numabchosen > 0) next
11                commdata <- choosecomm(commdata,3)
12        }
13     print(commdata$countabsamecomm/nreps)
14 }
```

여기서 8번째와 10번째 줄에 next가 사용됐다. 그럼 이것이 어떻게 작동하고 이를 다른 식으로는 어떻게 사용할 수 있는지 살펴보자. 두 next 구문은 4번째 줄에서 시작하는 반복문에서 사용된다. 따라서 8번째 줄에서 if가 만족되면 9번째 줄부터 11번째 줄은 뛰어넘고, 다시 4번째 줄로 이동해 상황을 보게 된다. 10번째 줄에서도 비슷한 상황이 발생한다.

next를 사용하지 않으면 다음과 같이 if를 겹쳐서 사용해야 한다.

```
1 sim <- function(nreps) {
2    commdata <- list()
3    commdata$countabsamecomm <- 0
4    for (rep in 1:nreps) {
5       commdata$whosleft <- 1:20
6       commdata$numabchosen <- 0
7       commdata <- choosecomm(commdata,5)
8       if (commdata$numabchosen == 0) {
9          commdata <- choosecomm(commdata,4)
10         if (commdata$numabchosen == 0)
11            commdata <- choosecomm(commdata,3)
12         }
13      }
14   print(commdata$countabsamecomm/nreps)
15 }
```

이 예제는 단순해서 2레벨로 이뤄지기 때문에 그다지 나쁘지 않다. 하지만 겹쳐진 if 문장은 레벨이 깊어질수록 복잡해진다.

for는 어떤 벡터에서든 형식에 구애 받지 않고 사용할 수 있다. 예를 들어 파일명으로 된 벡터에서도 반복문을 사용할 수 있다. 만약 다음과 같은 내용이 들은 file1이라는 파일이 있다고 가정해보자.

```
1
2
3
4
5
6
```

다음과 같은 내용의 file2라는 파일도 있다고 가정한다.

```
5
12
13
```

다음 반복문은 이 두 파일을 읽어 출력한다. 파일 안의 숫자를 읽어 벡터로 저장하기 위해 scan()을 사용한다. scan()에 대해서는 10장에서 좀더 다룰 것이다.

```
> for (fn in c("file1","file2")) print(scan(fn))
Read 6 items
[1] 1 2 3 4 5 6
Read 3 items
[1]  5 12 13
```

fn은 일단 file1이 되고, 이 이름의 파일을 읽어 들인 후 출력한다. file2에 대해서도 동일하게 반복된다.

7.1.2 벡터 이외의 유형을 사용하는 반복문

R은 벡터 외의 유형에서 직접적으로 반복을 지원하지는 않으나, 두 가지의 간접적 방식으로 이를 가능하게 할 수 있다.

- lapply()를 사용한다. 반복문의 반복이 각각 순서가 상관없는 독립적인 데이터에 적용될 때 사용할 수 있다.
- get()을 사용한다. 함수명이 말해주듯이 함수는 객체의 이름을 뜻하는 문자열을 인수로 받아 해당 이름의 객체를 반환해 준다. 별것 아닌 것처럼 들리지만 get()은 매우 강력한 함수다.

get()을 사용한 예제를 살펴보자. u와 v라는 통계 데이터가 포함된 행렬이 있고, 여기에 각각 R의 선형 회귀 함수 lm()을 적용하려고 한다.

```
> u
     [,1]  [,2]
[1,]    1     1
[2,]    2     2
[3,]    3     4
> v
     [,1]  [,2]
[1,]    8    15
[2,]   12    10
[3,]   20     2
> for (m in c("u","v")) {
+     z <- get(m)
+     print(lm(z[,2] ~ z[,1]))
+ }

Call:
lm(formula = z[, 2] ~ z[, 1])

Coefficients:
(Intercept)       z[, 1]
    -0.6667       1.5000

Call:
lm(formula = z[, 2] ~ z[, 1])

Coefficients:
(Intercept)       z[, 1]
     23.286       -1.071
```

여기서 m에는 첫 번째로 u가 들어간다. 그 후 u를 z에 할당해 다음에서 u에 대해 lm()이 호출되도록 한다.

```
z <- get(m)
print(lm(z[,2] ~ z[,1]))
```

v에서도 마찬가지 과정이 일어난다.

7.1.3 if-else

if-else 사용법은 다음과 같다.

```
if (r == 4) {
   x <- 1
} else {
   x <- 3
   y <- 4
}
```

단순해 보이지만 여기서 미묘하게 중요한 부분이 있다. if 부분이 다음과 같이 한 문장으로 이뤄졌다는 것이다.

```
x <- 1
```

그러므로 문장 밖의 대괄호가 꼭 필요하지는 않다고 생각할 수 있을 것이다. 하지만 이는 꼭 필요하다.

else 앞의 오른 대괄호가 있어야 R 파서가 if 만이 아니라 if-else로 나뉜다는 것을 파악할 수 있다. 대괄호를 사용하지 않는 인터랙티브 모드에서는 파서가 전자로 생각하고 바로 실행을 해버리기 때문에 원하지 않는 결과값이 나오는 경우가 있다.

if-else 문장은 함수를 호출하는 것처럼 실행되며, 가장 마지막에 할당되는 값을 반환해 준다.

```
v <- if (cond) expression1 else expression2
```

cond가 참인지에 따라서 v에 expression1이나 expression2가 할당된다. 이를 사용해 코드를 보다 짧게 만들 수 있다. 다음 간단한 예제를 보자.

```
> x <- 2
> y <- if(x == 2) x else x+1
> y
[1] 2
> x <- 3
> y <- if(x == 2) x else x+1
> y
[1] 4
```

앞서 말한 방식을 사용하면 코드는 이렇게 사용된다.

```
y <- if(x == 2) x else x+1
```

이 방식이 아니었으면 다음과 같이 좀 지저분한 방식을 사용했을 것이다.

```
if(x == 2) y <- x else y <- x+1
```

보다 복잡한 예로는 expression1과 expression2에 함수가 들어가는 경우다. 이럴 때는 코드를 명확하게 만드는 것보다 짧게 만드는 데에 더욱 우선순위를 주지 않도록 하자.

2장에서 다뤘던 ifelse()를 사용해 벡터를 처리하는 방식을 사용하면 보다 코드를 빠르게 할 수 있다.

7.2 산술 및 불리언 연산과 값

표 7-1에는 기본 연산자가 나와있다.

표 7-1 기본 R 연산자

연산자	내용	연산자	내용
x + y	덧셈	x – y	뺄셈
x * y	곱셈	x / y	나눗셈
x ^ y	제곱	x %% y	나머지
x %/% y	정수 나눗셈	x == y	동일한지 판단
x <= y	작거나 같은지 판단	x >= y	크거나 같은지 판단
x && y	불리언 AND(정수형)	x || y	불리언 OR(정수형)
x & y	불리언 AND(벡터 x,y,result)	x | y	불리언 OR(벡터 x,y,result)
!x	불리언 부정		

R이 정수형을 한 개의 원소를 가진 벡터처럼 처리하므로 겉보기에는 정수형이 없지만, 표 7-1을 보면 여기도 예외가 있음을 알 수 있다. 정수형과 벡터의 경우 불리언 연산자가 다르게 사용됨이 바로 그것이다. 좀 이상하게 보일 수도 있겠지만, 아래 몇 개의 예제를 보면 이를 왜 구분해 사용해야 하는지 알 수 있을 것이다.

```
> x
[1]  TRUE FALSE  TRUE
> y
[1]  TRUE  TRUE FALSE
> x & y
[1]  TRUE FALSE FALSE
> x[1] && y[1]
[1] TRUE
> x && y # 각 벡터의 첫 번째 원소를 사용한 것과 동일하게 보임
[1] TRUE
> if (x[1] && y[1]) print("both TRUE")
[1] "both TRUE"
> if (x & y) print("both TRUE")
[1] "both TRUE"
Warning message:
In if (x & y) print("both TRUE") :
  the condition has length > 1 and only the first element will be used
```

가장 중요한 점은 if의 값으로 불리언값의 벡터가 아닌 단일 불리언값이 사용돼야 한다는 것이다. 따라서 이 예제에서 경고문이 나온 것을 볼 수 있다. 이런 경우를 위해 &와 &&가 모두 필요한 것이다.

불리언 값인 TRUE와 FALSE는 T와 F로 줄여 사용할 수 있다. 이때 둘 다 대문자로 사용해야 한다. 이는 산술연산에서는 1과 0으로 바뀐다.

```
> 1 < 2
[1] TRUE
> (1 < 2) * (3 < 4)
[1] 1
> (1 < 2) * (3 < 4) * (5 < 1)
[1] 0
> (1 < 2) == TRUE
```

```
[1] TRUE
> (1 < 2) == 1
[1] TRUE
```

예를 들어 두 번째 연산에서 1 < 2는 TRUE이고, 3 < 4 역시 TRUE다. 이 두 값은 모두 1로 처리되므로 곱 역시 1이 된다.

표면적으로 R 함수는 C, 자바 등의 함수와 유사해 보인다. 하지만 R 프로그래머가 직관적으로 이해할 수 있도록 보다 함수형 프로그래밍의 성격을 많이 띄고 있다.

7.3 인수의 기본값

5.1.2장에서 exams라는 파일을 읽어와 데이터 세트를 만들었다.

```
> testscores <- read.table("exams",header=TRUE)
```

header=TRUE라는 인수는 R에게 이 파일에는 헤더가 있으므로 첫 번째 줄을 데이터로 계산하지 말라고 알려준다.

이는 '명명 인자named argument'의 사용 예시다. 다음 함수의 첫 몇 줄을 보자.

```
> read.table
function (file, header = FALSE, sep = "", quote = "\"'", dec = ".",
    row.names, col.names, as.is = !stringsAsFactors, na.strings = "NA",
    colClasses = NA, nrows = -1, skip = 0, check.names = TRUE,
    fill = !blank.lines.skip, strip.white = FALSE, blank.lines.skip = TRUE,
    comment.char = "#", allowEscapes = FALSE, flush = FALSE,
    stringsAsFactors = default.stringsAsFactors(), encoding = "unknown")
{
    if (is.character(file)) {
        file <- file(file, "r")
        on.exit(close(file))
...
...
```

두 번째 형식 인수의 이름은 header다. = FALSE는 이 인수가 선택적이고, 만약 이 인수의 값을 따로 명시하지 않을 경우 기본값이 FALSE가 된다는 뜻이다. 만약 이 기본값을 사용하고 싶지 않을 경우 함수 호출 시 이 인수를 명시해 줘야 한다.

```
> testscores <- read.table("exams",header=TRUE)
```

여기서 '명명 인자'가 사용됐다.

하지만 R은 필요할 때까지는 연산하지 않는 '지연 연산lazy evaluation'을 사용하므로 명명인자가 실제로 사용되지 않을 수도 있음을 기억하자.

7.4 반환값

함수의 반환값은 어떤 R 객체도 가능하다. 반환값이 리스트가 되는 경우도 있지만, 다른 함수를 반환하는 것마저도 가능하다.

아예 return()을 호출해 값을 받을 수 있다. 이렇게 따로 호출하지 않으면, 기본적으로는 가장 마지막에 수행된 값이 반환된다. 한 예로서 1장의 oddcount() 예제를 상기해 보자.

```
> oddcount
function(x) {
    k <- 0 # k에 0을 대입
    for (n in x) {
        if (n %% 2 == 1) k <- k+1 # %%는 나머지 연산자다.
    }
    return(k)
}
```

이 함수는 홀수의 수를 반환한다. 이 코드에서 return()을 제외함으로써 코드를 조금 간단하게 할 수도 있다. 이럴 경우 코드의 마지막 줄에 k를 반환하라고 다음과 같이 나타낼 수 있다.

```
oddcount <- function(x) {
   k <- 0
   pagebreak
   for (n in x) {
      if (n %% 2 == 1) k <- k+1
   }
   k
}
```

혹은 다음과 같은 코드도 생각해 볼 수 있다.

```
oddcount <- function(x) {
   k <- 0
   for (n in x) {
      if (n %% 2 == 1) k <- k+1
   }
}
```

하지만 이 코드는 미묘한 이유로 작동하지 않는다. 마지막으로 수행되는 문장이 for()로, 여기서 NULL을 반환하게 된다. 그리고 이는 R 문법상 '보이지 않는 값'으로서 따로 할당돼 저장되지 않으면 버려지는 값이다. 그러므로 반환값이 아예 없게 된다.

7.4.1 명시적으로 return()을 호출할지 판단하기

보편적으로 R에서는 return()을 명시적으로 호출하는 것을 피한다. 이렇게 사용하는 이유 중 하나는 함수 호출은 수행 시간을 길게 만들기 때문이다. 하지만 함수가 매우 짧다면 단축되는 시간은 무시해도 좋을 정도로, return()을 사용하는 데에 중요 방해요인이 되지 않는다. 그럼에도 불구하고 일반적으로 잘 사용하지 않는다.

앞 장의 두 번째 예제를 생각해 보자.

```
oddcount <- function(x) {
   k <- 0
   for (n in x) {
      if (n %% 2 == 1) k <- k+1
```

```
    }
    k
}
```

여기처럼 반환돼야 하는 식(여기서는 k)을 끝으로 코드를 간단하게 끝낼 수도 있다. return()을 굳이 호출할 필요는 없다. 이 책에서는 R 초보자들의 이해를 돕기 위해 보통 코드에 return()을 표기했지만, 이는 편한 대로 생략 가능하다.

하지만 좋은 소프트웨어 디자인은 함수의 코드를 대충 보고도 어떤 부분이 호출자에게 반환되는지를 바로 알 수 있어야 한다. 이를 만족시키는 가장 쉬운 방법은 코드에서 값이 반환되는 중간중간에 return()을 명시적으로 표기해 주는 것이다. 물론 원한다면 함수 끝에 return()을 호출하는 것은 생략해도 된다.

7.4.2 복잡한 객체 반환하기

반환값은 어떤 R 객체도 가능하므로 복잡한 객체를 반환하는 것 역시 가능하다. 다음은 함수를 반환하는 예제다.

```
> g
function() {
    t <- function(x) return(x^2)
    return(t)
}
> g()
function(x) return(x^2)
<environment: 0x8aafbc0>
```

만약 함수에서 여러 값을 반환한다면 이를 리스트 혹은 다른 객체로 묶어 놓는다.

7.5 함수는 객체다

R 함수는 (당연히 "function" 클래스의) 1차 객체first-class object다. 이는 대다수가 다른 객체와 유사한 방식으로 사용된다. 이는 함수를 생성하는 다음 문법을 봐도 알 수 있다.

```
> g <- function(x) {
+     return(x+1)
+ }
```

여기서 function()은 함수를 생성하는 R 내장 함수다. 함수 오른쪽을 보면 function()에는 실제로 두 개의 인자가 들어감을 알 수 있다. 첫 번째는 만들고자 하는 함수의 형식 인자 리스트로 여기에서는 x를 사용했다. 두 번째는 함수의 내용으로 여기서는 return(x+1)이라는 하나의 문장으로 나타냈다. 두 번째 인자는 expression 클래스다. 여기서 중요한 점은 오른쪽에 함수의 객체를 만들어서 g에 할당했다는 것이다.

그런데 '{'도 함수이므로 다음과 같이 확인해 볼 수 있다.

```
> ?"{"
```

이 함수는 여러 문장을 하나의 유닛으로 묶는 역할을 한다.

function()의 이 두 인수는 다음과 같이 formals()와 body() 함수가 접근하게 된다.

```
> formals(g)
$x
> body(g)
{
    return(x + 1)
}
```

R을 인터랙티브모드에서 사용할 때 간단히 객체의 이름을 입력하기만 해도 그 객체가 화면에 출력된다는 것을 기억해 보자. 함수 역시 객체일 뿐이므로 예외는 아니다.

```
> g
function(x) {
    return(x+1)
}
```

이 기능은 함수를 사용하고 싶지만 해당 함수에 대해 자세히 기억나지 않을 때 유용하다. 또한 함수를 출력하면 해당 R 라이브러리 함수가 어떻게 동작하는지 확신할 수 없을 때에도 유용하게 쓸 수 있다. 코드를 확인함으로써 그 함수를 보다 잘 이해할 수 있다. 예를 들어 그래픽 함수인 abline()이 정확히 어떤 동작을 하는지 가물가물할 때, 코드를 확인함으로써 이를 어떻게 사용해야 할지 보다 잘 이해할 수 있다.

```
> abline
function (a = NULL, b = NULL, h = NULL, v = NULL, reg = NULL,
    coef = NULL, untf = FALSE, ...)
{
    int_abline <- function(a, b, h, v, untf, col = par("col"),
        lty = par("lty"), lwd = par("lwd"), ...) .Internal(abline(a,
        b, h, v, untf, col, lty, lwd, ...))
    if (!is.null(reg)) {
        if (!is.null(a))
            warning("'a' is overridden by 'reg'")
        a <- reg
    }

    if (is.object(a) || is.list(a)) {
        p <- length(coefa <- as.vector(coef(a)))
...
...
```

만약 이런 방식으로 긴 함수를 보고 싶다면 page()로 실행하자.

```
> page(abline)
```

혹은 edit()를 이용해 이를 수정할 수도 있는데, 이에 대해서는 7.11.2장에서 소개하겠다.

하지만 일부 R의 가장 기본적인 내장 함수의 경우 C로 직접 작성되기 때문에 이런 방식으로는 확인할 수 없다. 다음은 이런 예다.

```
> sum
function (..., na.rm = FALSE) .Primitive("sum")
```

함수는 객체이므로 이를 할당하고 다른 함수의 인수로 활용할 수 있다.

```
> f1 <- function(a,b) return(a+b)
> f2 <- function(a,b) return(a-b)
> f <- f1
> f(3,2)
[1] 5
> f <- f2
> f(3,2)
[1] 1
> g <- function(h,a,b) h(a,b)
> g(f1,3,2)
[1] 5
> g(f2,3,2)
[1] 1
```

또한 함수는 객체이므로 여러 함수로 만들어진 리스트를 반복 사용할 수 있다. 이는 다음 예처럼 여러 함수를 한 그래프에서 플로팅할 때 유용하게 사용할 수 있다.

```
> g1 <- function(x) return(sin(x))
> g2 <- function(x) return(sqrt(x^2+1))
> g3 <- function(x) return(2*x-1)
> plot(c(0,1),c(-1,1.5))  # 그래프를 그리기 위해 X와 Y의 범위를 잡아줌
> for (f in c(g1,g2,g3)) plot(f,0,1,add=T)  # 잡아놓은 그래프 위에 플로팅
```

formals()와 body()는 대치 함수로도 사용될 수 있다. 대치 함수에 대해서는 7.10장에서 설명하겠지만 일단 함수 본문을 할당함으로써 어떻게 바꿀 수 있는지 살펴보자.

```
> g <- function(h,a,b) h(a,b)
> body(g) <- quote(2*x + 3)
> g
function (x)
2 * x + 3
> g(3)
[1] 9
```

여기서 quote()가 필요한 이유는 함수 본문은 quote()로 만들어진 'call'이라는 클래스로 돼 있기 때문이다. quote()를 호출하지 않으면 R은 2*x+3을 바로 계산하려 할 것이다. 그러므로 x가 만약 3으로 정의돼 있다면, g()의 본문에는 목적과는 달리 9가 할당될 것이다. 그리고 2.4.1장에서 다루었듯이 *과 +가 함수이므로 곧 객체가 되고, 2*x+3은 한 함수가 다른 함수를 감싸고 있는 식의 함수가 호출된다.

7.6 환경 설정 및 범위 문제

R 문서에서는 폐쇄closure로 일반적으로 표현되는 함수의 구성 요소에는 인수 및 본문뿐 아니라 '환경변수environment'까지 포함돼 있다. 이는 함수가 생성될 때를 반영하는 객체들의 집합이다. 환경변수가 효과적인 R 함수를 작성하는 데에 어떤 역할을 하는지에 대해서는 반드시 이해할 필요가 있다.

7.6.1 최상위 레벨 환경변수

다음 예제를 보자.

```
> w <- 12
> f <- function(y) {
+    d <- 8
+    h <- function() {
+       return(d*(w+y))
+    }
+    return(h())
+ }
> environment(f)
<environment: R_GlobalEnv>
```

여기서 f()는 인터프리터 커맨드 프롬프트 최상위 레벨에 생성됐으므로, 최상위 레벨 환경변수를 갖는다. 이때 R의 결과물은 R_GlobalEnv로 표현되는데, 혹 .GlobalEnv라는 R 코드와 헷갈릴 수 있다. 만약 R 프로그램을 배치 파일로 돌린다고 해도 이것이 최상위 레벨로 된다.

ls()는 환경변수 객체 리스트를 보여준다. 만약 이를 최상위 레벨에서 호출한다면, 최상위 환경변수들을 확인하게 될 것이다. 다음 예제 코드에서 확인해보자.

```
> ls()
[1] "f" "w"
```

보다시피 여기서 최상위 환경변수는 f()에서 사용된 변수 w를 포함한다. 다만 함수 역시 객체이므로 최상위 레벨에서 생성한 함수 f() 역시 나타남을 기억하자. 최상위가 아닌 레벨에서는 ls()가 조금 다르게 동작하는데, 이는 7.6.3장에서 확인할 수 있을 것이다.

ls.str()을 사용하면 좀더 자세한 정보를 얻을 수 있다.

```
> ls.str()
f : function (y)
w : num 12
```

다음으로 w 및 다른 변수들이 f()에서 어떻게 사용되는지 살펴보자.

7.6.2 범위 계층 구조

일단 R에서 범위가 어떻게 만들어지고 이것이 환경변수와 어떻게 관련을 맺고 있는지 직관적으로 살펴 보자.

보통 C에 대한 배경지식이 있을 걸로 보고 다루지 않지만, C 언어를 다뤘다면 이전 장에서 본 변수 w는 f()에 대해 '전역global 변수'이고, d는 f()에 대해 '지역local 변수'라고 할 것이다. 이런 것은 R과 매우 유사하지만 R은 보다 계층적 성질을 갖고 있다. C에서는 함수 내에서 함수를 정의하거나 하지 않지만, 예제에서는 f() 내에 h()를 정의했다. 물론 함수는 객체이므로 함수 내에서 함수를 정의하는 것은 충분히 가능하고, 객체지향 프로그래밍에서의 캡슐화의 관점에서는 보다 바람직하기도 하다. 단순히 객체를 생성하는 것이지만, 이 객체로 많은 것을 할 수 있다.

여기서 h()는 f()에 d와 같이 지역변수로 작용한다. 이 경우 범위를 계층적으로 보는 것도 가능하다. 그러므로 R 내에서 f()의 지역변수인 d는 h()에 대해서는 전역변수로 작용한다.

비슷한 식으로 범위의 계층적인 속성으로 인해 w는 f()에 대해 전역변수이므로, h()에 대해서도 전역변수다. 따라서 h() 내에서도 w를 당연히 사용할 수 있다.

환경변수의 관점에서 h()의 환경변수는 h()가 존재할 때 어떤 객체가 정의됐는지에 대한 것이다. 그러므로 그 시점에서 다음과 같은 할당이 이뤄졌을 것이다.

```
h <- function() {
    return(d*(w+y))
}
```

만약 f()가 여러 번 호출된다면, h()의 존재도 f()가 반환될 때마다 호출돼 나타나게 된다.

그럼 h()의 환경변수는 어떻게 될까? 일단 h()가 생성된 시간에 f() 내에는 객체 d와 y가 생기고, f()의 환경변수 (w) 역시 생성된다. 달리 말해 만약 한 함수가 다른 함수 내에서 정의된다면, 내부 함수의 환경변수는 외부 함수의 환경변수에다, 외부 함수 내에서 생성된 지역변수가 추가돼 구성된다. 함수가 여러 번 겹치는 경우, 환경변수는 최상위 레벨로 구성된 '루트'를 포함해 점점 더 커지면서 겹쳐진다.

다음 코드를 실행해 보자.

```
> f(2)
[1] 112
```

무슨 일이 일어났는가? f(2)를 호출한 결과 h()가 호출되면서 지역변수 d에 8이 할당된다. 그 이후 호출된 d*(w+y)는 8*(12+2)로 112가 나오게 된다.

w의 역할을 주의 깊게 살펴보자. R 인터프리터는 w라는 이름의 지역변수가 없다는 것을 깨닫고 보다 상위 레벨에서 해당 변수를 찾는다. 이 경우에는 최상위 레벨에서 12라는 값을 갖고 있는 변수 w를 찾는다.

h()는 f()의 지역변수고, 최상위 레벨에서 보이지 않음을 염두에 두자.

```
> h
Error: object 'h' not found
```

좋은 현상은 아니지만 계층적 구조에서 변수 이름 간에 충돌이 날 수도 있다. 예를 들어 이 예제에서 h()의 지역변수 d는 f() 내의 동일한 이름의 변수와 충돌이 날 수 있다. 이런 상황에서 가장 안쪽의 환경변수가 가장 먼저 쓰인다. 이 경우 h()에서 d를 찾는 경우 f()에서 정의된 d보다 h()에서 정의된 d가 먼저 사용된다.

이 경우 상속으로 생성된 환경변수는 보통 메모리 위치를 참조하게 된다. 다음은 f()에 print 구문을 추가한 다음에(예제에는 나오지 않았지만 edit()을 이용함) 실행한 내용이다.

```
> f
function(y) {
   d <- 8
   h <- function() {
      return(d*(w+y))
   }
   print(environment(h))
   return(h())
}
> f(2)
<environment: 0x875753c>
[1] 112
```

함수가 다른 함수를 감싸고 있지 않을 때에 어떤 현상이 나타나는지 비교해보자.

```
> f
function(y) {
   d <- 8
   return(h())
}

> h
```

```
function() {
    return(d*(w+y))
}
```

결과는 다음과 같다.

```
> f(5)
Error in h() : object 'd' not found
```

h()는 최상위 레벨에서 정의됐으므로 h()의 환경변수는 여기서 더 이상 사용할 수 없다. 그러므로 오류가 발생한다.

관련없는 최상위 레벨의 변수 d가 사용됐을 경우, 오류 메시지는 나타나지 않지만 대신 잘못된 결과를 얻게 된다.

이전 예제에서 왜 h()에서 y를 따로 재정의하지 않는지 궁금할 것이다. 앞서 잠시 언급했듯이 R에서는 느슨한 평가 방식을 사용하므로 변수를 사용하기 전에 따로 평가하지 않는다. 이 경우에 R에서 이미 d와 관련된 에러가 발생했고 이로 인해 y가 실행될 일은 없다.

d와 y를 인수로 전달하도록 내용을 수정했다.

```
> f
function(y) {
    d <- 8
    return(h(d,y))
}
> h
function(dee,yyy) {
    return(dee*(w+yyy))
}
> f(2)
[1] 88
```

그럼 마지막 수정본을 보자.

```
> f
function(y,ftn) {
    d <- 8
```

```
    print(environment(ftn))
    return(ftn(d,y))
}
> h
function(dee,yyy) {
    return(dee*(w+yyy))
}


> w <- 12
> f(3,h)
<environment: R_GlobalEnv>
[1] 120
```

f()가 실행되면 실제 인수 h가 형식인수 ftn에 대입된다. 인수는 지역변수
로 쓰이므로, ftn이 최상위 레벨과는 다른 환경변수를 가짐을 쉽게 추정할 수
있다. 하지만 이전에 이야기했던 대로 환경변수는 폐쇄성을 갖고 있기 때문에
ftn은 h의 환경변수를 갖게 된다.

모든 예제들에서 지역변수가 아닌 변수들을 사용한 이유는 가독성을 위해서
이지, 쓰기 편해서가 아니다. 쓰는 경우에는 이것이 굉장히 중요하다. 이에 대
해서는 7.8.1장에서 소개하겠다.

7.6.3 ls() 좀더 살펴보기

인수가 없는 상태에서 함수 내에서 ls()를 호출하면 (인수를 포함한) 현재의 지역
변수의 이름들을 반환한다. envir 인수를 사용하면, 호출 체인 내의 특정 프레
임에서의 지역변수의 이름을 출력한다.

다음 예제를 보자.

```
> f
function(y) {
    d <- 8
    return(h(d,y))
}
> h
function(dee,yyy) {
    print(ls())
```

```
      print(ls(envir=parent.frame(n=1)))
      return(dee*(w+yyy))
   }



> f(2)
[1] "dee" "yyy"
[1] "d" "y"
[1] 112
```

`parent.frame()`의 인수 n은 호출 체인 내에서 얼마나 많은 프레임을 갖고 가야 할지를 정의한다. 여기서 `f()`로부터 호출된 `h()`를 중간 정도까지 실행하다 보면, n = 1을 정의해 `f()`의 프레임을 받아오면서 `f()` 내의 지역변수도 받아올 수 있다.

7.6.4 함수는 거의 부작용이 없다

함수형 프로그래밍 철학의 또 다른 영향은 함수는 지역변수가 아닌 변수를 바꾸지 않는다는 것이다. 이 말은 일반적으로 '부작용side effect'이 없다는 뜻이다. 간략히 말해 함수의 코드 내에서 지역변수가 아닌 변수들을 읽어올 수는 있지만, 이 변수들에게 값을 쓸 수 있는 권한은 없다. 코드 내에서 이 변수들에 재할당할 수 있는 것처럼 보이지만, 사실 이것은 그 값을 복사하는 것으로 변수에 직접 쓰는 것이 아니다. 앞의 예제에 코드를 일부 추가해서 한번 직접 해 보자.

```
> w <- 12
> f
function(y) {
   d <- 8
   w <- w + 1
   y <- y - 2
   print(w)
   h <- function() {
      return(d*(w+y))
   }
   return(h())
}
```

```
> t <- 4
> f(t)
[1] 13
[1] 120
> w
[1] 12
> t
[1] 4
```

보다시피 최상위 레벨의 w는 f()안에서 바뀌는 것처럼 보였지만 실제로는 바뀌지 않는다. f() 내의 w의 지역 복사본copy이 바뀔 뿐이다. 비슷한 식으로 관련된 형식 인수 y가 바뀌더라도 최상위 레벨의 변수 t는 바뀌지 않는다.

노트 기본적으로 지역변수 w는 값이 바뀌기 전까지는 광역변수와 실제로 같은 메모리 위치를 참조한다. 값이 바뀌는 경우에는 새 메모리 위치가 할당된다.

광역변수의 읽기만 가능한 성질에도 중요한 예외의 경우가 있는데, 이는 고급 할당 연산에서 이뤄지며 이는 7.8.1장에서 보다 자세히 다룰 것이다.

7.6.5 확장 예제: 호출 프레임의 내용을 보여주는 함수

디버깅 모드에서 코드에 한 레벨만 들어가도록 해놓는다면, 현재 함수의 지역변수값이 어떨지 가끔 궁금할 것이다. 또한 현재 함수를 호출한 부모함수의 지역변수값 또한 궁금할 것이다. 그래서 다음과 같이 환경변수의 계층 구조에 접근해 이런 값들을 보여줄 수 있도록 하는 함수를 작성해 보았다. 이 코드는 R의 CRAN 저장소의 edtdbg라는 디버깅 툴을 수정한 것이다.

한 예로 다음 코드를 보자.

```
f <- function() {
   a <- 1
   return(g(a)+a)
}
g <- function(aa) {
   b <- 2
   aab <- h(aa+b)
```

```
        return(aab)
}
h <- function(aaa) {
    c <- 3
    return(aaa+c)
}
```

f()를 호출하면 g()가 호출됨과 동시에 이어서 h()가 호출된다. 디버깅 모드에서 현재 g()의 return()을 실행한다고 하자. 이때 현재 함수에서 지역변수 aa, b, aab의 값을 알고 싶다. 또한 현재 g()에 있는 경우, f()가 g()를 호출했을 때 f()의 지역변수값이나 광역변수값도 알고 싶다. 직접 작성한 showframe()이 이런 역할을 해 줄 것이다.

showframe()은 upn이라는 인수 하나를 갖는데, 이는 호출 스택에서 위로 올라가야 하는 프레임의 수다. 인수가 음수인 경우 최상위 레벨의 전역변수를 보고자 한다는 의미다.

코드는 다음과 같다.

```
# showframe()이 호출된 이후 upn만큼의 상위값의 프레임에서
# 인수를 포함한 지역변수의 값을 보여준다.
# upn < 0일 경우에는 전역변수만 보여주고 함수 객체는 보여주지 않는다.
showframe <- function(upn) {
    # 필요한 환경변수를 찾는다.
    if (upn < 0) {
        env <- .GlobalEnv
    } else {
        env <- parent.frame(n=upn+1)
}
# 변수명의 리스트를 얻는다.
vars <- ls(envir=env)
# 각 변수명별로 값을 출력한다.
    for (vr in vars) {
        vrg <- get(vr,envir=env)
        if (!is.function(vrg)) {
            cat(vr,":\n",sep="")
            print(vrg)
        }
    }
}
```

한 번 확인해 보자. g()에 일부 값을 대입해 보자.

```
> g
function(aa) {
   b <- 2
   showframe(0)
   showframe(1)
   aab <- h(aa+b)
   return(aab)
}
```

그럼 이제 실행해 보자.

```
> f()
aa:
[1] 1
b:
[1] 2
a:
[1] 1
```

이게 어떤 식으로 작동하는지 보고 싶다면, 우선 R에서 가장 유용한 기능 중하나인 get()을 살펴보자. 이 함수의 기능은 매우 간단하다. 객체의 이름을 주면, 이 함수는 그 객체 자체를 가져온다. 다음 예제와 같은 식이다.

```
> m <- rbind(1:3,20:22)
> m
     [,1] [,2] [,3]
[1,]    1    2    3
[2,]   20   21   22
> get("m")
     [,1] [,2] [,3]
[1,]    1    2    3
[2,]   20   21   22
```

이 예제의 m은 현재 호출 프레임에 포함돼 있지만, showframe() 함수 내에서는 여러 레벨의 환경변수 계층을 다뤄야 한다. 이때 get()의 envir 인수를 통해 레벨을 정의해 줄 필요가 있다.

```
vrg <- get(vr,envir=env)
```

레벨 자체는 크게 parent.frame()을 호출함으로써 결정된다.

```
if (upn < 0) {
    env <- .GlobalEnv
} else {
    env <- parent.frame(n=upn+1)
}
```

ls() 역시 특정 레벨의 내용을 호출할 수 있으므로, 관심 있는 레벨에 어떤 변수들이 있는지 확인하고 이들을 살펴보는 데에 사용할 수 있다는 것을 기억하자. 다음 예제를 보자.

```
vars <- ls(envir=env)
for (vr in vars) {
```

이 코드는 주어진 프레임 내의 모든 지역변수의 이름을 가져와서 반복문을 사용해, get()이 하는 역할을 하게 한다.

7.7 R에는 포인터가 없다

R은 C 언어 등에서 사용되는 포인터pointer나 참조reference에 해당하는 변수가 없다. 그래서 어떤 경우에는 프로그래밍하기 더 어렵기도 하다. 이 책을 쓰는 시점에서 R의 현재 버전(2.13)에는 이런 어려움을 줄이기 위한 참조 클래스reference class가 실험 레벨로 들어가 있다.

예를 들어 인수를 직접 바꾸는 함수를 사용할 수는 없다. 예를 들어 파이썬에서는 이렇게 할 수 있다.

```
>>> x = [13,5,12]
>>> x.sort()
>>> x
[5, 12, 13]
```

여기서 x의 값은 sort()의 인수로 돼 바뀌었다. 하지만 R에서는 어떤 일이 일어나는지 살펴보자.

```
> x <- c(13,5,12)
> sort(x)
[1]  5  12  13
> x
[1]  13  5  12
```

sort()의 인수는 바뀌지 않았다. 이 R코드에서 x를 바꾸는 방법으로는 인수를 재할당해 주는 것이 있다.

```
> x <- sort(x)
> x
[1]  5  12  13
```

만약 함수의 결과값이 여러 변수를 갖고 있다면 어떻게 해야 할까? 이 변수들을 하나의 리스트로 모아 이 리스트를 인수로 해 함수를 호출한다. 이어서 이 함수의 결과값이 되는 리스트를 받아내어 이 값을 원래 리스트에 재할당하는 방법이 있다.

다음 예제는 정수 벡터에서 홀수와 짝수의 인덱스를 구분해 내는 함수다.

```
> oddsevens
function(v){
    odds <- which(v %% 2 == 1)
    evens <- which(v %% 2 == 0)
    list(o=odds,e=evens)
}
```

일반적으로 f()는 변수 x와 y의 값을 바꾼다. 이를 f()의 인수가 되는 리스트 lxy에 저장할 수 있다. 호출되고 호출하는 코드 모두 다음과 같은 패턴을 가질 것이다.

```
f <- function(lxxyy) {
    ...
    lxxyy$x <- ...
    lxxyy$y <- ...
```

```
    return(lxxyy)
}
# x와 y를 설정함
lxy$x <- ...
lxy$y <- ...
lxy <- f(lxy)
# 새로운 x와 y를 사용함
... <- lxy$x
... <- lxy$y
```

하지만 만약 함수가 여러 변수를 바꾼다면 이는 유용하게 사용되지 않을 것이다. 이 예제의 x, y와 같은 변수들이 이미 리스트라면, 반환되는 값은 리스트로 이뤄진 리스트가 되므로 이를 처리하기 힘들 수 있다. 물론 이런 변수를 다룰 수 없는 것은 아니지만 이로 인해 코드의 구문이 복잡해져서 가독성이 떨어질 수 있다.

대신 7.8.4장에서 다룰 광역변수를 사용하거나 앞서 잠시 언급한 R의 새로운 기능인 참조 클래스를 사용하는 등의 대안이 있다.

포인터가 없어 더 어려워지는 경우는 트리 구조 같은 데이터 구조에서도 발생한다. C에서는 보통 이런 유형의 구조라면 포인터를 많이 사용한다. R에서이를 해결하기 위해서는 프로그래머들이 벡터 인덱스 같은 자체적인 '포인터'를 만들었던 C 이전의 '좋았던 옛 시절'로 돌아가야 한다. 이에 대해서는 7.9.2장에서 예제를 살펴 볼 것이다.

7.8 위층에 쓰기

앞서 언급했듯이 환경변수 계층 내 특정 레벨의 코드는 그 위 레벨의 모든 변수에 대해 최소 읽기 권한은 갖고 있다. 반면 상위 레벨의 변수에 대해 표준적인 <- 기호를 이용한 쓰기 권한은 가질 수 없다.

만약 광역변수를 쓰고 싶다면, 아니 좀더 일반적으로 현재 작성하는 코드의 레벨보다 상위 환경변수 레벨의 특정 변수에 값을 쓰고 싶다면, 고급 할당 연산자 <<-나 assign() 함수를 사용할 수 있다. 우선 고급 할당 연산자에 대해 살펴보자.

7.8.1 고급 할당 연산자를 이용한 지역 외 변수 사용하기

다음 코드를 보자.

```
> two <- function(u) {
+     u <<- 2*u
+     z <- 2*z
+ }
> x <- 1
> z <- 3
> u
Error: object "u" not found
> two(x)
> x
[1] 1
> z
[1] 3
> u
[1] 2
```

세 최상위 레벨 변수 x, y, u에 미치는 혹은 못 미치는 영향에 대해 살펴보자.

- x: x가 이 예제의 two()의 실인수라고 하더라도, 호출된 후에도 1이란 값을 유지한다. 이는 값 1이 함수 내에서 지역변수처럼 쓰이는 형식 인수 u에 복사됐기 때문이다. 그러므로 u가 바뀌어도 x는 전혀 값이 달라지지 않는다.

- z: 두 z 값은 서로 전혀 관련이 없다. 하나는 최상위 레벨에 있고, 다른 하나는 two()의 지역변수이기 때문이다. 지역변수가 바뀌어도 광역변수에는 아무런 영향을 미치지 않는다. 물론 두 변수에 같은 이름을 사용하는 것은 좋은 프로그래밍 방식이 아니다.

- u: u의 값은 two() 이전의 최상위 레벨에 존재하지 않으므로 '찾을 수 없음(not found)'이라는 에러 메시지가 나타난다. 하지만 two()를 호출한 이후 고급 할당 연산자를 사용해 최상위 레벨에 생성하게 된다.

<<-가 이 예제에서는 최상위 레벨 변수에 값을 쓰기 위해 사용됐지만, 기술적으로는 약간 다르다. w에 값을 쓰기 위해 이 연산자를 사용하면 환경변수 계

층을 탐색할 때, 이 이름을 가진 변수가 나오는 첫 레벨에서 탐색을 멈추게 된다. 다음 짧은 예제에서 어떤 일이 일어나는지 살펴보자.

```
> f
function() {
   inc <- function() {x <<- x + 1}
   x <- 3
   inc()
   return(x)
}
> f()
[1] 4
> x
Error: object 'x' not found
```

여기서 inc()는 f() 내에 정의됐다. inc()가 실행되면, R 인터프리터에서는 x에 계층을 거슬러 올라가 고급 할당이 이뤄지는 것을 보게 된다. 처음 f()의 환경변수에서 레벨이 올라가면 x를 찾을 것이고, 그러면 최상위 레벨의 x가 아닌 이 x에 값이 쓰일 것이다.

7.8.2 assign()을 이용해 지역 외 변수 사용하기

상위 레벨의 변수에 값을 쓰기 위해서 assign()을 이용할 수도 있다. 다음은 앞 예제의 변형된 버전이다.

```
> two
function(u) {
   assign("u",2*u,pos=.GlobalEnv)
   z <- 2*z
}
> two(x)
> x
[1] 1
> u
[1] 2
```

이 예제에서 고급 할당 연산자를 사용하는 대신 assign()을 호출했다. 이 호출을 통해 R에서는 호출 스택 내를 거슬러 올라가 최상위 환경변수 u에(이때 u는 지역변수임) 2*u의 값을 할당한다. 이 경우 환경변수는 호출 레벨보다 한 단계 위일 뿐이지만, 만약 이런 호출이 사슬처럼 연결돼 있다면 더욱 상위 레벨로 거슬러 올라갈 수도 있다.

assign()에서 변수 참조를 위해 문자열을 사용한다는 사실은 유용하므로 기억해 두자. 5장의 여러 대기업의 채용 패턴 분석 예제를 기억해 보자. 전체 데이터 프레임 all2006에서 각 회사에 대한 데이터를 추출해 부분 데이터 프레임을 만들고자 했다. 한 예로서 다음 호출 내용을 살펴보자.

```
makecorpdfs(c("MICROSOFT CORPORATION","ms","INTEL
    CORPORATION","intel"," SUN MICROSYSTEMS, INC.","sun","GOOGLE
        INC.","google")
```

처음에는 전체 데이터 프레임에서 '마이크로소프트'의 모든 데이터를 추출해, 이 부분 데이터 프레임을 ms2006이라고 명명할 것이다. 그리고 이런 식으로 intel2006 및 다른 부분 데이터 프레임들을 만들 것이다. 다음은 이에 대한 코드로서 명확히 하기 위해 함수 형태로 바꿨다.

```
makecorpdfs <- function(corplist) {
    for (i in 1:(length(corplist)/2)) {
        corp <- corplist[2*i-1]
        newdtf <- paste(corplist[2*i],"2006",sep="")
        assign(newdtf,makecorp(corp),pos=.GlobalEnv)
    }
}
```

i = 1일 경우 paste()를 사용해 'ms'와 '2006'이라는 문자열을 합쳐 데이터 프레임의 이름인 'ms2006'을 만들어 낸다.

7.8.3 확장 예제: R에서의 이산 사건 시뮬레이션

이산 사건 시뮬레이션DES, Discrete-event simulation는 비즈니스, 산업체, 정부기관 등에서 널리 사용되고 있다. '이산 사건discrete event'이란 시스템의 상태가 연속적으로 변하지 않고 이산적으로 변한다는 뜻이다.

일반적인 예로서 ATM 앞에 줄서 있는 사람들 같은 큐잉 시스템queuing system 이 있다고 하자. 이때 시간 t에 이 큐에 있는 사람의 숫자를 시스템의 상태라고 하자. 만약 누군가가 도착해서 사람 수 1이 증가하거나, 누군가가 ATM 업무를 마치고 떠나서 1이 줄어들면 시스템의 상태는 변하는 것이다. 반면 기상 시뮬레이션 같은 경우에는 온도나 기압이 연속적으로 변한다.

이 예제는 이 책에서 가장 길고 많이 나올 예제 중 하나이다. 하지만 여기서는 광역변수에 대한 이해 등의 R에서 다뤄야 할 여러 중요한 주제들을 다루고, 다음 장의 광역변수에 대해 적합하게 다루는 것에 대한 예제를 제공할 것이다. 지루해도 좀 참다 보면 그게 바람직한 시간 투자였다는 것을 깨달을 것이다. 참고로 독자들은 DES에 대한 어떤 배경지식도 없다고 가정하고 접근한다.

DES 연산의 중심에는 스케줄링 된 이벤트의 리스트인 '이벤트 리스트event list'를 유지하는 것이 있다. 이것은 일반적인 DES 용어로, 여기서의 '리스트list' 를 R의 데이터 유형과 혼동해서는 안 된다. 그리고 여기서는 이 이벤트 리스트 를 데이터 프레임으로 나타낼 것이다.

ATM 예제에서 특정 시점의 이벤트 리스트는 다음과 같이 나올 수도 있다.

```
고객 1은 시간 23.12에 도착한다.
고객 2는 시간 25.88에 도착한다.
고객 3은 시간 25.97에 도착한다.
고객 1은 시간 26.02에 서비스를 끝낸다.
```

가장 앞의 이벤트가 항상 다음에 처리되므로 이벤트 리스트를 가장 단순하게 코딩하는 방법은 이를 위 예제처럼 시간 순서대로 저장하는 것이다. 이때 전산학적 지식이 있는 독자라면 이를 저장하는 데에 바이너리 트리 같은 몇 가지 더 유용한 방법을 생각해 볼 수 있을 것이다. 여기서는 첫 번째 행에 가장 빠른 이벤트를, 두 번째 행에 두 번째로 빠른 이벤트를 넣는 식으로 이벤트를 저장하는 데이터 프레임을 구현할 것이다.

이 시뮬레이션의 중심에는 반복문이 있다. 매번 반복 시 이벤트 리스트에서 가장 빠른 이벤트를 가져오고, 그 이벤트 발생 시간을 시뮬레이션 시간에 반영하고, 해당 이벤트를 실행한다. 그러면 그 결과로 새로운 이벤트가 생성될 것이다. 예를 들어 만약 큐가 비어있을 때에 한 고객이 도착하는 이벤트가 발생했다면, 해당 고객의 서비스가 시작될 것이다. 하나의 이벤트는 다른 이벤트를 시작하게 하는 트리거가 되는 것이다. 코드에서는 고객의 서비스 시간도 고려하므로 서비스가 끝나는 시간 또한 알게 되고, 그러면 다른 이벤트가 이벤트 리스트에 추가된다.

DES 코드를 작성하는 가장 오래된 방법 중 하나는 '이벤트 중심 패러다임event-oriented paradigm'이다. 여기서는 하나의 이벤트가 발생했을 때에 이를 다루는 코드를 앞서 언급했던 것처럼 바로 다른 이벤트에 연결해 맞추는 식이다.

빠른 이해를 돕기 위해 다시 ATM 예제를 떠올려 보자. 시간이 0일 때 큐는 비어있다. 시뮬레이션 코드는 랜덤으로 첫 번째 도착 시간을 생성하는데, 2.3이 나왔다고 가정해 보자. 이 시점에서 이벤트 리스트는 간단히 (2.3, "arrival")이라고 기록될 것이다. 이 이벤트가 리스트에 들어오면서 시뮬레이션 시간은 2.3으로 갱신되고, 다음과 같이 도착 이벤트를 처리하게 된다.

- ATM 큐는 비어 있으므로 서비스 시간을 랜덤으로 생성하기 시작한다. 여기서 1.2 시간이라고 가정하면 서비스 완료 시간은 2.3 + 1.2 = 3.5 시간이 된다.
- 이벤트 리스트에 서비스 완료 이벤트 (3.5, "service done")를 추가한다.
- 동시에 다음 도착 시간을 생성한다. 0.6이라고 하면, 새 이벤트 도착 시간은 2.9라는 말이다. 그러면 이벤트 리스트에는 (2.9, "arrival")과 (3.5, "service done")이 추가된다.

코드는 일반적으로 활용 가능한 라이브러리들로 구성된다. 또한 도착 시간 및 서비스 시간이 지수 분포를 따르는 단일 서버 큐인 M/M/1 큐를 시뮬레이션 해주는 예제도 있다.

> **노트** 이 예제의 코드는 거의 최적화돼 있지 않으므로 C의 일부 기능을 활용하는 등의 방법으로 코드 성능을 향상시켜 봐도 좋을 것이다. 참고로 15장에 R에 C를 인터페이스하는 방법이 소개됐다. 하지만 이 예제는 이 장에서 설명하고자 하는 많은 주제들을 충분히 다루고 있다.

여기서 사용되는 라이브러리 함수를 간략하게 설명하면 다음과 같다.

- schedevnt(): 이벤트 리스트에 새로운 이벤트를 생성해 추가한다.
- getnextevnt(): 이벤트 리스트에서 가장 빠른 이벤트를 꺼낸다.
- dosim(): 시뮬레이션에서 가장 중심이 되는 반복문을 포함하고 있다. 대기 상태의 이벤트 중 가장 빠른 것을 꺼내오기 위해 반복적으로 getnextevnt()를 호출한다. 현재의 시뮬레이션 시간 sim$currtime을 갱신해 이벤트의 발생 여부를 반영하며, 애플리케이션 단의 reactevnt()를 실행해 새로 발생된 이벤트를 실행한다.

코드에서는 다음과 같은 애플리케이션 단계의 함수들을 사용한다.

- initglbls(): 애플리케이션 단의 광역변수를 초기화한다.
- reactevnt(): 이벤트 발생시 이에 따른 적합한 동작을 취하며, 일반적으로는 결과값으로 새로운 이벤트를 생성한다.
- prntrslts(): 애플리케이션 단의 시뮬레이션 결과를 출력한다.

initglbls(), reactevnt(), prntrslts()는 애플리케이션 프로그래머가 작성한 것으로 dosim()을 인수로 사용함을 기억하자. 여기서 사용하는 M/M/1 큐 예제에는 이 함수들을 mm1initglbls(), mm1reactevnt(), mm1prntrslts()라는 이름으로 사용한다. 그러므로 dosim()을 정의하자면 다음과 같다.

```
dosim <- function(initglbls,reactevnt,prntrslts,maxsimtime,
   apppars=NULL,dbg=FALSE){
```

이를 다음과 같이 호출할 수 있다.

```
dosim(mm1initglbls,mm1reactevnt,mm1prntrslts,10000.0,
   list(arrvrate=0.5,srvrate=1.0))
```

라이브러리 코드는 다음과 같다.

```
 1 # DES.R: 이산 사건 시뮬레이션(DES)을 위한 R 코드
 2
 3 # 각 이벤트는 다음 구성 요소로 이뤄진 행들에 의해 데이터 프레임으로 나타난다.
 4 # evnttime: 이벤트가 발생한 시간
 5 # evnttype: 프로그래머가 정의한 이벤트 유형에 대한 문자열
 6 # 애플리케이션별 구성요소(선택적)
 7 # 예: 큐 애플리케이션의 작업 종료 시간
 8
 9 # "sim"이라는 광역 리스트가 이벤트 데이터 프레임, 이벤트(evnt),
10 # 현재 시뮬레이션 시간(currtime)을 갖고 있으며,
11 # dbg라는 디버그 모드를 가리키는 구성요소도 포함하고 있다.
12
13 # 각 행에는 이벤트 유형(evntty)과 이에 따른 이벤트별 시간(evnttm)이 있다.
14 # appin에 대한 schedevnt()의 주석을 참고하라.
15 evntrow <- function(evnttm,evntty,appin=NULL) {
16    rw <- c(list(evnttime=evnttm,evnttype=evntty),appin)
17    return(as.data.frame(rw))
18 }
19
20 # evnttm 이벤트 시간과 evntty 유형의 이벤트를 이벤트 리스트에 넣는다.
21 # appin은 이 이벤트의 애플리케이션 단에서 사용되는 선택적인 특성이다.
22 # 명명된 구성요소의 리스트 형태로 나타나 있다
23 schedevnt <- function(evnttm,evntty,appin=NULL) {
24    newevnt <- evntrow(evnttm,evntty,appin)
25    # 이벤트 리스트가 비어있다면 evnt를 채우고 결과를 반환한다.
26    if (is.null(sim$evnts)) {
27       sim$evnts <<- newevnt
28       return()
29    }
30    # 아니라면 이벤트를 넣을 곳을 찾는다.
31    inspt <- binsearch((sim$evnts)$evnttime,evnttm)
32    # 이제 데이터 프레임을 다시 만들어서 "넣는다".
33    # 새 이벤트가 추가되면 현재 행렬에서 어떤 부분이 앞으로 가야 하고 어떤 부분이
34    # 새 이벤트 뒤로 가야 하는지, 그리고 이를 어떻게 연결해야 하는지 판단한다.
35    before <-
36       if (inspt == 1) NULL else sim$evnts[1:(inspt-1),]
37    nr <- nrow(sim$evnts)
38    after <- if (inspt <= nr) sim$evnts[inspt:nr,] else NULL
39    sim$evnts <<- rbind(before,newevnt,after)
40 }
41
```

```
42  # 정렬된 벡터 x에서 삽입 부분 y를 바이너리 서치를 통해 찾는다.
43  # y가 들어가기 전에 x의 위치를 찾아서 반환한다.
44  # 만약 y가 x[length(x)]보다 크다면 length(x)+1을 반환한다.
45  # 이 부분은 효율성을 위해 C로 변환해서 사용할 수 있다.
46  binsearch <- function(x,y) {
47     n <- length(x)
48     lo <- 1
49     hi <- n
50     while(lo+1 < hi) {
51        mid <- floor((lo+hi)/2)
52        if (y == x[mid]) return(mid)
53        if (y < x[mid]) hi <- mid else lo <- mid
54     }
55     if (y <= x[lo]) return(lo)
56     if (y < x[hi]) return(hi)
57     return(hi+1)
58  }
59
60  # 다음 이벤트 진행을 시작한다(reactevnt() 호출을 통해
61  # 애플리케이션 프로그래머가 일정 부분 진행한 상태이다).
62  getnextevnt <- function() {
63     head <- sim$evnts[1,]
64     # head를 삭제한다.
65     if (nrow(sim$evnts) == 1) {
66        sim$evnts <<- NULL
67     } else sim$evnts <<- sim$evnts[-1,]
68     return(head)
69  }
70
71  # 시뮬레이션 부분
72  # 인수:
73  #     initglbls: 애플리케이션 단의 초기화 함수; inits
74  #        애플리케이션의 통계적 총합 등에 사용되는 광역변수,
75  #        광역적으로 쓰여야 하는 값들, 처음 이벤트의 스케줄 등을 초기화한다.
76  #     reactevnt: 애플리케이션 단의 이벤트 처리 함수
77  #        각 이벤트 유형별로 적절한 동작을 취한다.
78  #     prntrslts: 큐의 평균 대기 시간 등의
79  #        애플리케이션 단 결과값을 출력한다.
80  #     apppars: 애플리케이션 단의 매개 변수 리스트
81  #        예) 큐 애플리케이션의 서버의 수
82  #     maxsimtime: 가능한 최대 시뮬레이션 시간
83  #     dbg: 디버그 상태; TRUE 상태라면 매 이벤트 후 sim을 출력한다
84  dosim <- function(initglbls,reactevnt,prntrslts,maxsimtime,
```

```
85        apppars=NULL, dbg=FALSE) {
86    sim <<- list()
87    sim$currtime <<- 0.0 # 현재 시뮬레이션 시간
88    sim$evnts <<- NULL # 이벤트 데이터 프레임
89    sim$dbg <<- dbg
90    initglbls(apppars)
91    while(sim$currtime < maxsimtime) {
92        head <- getnextevnt()
93        sim$currtime <<- head$evnttime # 현재 시뮬레이션 시간 갱신
94        reactevnt(head) # 이 이벤트를 진행함
95        if (dbg) print(sim)
96    }
97    prntrslts()
98 }
```

다음은 예제 애플리케이션 코드다. 역시나 단일 서버 큐를 사용하는 M/M/1 큐의 시뮬레이션 모델로, 작업 시간 간격 및 서비스 시간은 지수 분포를 따르고 있다.

```
1 # DES 애플리케이션: M/M/1 큐, 도착 비율: 0.5, 서비스 비율: 1.0
2
3 # 호출
4 # dosim(mm1initglbls,mm1reactevnt,mm1prntrslts,10000.0,
5 #    list(arrvrate=0.5,srvrate=1.0))
6 # 2 정도의 값을 반환함(시간이 약간 걸릴 수 있음)
7
8 # 이 애플리케이션에 한해 광역변수를 초기화함
9 mm1initglbls <- function(apppars) {
10    mm1glbls <<- list()
11    # 시뮬레이션 매개 변수
12    mm1glbls$arrvrate <<- apppars$arrvrate
13    mm1glbls$srvrate <<- apppars$srvrate
14    # 큐 작업들의 도착 시간으로 구성된 서버 큐
15    mm1glbls$srvq <<- vector(length=0)
16    # 통계
17    mm1glbls$njobsdone <<- 0 # 실행된 작업
18    mm1glbls$totwait <<- 0.0 # 총 대기 시간
19    # 첫 도착 이벤트를 설정하고 각 이벤트의 도착시간으로 구성된
20    # 데이터 세트를 만드는데 이는
21    # 시스템 내의 작업 상주 시간을
22    # 계산하기 위해 필요하다.
```

```
23     arrvtime <- rexp(1,mm1glbls$arrvrate)
24     schedevnt(arrvtime,"arrv",list(arrvtime=arrvtime))
25 }
26
27 # dosim()이 호출한 애플리케이션 단계의 이벤트 실행 함수
28 # 일반 DES 라이브러리에 포함돼 있다.
29 mm1reactevnt <- function(head) {
30    if (head$evnttype == "arrv") { # 이벤트 도착
31       # 서버가 유휴 상태라면 서비스를 시작하고 아니라면 큐에 추가한다
32       # (필요하다면 큐가 비어 있어도 그냥 추가한다).
33       if (length(mm1glbls$srvq) == 0) {
34          mm1glbls$srvq <<- head$arrvtime
35          srvdonetime <- sim$currtime + rexp(1,mm1glbls$srvrate)
36          schedevnt(srvdonetime,"srvdone",list(arrvtime=
37             head$arrvtime))
38       } else mm1glbls$srvq <<- c(mm1glbls$srvq,head$arrvtime)
39       # 다음 도착 이벤트를 생성한다.
40       arrvtime <- sim$currtime + rexp(1,mm1glbls$arrvrate)
41       schedevnt(arrvtime,"arrv",list(arrvtime=arrvtime))
42    } else { # 서비스가 실행됐다.
43       # 작업 진행이 끝났다.
44       # 내용 계산
45       mm1glbls$njobsdone <<- mm1glbls$njobsdone + 1
46       mm1glbls$totwait <<-
47          mm1glbls$totwait + sim$currtime - head$arrvtime
48       # 큐에서 제거한다.
49       mm1glbls$srvq <<- mm1glbls$srvq[-1]
50       # 큐에 남은 것이 있는지 확인한다.
51       if (length(mm1glbls$srvq) > 0) {
52          # 새 서비스를 스케줄링한다.
53          srvdonetime <- sim$currtime + rexp(1,mm1glbls$srvrate)
54          schedevnt(srvdonetime,"srvdone",list
55             (arrvtime=mm1glbls$srvq[1]))
56       }
57    }
58 }
59
60 mm1prntrslts <- function() {
61    print("mean wait:")
62    print(mm1glbls$totwait/mm1glbls$njobsdone)
63 }
```

이 일들이 전부 어떻게 실행되고 있는지 보려면, M/M/1 애플리케이션 코드를 살펴봐야 한다. 여기서는 모든 시뮬레이션된 작업의 총 대기 시간을 나타내는 mm1glbls$totwait 같은, M/M/1 코드와 관련 있는 변수들을 포함하는 광역변수 mm1glbls를 설정했다. 보다시피 이런 변수를 작성하는 데에는 다음 코드처럼 고급 할당 연산자를 사용했다.

```
mm1glbls$srvq <<- mm1glbls$srvq[-1]
```

시뮬레이션이 어떤 식으로 돌아가는지 mm1reactevnt() 부분을 살펴보자. '서비스 완료service done' 이벤트가 어떻게 처리되는지에 대한 코드 부분에 초점을 맞춰 알아본다.

```
  } else {  # 서비스가 실행됐다.
     # 작업 진행이 끝났다.
     # 내용 계산
     mm1glbls$njobsdone <<- mm1glbls$njobsdone + 1
     mm1glbls$totwait <<-
         mm1glbls$totwait + sim$currtime - head$arrvtime
     # 큐에서 제거한다.
     mm1glbls$srvq <<- mm1glbls$srvq[-1]
     # 큐에 남은 것이 있는지 확인한다.
     if (length(mm1glbls$srvq) > 0) {
        # 새 서비스를 스케줄링한다.
        srvdonetime <- sim$currtime + rexp(1,mm1glbls$srvrate)
        schedevnt(srvdonetime,"srvdone",list(arrvtime=
            mm1glbls$srvq[1]))
     }
  }
```

우선 이 코드는 수치를 기록하고, 완료된 작업의 수 및 대기 시간을 갱신한다. 이후 서버 큐에서 새로 완료된 작업을 제거한다. 마지막으로 여전히 큐에 작업이 남아있는지 확인하고, 만약 남아있다면 그 작업의 서비스를 맨 앞으로 배치하도록 schedevnt()를 호출한다.

그럼 DES 라이브러리 코드는 무엇을 하는 것일까? 우선 현재 시뮬레이션 시간과 이벤트 리스트로 구성된 시뮬레이션 상태를 sim이라는 R의 리스트에 기록하는 역할을 한다. 이렇게 하는 이유는 모든 주요 정보를 R의 패키지 안에 담아 실행하기 위해서다. 그래서 sim은 광역변수로 돼 있다.

앞서 언급했듯이 DES 라이브러리를 작성할 때의 핵심은 이벤트 리스트다. 이 코드는 이벤트 리스트를 sim$evnts라는 데이터 프레임으로 구현한다. 데이터 프레임의 각 행은 각 스케줄링된 이벤트로, 이벤트 시간 정보와 이벤트 유형을 알려주는 문자열('도착' 혹은 '서비스 완료' 등) 및 프로그래머가 추가하고자 하는 애플리케이션 단의 데이터로 구성됐다. 각 행에는 숫자와 문자열이 모두 포함되므로 이런 이벤트 리스트를 표현하는 데에는 데이터 프레임 형식이 적당하다. 데이터 프레임의 행은 첫 번째 열에 들어갈 이벤트 시간 순서대로 정렬돼 있다.

시뮬레이션의 중심 반복문은 DES 라이브러리 코드의 dosim()내에 있으며, 91번째 줄부터 시작한다.

```
while(sim$currtime < maxsimtime) {
    head <- getnextevnt()
    sim$currtime <<- head$evnttime # 현재 시뮬레이션 시간 갱신
    reactevnt(head) # 이 이벤트를 진행함
    if (dbg) print(sim)
}
```

일단 getnextevnt()는 첫 부분(가장 빠른 이벤트)을 이벤트 리스트로부터 제거한다. 이때 부작용으로 이벤트 리스트가 바뀐다는 것을 기억하자. 그리고 첫 부분의 스케줄링된 시간에 따라 현재 시뮬레이션 시간을 업데이트한다. 마지막으로 프로그래머가 직접 만든 함수 reactevnt()를 호출해 이벤트를 진행한다(앞서 언급한 M/M/1 코드에 나와 있다).

이 구조에서 데이터 프레임을 사용했을 때에 가장 중요한 이점은 바이너리 검색 연산을 통해 이벤트 시간 기준으로 이벤트 리스트를 정렬한 상태로 유지할 수 있다는 것이다. 이는 새로 생성된 이벤트를 이벤트 리스트에 넣는 31번째 줄의 schedevnt()에서 일어난다.

```
inspt <- binsearch((sim$evnts)$evnttime,evnttm)
```

여기서 새로 생성된 이벤트를 이벤트 리스트에 넣을 때, 이를 위해 실제로는 벡터에서 빠른 바이너리 검색을 한다. 코드의 주석에서 언급한대로 실제로 이 부분은 C로 작성하는 것이 성능 향상에 좋다.

schedevnt()의 마지막 줄은 rbind()를 활용한 좋은 예제다.

```
sim$evnts <<- rbind(before,newevnt,after)
```

여기서는 이벤트 리스트에서 before에 저장된 이벤트 중 evnt보다 시간이 빠른 이벤트를 추출했다. 또한 newevnt보다 시간이 늦은 이벤트를 저장할 after를 만들었다. 그리고 이를 적절히 합쳐서 배열하기 위해 rbind()를 사용했다.

7.8.4 광역변수는 언제 사용해야 하나?

프로그래밍 커뮤니티에서 광역변수를 사용하는 것은 논쟁의 주요 주제다. 사실 이 장의 제목에 나온 질문은 개인의 취향과 스타일과 관련된 문제이기 때문에 딱 잘라서 대답할 수 없다. 그래도 역시 대부분의 프로그래머들은 대다수의 프로그래밍 선생님들이 가르쳤던 대로 광역변수를 사용을 완전히 금지하는 쪽을 선호한다. 이는 과하게 엄격한 면이 없지 않다. 이 장에서는 R의 구조라는 문맥 하에서 광역변수를 사용할 수 있는 부분에 대해 알아볼 것이다. 여기서 '광역변수global variable' 혹은 '광역global'이란 단어는 현재 사용하는 코드의 레벨보다 상위의 환경 변수의 변수들을 모두 포함한다고 생각하면 된다.

R에서 광역변수를 사용하는 것은 예상보다도 더 흔할 것이다. R 내부에서도 실질적으로 광역변수를 C 코드와 R 코드에서 모두 상당수 사용함을 알게 된다면 더욱 놀랄 것이다. 예를 들어 고급 할당 연산자인 <<-는 수많은 R 라이브러리 함수에서 사용되고 있다. 이때 환경변수 구조에서 한 단계 위의 변수를 사용하는 것은 일반적이다. 프로그램을 빠르게 하기 위해서 사용되는 16장에서 다룰 스레드 코드threaded code나 GPU 코드는 병렬 처리 시의 커뮤니케이션을 위해 광역변수를 대거 사용하는 경향이 있다.

그럼 이 내용을 확실히 이해하기 위해 7.7장에서 사용했던 예제를 다시 확인해 보자.

```
f <- function(lxxyy) { # lxxyy는 x와 y를 포함한 리스트다.
   ...
   lxxyy$x <- ...
   lxxyy$y <- ...
   return(lxxyy)
}
# x와 y를 설정함
lxy$x <- ...
lxy$y <- ...
lxy <- f(lxy)
# 새 x와 y를 사용함
... <- lxy$x
... <- lxy$y
```

앞서 언급했듯이 이 코드는 특히 x와 y가 리스트인 경우 다루기 힘들다.

대신에 다음은 광역변수를 사용해 다른 패턴으로 작성된 코드다.

```
f <- function() {
   ...
   x <<- ...
   y <<- ...
}
# x와 y를 설정함
x <- ...
y <- ...
f() # 여기서 x와 y가 바뀜
# 바뀐 새 x와 y 사용
... <- x
... <- y
```

확실히 두 번째 코드가 훨씬 깔끔하고, 덜 빽빽하며 리스트를 수정할 필요도 없다. 보통 깔끔한 코드가 더 작성·디버깅·유지하기에도 용이하다.

코드를 단순화해 빽빽함을 피하기 위한 이유로 이 장 앞부분의 DES 코드에서 리스트를 반환하는 대신 광역변수를 사용한 것이다. 이 예제를 좀더 살펴보자.

여기에는 두 광역변수가 있는데, 둘 다 여러 정보를 포함하고 있는 리스트 형식이다. 라이브러리 코드에 있는 sim과 M/M/1 애플리케이션 코드에 있는 mm1glbls이다. 이 중 sim을 먼저 살펴보자.

광역변수를 사용해야 하는 상당수의 프로그래머들이 이 변수들을 프로그램 전체에서 사용할 수 있는 진짜 광역 상태로 만든다. 이는 DES 예제의 sim에도 적용된다. 라이브러리 코드(schedevnt(), getnextevnt(), dosim())와 M/M/1 애플리케이션 코드(mm1reactevnt()) 모두 이 변수를 사용한다. 후자의 경우 이 특정 인스턴스 내에서 읽기 전용으로만 접근되지만, 어떤 애플리케이션에서는 쓰기 권한까지 부여하는 경우도 있다. 쓰기 가능한 일반적 예제로는 이벤트를 취소할 수 있어야 하는 경우다. 이런 상황은 두 이벤트가 스케줄링 돼 있을 때, 이 중 하나가 발생하면 나머지는 취소돼야 하는 상황인 '둘 중의 하나'의 상황을 모델링 해야 하는 경우에 발생한다.

따라서 sim을 광역변수로 사용하는 것은 당연해 보인다. 하지만 만약 광역변수를 사용하는 것이 금지돼 쓸 수 없다면, sim을 dosim() 내의 지역변수로 둬야 한다. 그럼 이 함수에서 sim을 앞 문단에서 언급한 모든 함수(schedevnt(), getnextevnt() 등)에 인수로 넘겨줘야 하고, 각 함수는 수정된 sim을 반환해야 한다. 예를 들어 94번째 줄은 원래는 다음과 같다.

```
reactevnt(head)
```

하지만 다음처럼 바뀌어야 한다.

```
sim <- reactevnt(head)
```

또한 애플리케이션 단에서 수행되는 함수 mm1reactevnt()에도 다음과 같은 줄을 추가해 줘야 한다.

```
return(sim)
```

mm1glbls의 경우에도 appvars 같은 변수를 dosim() 내의 지역변수로 둬서 비슷한 식으로 쓸 수 있다. 하지만 만약 sim을 그렇게 한다면 앞의 예제 함수 f()에서처럼 두 값이 모두 반환됐을 때 이를 리스트에 넣어야 한다. 그러면 앞서 언급했듯이 리스트 내의 리스트가 돼서, 그것도 여러 개의 리스트가 돼서 복잡해지고 만다.

반면 코드의 단순성 때문에 광역변수를 사용하는 것은 소용 없어질 수도 있다. 광역변수는 코드 내 어디에서나 값이 변할 수 있기 때문에 디버깅 시에 이를 추적하기가 어려울 수 있다. 변수의 모든 인스턴스를 찾아줄 수 있는 최신 텍스트 에디터와 통합 개발 툴을 사용해 이런 우려를 조금 줄일 수 있다. 참고로 광역변수 사용을 피하자는 내용의 원문은 1970년대에 출판됐다. 하지만 이런 내용을 고려하기는 해야 한다.

이 경우 우려되는 다른 문제는 함수가 전체 프로그램 중에서 관련 없는 여러 부분에서 각각 다른 값을 사용해 호출되는 상황이 발생했을 때다. 예를 들어 현재 예제 프로그램의 여러 부분에서, 앞서 가정했던 대로 단일 값이 아닌 각각의 x, y의 값을 사용해 f()를 호출한다고 생각해 보자. 이때에는 프로그램 내에서 f()의 각 인스턴스의 원소별로 x와 y 값에 대한 벡터를 만들어 해결할 수 있다. 하지만 이 경우 광역변수를 사용해 얻게 되는 단순성을 잃게 될 것이다.

지금 말한 문제들은 R뿐 아니라 일반적으로 나타나는 문제들이다. 하지만 R에서는 일반적으로 많이 사용되는 최상위 레벨의 광역변수들을 고려해야 한다. 광역변수를 사용하는 코드의 경우 동일한 이름의 상관없는 변수를 겹쳐 쓰는 사고가 생길 수도 있기 때문이다.

물론 이는 광역변수의 이름으로 매우 길고 애플리케이션 종속적인 이름을 코드에 사용하는 간단한 방법으로, 쉽게 피할 수 있다. 하지만 앞의 DES 예제에서처럼 환경변수 형태를 사용함으로써 적절히 타협할 수도 있다.

다음 dosim()을 보자.

```
sim <<- list()
```

이는 다음과 같이 바꿀 수 있다.

```
assign("simenv",new.env(),envir=.GlobalEnv)
```

위 코드는 최상위 레벨의 simenv를 가리키는 새로운 환경변수를 생성했다. 이런 식으로 광역변수를 캡슐화해 패키지처럼 다뤘다. 이렇게 만들어진 것은 get()과 assign()을 통해 접근할 수 있다. 한 예로서 schedevnt()의 내용 중 다음 부분을 보자.

```
if (is.null(sim$evnts)) {
    sim$evnts <<- newevnt
```

이는 다음과 같이 바꿀 수 있다.

```
if (is.null(get("evnts",envir=simenv))) {
    assign("evnts",newevnt,envir=simenv)
```

물론 이 역시 깔끔하지 않지만 최소한 '리스트의 리스트의 리스트'처럼 복잡하지는 않다. 또한 이런 방식은 사용자가 최상위 레벨의 상관없는 변수를 자신도 모르게 사용하는 일을 미연에 방지해 준다. 고급 할당 연산자도 코드를 지저분하게 하는 것을 줄여주지만, 이 쪽이 좀더 쓸 만하다.

보통 모든 애플리케이션을 개발하는 데에 최고의 프로그래밍 방식이 딱 정해져 있는 것은 아니다. 많이 사용하는 방식은 프로그래밍 개발 방식을 익히는 데에 하나의 선택 사항일 뿐이다.

7.8.5 클로저(Closure)

R의 클로저는 함수의 인자와 호출 시점의 환경변수 하의 본문으로 구성됐다는 것을 상기해 보자. 환경변수가 포함됐다는 사실도, 용어를 조금 남용하는 경향이 있지만 클로저로 알려진 형태를 사용하는 프로그래밍 형식으로 이용된다.

클로저는 지역변수를 설정하는 함수로 이뤄졌고 이 변수들에 접근할 수 있는 다른 함수들을 만들게 된다. 이는 매우 축약된 설명이므로 바로 예제[1]를 통해 확인해 보자.

```
1 > counter
2 function () {
3    ctr <- 0
4    f <- function() {
5       ctr <<- ctr + 1
6       cat("this count currently has value",ctr,"\n")
7    }
8    return(f)
9 }
```

내부를 자세히 살펴보기 전에 일단 실행해 보자.

```
> c1 <- counter()
> c2 <- counter()
> c1
function() {
     ctr <<- ctr + 1
     cat("this count currently has value",ctr,"\n")
   }
<environment: 0x8d445c0>
> c2
function() {
     ctr <<- ctr + 1
     cat("this count currently has value",ctr,"\n")
   }
<environment: 0x8d447d4>
> c1()
this count currently has value 1
> c1()
this count currently has value 2
> c2()
this count currently has value 1
> c2()
this count currently has value 2
> c2()
```

---

1   본 예제는 Duncan Temple Lang의 'Top-level Task Callbacks in R'(2001)의 예제(http://developer.r-project.org/TaskHandlers.pdf)로부터 따왔다.

```
this count currently has value 3
> c1()
this count currently has value 3
```

여기서 counter()를 두 번 호출해 결과를 c1과 c2에 할당했다. 예상했듯이 이 두 변수는 f()를 복사한 함수들로 구성됐을 것이다.

하지만 f()는 고급 할당 연산자를 통해 변수 ctr에 접근하고, 이 변수는 환경변수 계층의 한 단계 위인 counter()의 지역변수의 이름 중 하나다. 이는 f()의 환경변수의 일부로 counter()를 호출한 결과로 나오게 된다.

여기서 중요한 것은 counter()가 호출될 때마다, 변수 ctr은 매번 다른 환경변수에 할당된다는 것이다. 예를 들어 환경변수가 메모리 주소 0x8d445c0와 0x8d447d4에 있을 수 있다. 달리 말해 counter()를 호출하는 경우가 다를 경우 물리적으로 다른 ctr을 만들게 된다.

그러므로 이 결과 c1()과 c2()은 예제에서 보는 것처럼 호출할 때마다 다른 카운터를 보여주게 된다.

7.9 재귀

예전에 꽤 똑똑하지만 프로그래밍 지식은 거의 없는 수학과 박사과정 학생이 "어떤 함수를 만들어야 하는데 어떻게 해야 하냐"고 나에게 조언을 얻으러 왔다. 난 바로 다음과 같이 대답해 줬다. "나한테 어떤 함수를 만들어야 하는지 설명할 필요도 없다. 재귀 방식을 사용하면 된다." 그는 펄쩍 뛰면서 재귀가 뭐냐고 물었다. 나는 그에게 유명한 하노이 탑[2] 문제에 대해 읽어보라고 조언했다. 물론 그는 다음날 다시 와서 재귀를 이용해 코드 몇 줄로 간단히 문제를 해결했다고 알려주었다. 당연하게도 재귀는 매우 강력한 도구다. 그렇다면 '재귀'가 뭘까?

재귀recursion 함수는 자기 자신을 호출한다. 만약 이 개념을 전에 접한 적이 없다면 무슨 말인지 이해하기 어려울 수 있지만, 실제로 이 개념은 매우 단순하

---

2   퍼즐의 일종으로 프로그래밍 연습 문제로도 많이 제시된다. http://ko.wikipedia.org/wiki/하노이의 탑 - 옮긴이

다. 간단히 말해 다음과 같다.

재귀 함수 f()를 사용해 X 형식의 문제 풀기
1. X 형식의 원래 문제를 한 개 이상의 더 작은 X 형식의 문제로 쪼갬
2. f() 내에서 더 작은 각 문제별로 f()를 호출
3. f() 내에서 2의 결과를 합쳐 원래 문제를 해결

7.9.1 퀵소트 구현

작은 수부터 큰 수까지 배열하는 데에 사용되는 가장 고전적인 알고리즘 예제는 퀵소트다. 예를 들어 벡터 (5,4,12,13,3,8,88)을 정렬한다고 가정해 보자. 일단 첫 번째 원소인 5를 전체와 비교해서 두 개의 부분 벡터를 만들 것이다. 하나는 5보다 작은 원소들로 구성하고, 나머지 하나는 5보다 크거나 같은 원소들로 구성할 것이다. 그러면 (4,3)과 (12,13,8,88)의 부분벡터가 만들어진다. 그러면 이 함수를 각 부분 벡터에 호출해 (3,4)와 (8,12,13,88)이라는 값을 받을 것이다. 그러면 이를 5와 연결시켜 원하던 (3,4,5,8,12,13,88) 값을 받을 것이다.

R의 벡터 필터링 기능과 c() 함수를 사용하면 퀵소트를 꽤 쉽게 구현할 수 있다.

노트 이 예제는 재귀 설명용이다. C로 만들어진 R의 내장 정렬 함수인 sort()가 훨씬 빠르다.

```
qs <- function(x) {
    if (length(x) <= 1) return(x)
    pivot <- x[1]
    therest <- x[-1]
    sv1 <- therest[therest < pivot]
    sv2 <- therest[therest >= pivot]
    sv1 <- qs(sv1)
    sv2 <- qs(sv2)
    return(c(sv1,pivot,sv2))
}
```

종료 조건을 주의 깊게 보자.

```
if (length(x) <= 1) return(x)
```

이 줄이 없으면 함수는 빈 벡터를 계속해 무한대로 호출할 것이다. 사실 R 인터프리터는 언젠가는 멈추겠지만 일단 이런 개념이라고 이해하고 넘어가자.

신기한가? 재귀적 방법은 분명 많은 문제를 해결할 때 사용하는 세련된 방법이다. 하지만 재귀 방식을 사용할 때 두 가지 주의할 점이 있다.

- 이 방식은 매우 축약적이다. 재귀는 사실 수학적 귀납법을 증명하는 것을 거꾸로 하는 식이므로 수학 수업을 충분히 들은 대학생이라면 재귀문을 물 만난 물고기마냥 다룰 것이다. 하지만 많은 프로그래머들은 이를 어렵게 생각한다.
- 재귀는 메모리 사용량이 매우 많은 방식으로, R에서 큰 과제를 다룰 경우 문제가 발생할 수 있다.

7.9.2 확장 예제: 바이너리 서치 트리

트리 형태의 데이터 구조는 전산학 및 통계학 분야 모두에서 일반적인 형태다. 예를 들어 R의 경우에는 회귀분석 및 분류를 위해 재귀 분할 방법을 사용한 rpart 라이브러리가 유명하다. 트리는 당연히 계통학용으로도 사용되고, 보다 일반적으로는 소셜 네트워크 분석의 기본이 되는 그래프 형태에서도 사용된다.

하지만 R에서 트리 구조를 사용할 때, 7.7장에서 언급했듯이 R에서는 포인터 형태의 참조를 사용하지 않으므로 실제로 많은 문제가 생긴다. 이런 이유 및 성능 문제로 인해 15장에서 언급하겠지만 실질적으로 C로 주요 코드를 작성한 후에 R로 포팅하는 형태가 더 나은 경우가 종종 있다. 하지만 R 내에서도 트리를 구현할 수 있고, 성능 문제가 크게 중요하지 않다면 이 방식이 훨씬 간편하다.

단순하게 하기 위해 이번 예제는 전산학의 데이터 구조 중 기본적으로 다음의 성격을 갖고 있는 바이너리 서치 트리를 다룰 것이다.

트리의 각 노드(마디)마다 왼쪽 링크에는 부모의 값보다 작거나 같은 값을 갖고 있고, 오른쪽의 경우에는 큰 값을 갖고 있다.

예제는 다음과 같다.

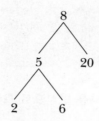

여기서는 8을 트리의 '루트', 즉 맨 위 머리부분으로 배치했다. 8의 두 자식 노드는 5와 20이고, 5는 2와 6이라는 두 자식 노드를 갖는다.

바이너리 서치 트리는 어느 노드에서든 그 노드의 왼쪽 부분 트리의 모든 원소는 그 노드의 값보다 작거나 같고, 오른쪽 부분 트리에는 해당 값보다 큰 값이 저장돼 있음을 기억하자. 이 예제의 트리에서 루트 노드에는 8의 값이 저장돼 있고, 왼쪽 부분 트리의 모든 값은 5, 2, 6으로 8보다 작고, 20은 8보다 크다.

이를 C로 구현하면 트리 노드는 R의 리스트와 비슷한 C 구조체에 값들이 저장되고, 왼쪽 자식과 오른쪽 자식에 대해 포인트가 붙는 구조로 구현될 것이다. 하지만 R에는 포인트 변수가 없다. 그럼 어떻게 할 것인가?

이 해결책은 기본으로 돌아가는 것이다. 옛날 포인터가 있기 전의 포트란 시절에는, 긴 배열을 통해 연결 데이터 구조를 구현했다. 메모리 주소가 들어가는 C의 포인터가 배열의 인덱스로 들어갔다.

자세히 말해 각 노드를 한 행으로 해 3개의 열을 가진 행렬을 구현할 것이다. 노드의 값은 행의 세 번째 원소로 들어갈 것이고, 첫 번째와 두 번째 원소에는 왼쪽과 오른쪽 링크를 저장할 것이다. 예를 들어 첫 번째 원소가 29라면, 이는 이 노드의 왼쪽 링크는 행렬의 29번째 행에 저장된 노드를 가리킨다.

R에서 행렬을 위한 공간 할당은 시간 낭비임을 기억하자. 메모리 할당 시간을 낼 여유가 있다면, 한행 한행 만들어내는 대신에 트리 행렬의 여러 행을 한

번에 만들 새로운 공간을 할당하자. 매 시간 할당되는 행의 숫자는 inc라는 변수에 주면 된다. 일반적으로 많이 하는 트리를 쫓아가는 방식을, 재귀 방식을 이용한 알고리즘으로 구현했다.

> **노트** 만약 행렬이 커질 것 같아서 걱정된다면. 여기서처럼 공간을 연속적으로 늘리려고 하지 말고 각 할당할 때마다 2배씩 되도록 하자. 이게 시간을 크게 아껴준다.

코드에 대해 설명하기 전에, 다음 방식으로 트리를 만드는 것을 한 번 간단히 실행해 보자.

```
> x <- newtree(8,3)
> x
$mat
     [,1] [,2] [,3]
[1,]   NA   NA    8
[2,]   NA   NA   NA
[3,]   NA   NA   NA

$nxt
[1] 2

$inc
[1] 3

> x <- ins(1,x,5)
> x
$mat
     [,1] [,2] [,3]
[1,]    2   NA    8
[2,]   NA   NA    5
[3,]   NA   NA   NA

$nxt
[1] 3

$inc
[1] 3

> x <- ins(1,x,6)
> x
```

```
$mat
     [,1] [,2] [,3]
[1,]    2   NA    8
[2,]   NA    3    5
[3,]   NA   NA    6

$nxt
[1] 4

$inc
[1] 3

> x <- ins(1,x,2)
> x
$mat
     [,1] [,2] [,3]
[1,]    2   NA    8
[2,]    4    3    5
[3,]   NA   NA    6
[4,]   NA   NA    2
[5,]   NA   NA   NA
[6,]   NA   NA   NA

$nxt
[1] 5

$inc
[1] 3

> x <- ins(1,x,20)
> x
$mat
     [,1] [,2] [,3]
[1,]    2    5    8
[2,]    4    3    5
[3,]   NA   NA    6
[4,]   NA   NA    2
[5,]   NA   NA   20
[6,]   NA   NA   NA

$nxt
[1] 6

$inc
[1] 3
```

무슨 일이 일어났는가? 우선 newtree(8,3) 명령어를 호출하자. 새 트리가 만들어져 x에 할당되고 8을 저장한다. 인수 3은 한 번에 3개의 행을 저장 공간으로 할당하겠다고 명시해 준 것이다. 그 결과 리스트 x의 행렬 인자가 다음과 같이 생성됐다.

```
     [,1]  [,2]  [,3]
[1,]  NA    NA    8
[2,]  NA    NA    NA
[3,]  NA    NA    NA
```

세 행이 할당돼 저장됐고, 현재 데이터는 숫자 8로만 이뤄졌다. 첫 번째 줄의 두 NA 값은 현재 이 트리에는 자식 노드가 전혀 없음을 알려준다.

이후 ins(1,x,5)를 호출해 트리 x에 두 번째 값인 5를 넣는다. 인수 1은 루트를 말한다. 다르게 말해 이 호출 내용은 '5를 1번째 행의 x의 부분 트리에 넣으라'는 말이다. 그러면 이 호출에 대해 x의 반환 값을 새로 할당해야 한다는 것을 명심하자. 다시 말하지만 이는 R에는 포인터 변수가 없기 때문이다. 그러면 이제 행렬은 다음과 같이 될 것이다.

```
     [,1]  [,2]  [,3]
[1,]   2    NA    8
[2,]  NA    NA    5
[3,]  NA    NA    NA
```

원소 2는 8을 가진 노드의 왼쪽 링크에 들어갈 값이 2번째 행에 있다는 뜻으로, 현재 그 행에는 원소 5가 저장돼 있다.

이 내용은 이런 식으로 진행된다. 이때 처음 세 행이 차면, ins()가 새로운 세 행을 할당해 6개의 행이 됨을 기억하자. 그래서 끝에는 행렬이 다음과 같은 형태가 될 것이다.

```
     [,1]  [,2]  [,3]
[1,]   2     5    8
[2,]   4     3    5
[3,]  NA    NA    6
[4,]  NA    NA    2
```

```
[5,]   NA    NA    20
[6,]   NA    NA    NA
```

이는 이 예제에서 우리가 그리고자 했던 트리다.

다음은 코드다. 이 코드에서는 새 값을 넣고 트리를 좇는 내용만 포함함을 기억하자. 노드를 삭제하는 것은 좀더 어렵지만 비슷한 형식이다.

```
 1  # 트리를 만들고 아래에 아이템을 추가하는 내용
 2  # 삭제하는 부분은 독자를 위한 연습용으로 남겨두겠다.
 3
 4  # 저장은 m이라는 행렬에 하고 한 줄에 트리의 노드 하나씩을 넣는다.
 5  # 만약 i행에 (u,v,w)가 들어 있다면, i는 w를 저장하고 왼쪽과 오른쪽은
      u와 v행에 연결된다.
 6  # 빈 링크는 NA 값을 가진다.
 7
 8  # 트리는 리스트 (mat,nxt,inc)로 표현된다.
 9  # mat는 행렬이고 nxt는 다음에 사용될 빈 행이고,
10  # inc는 행렬이 꽉 찼을 경우 추가 확장할 행의 수다.
11
12  # 트리를 순차적으로 따라가면서 출력한다.
13  printtree <- function(hdidx,tr) {
14      left <- tr$mat[hdidx,1]
15      if (!is.na(left)) printtree(left,tr)
16      print(tr$mat[hdidx,3]) # print root
17      right <- tr$mat[hdidx,2]
18      if (!is.na(right)) printtree(right,tr)
19  }
20
21  # 저장할 행렬을 firstval 값을 넣어 초기화함
22  newtree <- function(firstval,inc) {
23      m <- matrix(rep(NA,inc*3),nrow=inc,ncol=3)
24      m[1,3] <- firstval
25      return(list(mat=m,nxt=2,inc=inc))
26  }
27
28  # subtree의 루트는 인덱스 hdidx에 위치한다.
29  # 반환되는 값은 재귀 연산에 따라
30  # ins()가 포함된 호출자에 의해 tr에 재할당됨을 기억하자.
31  ins <- function(hdidx,tr,newval) {
32      # 왼쪽인지 오른쪽인지 노드가 가야 할 방향을 설정함
33      dir <- if (newval <= tr$mat[hdidx,3]) 1 else 2
34      # 대신 빈 링크라면 새 노드를 생성한다.
```

```
35      # 재귀
36      if (is.na(tr$mat[hdidx,dir])) {
37          newidx <- tr$nxt # 새 노드가 위치할 곳
38          # 새 원소가 추가될 곳을 확인함
39          if (tr$nxt == nrow(tr$mat) + 1) {
40          tr$mat <-
41              rbind(tr$mat, matrix(rep(NA,tr$inc*3),
                    nrow=tr$inc,ncol=3))
42          }
43          # 새 트리 노드 추가
44          tr$mat[newidx,3] <- newval
45          # 새 노드 연결
46          tr$mat[hdidx,dir] <- newidx
47          tr$nxt <- tr$nxt + 1 # ready for next insert
48          return(tr)
49      } else tr <- ins(tr$mat[hdidx,dir],tr,newval)
50  }
```

printtree()와 ins() 모두에 재귀 기법이 들어가 있다. 전자가 둘 중에서 확실히 쉬우므로, 이것부터 살펴보자. 이는 트리를 정렬해 출력하는 함수다.

범주category X의 문제를 해결하는 재귀 함수 f()에 대해 기술했던 것을 떠올려보자. f()에서 원래의 X 문제를 한 개 이상의 작은 X 형태의 문제로 나누고, 각각에 대해 f()를 호출한 후 최종 결과를 합쳤다. 이 경우 이 문제에서 범주 X는 각각의 부분 트리로 이뤄진 큰 트리를 출력한다. 이 함수의 13번째 줄에서 주어진 트리를 출력하는 역할을 하고, 15번째 줄과 18번째 줄에서 자기 자신을 호출하는 역할을 한다. 그래서 이 함수는 우선 왼쪽 부분 트리를 출력하고 루트를 프린트하기 위해 잠시 쉬었다가 오른쪽 부분 트리를 출력한다.

이렇게 왼쪽 부분 트리를 출력한 다음 루트를 출력하고 오른쪽 부분 트리를 출력한다는 생각은 코드를 작성할 때 직관적으로 떠오르지만, 이 방법으로 올바르게 실행을 끝낼 수 있을지 다시 한 번 고려해 봐야 한다. 이 방법은 15번째와 18번째 줄의 if()에서 찾아볼 수 있다. 만약 빈 링크가 오면 재귀를 멈춘다.

ins()의 재귀는 같은 원리를 따르지만 좀더 섬세하다. 여기서 '범주 X'는 부분 트리에 값을 넣는 역할이다. 트리의 루트에서부터 시작해 새 값이 왼쪽 트리로 가야 할지 오른쪽으로 가야 할지 결정하고(33번째 줄), 해당 부분 트리에서 이

함수를 다시 호출한다. 다시 한번 말하지만, 이 함수의 원리는 전혀 어렵지 않다. 하지만 행렬이 꽉 찼을 경우 행렬을 추가하는 등(40-41번째 줄) 기억해야 할 세부적인 내용이 많다.

printtree()와 ins()의 재귀 코드 사이의 한 가지 다른 점은 전자의 경우에는 자신을 두 번 호출하지만, 후자의 경우 한 번만 호출한다는 것이다. 이는 후자의 경우 재귀적이지 않은 함수로 변환하기가 덜 어렵다는 말이다.

7.10 교체 함수

2장에서 사용했던 다음 예제를 확인해 보자.

```
> x <- c(1,2,4)
> names(x)
NULL
> names(x) <- c("a","b","ab")
> names(x)
[1] "a" "b" "ab"
> x
 a  b ab
 1  2  4
```

세부적으로 다음 줄을 살펴보자.

```
> names(x) <- c("a","b","ab")
```

별 문제 없어 보이지 않는가? 하지만 그렇지 않다. 이는 엉망진창 상태다. 세상에 어떻게 값을 함수 호출의 결과에 할당할 수 있겠는가! R의 방식으로 이런 이상한 상태를 해결하는 차원에서 '교체 함수replacement functions'를 제안한다.

앞의 R 코드의 줄은 실제로 다음을 실행한 결과다.

```
x <- "names<-"(x,value=c("a","b","ab"))
```

아니다, 이건 오타다. 여기서 이렇게 호출하면 names<-()라는 이름의 함수가 필요하다. 이대 특수 문자가 사용되므로 따옴표를 사용해 줘야 한다.

7.10.1 교체 함수를 사용할 때 고려해야 하는 사항

왼쪽 부분이 특정 식별자(변수명)가 아닌 상태에서 어떤 값을 할당하게 되면 교체 함수를 사용하는 것을 고려해 볼 수 있다. 다음 같은 상황이 생겼다고 해보자.

```
g(u) <- v
```

R은 이를 다음과 같이 실행할 것이다.

```
u <- "g<-"(u,value=v)
```

앞 문장을 '시도만' 해보자. 그러면 g<-()가 미리 정의되지 않았으므로 실행에 실패할 것이다. 교체 함수는 원 함수 g()에 이 장에서 설명하고자 하는 value라는 이름의 인수를 하나 더 갖고 있다.

이전 장에서 다음의 간단한 문장을 보았다.

```
x[3] <- 8
```

왼쪽은 변수명이 아니므로 교체 함수일 것이다. 다음처럼 시도해 보자.

연산자에 대해 서술하는 것은 함수다. 함수 "["()는 벡터의 원소를 읽는 것이고, "[<-"()는 쓸 때 사용된다. 다음 예제를 보자.

```
> x <- c(8,88,5,12,13)
> x
[1] 8 88 5 12 13
> x[3]
[1] 5


> "["(x,3)
[1] 5
> x <- "[<-"(x,2:3,value=99:100)
> x
[1]   8  99 100  12  13
```

그리고 이 줄에서 다시 복잡한 호출이 발생한다.

```
> x <- "[<-"(x,2:3,value=99:100)
```

이는 다음을 실행할 때 내부에서 일어나는 일을 간단히 보여준 것이다.

```
x[2:3] <- 99:100
```

이는 다음과 같이 쉽게 증명해 보일 수 있다.

```
> x <- c(8,88,5,12,13)
> x[2:3] <- 99:100
> x
[1]   8  99 100  12  13
```

7.10.2 확장 예제: 자동 부기 벡터 클래스

무언가를 작성한 기록을 남겨둬야 할 때 벡터를 사용한다고 가정해 보자. 일단 다음을 실행해 보자.

```
x[2] <- 8
```

이때 x[2]를 8로 값을 바꾸는 것뿐 아니라 x[2]에 값이 들어간 횟수도 증가시키고 싶을 것이다. 벡터 기술에 대한 제네릭 교체 함수를 클래스에 특화된 버전으로 작성해 실행할 수 있다.

> **노트** 이 코드는 9장에서 자세히 다룰 클래스를 사용한다. 지금으로써 알아둬야 할 점은 S3 클래스는 리스트를 생성하면서 만들어지고, class( ) 함수를 호출함으로써 이를 클래스로 지정한다는 것이 전부다.

```
1  # "bookvec" 클래스 벡터는 해당 벡터의 원소들이 쓰인 숫자를 센다.
2
3  # 클래스의 각 인스턴스는
4  # 값으로 이루어진 벡터와 횟수로 이루어진 벡터를 구성요소로 갖고 있다.
```

```
 5
 6 # bookvec 클래스의 새 객체를 생성한다.
 7 newbookvec <- function(x) {
 8     tmp <- list()
 9     tmp$vec <- x # 벡터 자체
10     tmp$wrts <- rep(0,length(x)) # 각 원소 하나마다 값이 쓰인 횟수를 셈
11     class(tmp) <- "bookvec"
12     return(tmp)
13 }
14
15 # 읽는 함수
16 "[.bookvec" <- function(bv,subs) {
17     return(bv$vec[subs])
18 }
19
20 # 쓰는 함수
21 "[<-.bookvec" <- function(bv,subs,value) {
22     bv$wrts[subs] <- bv$wrts[subs] + 1 # note the recycling
23     bv$vec[subs] <- value
24     return(bv)
25 }
26 \end{Code}
27
28 Let's test it.
29
30 \begin{Code}
31 > b <- newbookvec(c(3,4,5,5,12,13))
32 > b
33 $vec
34 [1] 3 4 5 5 12 13
35
36 $wrts
37 [1] 0 0 0 0 0 0
38
39 attr(,"class")
40 [1] "bookvec"
41 > b[2]
42 [1] 4
43 > b[2] <- 88 # 값을 쓴다.
44 > b[2] #작동하는가?
45 [1] 88
46 > b$wrts # 횟수가 증가했는가?
47 [1] 0 1 0 0 0 0
```

벡터에서 자동으로 사용 내역을 기록한다는 의미에서 클래스의 이름은 'bookvec'이라고 했다. 그러므로 기술 함수는 [.bookvec()과 [<-.bookvec() 이 될 것이다.

7번째 줄의 newbookvec() 함수가 이 클래스를 만든다. 이 함수 내부에서 클래스의 구조를 알 수 있다. 객체는 9번째 줄의 벡터 vec 자체와, 10번째 줄의 쓰인 횟수가 기록된 벡터 wrts로 이뤄진다.

이때 11번째 줄의 함수 class() 자체가 교체 함수가 된다는 것을 명심하자.

[.bookvec()과 [<-.bookvec()는 꽤 직관적이다. 후자의 경우 전체 객체를 반환한다는 것만 기억하자.

7.11 함수 코드 작성용 도구

만약 짧은 함수를 작성한다면 그냥 임시 방편으로 인터랙티브 터미널 세션에서 직접 바로 작성하면 된다. 다음 예제처럼 말이다.

```
> g <- function(x) {
+     return(x+1)
+ }
```

당연히 이런 방법은 더 길고 복잡한 함수 작성에는 적합하지 않다. 그럼 이제 R 코드를 작성하는 좀더 나은 방법들에 대해 살펴보자.

7.11.1 텍스트 에디터와 통합개발환경

코드를 작성해 파일로 저장하고, 그 파일을 R에서 읽기 위해 Vim이나 이맥스 Emacs, 메모장 같은 텍스트 에디터나 통합개발환경IDE, Integrated Development Environment의 에디터를 사용할 수 있다. 이렇게 만든 함수를 읽어 들일 때는 R의 source() 함수를 사용한다.

예를 들어 f()와 g()라는 함수를 xyz.R이라는 함수에 작성했다고 해보자. R에서 다음과 같이 명령어를 입력하게 된다.

```
> source("xyz.R")
```

그러면 7.11장을 시작할 때 임시방편으로 입력했던 것처럼 R로 f()와 g()를 읽어 들인다.

만약 코드가 많지 않다면 에디터에서 R 윈도우로 잘라낸 후 붙여쓰기를 할 수도 있다.

이맥스의 ESS나 Vim의 Vim-R 같이 몇몇 일반 에디터는 R을 위한 특수 플러그인을 갖추고 있다. 또한 상용인 레볼루션 애널리틱스Revolution Analytics나 StatET, JGR, Rcmdr, RStudio 같은 오픈소스 제품의 R 전용 IDE도 나와 있다.

7.11.2 edit() 함수

함수가 객체라는 사실은 R의 인터랙티브 모드에서도 함수를 수정할 수 있다는 뜻이기도 하다. 대부분의 R 프로그래머들은 다른 윈도우에서 텍스트 에디터를 띄우고 코드를 수정하지만, 짧고 간단한 수정의 경우에는 edit()가 편리할 수 있다.

예를 들어 f1()이라는 함수를 수정하기 위해 다음과 같이 입력했다.

```
> f1 <- edit(f1)
```

그러면 f1을 위한 기본 에디터가 열리고, 여기서 수정한 후에 이를 f1에 다시 할당하면 된다.

혹은 f1()과 매우 비슷한 함수 f2()를 만들고 싶을 경우 다음처럼 실행하면 된다.

```
> f2 <- edit(f1)
```

이렇게 하면 시작 시 f1()의 복사본을 이용할 수 있다. 그럼 약간만 수정한 후 이 코드에 나온 대로 f2()에 저장하면 된다.

에디터는 R의 내부 설정 변수인 editor에 의해 결정된다. 유닉스 계열 시스템의 경우 R은 각 쉘 환경변수의 EDITOR나 VISUAL에 설정된 대로 사용하고, 혹은 다음과 같이 직접 설정해 줄 수도 있다.

```
> options(editor="/usr/bin/vim")
```

옵션 사용에 대한 보다 자세한 내용은 다음과 같이 입력해 온라인 도움말을
살펴보자.

```
> ?options
```

edit()를 사용해 데이터 구조 또한 수정할 수 있다.

7.12 자신만의 바이너리 연산자 사용하기

자신만의 바이너리 연산자를 직접 만들어 낼 수도 있다. 함수 이름과 끝에 %를
붙이고, 특정 타입의 두 인수와 그 타입의 반환값을 설정해 주기만 하면 된다.

예를 들어 다음은 두 번째 인자에 두 배를 한 후 첫 번째 인자에 더해주는 연
산자다.

```
> "%a2b%" <- function(a,b) return(a+2*b)
> 3 %a2b% 5
[1] 13
```

8.5장에서는 집합 연산에 대해 좀더 중요한 예제를 다루게 될 것이다.

7.13 무기명 함수

이 책의 여러 부분에서 지적한 것처럼 R 함수 function()의 목적은 함수를 새
로 생성하는 것이다. 다음 예제 코드를 보자.

```
inc <- function(x) return(x+1)
```

이 코드는 인수에 1을 더한 후 inc에 할당하는 함수를 R에게 만들도록 하고
있다. 하지만 마지막 단계(할당)는 항상 필요한 것은 아니다. 굳이 객체에 이름
을 붙이지 않고도 function()을 호출해 함수 객체를 간단하게 만들 수 있다.

이때 쓰이는 함수는 이름이 없으므로 '무기명anonymous'으로 불린다. 이름이 있는 함수들 가운데도 변수가 이를 가리킬 때에만 이름을 갖는 기명 함수가 있으므로 조금 오해의 소지가 있기는 하다.

무기명 함수는 한 줄의 짧은 함수인데다가 다른 함수에서 호출할 경우 편리하게 사용할 수 있다. 3.3장의 apply를 사용한 예제로 돌아가 보자.

```
> z
     [,1] [,2]
[1,]   1    4
[2,]   2    5
[3,]   3    6
> f <- function(x) x/c(2,8)
> y <- apply(z,1,f)
> y
  [,1] [,2] [,3]
[1,] 0.5 1.000 1.50
[2,] 0.5 0.625 0.75
```

apply()를 호출할 때 무기명 함수를 사용함으로써 다음처럼 중간자를 무시하자. 즉 f에 할당하는 부분을 건너뛰자.

```
> y <- apply(z,1,function(x) x/c(2,8))
> y
     [,1]  [,2] [,3]
[1,] 0.5 1.000 1.50
[2,] 0.5 0.625 0.75
```

실제로 무슨 일이 일어났나? apply()의 세 번째 형식 인수에 입력해야 할 값은 함수고, function()의 반환값은 함수이므로 정확하게 입력했다.

이런 식으로 하는 것이 함수를 외부에서 정의하는 것보다 더 명확할 때가 있다. 물론 함수가 더 복잡하다면 명확성은 떨어질 것이다.

## 8장

R에서 수학과
시뮬레이션하기

R은 사람들이 좋아할 만한 수학 연산과 통계 분포에 사용되는 함수들을 당연하게도 갖고 있다. 이 장에서는 이런 함수들을 사용하는 것에 대해 간략히 살펴본다. 이 장의 수학적 성격상 예제들은 다른 장에 비해 약간 고급 지식이 필요할 수 있다. 여기 나온 예제의 대부분을 이해하기 위해서는 미적분 및 선형 대수학에 친숙해 질 필요가 있다.

8.1 수학 함수

R에는 광범위한 수학 함수를 내장하고 있다. 다음은 그중 일부이다.

- `exp()`: e를 밑으로 하는 지수 함수
- `log()`: 자연 로그
- `log10()`: 10을 밑으로 하는 로그
- `sqrt()`: 제곱근
- `abs()`: 절대값
- `sin()`, `cos()` 등: 삼각함수
- `min()`, `max()`: 벡터 내의 최소값과 최대값
- `which.min()`, `which.max()`: 벡터 내의 최소값과 최대값의 인덱스
- `pmin()`, `pmax()`: 여러 벡터에서의 원소 단위 최소값과 최대값들
- `sum()`, `prod()`: 벡터의 원소들의 합과 곱
- `cumsum()`, `cumprod()`: 벡터의 원소들의 누적합과 누적곱
- `round()`, `floor()`, `ceiling()`: 값의 반올림, 내림, 올림
- `factorial()`: 팩토리얼 함수

8.1.1 확장 예제: 확률 계산

첫 번째 예제로 `prod()`를 사용해 확률을 계산할 것이다. n개의 독립적 사건이 있고 i번째 사건이 발생할 확률을 p_i라고 가정해 보자. 이때 이 사건 중 하나가 일어날 확률은 정확히 얼마일까?

우선 n = 3이고 사건의 이름을 A, B, C라고 해보자. 이때 확률 계산은 다음과 같이 나눠 볼 수 있다.

P(사건 하나만 발생할 확률) =

P(A가 일어나고 B와 C가 일어나지 않을 확률) +

P(A가 일어나지 않고 B가 일어나고 C가 일어나지 않을 확률) +

P(A와 B가 일어나지 않고 C만 일어날 확률)

P(A가 일어나고 B와 C가 일어나지 않을 확률)는 $p_A(1 - p_B)(1 - p_C)$이고 다른 경우도 마찬가지다.

그래서 일반적인 n의 경우 다음과 같이 계산할 수 있다.

$$\sum_{i=1}^{n} p_i(1 - p_1)...(1 - p_{i-1})(1 - p_{i+1})...(1 - p_n)$$

덧셈의 i번째 부분은 i번째 사건이 발생하고 나머지 사건이 모두 발생하지 않을 확률이다.

다음은 벡터 p에서 확률 p_i를 계산하는 코드다.

```
exactlyone <- function(p) {
   notp <- 1 - p
   tot <- 0.0
   for (i in 1:length(p))
      tot <- tot + p[i] * prod(notp[-i])
   return(tot)
}
```

이는 어떻게 작동할까?

```
notp <- 1 - p
```

이 할당 코드는 재사용성을 활용해 모든 '사건이 발생하지 않을' 확률인 $1-p_j$를 저장한 벡터를 생성한다. notp[-i]는 정확하게 필요로 하는 값인, i번째를 제외한 모든 notp의 원소의 곱을 계산해 낸다.

8.1.2 누적 합과 곱

앞서 언급했듯이 cumsum()과 cumprod()는 누적 합과 곱을 계산한다.

```
> x <- c(12,5,13)
> cumsum(x)
[1] 12 17 30
> cumprod(x)
[1] 12 60 780
```

x에서 처음 원소의 합은 12이고, 앞의 두 개의 합은 17이며, 앞의 3개의 합은 30이다.

comprod()는 cumsum()과 같은 방식으로 동작하지만 합 대신 곱을 계산한다.

8.1.3 최소값과 최대값(복수 가능)

min()과 pmin()은 약간 다르다. 전자의 경우 모든 인수를 하나의 긴 벡터에 넣은 후 그중 최소값을 반환해 준다. 반면 pmin()이 2개 이상의 벡터에 적용되는 경우, 이는 pmin이라는 이름의 최소값들로 이뤄진 벡터를 반환한다.

다음 예제를 보자.

```
> z
    [,1] [,2]
[1,]   1    2
[2,]   5    3
[3,]   6    2
> min(z[,1],z[,2])
[1] 1
> pmin(z[,1],z[,2])
[1] 1 3 2
```

첫 번째의 경우 min()은 (1,5,6,2,3,2) 중 가장 작은 값을 계산한다. 하지만 pmin()을 호출했을 때에는 1과 2 중 작은 값을 계산해 1을 고르고, 5와 3 중 작은 값을 골라서 3을, 마지막으로 6과 2 중 최소값 2를 고른다. 그 결과로 벡터 (1,3,2)를 반환한다.

pmin()에서는 다음과 같이 2개 이상의 인수를 사용할 수도 있다.

```
> pmin(z[1,],z[2,],z[3,])
[1] 1 2
```

결과의 1은 1, 5, 6 중에서 최소값의 결과로 2 역시 비슷한 식으로 계산됐다.

max()와 pmax()도 min()과 pmin()과 비슷하게 동작한다.

최소화 · 최대화 함수는 nlm()과 optim()을 통해 수행된다. 예를 들어, f(x) = x^2 - sin(x)의 최소값을 찾는다고 해보자.

```
> nlm(function(x) return(x^2-sin(x)),8)
$minimum
[1] -0.2324656

$estimate
[1] 0.4501831

$gradient
[1] 4.024558e-09

$code
[1] 1

$iterations
[1] 5
```

여기서 최소값은 x = 0.45일 때 약 -0.23이라는 것을 알 수 있다. 이 경우 뉴턴-랩슨법Newton-RaphsonMethod(제곱근의 근사값을 추정하는 수치 해석법)을 사용해 5번의 재귀식이 실행됐다. 두 번째 인수는 초기 추정값을 의미하는데, 여기서는 8로 설정했다. 참고로 여기서는 두 번째 인수는 임의로 선택했으나, 어떤 문제에서는 수렴값을 찾기 위해 미리 테스트할 필요가 있다.

8.1.4 미적분

R에서는 다음 예제에서도 볼 수 있듯이 문자의 미분 및 수치의 적분을 포함한 몇 가지의 미적분 기능을 사용할 수 있다.

```
> D(expression(exp(x^2)),"x") # 도함수
exp(x^2) * (2 * x)
> integrate(function(x) x^2,0,1)
0.3333333 with absolute error < 3.7e-15
```

여기서 R은 다음의 식들을 유도해 낸다.

$$\frac{d}{dx}e^{x^2} = 2xe^{x^2}$$

$$\int_0^1 x^2\,dx \approx 0.3333333$$

R에서는 미분을 위한 패키지(odesolve), R과 기호 수식 시스템 Yacas를 인터페이스 해주는 패키지(ryacas)와 함께 다른 미적분 연산을 지원한다. 이런 패키지와 함수들은 CRAN에서 다운로드 가능하다(부록 B를 보자).

8.2 통계 분포를 위한 함수

R은 대부분의 유명한 통계 분포 함수들을 갖고 있다.

다음 철자를 보통 접두사로 사용한다.

- 확률 밀도 함수 및 확률 질량 함수(pmf)의 d
- 누적 분포 함수(cdf)의 p
- 분위의 q
- 난수 생성시의 r

나머지 이름들은 분포를 가리킨다. 표 8-1에는 몇 가지 일반적으로 사용되는 통계 분포 함수들이 나와 있다.

표 8-1 일반적인 R 통계 분포 함수

분포	밀도/pmf	cdf	분위	난수
정규 분포	dnorm( )	pnorm( )	qnorm( )	rnorm( )
카이 스퀘어	dchisq( )	pchisq( )	qchisq( )	rchisq( )
이항분포	dbinom( )	pbinom( )	qbinom( )	rbinom( )

예를 들어 1000 카이 스퀘어 변수를 2의 자유도로 시뮬레이션하고 이들의 평균을 구해보자.

```
> mean(rchisq(1000,df=2))
[1] 1.938179
```

rchisq의 r은 난수를 생성하려고 한다는 것(이 경우에서는 카이 스퀘어 분포에서)을 명시해 준다. 이 예제에서 보듯이 r 계열 함수의 첫 번째 인수는 생성하려는 랜덤 변수의 수다.

이런 함수는 주어진 분포 군에 특화된 인수도 갖고 있다. 이 예제에서는 카이 스퀘어 계열에서 자유도 수를 가리키는 df라는 인수를 사용한다.

> **노트** 통계 분포 함수의 인수에 대해 자세히 알고 싶으면 R의 온라인 도움말을 참고하자. 예를 들어 카이 스퀘어 함수의 분위와 관련해 자세히 알고 싶다면 명령어 프롬프트에 ?qchisq를 입력하면 된다.

이번에는 자유도 2의 카이 스퀘어 분포에서 95% 분위에 해당하는 값을 구해보자.

```
> qchisq(0.95,2)
[1] 5.991465
```

여기서는 분위를 뜻하는 q를 사용했다. 이 경우에는 0.95 분위, 혹은 95% 분위다.

d, p, q 계열 함수의 첫 번째 인수는 보통 여러 부분에서 밀도/pmf, cdf, 분위를 계산할 수 있도록 벡터가 사용된다. 자유도 2의 카이 스퀘어 분포에서 50%와 95% 백분위 값을 구해보자.

```
> qchisq(c(0.5,0.95),df=2)
[1] 1.386294 5.991465
```

8.3 정렬

벡터에서 일반적으로 숫자를 정렬할 때는 다음 예제처럼 sort() 함수를 사용한다.

```
> x <- c(13,5,12,5)
> sort(x)
[1]  5  5 12 13
> x
[1] 13  5 12  5
```

R의 함수형 언어 철학에 따라 x 자체는 바뀌지 않는다는 것을 명심하자.

만약 원 벡터의 정렬된 값의 인덱스가 필요하다면 order() 함수를 사용한다. 다음 예제를 보자.

```
> order(x)
[1] 2 4 3 1
```

이는 x[2]가 x 중 가장 값이 작고, x[4]가 두 번째로 작으며, x[3]이 세 번째로 작다는 뜻이다.

order()를 인덱스와 함께 사용하면 다음과 같이 데이터 프레임을 정렬할 수 있다.

```
> y
     V1 V2
1  def  2
2   ab  5
3 zzzz  1
> r <- order(y$V2)
> r
[1] 3 1 2
> z <- y[r,]
> z
     V1 V2
3 zzzz  1
1  def  2
2   ab  5
```

무슨 일이 벌어졌는가? y의 두 번째 열에 order()를 호출해 벡터 r에 할당한 다음, 만약 이를 정렬할 경우 각 숫자들이 어디에 갈지 알아보고자 했다. 이 벡터의 3은 x[3,2]가 x[,2] 중 가장 작고, 1은 x[1,2]가 두 번째로 작고, 2는 x[2,2]가 세 번째로 작다는 뜻이다. 그리고 이 인덱스를 이용해 2열을 정렬해 z에 저장해 새로운 프레임을 만들었다.

order()를 사용하면 다음과 같이 문자 변수도 숫자 변수처럼 정렬할 수 있다.

```
> d
   kids ages
1  Jack   12
2  Jill   10
3 Billy   13
> d[order(d$kids),]
   kids ages
3 Billy   13
1  Jack   12
2  Jill   10
> d[order(d$ages),]
   kids ages
2  Jill   10
1  Jack   12
3 Billy   13
```

관련 함수로는 벡터의 각 원소의 순위를 알려주는 rank()가 있다.

```
> x <- c(13,5,12,5)
> rank(x)
[1] 4.0 1.5 3.0 1.5
```

이는 13이 x 중 4순위, 즉 4번째로 작다는 뜻이다. 5는 x에서 두 번 나타나므로, 첫 번째와 두 번째로 작은 값을 차지하게 되기 때문에 둘 다 1.5 순위가 된다. 공동 순위는 옵션을 통해 다른 방법들로 정의할 수 있다.

8.4 ‣ 벡터와 행렬의 선형 대수 연산

앞서 살펴 보았듯이 벡터를 스칼라값에 바로 곱할 수 있다. 다음 예제를 보자.

```
> y
[1]  1  3  4 10
> 2*y
[1]  2  6  8 20
```

만약 두 벡터의 내적(inner product, dot product)을 구하고 싶다면 다음과 같이 crossprod()를 사용한다.

```
> crossprod(1:3,c(5,12,13))
     [,1]
[1,]   68
```

이 함수는 1 · 5 + 2 · 12 + 3 · 13 = 68을 계산한다.

이 함수가 벡터의 외적cross product을 계산하는 것이 아니므로 crossprod()라는 이름은 잘못됐음을 염두에 두자. 실제로 외적을 계산하는 함수는 8.4.1장에서 개발할 것이다.

수학적으로 행렬 곱을 계산하기 위해서는 *이 아닌 %*%을 사용해야 한다. 예를 들어 다음 행렬 연산을 한다고 해보자.

$$\begin{pmatrix} 1 & 2 \\ 3 & 4 \end{pmatrix} \begin{pmatrix} 1 & -1 \\ 0 & 1 \end{pmatrix} = \begin{pmatrix} 1 & 1 \\ 3 & 1 \end{pmatrix}$$

다음은 이에 대한 코드다.

```
> a
     [,1] [,2]
[1,]    1    2
[2,]    3    4
> b
     [,1] [,2]
[1,]    1   -1
[2,]    0    1
> a %*% b
     [,1] [,2]
[1,]    1    1
[2,]    3    1
```

solve() 함수는 선형 방정식을 풀고 역행렬을 찾아주기도 한다. 예를 들어 다음 방정식을 풀어보자.

$$x_1 + x_2 = 2$$
$$-x_1 + x_2 = 4$$

이의 행렬식은 다음과 같다.

$$\begin{pmatrix} 1 & 1 \\ -1 & 1 \end{pmatrix} \begin{pmatrix} x_1 \\ x_2 \end{pmatrix} = \begin{pmatrix} 2 \\ 4 \end{pmatrix}$$

코드는 다음과 같다.

```
> a <- matrix(c(1,1,-1,1),nrow=2,ncol=2)
> b <- c(2,4)
> solve(a,b)
[1] 3 1
> solve(a)
     [,1] [,2]
[1,]  0.5  0.5
[2,] -0.5  0.5
```

두 번째 solve()에는 두 번째 인수가 빠졌는데 이는 단순히 역행렬만 계산하기를 원한다는 뜻이다.

다음은 몇 가지 다른 선형 대수 함수다.

- t(): 전치 행렬
- qr(): QR 분해
- chol(): 촐레스키 분해
- det(): 행렬식
- eigen(): 아이겐밸류/아이겐벡터
- diag(): 정사각 행렬의 대각값을 추출(대각 행렬을 만들 때나 공분산 행렬의 변수를 찾는 데에 유용함)
- sweep(): 수치 분석 스웝sweep 연산

이 중 diag()는 다양하게 사용될 수 있다는 것을 기억하자. 만약 인수가 행렬이라면 벡터를 반환할 것이고 그 역도 가능하다. 또한 인수가 스칼라라면, 함수는 해당 사이즈의 단위 행렬을 반환해 준다.

8.4.1 확장 예제: 벡터 외적

벡터 외적을 구하는 것에 대해 고려해 보자. 외적의 정의는 매우 간단하다. 3차원 공간에서 벡터 (x_1, x_2, x_3)과 (y_1, y_2, y_3)의 외적은 식 8.1과 같이 새로운 3차원 벡터가 된다.

$$(x_2 y_3 - x_3 y_2, -x_1 y_3 + x_3 y_1, x_1 y_2 - x_2 y_1) \tag{8.1}$$

이는 식 8.2처럼 행렬식의 가장 위 행의 확장으로 간단하게 나타낼 수 있다.

$$\begin{pmatrix} - & - & - \\ x_1 & x_2 & x_3 \\ y_1 & y_2 & y_3 \end{pmatrix} \tag{8.2}$$

여기서 맨 위의 원소는 거의 자리만 차지하고 있을 뿐이다.

약간 꼼수를 부리는 것 같지만 걱정하지 말자. 여기서 중요한 사항은 외적 벡터는 부분행렬식의 합으로 계산할 수 있다는 것이다. 예를 들어 식 8.1의 첫 번째 원소인 $x_2 y_3 - x_3 y_2$는 다음 식 8.3처럼 식 8.2의 첫 번째 열과 첫 번째 행을 제거한 부분행렬의 행렬식으로 쉽게 생성할 수 있다.

$$\begin{pmatrix} x_2 & x_3 \\ y_2 & y_3 \end{pmatrix} \tag{8.3}$$

부분행렬식을 만드는 것은(부분행렬의 행렬식) 부분행렬을 만드는 능력이 뛰어난 R에 완벽하게 어울리는 작업이다. 이에 적합한 부분행렬을 만드는 det()을 다음처럼 호출해 사용할 수 있다.

```
xprod <- function(x,y) {
   m <- rbind(rep(NA,3),x,y)
   xp <- vector(length=3)
   for (i in 1:3)
      xp[i] <- -(-1)^i * det(m[2:3,-i])
   return(xp)
}
```

R이 NA 같은 값을 지정하는 능력을 활용해 앞서 말한 '자리만 차지하는 값'들을 처리할 수 있음을 염두에 두자.

이 모든 것은 과하게 보일 수 있다. 결국 부분행렬과 행렬식을 사용해 재배열하지 않고는 식 8.1을 바로 코드화할 수는 없을 것이다. 하지만 3차원의 경우이 방식은 확실히 동작하고, n차원 공간에서 n항의 경우에도 충분히 사용 가능하다. 여기서는 식 8.1에서 본 것 같은 n-n 행렬식의 외적을 정의했고, 이 코드는 일반적으로 완벽하게 사용할 수 있다.

8.4.2 확장 예제: 마코브 체인(Markov Chain)의 고정 분포 찾기

마코브 체인은 '전 상태를 기억하지 않는' 상황에서의 '상태'를 변화시키는 랜덤 프로세스다. 이 상황에 대한 정의까지는 여기서 필요하지 않다. 상태는 큐안의 작업의 수와 창고의 아이템 수 등이다. 이때 상태의 수는 유한하다고 가정할 것이다.

간단한 예로서 동전을 반복해 던져 세 번 연속 앞면이 나오면 1달러를 받는 게임을 한다고 해보자.

이때 시간 i에서의 상태는 연속해 앞면이 나온 수로 가정할 수 있으므로, 상태는 0, 1, 2가 될 것이다. 이때 3번 연속으로 앞면이 나오면 상태는 다시 0으로 돌아간다.

마코브 모델링에서 보통 관심이 집중되는 부분은 장기간의 상황에서의 분포이다. 이는 각 상태의 시간이 장기적으로 어떤 비율로 분포하는지를 보는 것이다. 동전 던지기 게임에서 이 분포를 계산하는 코드를 개발해 사용할 것이다. 상태 0, 1, 2에 대해 57.1%, 28.6%, 14.3%의 시간 분포로 판명될 것이다. 만약 상태가 2인 상태에서 동전을 던져 앞면이 나와 이긴다면, 이때 상태 비율은 $0.143 \times 0.5 = 0.071$이 된 것이다.

R 벡터와 행렬 인덱스는 0이 아닌 1로 시작하므로, 상태를 0, 1, 2가 아니라 1, 2, 3으로 새로 명기하는 것이 편할 것이다. 상태 3은 실제로 현재 두 번 연속으로 앞면이 나온 상태인 식으로 말이다.

p_{ij}는 하나의 시간 단위 동안 상태 i에서 상태 j로 움직이는 전이 확률transition probability이라고 하자. 예를 들어 이 게임 예제의 경우 한 번 앞면이 나온 상태에서 동전을 다시 던져서 앞면이 나와서 두 번 연속 앞면이 나온 상태가 될 확률은 1/2이므로 p_{23} = 0.5가 된다. 반면에 상태 2인 경우 동전을 던져 뒷면이 나오면 연속해 앞 면이 나온 횟수가 0인 상태인 상태 1로 간다. 그러므로 p_{21} = 0.5다.

π_i가 모든 상태 i에 대해 상태 i의 장기 시간 비율이라고 할 때 벡터 π = (π_1, ..., π_s)를 계산하고자 한다고 하자. P는 i번째 행의 j번째 열의 원소가 p_{ij}인 전이 확률 행렬이라고 하자. 그러면 π는 식 8.4를 만족해야 한다.

$$\pi = \pi P \qquad (8.4)$$

이는 식 8.5와 동치이다.

$$(I - P^T)\pi = 0 \qquad (8.5)$$

여기서 I는 단위행렬이고 P^T는 P의 전치행렬이다.

식 8.5 중 어느 하나는 중복될 것이다. 그러면 식 8.5에서 $I - P$의 마지막 행을 제거함으로써 하나를 없앤다. 이는 식 8.5의 오른쪽 0으로 된 벡터 중 마지막 0을 제거한다는 말이다.

하지만 식 8.6과 같은 전제 조건이 있다.

$$\sum_i \pi_i = 1 \qquad (8.6)$$

행렬의 경우 다음처럼 나타난다.

$$1_n^T \pi = 1$$

이때 1_n은 n개의 1로 된 벡터다.

그러므로 식 8.5의 변형된 버전에서 행렬의 오른쪽에서 제거된 0의 행을 1로 대체해 주면 된다.

이 모든 내용은 다음과 같이 R의 solve() 함수가 계산해 준다.

```
1 findpil <- function(p) {
2     n <- nrow(p)
3     imp <- diag(n) - t(p)
4     imp[n,] <- rep(1,n)
5     rhs <- c(rep(0,n-1),1)
6     pivec <- solve(imp,rhs)
7     return(pivec)
8 }
```

이 코드의 기본적인 순서는 다음과 같다.

1. 3번째 줄에서 $I - P^T$를 계산한다. diag()에 스칼라 인수를 사용하면 해당 인수의 단위 행렬이 반환된다는 것을 상기하자.
2. 4번째 줄에서 P의 마지막 행을 1로 바꾼다.
3. 5번째 줄에서 오른쪽 벡터를 설정한다.
4. 6번째 줄에서 π를 계산한다.

보다 고급 지식을 사용한 다른 방법으로는 아이겐밸류 사용이 있다. 식 8.4에서 π는 아이겐밸류가 1일 때의 P의 왼쪽 아이겐벡터가 된다는 것을 염두에 두자. R의 eigen() 함수를 사용해 아이겐밸류에 맞는 아이겐벡터를 선택하는 방법을 쓸 수 있다. 이때 수학의 페론-프로베니우스Perron-Frobenius 이론을 사용해 이를 정의할 수 있다.

π가 왼쪽 아이겐벡터이므로 eigen()의 이수는 P보다는 P의 전치행렬이 돼야 한다. 게다가 아이겐벡터는 스칼라 곱에만 유일값을 가지므로, eigen()이 반환하는 아이겐벡터에 대해 두 가지 문제점을 해결해야 한다.

- 음수값이 나올 수 있다. 이 경우 -1을 곱해준다.
- 식 8.6을 만족하지 못할 수 있다. 이때는 반환된 벡터를 전체 크기로 나눠서 해결한다.

코드는 다음과 같다.

```
 1 findpi2 <- function(p) {
 2   n <- nrow(p)
 3   # P 전치 행렬의 첫 번째 아이겐벡터를 찾는다.
 4   pivec <- eigen(t(p))$vectors[,1]
 5   # 실수임은 확실하지만 음수일 수 있다.
 6   if (pivec[1] < 0) pivec <- -pivec
 7   # 합이 1이 되도록 표준화한다
 8   pivec <- pivec / sum(pivec)
 9   return(pivec)
10 }
```

eigen()의 반환값은 리스트다. 리스트의 구성 요소 중 하나는 vectors라는 이름의 행렬이다. 이는 i번째 열이 i번째 아이겐밸류에 대응되는 아이겐벡터다. 그러므로 여기서는 1열을 가져온다.

8.5 집합 연산

R에는 다음을 포함한 편리한 집합 연산 기능들이 있다.

- union(x,y): 집합 x와 y의 합집합
- intersect(x,y): 집합 x와 y의 교집합
- setdiff(x,y): x의 모든 원소 중 y에는 없는 x와 y의 차집합
- setequal(x,y): x와 y의 동일성 테스트
- c %in% y: c가 집합 y의 원소인지 테스트
- choose(n,k): 크기 n의 집합에서 크기 k의 가능한 부분집합의 개수

다음은 이 함수들을 사용한 간단한 예제다.

```
> x <- c(1,2,5)
> y <- c(5,1,8,9)
> union(x,y)
[1] 1 2 5 8 9
> intersect(x,y)
[1] 1 5
> setdiff(x,y)
[1] 2
```

```
> setdiff(y,x)
[1] 8 9
> setequal(x,y)
[1] FALSE
> setequal(x,c(1,2,5))
[1] TRUE
> 2 %in% x
[1] TRUE
> 2 %in% y
[1] FALSE
> choose(5,2)
[1] 10
```

7.12장에서 직접 바이너리 연산자를 작성했던 것을 기억해 보자. 예를 들어 두 집합 간의 대칭성 차이를 테스트하는 코드를 작성한다고 하자. 대칭성 차이란 두 집합 중 정확히 하나에만 속하는 모든 원소를 말한다. 집합 x와 y의 대칭성 차이는 x에는 속하지만 y에는 속하지 않거나 그 반대의 경우에 속하는 원소로 구성되므로, 코드는 다음과 같이 간단히 setdiff()와 union()만 호출하면 된다.

```
> symdiff
function(a,b) {
   sdfxy <- setdiff(x,y)
   sdfyx <- setdiff(y,x)
   return(union(sdfxy,sdfyx))
}
```

그럼 실행해 보자.

```
> x
[1] 1 2 5
> y
[1] 5 1 8 9
> symdiff(x,y)
[1] 2 8 9
```

다른 예제를 보자. 하나의 집합 u가 다른 집합 v의 부분집합인지 판단하는 바이너리 연산자다. u와 v의 교집합이 u와 같으면 이런 성격이 만족한다는 간단한 아이디어를 갖고 구현했다. 그러므로 다음과 같이 쉽게 코드를 작성할 수 있다.

```
> "%subsetof%" <- function(u,v) {
+     return(setequal(intersect(u,v),u))
+ }
> c(3,8) %subsetof% 1:10
[1] TRUE
> c(3,8) %subsetof% 5:10
[1] FALSE
```

함수 combn()은 조합을 생성한다. {1,2,3}에서 크기가 2인 부분집합들을 찾아보자.

```
> c32 <- combn(1:3,2)
> c32
     [,1] [,2] [,3]
[1,]    1    1    2
[2,]    2    3    3
> class(c32)
[1] "matrix"
```

결과는 결과값의 열들이다. 여기서 보듯이 {1,2,3}의 크기 2인 부분집합은 (1,2), (1,3), (2,3)이다.

combn()을 이용해 각 조합에 특정 함수를 호출하는 것도 가능하다. 예를 들어 각 부분집합의 합이 알고 싶다면, 다음처럼 하면 된다.

```
> combn(1:3,2,sum)
[1] 3 4 5
```

첫 번째 부분집합인 {1,2}의 합은 3인 식이다.

8.6 R에서 시뮬레이션 프로그래밍하기

R의 주요 용도 중 하나는 시뮬레이션이다. 이를 위해 R에서 어떤 기능들을 제공하는지 살펴보자.

8.6.1 내장 랜덤 변수 생성기

앞서 언급했듯이 R은 여러 다른 분포 기준으로 변수를 생성하는 함수를 갖고 있다. 예를 들어 rbinom()은 이항 혹은 베르누이 랜덤 변수[1]를 생성한다.

동전을 다섯 번 던졌을 때 최소한 4번 앞면이 나올 확률을 구하고 싶다고 하자. 계산하기 쉽지만 간단히 연습용 예제로 해 보자. 다음과 같이 하면 된다.

```
> x <- rbinom(100000,5,0.5)
> mean(x >= 4)
[1] 0.18829
```

첫 번째로 5회의 시도로 성공 확률이 0.5인 이항 분산에서 100,000개의 변수를 생성한다. 그 후 개개의 값이 4나 5인지 판단하는 x와 같은 길이의 불리언 벡터를 만든다. 벡터의 TRUE와 FALSE값은 mean()에서 1과 0으로 사용돼 추정 확률치를 계산해 준다(1과 0의 집합의 평균은 1의 비율과 같다).

관련된 다른 함수로는 정규 분포의 rnorm(), 지수 분포의 rexp(), 균등 분포의 runif(), 감마 분포의 rgamma(), 포아송 분포의 rpois() 등이 있다.

다음은 독립적인 N(0,1)을 만족하는 랜덤변수 X, Y의 예상 최대값인 E[max(X,Y)]를 구하는 간단한 예제다.

```
sum <- 0
nreps <- 100000
for (i in 1:nreps) {
    xy <- rnorm(2) # generate 2 N(0,1)s
    sum <- sum + max(xy)
}
print(sum/nreps)
```

100,000개의 쌍을 만든 후 각각의 최대값을 찾은 후, 예상치를 추정하기 위해 이들의 평균을 계산했다.

앞의 코드는 외적 반복문이 사용돼 이해하기 쉽지만, 메모리를 좀더 사용한다면 코드를 좀더 간결하게 만들 수 있다.

---

1 각각 같은 확률 1로 독립적으로 0과 1의 랜덤 변수의 수열을 베르누이(Bernoulli)라 한다.

```
> emax
function(nreps) {
    x <- rnorm(2*nreps)
    maxxy <- pmax(x[1:nreps],x[(nreps+1):(2*nreps)])
    return(mean(maxxy))
}
```

여기서는 두 nreps 값을 생성했다. 첫 번째 nreps 값은 X를 시뮬레이션하고, 남은 nreps값은 Y값을 나타낸다. pmax()는 여기서 필요로 하는 최대값 쌍을 계산한다. 다시 한 번 max()와 pmax() 중에서 후자의 경우 최대값 쌍을 계산한다는 것을 기억하자.

8.6.2 반복 수행 시에 동일한 랜덤 연속값 얻기

R 문서에 따르면 모든 난수 생성기는 32비트의 정수를 시드값으로 사용한다. 그러므로 반올림 관련 오류가 아니라면 동일한 초기 시드값은 동일한 연속값을 생성해야 한다.

기본적으로 R은 프로그램을 실행할 때마다 다른 난수를 생성한다. 만약 매번 같은 연속값을 생성하고 싶다면(예를 들어 디버깅할 때 사용하기 위한 것이라면) 다음과 같이 set.seed()를 호출한다.

```
> set.seed(8888)  # 인수로는 원하는 수를 넣을 수 있다.
```

8.6.3 확장 예제: 조합 시뮬레이션

다음 확률 문제를 생각해보자.

20명 중에서 3, 4, 5명으로 구성된 위원회가 있다.
이 중 A와 B가 같은 위원회에 속할 확률은 얼마인가?

이 문제는 직접 풀기 그다지 어렵지 않으나, 여기서는 시뮬레이션을 통해 답을 확인하기 위한 것이다. 어떤 경우에든 코드를 직접 작성하는 것이 R의 집합 연산이 조합 문제를 쉽게 푼다는 것을 볼 수 있게 될 것이다.

코드는 다음과 같다.

```
1  sim <- function(nreps) {
2     commdata <- list()  # 세 위원회에 대한 정보를 입력할 곳
3     commdata$countabsamecomm <- 0
4     for (rep in 1:nreps) {
5        commdata$whosleft <- 1:20  # 위원회를 뽑을 대상
6        commdata$numabchosen <- 0  # A, B 중 이미 뽑힌 대상
7        # 위원을 1명 뽑은 후 이 중 A나 B가 속해 있는지 확인한다.
8        commdata <- choosecomm(commdata,5)
9        # A나 B가 이미 뽑혔다면 더 이상 확인할 필요가 없다.
10       if (commdata$numabchosen > 0) next
11       # 두 번째 위원을 뽑은 후 확인한다.
12       commdata <- choosecomm(commdata,4)
13       if (commdata$numabchosen > 0) next
14       # 세 번째 위원을 뽑은 후 확인한다.
15       commdata <- choosecomm(commdata,3)
16    }
17    print(commdata$countabsamecomm/nreps)
18 }
19
20 choosecomm <- function(comdat,comsize) {
21    # 위원을 선택한다.
22    committee <- sample(comdat$whosleft,comsize)
23    # A나 B 중 얼마나 뽑혔는지 확인한다.
24    comdat$numabchosen <- length(intersect(1:2,committee))
25    if (comdat$numabchosen == 2)
26       comdat$countabsamecomm <- comdat$countabsamecomm + 1
27    # 전체 대상에서 이미 위원으로 뽑힌 사람은 제거한다.
28    comdat$whosleft <- setdiff(comdat$whosleft,committee)
29    return(comdat)
30 }
```

위원으로 뽑힐 수 있는 사람에게 1부터 20까지 숫자를 매긴다. 이때 A와 B에게는 1과 2의 ID를 부여한다. R에서 리스트는 종종 한 곳에 여러 변수를 담는 데에 활용된다는 것을 기억하자. 여기서는 comdat이라는 리스트를 만들었는데 이 리스트는 다음과 같은 구성 요소를 포함한다.

- comdat$whosleft: 벡터로부터 위원회를 랜덤하게 선택하는 것을 시뮬레이션할 것이다. 위원회를 선택할 때마다 여기서 사람들의 ID를 제거한다. 이 요소는 아무도 선택되지 않았을 때에는 1:20으로 초기화된다.

- comdat$numabchosen: 이는 현재까지 A와 B가 얼마나 뽑혀나갔는지를 센 숫자다. 만약 위원회 하나를 골랐는데 이 숫자가 0보다 큰 것을 확인한다면, 다음과 같은 이유로 이후 고르는 것을 중단한다. 만약 이 숫자가 2라면, A와 B가 이미 같은 위원회에 뽑힌 것을 알 수 있다. 만약 1이라면, A와 B가 같은 위원회에 없음을 알 수 있다.

- comdat$countabsamecomm: A와 B가 같은 위원회에 얼마나 들어갔는지를 센다.

위원회 선택 과정에서 부분집합을 사용하므로, R의 집합 연산 두 개—intersect()와 setdiff()—가 손쉽게 사용되는 게 전혀 놀라운 일이 아니다. 또한 여기서도 반복문에서 남은 반복 내용을 건너뛰기 위해서 R의 next를 사용했다는 것을 기억하자.

## 9 장

객체지향 프로그래밍

많은 프로그래머들이 객체지향 프로그래밍(object-oriented programming, OOP)이 보다 명확하고 재사용 가능한 코드를 짜게 해준다고 믿는다. C++나 자바나 파이썬 같은 잘 알려진 OOP 언어와는 많이 다르지만 외형적으로 R도 매우 OOP적이다.

다음 주제들은 R의 핵심적인 내용이다.

- R에서 다루는 숫자부터 배열의 문자열에 이르기까지 모든 것이 다 객체로 이뤄졌다.
- R은 서로 떨어져 있지만 관련된 데이터 아이템을 하나의 클래스 인스턴스로 묶어주는 '캡슐화'를 지원한다. 캡슐화는 관련된 변수들을 추적하는 것을 도와주므로 코드를 명확하게 하는 데에 도움을 준다.
- R 클래스는 같은 함수가 다른 클래스의 객체에서 다른 연산을 할 수 있도록 해주는 '다형성'을 갖고 있다. 예를 들어 print( )를 어떤 클래스의 객체에 호출하면 해당 클래스에 맞춰진 print 함수가 호출된다. 다형성은 재사용성을 지원한다.
- R은 어떤 클래스가 보다 세부적인 클래스로 확장되도록 하는 '상속'을 지원한다.

이 장에서는 R의 OOP에 대해 다룰 것이다. S3와 S4 클래스로 프로그래밍하는 것에 대해 알아본 후 몇 가지 유용한 R 관련 OOP 기능을 제시할 것이다.

9.1 ▸ S3 클래스

S3이라고 알려진 R의 원래 클래스 구조는 R에서 현재까지도 주로 사용되는 구조다. 당연히 대부분의 R의 자체 내장 클래스도 S3 유형이다.

S3 클래스는 클래스 이름 속성과 '할당dispatch' 능력이 추가된 리스트로 돼 있다. 할당은 1장에서 봤던 제네릭 함수를 사용할 수 있도록 해준다. S4 클래스는 존재하지 않는 클래스 구성 요소에 실수로 접근하는 것을 막아주는 '보안' 기능을 추가하기 위해 나중에 개발됐다.

9.1.1 S3 제네릭 함수

앞서 언급했듯이 R은 다형성을 갖고 있기 때문에 동일한 함수가 서로 다른 클래스에서 다른 연산을 수행할 수 있다. 예를 들어 plot을 다양한 유형의 객체에 적용해 각각 다양한 유형의 그래프를 얻을 수 있다. print()나 summary() 등 여러 다른 함수에 대해서도 마찬가지다.

이런 식으로 서로 다른 클래스에 동일한 인터페이스를 적용할 수 있다. 예를 들어 플로팅 연산을 포함하는 코드를 작성했다면, 다형성이 지원되므로 이 프로그램이 여러 유형의 객체에 대해 플로팅이 가능할지 걱정하지 않아도 된다.

게다가 다형성은 사용자가 R을 보다 쉽게 활용하도록 해주고 새 라이브러리 함수나 관련 클래스를 보다 쉽고 즐겁게 찾아 쓸 수 있도록 한다. 만약 처음 보는 함수가 있다면, 일단 그 함수의 결과값을 plot() 해보라. 아마도 돌아갈 것이다. 프로그래머의 관점에서 다형성은 내부 클래스 메커니즘이 알아서 해주므로 어떤 객체 유형에 대해 다뤄야 할지 고민하지 않고도 일반적인 코드를 짤 수 있도록 한다.

plot()이나 print() 같이 다형성이 적용되는 함수를 보통 '제네릭 함수'라고 한다. 제네릭 함수가 호출되면 R은 적합한 클래스에 맞는 기능을 할당해 준다. 이는 각 객체의 클래스에서 사용하도록 정의된 함수를 따로 호출하도록 연결해 주는 것이다.

9.1.2 예제: 선형 모델 함수 lm( )에서 OOP

실례로 R의 lm()을 사용해 간단한 회귀분석을 실행해 보자. 일단 lm()에 대해 살펴보자.

```
> ?lm
```

이 도움말의 결과로 다른 말들과 함께 이 함수가 lm 클래스 객체를 반환한다고 알려줄 것이다.

이 객체의 인스턴스를 생성·출력하는 내용을 실행해 보자.

```
> x <- c(1,2,3)
> y <- c(1,3,8)
> lmout <- lm(y ~ x)
> class(lmout)
[1] "lm"
> lmout

Call:
lm(formula = y ~ x)

Coefficients:
(Intercept)              x
      -3.0            3.5
```

이 코드에서는 lmout 객체를 출력했다. 참고로 인터랙티브 모드에서 간단히 객체의 이름만 입력하면 객체 내용이 출력됨을 기억하자. R 인터프리터가 lmout이 lm 클래스 객체라는 것을 확인하고 lm 클래스에 특화된 출력 함수인 print.lm()을 호출했다. R 용어를 사용하면 제네릭 함수 print()를 호출하는 것은 lm 클래스와 관련된 print.lm()을 할당하는 것이다.

여기서 사용된 제네릭 함수와 클래스를 살펴보자.

```
> print
function(x, ...) UseMethod("print")
<environment: namespace:base>
> print.lm
function (x, digits = max(3, getOption("digits") - 3), ...)
```

```
{
    cat("\nCall:\n", deparse(x$call), "\n\n", sep = "")
    if (length(coef(x))) {
        cat("Coefficients:\n")
        print.default(format(coef(x), digits = digits), print.gap = 2,
            quote = FALSE)
    }
    else cat("No coefficients\n")
    cat("\n")
        invisible(x)
}
<environment: namespace:stats>
```

print()가 겨우 UseMethod() 하나 호출하는 것으로 이뤄진 것을 보면 놀랄지도 모르겠다. 하지만 이 함수가 실제 할당 함수로, print()가 제네릭 함수로서 하는 역할 관점에서는 별로 놀랄 일이 아니다.

print.lm()의 세부 내용에 대해서도 별로 걱정할 필요 없다. 여기서 중요한 점은 lm 클래스에 대해서 특화된 출력 함수가 호출되므로 내용에 따라 그에 맞게 출력된다는 점이다. 그럼 해당 클래스 속성이 삭제된 객체를 출력하면 어떻게 되는지 살펴보자.

```
> unclass(lmout)
$coefficients
(Intercept)           x
      -3.0         3.5

$residuals
   1    2    3
 0.5 -1.0  0.5

$effects
(Intercept)           x
 -6.928203    -4.949747     1.224745
$rank
[1] 2
...
```

일단 위의 몇 줄만 보여줬지만 아래에는 훨씬 많다. 직접 실행해 보자. 하지만 lm()을 만든 사람은 print.lm()이 일부 중요한 숫자만 출력하게 해서 보다 간결하게 만들기로 했음을 알 수 있을 것이다.

9.1.3 제네릭 메소드 실행 내역 찾기

method()를 호출하면 주어진 제네릭 메소드의 모든 실행내역을 다음과 같이 찾아볼 수 있다.

```
> methods(print)
 [1] print.acf*
 [2] print.anova
 [3] print.aov*
 [4] print.aovlist*
 [5] print.ar*
 [6] print.Arima*
 [7] print.arima0*
 [8] print.AsIs
 [9] print.aspell*
[10] print.Bibtex*
[11] print.browseVignettes*
[12] print.by
[13] print.check_code_usage_in_package*
[14] print.check_demo_index*
[15] print.checkDocFiles*
[16] print.checkDocStyle*
[17] print.check_dotInternal*
[18] print.checkFF*
[19] print.check_make_vars*
[20] print.check_package_code_syntax*
...
```

여기서 * 표시된 부분은 '불가시적nonvisible' 함수로서 기본 네임스페이스에 포함돼 있지 않은 것들이다. 이 함수들은 getAnywhere()를 사용해 위치를 찾은 후 네임스페이스 한정자namespace qualifier를 통해 접근할 수 있다. 그 예로 print.aspell()을 들 수 있다. aspell() 함수 자체는 인수에 정의된 파일을 교정하는 역할을 한다. 예를 들어 다음 문장으로 이뤄진 wrds라는 파일이 있다고 하자.

```
Which word is mispelled?
```

이 경우 이 함수는 다음과 같이 오타를 잡아낼 것이다.

```
aspell("wrds")
mispelled
    wrds:1:15
```

결과값을 보면 입력 파일의 첫 번째 줄의 15번째 글자에 오타가 감지됐음을 알 수 있다. 하지만 여기서 알고자 하는 것은 결과물이 출력되는 과정이다.

aspell() 함수는 자체 제네릭 출력 함수인 print.aspell()을 갖고 있는 aspell 클래스 객체를 반환한다. 사실 예제에서 이 함수는 aspell()을 호출한 후 자동으로 호출돼 결과값이 출력되는 것이다. 이때 R은 aspell 클래스 객체에 대해 UseMethod()를 호출한다. 하지만 만약 출력 함수를 직접 호출한다면 R은 이를 인식하지 못한다.

```
> aspout <- aspell("wrds")
> print.aspell(aspout)
Error: could not find function "print.aspell"
```

하지만 getAnywhere()를 호출해 이 함수를 찾을 수 있다.

```
> getAnywhere(print.aspell)
A single object matching 'print.aspell' was found
It was found in the following places
    registered S3 method for print from namespace utils
    namespace:utils
with value
function (x, sort = TRUE, verbose = FALSE, indent = 2L, ...)
{
    if (!(nr <- nrow(x)))
...
```

함수는 utils 네임스페이스에 있으므로 한정자를 사용해 다음과 같이 실행할 수 있다.

```
> utils:::print.aspell(aspout)
mispelled
    wrds:1:15
```

이런 식으로 모든 제네릭 메소드를 볼 수 있다.

```
> methods(class="default")
...
```

9.1.4 S3 클래스 작성하기

S3 클래스는 좀 대충 끼워 맞춘 것처럼 보이는 구조다. 클래스 인스턴스는 구성요소가 클래스의 변수인 리스트 형태로 돼 있다. 펄을 아는 독자라면 이런 임시 방편 구조가 펄 자체의 OOP 시스템과 유사함을 알아차렸을 것이다. class 속성은 attr()이나 class() 함수를 통해 직접 설정해 주고, 다양한 제네릭 함수를 구현하도록 돼 있다. 이에 대해 lm() 내부를 살펴보면서 파악해 보자.

```
> lm
...
z <- list(coefficients = if (is.matrix(y))
                    matrix(,0,3) else numeric(0L), residuals = y,
                fitted.values = 0 * y, weights = w, rank = 0L,
                df.residual = if (is.matrix(y)) nrow(y) else length(y))
}
...
class(z) <- c(if(is.matrix(y)) "mlm", "lm")
...
```

다시 한번 말하지만 세부적인 내용에 신경 쓰지 말자. 기본적인 진행 과정만 알면 된다. 리스트가 생성되고 lm 클래스 인스턴스의 프레임워크가 될 z에 할당된다. 이 값은 함수의 반환값이 된다.

residuals 같은 리스트의 일부 구성 요소는 리스트 생성 시에 이미 할당됐다. 게다가 클래스 속성 자체는 이미 lm에 맞게 설정돼 있다. 또한 다음 장에서 설명하겠지만 mlm에서도 사용 가능하다.

S3 클래스를 작성하는 것에 대한 예제로는 더 간단한 것을 살펴보자. 4.1장에서 살펴봤던 직원 예제를 다음과 같이 작성할 수 있다.

```
> j <- list(name="Joe", salary=55000, union=T)
> class(j) <- "employee"
> attributes(j) # 확인해 보자
$names
[1] "name" "salary" "union"

$class
[1] "employee"
```

이 클래스에 대한 출력 메소드를 작성하기 전에, 기본적인 print() 함수를 사용하면 어떻게 되는지 살펴보자.

```
> j
$name
[1] "Joe"

$salary
[1] 55000

$union
[1] TRUE

attr(,"class")
[1] "employee"
```

기본적으로 출력용으로 j는 리스트로 인식됐다.

그럼 이에 대한 출력 메소드를 직접 작성해 보자.

```
print.employee <- function(wrkr) {
    cat(wrkr$name,"\n")
    cat("salary",wrkr$salary,"\n")
    cat("union member",wrkr$union,"\n")
}
```

이제 employee 클래스 객체에 대해 print()를 그냥 호출해도 자동으로 print.employee()로 연결될 것이다. 다음과 같이 이를 공식적으로 확인할 수 있다.

```
> methods(,"employee")
[1] print.employee
```

물론 다음과 같이 직접 실행해 봐도 된다.

```
> j
Joe
salary 55000
union member TRUE
```

9.1.5 상속 사용하기

상속 개념은 기존 클래스의 특화된 버전으로 새 클래스를 만들 수 있게 한 것으로 보면 된다. 예를 들어 기존 직원 예제에서 사용한 employee의 부분 클래스로 시간제 직원에 대해 hrlyemployee를 다음과 같이 만들 수 있다.

```
k <- list(name="Kate", salary= 68000, union=F, hrsthismonth= 2)
class(k) <- c("hrlyemployee","employee")
```

새 클래스에는 hrsthismonth라는 변수 하나가 추가됐다. 새 클래스의 이름은 새 클래스와 기존 클래스를 모두 나타내는 두 문자열의 조합으로 이뤄졌다. 새 클래스는 기존 클래스의 메소드를 상속한다. 예를 들어 print.employee()는 새 클래스에서도 똑같이 동작한다.

```
> k
Kate
salary 68000
union member FALSE
```

상속의 목적이 그러하므로 별로 놀랄 일은 아니다. 하지만 여기서 어떤 과정이 일어나는지 정확하게 이해하는 것은 매우 중요하다.

다시 한번 말하지만 k만 입력해도 print(k)의 결과를 볼 수 있다. 이는 UseMethod()가 우선 k의 클래스 이름인 hrlyemployee 클래스에 대한 출력 메소드를 검색한 후, 안 찾아지자 다른 클래스명인 employee에 대해 검색하고 print.employee()를 찾아내어 실행한 결과다.

lm에 대한 코드를 살펴봤을 때, 이런 내용이 있었다는 것을 기억해 보자.

```
class(z) <- c(if(is.matrix(y)) "mlm", "lm")
```

그러면 mlm이 벡터값에 해당하는 변수를 가진 lm의 부분 클래스라는 것을 알 수 있을 것이다.

9.1.6 확장 예제: 위 삼각 행렬 저장 클래스

그럼 이제 좀더 직접적인 예제를 살펴보자. 위 삼각 행렬을 만드는 R 클래스 'ut'를 작성하는 것이다. 위 삼각 행렬은 식 9.1처럼 대각선 기준으로 밑이 0인 정사각 행렬을 가리킨다.

$$\begin{pmatrix} 1 & 5 & 12 \\ 0 & 6 & 9 \\ 0 & 0 & 2 \end{pmatrix} \tag{9.1}$$

여기서 의도는 행렬에서 0이 아닌 부분만 저장해 저장 공간을 절약하자는 데에 있다. 물론 아주 약간의 읽는 시간이 더 소모되겠지만 말이다.

> **노트** 'dist'라는 R 클래스에서는 보다 한정된 경우에 사용되고 여기서 만들 클래스 함수를 갖고 있지는 않지만, 이와 유사한 방식으로 저장 공간을 활용한다.

이 클래스의 구성요소 mat에서 행렬을 저장한다. 앞서 언급했듯이 저장 공간을 절약하기 위해 대각선 및 대각선 위의 원소만 열 우선 순위로 저장할 것이다. 예를 들어 식 (9.1)의 행렬의 경우, 벡터 (1,5,6,12,9,2)로 만들어지고, mat

에 이 값이 저장될 것이다.

　이 클래스에는 mat의 어디에서 특정 열이 시작되는지를 알려주기 위한 구성 요소인 ix가 있다. 앞의 예제에서 ix는 c(1,2,4)이다. 1열은 mat[1]에서 시작하고, 2열은 mat[2]에서 시작하며, 3열은 mat[4]에서 시작한다는 뜻이다. 이를 통해 행렬의 개별 원소 및 열에 손쉽게 접근할 수 있다.

　이 클래스에 대한 코드는 다음과 같다.

```
 1  # 위 삼각 행렬을 효과적으로 저장하기 위한 클래스 "ut"
 2
 3  # 1+...+i를 반환하는 함수
 4  sum1toi <- function(i) return(i*(i+1)/2)
 5
 6  # 0이 포함된 전체 행렬 inmat에서 클래스 "ut" 생성
 7  ut <- function(inmat) {
 8     n <- nrow(inmat)
 9     rtrn <- list()  # 객체 생성 시작
10     class(rtrn) <- "ut"
11     rtrn$mat <- vector(length=sum1toi(n))
12     rtrn$ix <- sum1toi(0:(n-1)) + 1
13     for (i in 1:n) {
14        # i열 저장
15        ixi <- rtrn$ix[i]
16        rtrn$mat[ixi:(ixi+i-1)] <- inmat[1:i,i]
17     }
18     return(rtrn)
19  }
20
21  # utmat의 압축된 내용을 풀어 전체 행렬로 변환
22  expandut <- function(utmat) {
23     n <- length(utmat$ix)  # 행렬의 열과 행의 수
24     fullmat <- matrix(nrow=n,ncol=n)
25     for (j in 1:n) {
26        # fill jth column
27        start <- utmat$ix[j]
28        fin <- start + j - 1
29        abovediagj <- utmat$mat[start:fin]  # j열의 대각선 위쪽
30        fullmat[,j] <- c(abovediagj,rep(0,n-j))
31     }
32     return(fullmat)
33  }
```

```
34
35 # 행렬 출력
36 print.ut <- function(utmat)
37    print(expandut(utmat))
38
39 # ut에 다른 ut를 곱할 경우, ut 객체를 반환한다.
40 # 바이너리 연산으로 구현
41 "%mut%" <- function(utmat1,utmat2) {
42    n <- length(utmat1$ix) # 행렬의 열과 행의 수
43    utprod <- ut(matrix(0,nrow=n,ncol=n))
44    for (i in 1:n) { # i열의 곱 계산
45       # a[j]와 bj 은 utmat1과 utmat2의 j열을 가리킨다.
46       # 예를 들어, b2[1]은 utmat2은 2열의 첫 번째 원소다.
47       # 열 i의 곱은 다음과 같다.
48       # bi[1]*a[1] + ... + bi[i]*a[i]
49       # utmat2의 열 i의 인덱스를 찾는다.
50       startbi <- utmat2$ix[i]
51       # bi[1]*a[1] + ... + bi[i]*a[i]가 될 벡터를 초기화한다.
52       prodcoli <- rep(0,i)
53       for (j in 1:i) { # bi[j]*a[j]를 계산해 prodcoli에 더한다.
54          startaj <- utmat1$ix[j]
55          bielement <- utmat2$mat[startbi+j-1]
56          prodcoli[1:j] <- prodcoli[1:j] +
57             bielement * utmat1$mat[startaj:(startaj+j-1)]
58       }
59       # 아래에 0을 채워준다.
60       startprodcoli <- sum1toi(i-1)+1
61       utprod$mat[startbi:(startbi+i-1)] <- prodcoli
62    }
63    return(utprod)
64 }
```

그럼 한 번 실행해 보자.

```
> test
function() {
   utm1 <- ut(rbind(1:2,c(0,2)))
   utm2 <- ut(rbind(3:2,c(0,1)))
   utp <- utm1 %mut% utm2
   print(utm1)
   print(utm2)
   print(utp)
   utm1 <- ut(rbind(1:3,0:2,c(0,0,5)))
```

```
    utm2 <- ut(rbind(4:2,0:2,c(0,0,1)))
    utp <- utm1 %mut% utm2
    print(utm1)
    print(utm2)
    print(utp)
}
> test()
     [,1] [,2]
[1,] 1 2
[2,] 0 2
     [,1] [,2]
[1,] 3 2
[2,] 0 1
     [,1] [,2]
[1,] 3 4
[2,] 0 2
     [,1] [,2] [,3]
[1,] 1 2 3
[2,] 0 1 2
[3,] 0 0 5
     [,1] [,2] [,3]
[1,] 4 3 2
[2,] 0 1 2
[3,] 0 0 1
     [,1] [,2] [,3]
[1,] 4 5 9
[2,] 0 1 4
[3,] 0 0 5
```

이 코드를 통해 행렬에 0이 들어갈 여지가 많다는 사실을 알 수 있다. 예를 들어 행렬 곱을 할 때 0이 들어있는 부분을 계산하지 않음으로써 0과 곱해 0이 나오는 불필요한 연산을 피할 수 있다.

ut() 함수는 꽤 직관적이다. 이 함수는 생성자constructor로, 주어진 클래스의 인스턴스를 생성해서 반환하는 역할을 한다. 그러므로 코드의 9번째 줄에서 클래스 객체의 몸체가 되는 리스트를 만들어, 생성되고 반환될 클래스 인스턴스라는 것을 알려주기 위해 rtrn이라고 명명한다.

앞서 언급했듯이 이 클래스의 주요 변수는 리스트의 구성 요소로 구현된 mat과 idx다. 이 두 구성요소는 코드의 11번째와 12번째 줄에서 입력 받는다.

`rtrn$mat`을 열별로 채우고 `rtrn$idx`의 원소별로 채우기 위해 반복문이 실행된다. 이 `for` 반복문을 꼼수를 써서 처리한다면 `row()`와 `col()`을 사용할 수도 있다. `row()`는 행렬을 입력 받아서 동일한 크기지만 원소가 행 번호로 바뀐 새로운 행렬을 반환한다. 다음 예제를 보자.

```
> m
     [,1] [,2]
[1,] 1 4
[2,] 2 5
[3,] 3 6
> row(m)
     [,1] [,2]
[1,] 1 1
[2,] 2 2
[3,] 3 3
```

`col()`도 유사하게 동작한다.

이 개념을 사용해 `ut()`의 `for` 반복문을 다음처럼 한 줄로 바꿔버릴 수도 있다.

```
rtrn$mat <- inmat[row(inmat) <= col(inmat)]
```

가능하다면 최대한 벡터화 기법을 사용해야 한다. 예를 들어 코드의 12번째 줄을 보자.

```
rtrn$ix <- sum1toi(0:(n-1)) + 1
```

코드의 4번째 줄에서 정의했던 `sum1toi()`는 벡터화 함수 "`*`"()와 "`+`"()에만 의존하므로, `sum1toi()` 자체도 벡터화 상태다. 그러므로 `sum1toi()` 역시 벡터에 적용할 수 있다. 재사용 기법 역시 사용했다는 것도 기억하자.

`ut` 클래스는 변수만이 아니라 몇몇 메소드도 포함한다. 끝에 다음의 3개의 메소드를 추가했다.

- expandut() 함수는 압축된 행렬을 일반 행렬로 변환한다. expandut() 에서 가장 중요한 부분은 코드의 27번째와 28번째 줄로, 여기서는 utmat$mat에서 저장된 행렬의 j번째 열이 어디 있는지 찾기 위해서 rtrn$ix를 이용한다. 이 값은 30번째 줄에서 fullmat의 j번째 열로 복사된다. 열의 아랫부분에 0을 생성할 때는 rep()을 사용한다는 것을 기억해 두자.

- print.ut()는 출력에 사용된다. 이 함수는 expandut()를 이용해 쉽고 빠르게 실행된다. 어떤 ut 유형의 객체에 print()를 호출하면 앞에서 보았듯이 print.ut()로 연결된다는 것을 다시 한번 기억하자.

- "%mut%"()는 두 압축된 행렬을 (풀지 않고) 곱할 때 사용한다. 이 함수는 코드의 39번째 줄부터 시작한다. 이 함수는 바이너리 연산으로 7.12장에서 말한 대로 R에서 사용자 정의 바이너리 연산 작성에 제공하는 편의를 활용해 %mut%만으로 행렬곱 연산을 구현할 수 있다.

"%mut%"() 함수를 자세히 살펴보자. 우선 코드의 43번째 줄에서 결과 행렬을 저장할 공간을 할당한다. 이런 특이한 경우의 재활용법 사용에 대해 잘 기억해 두자. matrix()의 첫 번째 인수는 행과 열의 크기가 들어간 벡터여야 하므로, 0을 넣을 경우 n^2 크기의 벡터로 재사용하게 된다. 물론 rep()가 대신 사용되겠지만, 재사용법을 활용하는 것이 조금이나마 코드를 더 짧고 간결하게 한다.

코드를 보다 명확하게 하고 빨리 실행되게 하기 위해 행렬을 열 우선 순위로 저장하도록 코드를 작성했다. 주석에서 언급했듯이 결과값의 i번째 열은 첫 번째 팩터의 열의 선형 조합으로 나타내었다. 이에 대해서는 식 9.2에 보다 자세한 예가 나와 있다.

$$
\begin{pmatrix} 1 & 2 & 3 \\ 0 & 1 & 2 \\ 0 & 0 & 5 \end{pmatrix}
\begin{pmatrix} 4 & 3 & 2 \\ 0 & 1 & 2 \\ 0 & 0 & 1 \end{pmatrix}
=
\begin{pmatrix} 4 & 5 & 9 \\ 0 & 1 & 4 \\ 0 & 0 & 5 \end{pmatrix}
\tag{9.2}
$$

예를 들어 결과값의 3번째 열은 다음과 같다.

$$2\begin{pmatrix} 1 \\ 0 \\ 0 \end{pmatrix} + 2\begin{pmatrix} 2 \\ 1 \\ 0 \end{pmatrix} + 1\begin{pmatrix} 3 \\ 2 \\ 5 \end{pmatrix}$$

식 9.2는 이런 식으로 실행된다.

두 개의 입력된 행렬을 다음과 같이 열별로 압축해 행렬 곱 문제를 해결하는 방법은 코드를 단축하고 실행 속도를 빠르게 할 수 있다. 코드의 속도가 높아지는 이유는 벡터화를 사용하기 때문으로, 이에 대한 자세한 내용은 14장에서 다룰 것이다. 이런 접근법은 코드의 53번째 줄의 반복문에서부터 확인할 수 있다. 이 경우 속도가 빨라지면서 코드의 가독성은 떨어진다는 점에서 논쟁의 요지가 될 소지가 있다.

9.1.7 확장 예제: 다항 회귀분석 과정

다른 예제로 하나의 예측 변수를 가진 통계적 회귀분석 과정을 생각해 보자. 어떤 통계 모델이든 이론적으로는 근사치에 불과하므로, 보다 차수가 높은 다항식에 모델을 맞출수록 보다 좋은 결과를 얻을 수 있다. 하지만 어떤 면에서는 이는 과적합overfitting을 일으키므로, 새로운 미래 데이터를 예측하는 데에는 차수가 특정 값 이상으로 높으면 오히려 좋지 않을 수 있다.

polyreg 클래스는 이런 문제를 해결하는 용도로 사용된다. 이는 다양한 차수의 다항식에 최적화하지만 과적합으로 인한 위험을 줄이기 위해서 교차 확인cross-validation을 통해 적합 정도를 확인한다. 교차 확인은 변수를 하나씩 남겨가면서 확인하는 방법leaving-one-out method으로 알려진 방식을 사용한다. 이는 하나의 관측치를 제외한 모든 데이터를 회귀분석 모델을 생성하는 데 사용하고, 남겨둔 관측치를 모델을 사용해 예측한 후 실제 값과 비교하는 방식이다. 이 클래스의 객체는 여러 회귀분석 모델에 원래 데이터가 더해진 형식으로 이뤄진다.

다음은 polyreg 클래스 코드다.

```
 1  # "polyreg," 단일 예측 변수를 위한 다항 회귀분석 S3 클래스
 2
 3  # polyfit(y,x,maxdeg)은 maxdeg 차의 모든 다항식을 사용해 모델을 만든다.
 4  # y는 사용 변수에 대응하는 벡터이고
 5  # x는"polyreg"클래스 객체인 예측치다.
 6  polyfit <- function(y,x,maxdeg) {
 7      # i번째 열이 i번째 차수를 의미하는 예측 변수의 멱함수를 생성한다.
 8      pwrs <- powers(x,maxdeg)
        # 직교(orthogonal) 벡터를 사용해 정확성을 높인다.
 9      lmout <- list() # 클래스를 생성한다.
10      class(lmout) <- "polyreg" # 새 클래스를 생성한다.
11      for (i in 1:maxdeg) {
12          lmo <- lm(y ~ pwrs[,1:i])
13          # 교차 확인된 예측 기능을 추가해 lm 클래스를 확장한다.
14          lmo$fitted.cvvalues <- lvoneout(y,pwrs[,1:i,drop=F])
15          lmout[[i]] <- lmo
16      }
17      lmout$x <- x
18      lmout$y <- y
19      return(lmout)
20  }
21
22  # "polyreg"를 위한 print() 확장:
23  # 교차 확인된 평균 제곱 예측 오차(Mean-Square Prediction Errors) 포함
24  print.polyreg <- function(fits) {
25      maxdeg <- length(fits) - 2
26      n <- length(fits$y)
27      tbl <- matrix(nrow=maxdeg,ncol=1)
28      colnames(tbl) <- "MSPE"
29      for (i in 1:maxdeg) {
30          fi <- fits[[i]]
31          errs <- fits$y - fi$fitted.cvvalues
32          spe <- crossprod(errs,errs) # 제곱 예측 오차의 합
33          tbl[i,1] <- spe/n
34      }
35      cat("mean squared prediction errors, by degree\n")
36      print(tbl)
37  }
38
39  # dg 차수일 때의 벡터 x의 멱행렬 생성
40  powers <- function(x,dg) {
41      pw <- matrix(x,nrow=length(x))
42      prod <- x
43      for (i in 2:dg) {
```

```
44        prod <- prod * x
45        pw <- cbind(pw,prod)
46    }
47    return(pw)
48 }
49
50 # 행렬 갱신 방법을 통해 훨씬 빠르게
51 # 교차 확인된 예측 값을 찾는다.
52 lvoneout <- function(y,xmat) {
53    n <- length(y)
54    predy <- vector(length=n)
55    for (i in 1:n) {
56        # i번째 관측치를 제외하고 회귀분석
57        lmo <- lm(y[-i] ~ xmat[-i,])
58        betahat <- as.vector(lmo$coef)
59        # 1은 상수로 사용
60        predy[i] <- betahat %*% c(1,xmat[i,])
61    }
62    return(predy)
63 }
64
65 # polynomial function of x, coefficients cfs
66 poly <- function(x,cfs) {
67    val <- cfs[1]
68    prod <- 1
69    dg <- length(cfs) - 1
70    for (i in 1:dg) {
71        prod <- prod * x
72        val <- val + cfs[i+1] * prod
73    }
74 }
```

보다시피 polyreg는 생성자 함수 polyfit()과 이 클래스를 출력하는 함수 print.polyreg()로 이뤄진다. 또한 멱함수와 다항식을 생성하는 기능 및 교차 확인을 하는 기능의 함수들도 들어있다. 여기서 몇 가지 경우에, 코드를 명확하게 하기 위해 효율성이 희생된 면이 있다는 것을 염두에 두자.

이 클래스의 사용 예로 인공적으로 데이터를 생성한 후 이 데이터로부터 polyreg 클래스를 생성하고 결과를 출력할 것이다.

```
> n <- 60
> x <- (1:n)/n
> y <- vector(length=n)
> for (i in 1:n) y[i] <- sin((3*pi/2)*x[i]) + x[i]^2 +
rnorm(1,mean=0,sd=0.5)
> dg <- 15
> (lmo <- polyfit(y,x,dg))
mean squared prediction errors, by degree
            MSPE
 [1,]  0.4200127
 [2,]  0.3212241
 [3,]  0.2977433
 [4,]  0.2998716
 [5,]  0.3102032
 [6,]  0.3247325
 [7,]  0.3120066
 [8,]  0.3246087
 [9,]  0.3463628
[10,]  0.4502341
[11,]  0.6089814
[12,]  0.4499055
[13,]        NA
[14,]        NA
[15,]        NA
```

우선 다음 명령어에서 일반적인 R의 트릭을 사용했다는 것을 기억하자.

```
> (lmo <- polyfit(y,x,dg))
```

괄호로 둘러쌈으로써 할당하는 부분 전체를 출력함과 동시에 lmo를 생성하게 된다. 이때 lmo를 생성하는 것은 나중에도 사용하기 위해서다.

polyfit() 함수는 특정 차수의 다항식 모델을 생성한다. 이 경우에는 15로, 이때 개별 모델에 대해서 교차 확인을 통해 평균 제곱 예측 오차를 계산해 준다. 끝의 몇 개의 결과값은 NA로 나타난다. 반올림 오류 문제로 이 크기의 다항식 모델을 생성하는 데에 오류가 생겼기 때문이다.

그럼 이럴 때는 어떻게 해야 할까? 가장 중요한 부분은 polyreg 클래스 객체를 생성하는 polyfit()을 수정하는 것이다. 이 객체는 각 차수에 대해 lm()에서 생성된 R 회귀 모델 객체로 구성돼 있다.

이 객체는 코드의 14번째 줄에서 생성된다.

```
lmo$fitted.cvvalues <- lvoneout(y,pwrs[,1:i,drop=F])
```

여기서 lmo는 lm()이 반환하는 객체지만, 여기다 fitted.cvvalues라는 추가 구성 요소를 더한다. 리스트에 아무 때나 새 구성 요소를 추가할 수 있고, S3 클래스도 리스트이므로 충분히 이렇게 사용할 수 있다.

또한 코드의 24번째 줄에는 print()의 제네릭 함수인 print.polyreg() 메소드가 있다. 12.1.5장에서는 여기에 plot()의 제네릭 함수인 plot.polyreg() 함수를 추가할 것이다.

예측 오차를 계산하기 위해 교차 확인이나 한 관측치를 남겨두고 나머지 값들로 각 관측치를 예측하는 방식을 사용했다. 이를 구현하기 위해 코드의 57번째 줄에 R에서 음수 형식을 사용해 간단하게 나타내는 방법을 사용했다.

```
lmo <- lm(y[-i] ~ xmat[-i,])
```

이런 방식으로 데이터 세트에서 i번째 관측치를 제거하고 모델을 생성했다.

> **노트** 코드 내 주석에서 언급했듯이, 셔먼-모리스-우드버리 식(Sherman-Morrison-Woodbury formula)으로 알려진 역행렬을 갱신하는 방법을 사용해 훨씬 빠르게 구현했다. 이에 대해서 보다 자세히 알고 싶다면 J. H. Venter and J. L. J. Snyman의 〈A Note on the Generalised Cross-Validation Criterion in Linear Model Selection〉 Vol. 82, no. 1의 215~219쪽을 참고하라.

9.2 S4 클래스

어떤 프로그래머는 S3는 OOP의 안전성을 제공하지 못한다고 생각할 지도 모른다. 예를 들어 이전에 다룬 직원 데이터베이스 예제에서, 클래스 employee는 name, salary, union이라는 세 개의 필드를 갖고 있었다. 여기서 발생할 수 있는 몇 가지 문제가 있다.

- 현재 근무 형태를 입력하는 것을 잊어버릴 수 있다.
- union을 onion으로 잘못 입력할 수 있다.
- employee 클래스가 아닌 다른 클래스의 객체를 생성한 후 그 객체의 class 속성을 employee라고 설정할 수 있다.

이런 각각의 경우 R에서는 어떤 경고도 하지 않는다. S4의 목표는 이런 경우 바로 경고를 해 사고를 미연에 방지하는 것이다.

S4의 구조는 S3의 구조보다 좀더 방대하지만, 여기서는 기본적인 내용만 보여줄 것이다. 표 9-1은 두 클래스의 차이에 대한 개요를 보여주고 있다.

표 9-1 기본 R 연산자

기능	S3	S4
클래스 정의	내부에서 생성자 코드 생성	setClass( )
객체 생성	리스트를 생성하고 class 속성 설정	new( )
멤버 변수 참조	$	@
제네릭 함수 f( ) 구현	f.classname( ) 정의	setMethod( )
제네릭 속성 선언	useMethod( )	setGeneric( )

9.2.1 S4 클래스 작성하기

S4 클래스를 정의할 때는 setClass()를 사용한다. 직원 예제를 사용해 이를 생성하자면, 다음과 같이 코드를 작성한다.

```
> setClass("employee",
+    representation(
+       name="character",
+       salary="numeric",
+       union="logical")
+ )
[1] "employee"
```

이러면 정의된 형식의 세 개의 멤버 변수를 갖는 새로운 클래스 employee가 생성된다.

그러면 joe에 대한 이 클래스의 인스턴스를 생성해 보자. 이때 R에 내장돼 있는 S4 클래스의 생성자 함수 new()를 사용한다.

```
> joe <- new("employee",name="Joe",salary=55000,union=T)
> joe
An object of class "employee"
Slot "name":
[1] "Joe"

Slot "salary":
[1] 55000

Slot "union":
[1] TRUE
```

이때 멤버 변수는 슬롯slot이라고 불리며, 다음 예제처럼 @를 사용해 참조할 수 있다.

```
> joe@salary
[1] 55000
```

또한 조의 연봉을 확인하는 다른 방법으로 slot() 함수를 사용할 수도 있다.

```
> slot(joe,"salary")
[1] 55000
```

구성 요소를 할당하는 방법은 유사하다. 조의 연봉을 올려보자.

```
> joe@salary <- 65000
> joe
An object of class "employee"
Slot "name":
[1] "Joe"

Slot "salary":
[1] 65000
```

```
Slot "union":
[1] TRUE
```

다음과 같이 하면 연봉을 더 올려 받을 수도 있다.

```
> slot(joe,"salary") <- 88000
> joe
An object of class "employee"
Slot "name":
[1] "Joe"

Slot "salary":
[1] 88000

Slot "union":
[1] TRUE
```

앞서 언급한 대로 S4를 사용하면 좋은 점은 안전성이다. 이를 확인하기 위해 다음처럼 salary를 salry로 잘못 썼다고 해보자.

```
> joe@salry <- 48000
Error in checkSlotAssignment(object, name, value) :
    "salry" is not a slot in class "employee"
```

반면 S3에서는 이런 경우 아무런 오류 메시지가 나타나지 않는다. S3 클래스는 리스트일 뿐이므로, 이런 경우 새로운 구성 요소로 (원하든 원하지 않든) 추가될 것이다.

9.2.2 S4 클래스에서 제네릭 함수 구현하기

S4 클래스에서 제네릭 함수를 구현하기 위해서는 setMethod()를 사용하라. 여기서는 employee 클래스에서 이를 사용해 S3의 제네릭 함수 print의 S4 형태인 show()를 구현해 볼 것이다.

알다시피 R의 인터랙티브 모드에서 변수의 이름을 입력하면 변수 값이 출력된다.

```
> joe
An object of class "employee"
Slot "name":
[1] "Joe"

Slot "salary":
[1] 88000

Slot "union":
[1] TRUE
```

joe는 S4 객체이므로 이 기능은 show()가 호출돼 이뤄진 것이다. 사실 다음과 같이 입력해도 같은 결과를 얻을 수 있다.

```
> show(joe)
```

다음 코드처럼 이를 치환해 보자.

```
setMethod("show", "employee",
    function(object) {
        inorout <- ifelse(object@union,"is","is not")
        cat(object@name,"has a salary of",object@salary,
        "and",inorout, "in the union", "\n")
    }
)
```

첫 번째 인수는 클래스에 한정돼 만들어진 메소드를 정의하는 제네릭 함수의 이름이고, 두 번째 인수는 클래스 이름이다. 그리고 새 함수를 정의한다.

그럼 실행해 보자.

```
> joe
Joe has a salary of 55000 and is in the union
```

9.3 S3 대 S4

클래스의 유형은 R 프로그래머 사이에서 논쟁이 되는 주제 중 하나다. 간단히 말해 개인별로 S3의 편리함과 S4의 안전성 중 어떤 가치에 보다 초점을 맞추느냐이다.

S언어의 창시자이자 R의 중심 개발자 가운데 한 명인 존 챔버스John Chambers 는 그의 책인 『데이터 분석을 위한 소프트웨어』(Software for Data Analysis, Springer, 2008)에서 S3보다는 S4를 추천했다. 그는 '보다 깔끔하고 신뢰성 높은 소프트웨어'를 만들기 위해 S4가 필요하다고 역설했다. 그럼에도 불구하고 S3가 더 널리 쓰인다고도 언급했다.

구글의 R 스타일 가이드(http://google-styleguide.googlecode.com/svn/trunk/google-r-style.html에서 볼 수 있음)는 이런 면에서 매우 흥미롭다. 구글은 '최대한 S4 객체 및 메소드 사용을 피하라'고 하면서 가능한 한 S3 측면에서 사용하는 것을 추천한다. 물론 구글이 처음으로 R 스타일 가이드를 만들었다는 것 자체도 굉장히 흥미롭다!

> **노트** 2004년 4월 1일자 R 뉴스 33~36페이지의 Thomas Lumley의 'Programmer's Niche: A Simple Class, in S3 and S4'에 이 두 메소드를 훌륭하고 완벽하게 비교해 놓았다.

9.4 객체 관리하기

일반적인 R 세션을 사용하다 보면, 다량의 객체들이 쌓여가는 것을 알 수 있을 것이다. 이를 관리하기 위해 다양한 도구들이 제공되고 있다. 여기서는 다음에 대해서 살펴볼 것이다.

- ls() 함수
- rm() 함수
- save() 함수

- class()와 mode() 같이 객체의 구조에 대해서 보다 많은 내용을 알려줄 수 있는 함수들
- exists() 함수

9.4.1 ls() 함수를 사용해 객체 나열하기

ls() 명령어는 현재 객체를 모두 나열한다. 이 함수에서 유용하게 사용할 수 있는 기명 인수로 와일드 카드wildcard를 허용하는 pattern이 있다. 여기서 특정 패턴을 가진 이름의 객체만 나열하고자 ls()를 쓴다고 해보자. 다음은 이에 대한 예제다.

```
> ls()
 [1] "acc"       "acc05"     "binomci"   "cmeans"    "divorg"    "dv"
 [7] "fit"       "g"         "genxc"     "genxnt"    "j"         "lo"
[13] "out1"      "out1.100"  "out1.25"   "out1.50"   "out1.75"   "out2"
[19] "out2.100"  "out2.25"   "out2.50"   "out2.75"   "par.set"   "prpdf"
[25] "ratbootci" "simonn"    "vecprod"   "x"         "zout"      "zout.100"
[31] "zout.125"  "zout3"     "zout5"     "zout.50"   "zout.75"
> ls(pattern="ut")
 [1] "out1"      "out1.100"  "out1.25"   "out1.50"   "out1.75"   "out2"
 [7] "out2.100"  "out2.25"   "out2.50"   "out2.75"   "zout"      "zout.100"
[13] "zout.125"  "zout3"     "zout5"     "zout.50"   "zout.75"
```

두 번째 경우 이름에 ut라는 문자열이 들어가는 객체만 나열하고자 한 것이다.

9.4.2 rm() 함수를 사용해 특정 객체 제거하기

더 이상 사용하지 않는 객체를 제거하기 위해서 rm()을 사용한다. 예제는 다음과 같다.

```
> rm(a,b,x,y,z,uuu)
```

이 코드는 a, b 등 명시된 6개의 객체를 제거한다.

rm의 기명 인수 중 하나로 list가 있는데, 이는 여러 객체를 보다 손쉽게 제거할 수 있도록 해준다. 다음 코드는 모든 객체를 리스트에 할당한 후 다 삭제하도록 한다.

```
> rm(list = ls())
```

ls()의 pattern 인수와 같이 쓰면 이 방법은 보다 강력해진다. 다음 예제를 보자.

```
> ls()
 [1] "doexpt"           "notebookline"    "nreps"          "numcorrectcis"
 [5] "numnotebooklines" "numrules"        "observationpt"  "prop"
 [9] "r"                "rad"             "radius"         "rep"
[13] "s"                "s2"              "sim"            "waits"
[17] "wbar"             "x"               "y"              "z"
> ls(pattern="notebook")
 [1] "notebookline"     "numnotebooklines"
> rm(list=ls(pattern="notebook"))
> ls()
 [1] "doexpt"           "nreps"           "numcorrectcis"  "numrules"
 [5] "observationpt"    "prop"            "r"              "rad"
 [9] "radius"           "rep"             "s"              "s2"
[13] "sim"              "waits"           "wbar"           "x"
[17] "y"                "z"
```

여기서 이름에 notebook이 포함되는 두 객체를 찾아 이를 삭제한 후, 두 번째에 ls()를 호출해 제대로 지워졌는지 확인한다.

노트 browseEnv()라는 함수가 유용하다는 사실을 아는가? 이 함수는 웹 브라우저에 현재의 글로벌 변수 혹은 다른 환경변수에 정의된 객체와 관련 정보를 보여줄 것이다.

9.4.3 save( ) 함수를 사용해 객체들을 저장하기

save()를 호출하면 디스크에 객체들을 저장할 수 있고, 이를 나중에 load()를 호출해 다시 불러올 수 있다. 다음 간단한 예제를 보자.

```
> z <- rnorm(100000)
> hz <- hist(z)
> save(hz,"hzfile")
> ls()
[1] "hz" "z"
> rm(hz)
> ls()
[1] "z"
> load("hzfile")
> ls()
[1] "hz" "z"
> plot(hz)  # 그래프 윈도우가 나타난다
```

이 예제에서는 몇 가지 데이터를 생성한 후 이들의 히스토그램을 그린다. 또한 hist()의 결과값을 hz라는 변수에 저장했다. 이 변수는 물론 histogram 클래스의 객체다. 나중에 R세션에서 다시 사용하기 위해 save() 함수를 이용해 이 객체를 hzfile이라는 파일에 저장했다. 이는 이후 사용할 세션에서 load()를 통해 다시 불러올 수 있다. 이를 확인하기 위해 일부러 hz 객체를 제거한 후 load()를 사용해 다시 불러온 후, ls()를 호출해 제대로 읽어 들여졌는지 확인했다.

예전에 한 번 각 내용마다 처리가 필요한 매우 큰 데이터 파일을 읽어 들여야 한 적이 있었다. 이때도 이후의 R 세션에서 처리된 파일을 R 객체로 저장한 내용을 또 사용하기 위해 save()를 활용했다.

9.4.4 '이건 뭐지?'

개발자들은 종종 라이브러리 함수로부터 반환되는 객체의 완벽한 구조를 알고 있어야 할 필요가 있다. 만약 관련 문서가 제대로 돼 있지 않다면 어떻게 해야 할까?

이럴 때 다음 R 함수들이 도움이 될 것이다.

- class(), mode()
- names(), attributers()
- unclass(), str()
- edit()

예제를 살펴보자. R은 6.4장에서 다뤘듯이 빈도 테이블contingency table을 생성해주는 기능이 있다. 이 장에서 다룰 예제는 5명의 유권자에게 후보 X에게 투표를 할 것인지, 지난 번에는 X에게 투표 했는지를 조사한 설문 내용이다. 결과는 다음과 같다.

```
> cttab <- table(ct)
> cttab
          Voted.for.X.Last.Time
Vote.for.X No Yes
  No        2   0
  Not Sure  0   1
  Yes       1   1
```

예를 들어 두 명의 유권자는 두 질문에 하나도 대답하지 않았다.

객체 cttab은 table()의 결과값을 저장하므로 테이블 클래스가 될 것이다. 이에 대해서는 ?table을 입력해 문서를 확인해 보도록 하라. 하지만 이 클래스 내부에는 뭐가 들어있을까?

table 클래스의 객체 cttab의 구조를 살펴보자.

```
> ctu <- unclass(cttab)
> ctu
          Votes.for.X.Last.Time
Vote.for.X No Yes
  No        2   0
  Not Sure  0   1
  Yes       1   1
> class(ctu)
[1] "matrix"
```

객체에서 수를 센 부분은 행렬로 돼 있다. 이때 만약 데이터가 2개가 아닌 3개 이상의 질문에 대한 것이었다면, 보다 고차원의 배열이 됐을 것이다. 차원 및 각 열과 행의 이름 또한 포함돼 있다는 것을 기억하자. 이 내용들은 행렬에 합쳐져 있다.

unclass() 함수는 첫 단계에 사용하기 좋다. 만약 객체를 간단히 출력하고 싶다면 이 클래스에 대한 print() 함수의 덕을 볼 수 있겠지만, 이 경우 일부

정보가 빠지거나 간단한 내용은 생략되는 등의 문제가 생길 수 있다. 예제에서는 별 차이가 없어 보였지만, unclass()를 호출한 후 출력하면 이런 문제를 해결할 수 있다(앞의 9.1.1장에서 S3 제네릭 함수를 보면서 차이가 생기는 경우를 살펴봤다). str()은 같은 목적으로 사용하지만 보다 간편하게 쓸 수 있다.

하지만 unclass()를 객체에 적용하는 경우에도 결과값은 몇몇 기본 클래스 객체로 나온다는 것을 염두에 두자. 여기서 cttab은 table 클래스였으나, unclass(cttab) 역시 matrix 클래스다.

cttab을 생성한 라이브러리 함수인 table()의 코드를 살펴보자. 간단히 table을 입력해도 되지만 이 함수는 꽤 긴 함수로, 한 화면에 들어갈 수 없기 때문에 읽고 이해하기 전에 화면이 넘어가 버릴 것이다. page() 함수를 사용해 이런 문제를 해결할 수 있지만, 나는 edit()을 사용하는 것을 더 선호한다.

```
> edit(table)
```

이렇게 하면 텍스트 에디터에서 이 코드를 볼 수 있다. 이렇게 했을 때, 코드의 끝에서 다음과 같은 코드를 볼 수 있을 것이다.

```
y <- array(tabulate(bin, pd), dims, dimnames = dn)
class(y) <- "table"
y
```

아, 매우 재미있지 아니한가! 이는 table()이 어느 정도, 다른 함수 tabulate()를 덮어쓴다는 것을 보여준다. 하지만 여기서 더 중요한 것은 table 객체의 구조가 사실 매우 간단하다는 것이다. 사람 수로 된 배열에, 관련 클래스 속성들이 추가돼 이뤄진 것이다. 한 마디로 이는 근본적으로 배열이라는 것이다.

names() 함수는 객체의 구성 요소를 보여주고, attribute()는 여기에 클래스 이름 같은 속성을 조금 더 알려준다.

9.4.5 exists( ) 함수

exist()는 해당 인수로 입력 받은 객체가 있는지에 따라 TRUE 혹은 FALSE 값을 반환해 준다. 이때 인수에 반드시 따옴표를 붙여야 한다.

예를 들어 다음 코드는 acc 객체가 존재한다는 것을 알려준다.

```
> exists("acc")
[1] TRUE
```

왜 이 함수가 유용하게 쓰일까? 객체를 생성했는지 안 했는지, 그게 여전히 있는지 항상 알아야 할까? 반드시 필요하지는 않다. 만약 전 세계에서 사용하는 R의 CRAN 코드 저장소에서 사용하게 할 일반적인 목적의 코드를 작성한다면, 코드에서 특정 객체가 있는지 확인하는 절차가 필요할 것이다. 이때 만약 없을 경우에는 코드에서 생성해줘야 한다. 예를 들면, 9.4.3장에서 배운 것처럼 객체를 save()를 통해 저장한 후, load()를 이용해 R의 메모리 공간에 다시 불러올 수 있다. 만약 현재 객체가 없는 경우 이후에 해당 객체를 호출하는 일반적인 목적의 코드를 작성한다면, exist()를 호출해 현재 상태를 확인할 필요가 있다.

10_장

입력과 출력

대부분의 대학 프로그래밍 강의에서 쉽게 지나치는 주제 중 하나가 입력과 출력(I/O)에 관한 것이다. I/O는 실생활에서 사용되는 컴퓨터 프로그램에서 중심 역할을 담당한다. ATM(Automated Teller Machine)을 생각해 보자. 카드를 읽고 비밀번호를 치는 두 단계의 입력 과정을 통해 화면에 내용을 표시하고 영수증과 기계가 돈을 뱉어내는 가장 중요한 출력을 하지 않는가!

R은 ATM 동작과 관련된 도구는 아니지만, I/O 관련 기능을 매우 다양하게 배열할 수 있는 기능을 갖고 있다. 이 장에서는 이에 대해 다룬다. 일단 키보드와 모니터에 접근하는 기본적인 내용으로 시작해, 파일 디렉터리 검색을 포함한 파일 읽기와 쓰기와 관련된 내용에 대해 자세히 다룬다. 마지막으로 R에서 인터넷에 접근하는 내용에 대해서 다룰 것이다.

10.1 키보드와 모니터에 접근하기

R은 키보드와 모니터에 관련된 다양한 함수들을 제공하고 있다. 여기서는 scan(), readline(), print(), cat() 함수에 대해 살펴볼 것이다.

10.1.1 scan() 함수 사용하기

scan()을 사용해 숫자 혹은 문자로 된 벡터를 파일이나 키보드로부터 읽어 들일 수 있다. 거기에 약간의 수고만 더 하면, 리스트로부터 데이터를 읽어올 수도 있다.

z1.txt, z2.txt, z3.txt, z4.txt라는 파일이 있다고 하자. z1.txt에는 다음과 같은 내용이 들어있다.

```
123
4 5
6
```

z2.txt에는 다음과 같은 내용이 있다.

```
123
4.2 5
6
```

z3.txt에는 다음의 내용이 있다.

```
abc
de f
g
```

마지막으로 z4.txt 파일에는 다음의 내용이 있다.

```
abc
123 6
y
```

scan()을 이용해 이 파일들로 무엇을 할 수 있는지 살펴보자.

```
> scan("z1.txt")
Read 4 items
[1] 123 4 5 6
> scan("z2.txt")
Read 4 items
[1] 123.0 4.2 5.0 6.0
> scan("z3.txt")
Error in scan(file, what, nmax, sep, dec, quote, skip, nlines,
                na.strings, :
   scan() expected 'a real', got 'abc'
> scan("z3.txt",what="")
Read 4 items
[1] "abc" "de" "f" "g"
> scan("z4.txt",what="")
Read 4 items
[1] "abc" "123" "6" "y"
```

첫 번째 호출 내용을 보면 4개의 정수를 가진(물론 현재 숫자 형식이기는 하지만) 벡터가 나온다. 두 번째의 경우에는 숫자 하나가 정수가 아니므로 나머지도 소수 형태로 나타나게 된다.

세 번째의 경우에는 오류가 발생했다. scan()에는 what이라는 선택적 인수가 있는데, 이는 형식을 지정하는 것으로, 기본은 double로 돼 있다. 그러므로 z3에 있는 숫자가 아닌 값 때문에 오류가 발생하는 것이다. 그래서 what=""이라고 입력한 후 다시 실행해 보았다. 이는 what에 문자열을 할당해 문자열 모드를 사용한다고 알려준 것이다. 이때 what에 아무 문자열이나 넣어도 된다.

마지막 호출도 같은 식으로 실행됐다. 첫 번째 아이템이 문자열이기 때문에 나머지 모든 아이템들도 문자열로 처리됐다.

물론 보통 특정 변수에 scan()의 결과값을 할당한다. 다음 예제를 보자.

```
> v <- scan("z1.txt")
```

기본으로 scan()에서는 벡터의 아이템은 띄어쓰기나 줄 바꿈, 혹은 탭으로 구분됐다고 설정돼 있다. 다른 구분자를 사용하고 싶다면 선택적으로 sep 인수를 이용할 수 있다. 예를 들어 줄이 바뀔 때마다 문자열로 받고 싶다면, 다음처럼 하면 된다.

```
> x1 <- scan("z3.txt",what="")
Read 4 items
> x2 <- scan("z3.txt",what="",sep="\n")
Read 3 items
> x1
[1] "abc" "de"  "f"    "g"
> x2
[1] "abc"  "de f" "g"
> x1[2]
[1] "de"
> x2[2]
[1] "de f"
```

첫 번째의 경우 문자열 "de"와 "f"는 x1에 각각 다른 원소로 들어간다. 하지만 두 번째의 경우 x2의 원소들은 띄어쓰기가 아니라 줄 변경 문자로 구분하라고 지정했다. 그래서 같은 줄에 있는 "de"와 "f"는 한꺼번에 x2[2]에 들어간다.

파일을 한 번에 한 줄씩 읽는다든가 하는 좀더 복잡한 방법에 대해서는 이 장의 뒷부분에서 다룰 것이다. 하지만 전체 파일을 한 번에 읽고 싶다면, scan()을 사용하는 게 빠른 방법일 것이다.

scan()에 파일명 대신에 빈 문자열을 넣으면 키보드로부터 입력을 받을 수 있다.

```
> v <- scan("")
1: 12 5 13
4: 3 4 5
7: 8
8:
Read 7 items
> v
[1] 12  5 13  3  4  5  8
```

프롬프트에는 다음에 입력 받을 아이템에 대한 인덱스가 나타나고, 입력을 끝내기 위해서는 마지막을 빈 줄로 남겨놔야 한다는 것을 기억해 두자.

만약 scan()에서 읽어 들일 때 아이템 숫자가 나오는 것이 싫다면, quiet=TRUE라는 인수를 넣어주면 된다.

10.1.2 readline( ) 함수 사용하기

만약 키보드로부터 한 줄을 읽어 들이고 싶다면, `readline()`을 쓰는 것이 편할 것이다.

```
> w <- readline()
abc de f
> w
[1] "abc de f"
```

보통 `readline()`은 다음과 같이 프롬프트를 원하는 대로 입력해 사용한다.

```
> inits <- readline("type your initials:  ")
type your initials: NM
> inits
[1] "NM"
```

10.1.3 화면에 출력하기

인터랙티브 모드에서 간단히 변수명이나 식을 입력하면 해당 내용을 화면에 출력할 수 있다. 이를 함수 내에서 실행하면 동작하지 않을 것이다. 이런 경우에는 다음과 같이 `print()`를 사용해야 한다.

```
> x <- 1:3
> print(x^2)
[1] 1 4 9
```

`print()`가 제네릭 함수이므로 실제 호출되는 함수는 출력되는 클래스 객체에 따라 다르다는 것을 상기하자. 예를 들어 만약 `table` 클래스를 인수로 받았다면 `print.table()` 함수가 호출될 것이다.

예제에서 뒷부분처럼 식 하나에 결과값이 숫자인 것을 출력하는 경우라면, `print()`보다 `cat()`이 조금 더 나을 것이다. 다음 함수들의 결과를 비교해 보자.

```
> print("abc")
[1] "abc"
> cat("abc\n")
abc
```

cat() 호출 시에 줄 바꿈 문자 "\n"을 넣어줘야 한다는 것을 기억해 두자. 이게 없다면, 다음에 다른 내용을 호출해도 같은 줄에 이어서 나올 것이다.

cat()의 인수들은 띄어쓰기가 된 상태로 출력된다.

```
> x
[1] 1 2 3
> cat(x,"abc","de\n")
1 2 3 abc de
```

만약 변수 간 띄어지는 게 싫다면 sep을 다음처럼 빈 문자열 ""로 설정하자.

```
> cat(x,"abc","de\n",sep="")
123abcde
```

sep에는 어떤 문자열도 들어갈 수 있다. 다음 예제에서는 줄 바꿈 문자를 사용한다.

```
> cat(x,"abc","de\n",sep="\n")
1
2
3
abc
de
```

sep에는 다음처럼 문자열 벡터도 들어갈 수 있다.

```
> x <- c(5,12,13,8,88)
> cat(x,sep=c(".",".",".","\n","\n"))
5.12.13.8
88
```

10.2 파일 읽고 쓰기

앞에서 I/O에 대한 기본적인 내용을 살펴봤으니, 이제 파일을 읽고 쓰는 것에 대해 보다 실질적인 내용으로 들어가 보자. 이 장에서는 파일로부터 데이터 프레임이나 행렬을 읽고, 텍스트 파일을 처리하고, 원격으로 파일에 접속하고, 파일과 디렉터리 정보를 가져오는 것에 대해 다룬다.

10.2.1 파일에서 데이터 프레임이나 행렬 읽어오기

5.1.2장에서 데이터 프레임을 읽기 위해서 read.table() 함수를 사용하는 것에 대해 소개했다. 이에 대해 간단히 복습해 보자. 다음과 같은 파일 z가 있다고 하자.

```
name age
John 25
Mary 28
Jim 19
```

첫 번째 줄에는 열 이름을 지정해 주는 헤더를 포함하고 있다. 파일을 읽을 때 이런 내용을 지정해 줄 수 있다.

```
> z <- read.table("z",header=TRUE)
> z
 name age
1 John 25
2 Mary 28
3 Jim 19
```

이 파일에는 숫자와 문자 데이터가 섞여 있고 게다가 헤더까지 포함돼 있으므로 scan()은 여기서는 사용할 수 없다는 것을 기억해 두자.

파일 내의 행렬로 바로 읽어 들일 수는 없으나 다른 도구를 사용하여 손쉽게 할 수 있다. 이 간단하고 빠른 방법은 scan()을 사용해 행 단위로 행렬을 읽어오는 것이다. matrix()의 byrow 옵션을 사용해 행렬의 원소를 일반적으로 열 단위보다 주로 사용되는 방식인 행 단위로 지정할 수 있다.

예를 들어 파일 x에 5-3 행렬이 행 단위로 저장돼 있다고 하자.

```
1  0  1
1  1  1
1  1  0
1  1  0
0  0  1
```

이를 행렬에 다음처럼 읽어 들일 수 있다.

```
> x <- matrix(scan("x"),nrow=5,byrow=TRUE)
```

이는 매우 빠르고 한 번에 처리할 수 있지만, 일반적으로는 데이터 프레임을 반환하는 read.table()을 사용한 후에 이를 as.matrix()를 통해 변환한다. 다음은 이에 대한 일반적인 사용 방식이다.

```
read.matrix <- function(filename) {
  as.matrix(read.table(filename))
}
```

10.2.2 텍스트 파일 읽기

컴퓨터 문법에서는 '텍스트 파일'과 '바이너리 파일'은 종종 구분해 사용한다. 보통 잘못 읽어 들이게 될까 봐 이를 구분한다. 바이너리로 읽어 들일 경우 모든 파일은 0과 1로 이뤄진다. 여기서 '텍스트 파일'은 대부분 ASCII 문자로 이뤄진 파일이나 사람이 사용하는 한자 같은 문장들로 이뤄진 파일이라고 정의하자. 여기서는 후자를 주로 다루게 될 것이다. JPEG 이미지 파일이나 실행파일 같은 텍스트 파일이 아닌 경우를 보통 '바이너리 파일'이라고 부른다.

텍스트 파일을 읽어 들일 때에는 readlines()를 사용해 한 회에, 혹은 한 번의 실행으로 한 줄을 읽어 들일 수 있다. 예를 들어 파일 z1에 다음과 같은 내용이 있다고 하자.

```
John 25
Mary 28
Jim 19
```

이 파일을 다음과 같이 한 번에 읽어 들일 수 있다.

```
> z1 <- readLines("z1")
> z1
[1] "John 25" "Mary 28" "Jim 19"
```

각 줄이 문자열로 다루어지므로 반환값은 문자열로 이뤄진 벡터, 즉 문자 형식의 벡터가 된다. 이 벡터의 원소 하나는 한 줄을 읽은 결과로, 여기에는 3개의 원소가 생성된다.

이 대신 한 줄씩 읽어 들일 수도 있다. 이를 위해 처음에 커넥션을 생성해야 하는데, 이에 대해는 다음에 다룰 것이다.

10.2.3 커넥션 입문

'커넥션connection'은 다양한 종류의 I/O 연산에 사용되는 기본적인 메커니즘을 의미하는 R 용어다. 여기서는 파일 접속에 커넥션을 사용할 것이다.

커넥션은 file(), url(), 기타 R 함수를 호출할 때 생성된다. 이에 대한 함수의 리스트를 보고 싶다면, 다음을 입력해 보자.

```
> ?connection
```

이를 이용해 앞 장에서 소개했던 대로 z1 파일을 줄 단위로 다음과 같이 읽어 들일 수 있다.

```
> c <- file("z1","r")
> readLines(c,n=1)
[1] "John 25"
> readLines(c,n=1)
[1] "Mary 28"
> readLines(c,n=1)
[1] "Jim 19"
```

```
> readLines(c,n=1)
character(0)
```

커넥션을 연 후 결과값을 c에 지정한 후 인수 n=1로 설정해 파일을 한 번에 한 줄씩 읽게 했다. R이 파일의 끝EOF에 도달하면 빈 결과값을 반환한다. 그러므로 커넥션 설정 시에 현재의 파일에서 어느 위치를 읽고 있는지 기록하도록 할 필요가 있다.

코드에서는 다음과 같이 EOF를 감지할 수 있다.

```
> c <- file("z","r")
> while(TRUE) {
+    rl <- readLines(c,n=1)
+    if (length(rl) == 0) {
+       print("reached the end")
+       break
+    } else print(rl)
+ }
[1] "John 25"
[1] "Mary 28"
[1] "Jim 19"
[1] "reached the end"
```

만약 파일의 처음으로 돌아가기 위해 '되감고' 싶다면 seek()을 사용한다.

```
> c <- file("z1","r")
> readLines(c,n=2)
[1] "John 25" "Mary 28"
> seek(con=c,where=0)
[1] 16
> readLines(c,n=1)
[1] "John 25"
```

seek()에서 where=0이라는 인수는 파일 포인터가 파일 시작으로부터 0개의 문자를 지난 곳에 위치하도록 하는 것이다. 즉 시작점 말이다.

함수를 호출하면 16을 반환하는데, 이는 이 함수를 호출하기 직전에 파일 포인터는 16의 위치에 있다는 뜻이다. 이는 맞는 말이다. 첫 번째 줄은 John 25 에다 파일 끝을 의미하는 문자까지 총 8개의 문자로 이뤄졌고, 두 번째 줄도 마찬가지다. 그러므로 처음 두 줄을 읽고 나면 16의 위치에 있는 것이다.

close()를 호출해 커넥션을 종료할 수 있다. 이 함수를 사용하면 시스템에 현재 파일에 쓰고 있던 작업이 끝났으니 이를 디스크에 저장하라고 알려준다. 다른 예제로서 인터넷의 클라이언트/서버 관계(10.3.1장 참고)에서, 클라이언트에서 close()를 사용해 서버에 클라이언트가 로그아웃한다고 알려준다.

10.2.4 확장 예제: PUMS 통계 파일

미국 인구 조사국에서는 공공 목적으로 사용 가능한 실 데이터 샘플PUMS, Public Use Microdata Samples 형태로 인구 통계 데이터를 공개하고 있다. 여기서 '실 데이터microdata'는 실제 데이터로 각 데이터는 통계적 요약 데이터가 아닌 사람에 대한 실제 데이터라는 뜻이다. 데이터에는 매우 많은 변수들이 포함돼 있다.

데이터는 가계별로 정리돼 있다. 각 단위별로 처음에는 가계의 다양한 성격을 알려주는 Household 데이터가 있고, 그 다음 가계별 사람에 대한 레코드인 Person이 나온다. 문자를 1부터 센다고 했을 때, Household의 106과 107번째에 위치하는 문자는 가계별 Person의 레코드가 몇 개인지 알려준다. 이때 만약 어떤 기관을 가계로 다루는 경우, 이 숫자는 매우 커질 수 있다.

데이터의 통일성을 유지하기 위해, 첫 번째 문자는 Household나 Person 레코드임을 표시하는 H나 P다. 그러므로 만약 H를 읽고 이 가계에 3명의 사람이 포함돼 있음을 알게 되면, 다음에 나올 세 레코드는 P로 시작할 것이다. 그 이후에 다시 H로 시작하는 레코드가 나올 것이다. 만약 아니라면 오류가 난 것이다.

테스트 파일은 2000년의 데이터 중 1%인 1000개의 레코드를 다룬 것이다. 처음 몇 줄의 레코드는 다음과 같다.

```
H000019510649        06010            99979997  70                                                      631973
15758    5996765843665000001200000 0 0 0 0 0 0 0 0 0 0 0 0 0        0    0    0
0    0 0 0      0 0      0 0000 0    0    0  0 0     00000000000000000000000000000
0000000000000000000000000000
P0000195010001092300042019001011000001014705060020601109999990420000 0040010000
00300280      28600  70      9997      999720202020202022000004000000000000006000000
        00000  00      0000      000000000000000132241057904MS      476041-20311010310
0700004901000000000900100000100000100000100000100000100013901000049000
H000040710649        06010 99979997  70                                                              631973
15758    5996765843653008002000003001060605030101010102010 01200006000000100001
00600020 0      0 0      0 0000 0    0    0            02000102010102200000000010750
02321125100004000000040000
P0000407010000530100010380010110000010147030400100009005199901200000 0006010000
00100000      00000 00      0000      0000202020202020220000040000000000000001000060
        06010  70      9997      999701010049001000000010187032210      770051-10111010500
40004000000000000000000000000000000000000000000000000000000004000000040000349
P0000407020000530301101014001011000001014705000020400405199901200000 0006010000
00100000      00000 00      0000      000020202020 0 020000000000000000000000000050000
        00000  00      0000      00000000000000000000000000000000000000000-00000000000
000      0      0      0      0      0      0      0      0        00000000349
H000061010649        06010            99979997  70                                                      631973
15758    5996765843608011901000002002040305020101010102010 0077004800006400000 1
1    0 030      0 0      0 0340 00660000000170 0        060100000000004410039601000000
0002110000000494000000000000
```

데이터는 포함하는 범위가 매우 넓다. 각 레코드가 위 페이지에서 네 줄씩을 차지한다.

PUMS 파일을 읽고 Person 레코드가 기록된 데이터 프레임을 만드는 함수 extractpums()를 생성할 것이다. 사용자는 파일 이름을 직접 정할 수 있고, 추출하고자 하는 필드명을 지정해 이를 나열할 수도 있다.

또한 가계별 시리얼 번호를 기록할 것이다. 이를 기록해 두면 같은 가계 내의 사람들이 연관돼 있음을 알 수 있고, 이를 통계 모델을 가정할 때 추가할 수 있어서 도움이 된다. 또한 가계 데이터는 중요한 공변수를 알려준다. 후자의 경우 공변수 데이터 역시 알아둘 필요가 있다.

함수 코드를 보기 전에 함수가 무엇을 하는지 살펴보자. 이 데이터 세트에서, 성별은 23열에 나오고 나이는 25열과 26열에 나온다. 이 예제에서 파일 이름은 pumsa이다. 다음 함수는 두 변수로 된 데이터 프레임을 생성한다.

```
pumsdf <- extractpums("pumsa",list(Gender=c(23,23),Age=c(25,26)))
```

결과 데이터 프레임에도 동일하게 열 이름을 기록해야 한다는 전제를 염두에
두자. 원한다면 열 이름을 Sex나 Ancientness 등 다른 이름을 부여할 수 있다.
다음은 데이터 프레임의 앞 부분이다.

```
> head(pumsdf)
  serno Gender Age
2   195      2  19
3   407      1  38
4   407      1  14
5   610      2  65
6  1609      1  50
7  1609      2  49
```

다음은 extractpums()의 코드다.

```
 1  # PUMS 파일 pf를 읽어서 Person 레코드를 추출한 후 데이터 프레임으로 반환함
 2  # 결과의 각 행은 Household 시리얼 번호와
 3  # 리스트에 정의된 필드들로 구성된다.
 4  # 데이터 프레임의 열은 필드별 인덱스명을 갖는다.
 5
 6  extractpums <- function(pf,flds) {
 7     dtf <- data.frame() # 데이터 프레임 생성
 8     con <- file(pf,"r") # 커넥션
 9     # 입력 파일 처리
10     repeat {
11        hrec <- readLines(con,1) # Household 데이터를 읽음
12        if (length(hrec) == 0) break # 파일의 끝인 경우 반복문에서 벗어남
13        # 가계 시리얼 번호를 가져옴
14        serno <- intextract(hrec,c(2,8))
15        # 얼마나 많은 Person 데이터가 있는가?
16        npr <- intextract(hrec,c(106,107))
17        if (npr > 0)
18           for (i in 1:npr) {
19           prec <- readLines(con,1) # Person 데이터를 가져옴
20           # 데이터 프레임에 이 사람에 대한 데이터 행을 넣음
21           person <- makerow(serno,prec,flds)
22           # 데이터 프레임에 추가
23           dtf <- rbind(dtf,person)
24           }
```

```
25    }
26    return(dtf)
27  }
28
29  # 데이터 프레임에 이 사람에 대한 데이터를 설정함
30  makerow <- function(srn,pr,fl) {
31    l <- list()
32    l[["serno"]] <- srn
33    for (nm in names(fl)) {
34      l[[nm]] <- intextract(pr,fl[[nm]])
35    }
36    return(l)
37  }
38
39  # 문자열 s에서 문자의 위치를 찾는 정수형 필드를 추출함
40  # rng[2]를 기준으로 rng[1]을 찾아냄
41  intextract <- function(s,rng) {
42    fld <- substr(s,rng[1],rng[2])
43    return(as.integer(fld))
44  }
```

이 코드가 어떻게 동작하는지 살펴보자. extractpums()에서는 처음에 빈 데이터 프레임을 만들고 PUMS 파일을 읽을 커넥션을 설정한다.

```
dtf <- data.frame() # 데이터 프레임 생성
con <- file(pf,"r") # 커넥션
```

코드의 본문은 repeat로 이루어진 반복문으로 돼 있다.

```
repeat {
   hrec <- readLines(con,1) # Household 데이터를 읽음
   if (length(hrec) == 0) break # 파일의 끝인 경우 반복문에서 벗어남
   # 가계 시리얼 번호를 가져옴
   serno <- intextract(hrec,c(2,8))
   # 얼마나 많은 Person 데이터가 있는가?
   npr <- intextract(hrec,c(106,107))
   if (npr > 0)
      for (i in 1:npr) {
      ...
      }
}
```

이 반복문은 입력 파일이 끝날 때까지 돌게 된다. 그러므로 코드에서 보듯이 Household 데이터의 남은 레코드가 0이 될 때까지 코드가 데이터를 읽게 된다.

repeat 반복문 내에서는 Household 레코드와 관련된 Person 레코드를 읽는다. 이 레코드의 16번째와 107번째 열에서 현재 Houshold 레코드에 해당하는 Person 레코드의 수를 추출해 npr에 저장한다. intextract()이라는 함수를 호출하면 이 데이터가 추출된다.

이후 for 문에서 Person 레코드를 하나하나 읽는다. 각각 결과 데이터 프레임의 적재적소의 행에 배치한 후 이를 rbind()를 사용해 결합한다.

```
for (i in 1:npr) {
    prec <- readLines(con,1)  # Person 데이터를 가져옴
    # 데이터 프레임에 이 사람에 대한 데이터 행을 넣음
    person <- makerow(serno,prec,flds)
    # 데이터 프레임에 추가
    dtf <- rbind(dtf,person)
}
```

makerow()에서 주어진 사람을 추가할 행을 어떻게 만드는지 확인해 두자. 여기서 가계의 시리얼 번호를 저장할 형식 인수는 srn이고, 주어진 Person 레코드를 기록하는 형식 인수는 pr이다. 이때 변수명과 필드명의 리스트는 fl에 저장돼 있다.

```
makerow <- function(srn,pr,fl) {
    l <- list()
    l[["serno"]] <- srn
    for (nm in names(fl)) {
        l[[nm]] <- intextract(pr,fl[[nm]])
    }
    return(l)
}
```

예를 들어 다음과 같이 호출했다고 가정하자.

```
pumsdf <- extractpums("pumsa",list(Gender=c(23,23),Age=c(25,26)))
```

makerow()가 실행되면, f1은 Gender와 Age라는 이름의 두 원소를 가진 리스트가 된다. 현재 Person 레코드가 들어있는 문자열 pr에는 23번째 열에 Gender가 들어있고 25열과 26열에는 Age라는 열이 있다. 이 숫자들을 알아내기 위해 intextract()를 호출한다.

intextract() 함수 자체는 문자열 "12"를 숫자 12로 변환하는 식으로, 바로 문자를 숫자로 변환하는 기능을 한다.

만약 Household 기록이 없었다면, 이 모든 과정을 R의 간단한 내장 함수 read.fwf()를 사용해 쉽게 할 수 있음을 알아두자. 이 함수의 이름은 '폭이 정해진 데이터를 읽기read fixed-width formatted'의 약자로, 각 변수가 레코드 내에서 주어진 문자열 길이만큼 저장돼 있다는 것을 알려준다. 간단히 말해 이 함수는 intextract()를 작성할 수고를 덜어준다.

10.2.5 URL을 통해 원격으로 파일에 접속하기

read.table()이나 scan() 같은 일반적인 I/O 함수들은 웹 URL을 인수로 받을 수 있다. 이때 주로 사용하는 함수도 이 기능을 할 수 있는지 알고 싶다면 R의 온라인 도움말을 확인해 보자.

예를 들어 얼바인의 캘리포니아 대학에서 제공하는 데이터 세트(http://archive.ics.uci.edu/ml/datasets.html) 중 Echocardiogram에서 일부 데이터를 읽어 들일 것이다. 링크를 탐색한 후 파일의 위치를 찾아 이 파일을 R에 읽어 들이는 과정은 다음과 같다.

```
> uci <- "http://archive.ics.uci.edu/ml/machine-learning-databases/"
> uci <- paste(uci,"echocardiogram/echocardiogram.data",sep="")
> ecc <- read.csv(uci)
```

(여기서 URL은 미리 검색해 놓았다.)

다운로드된 데이터를 확인하자.

```
> head(ecc)
  X11 X0 X71 X0.1 X0.260     X9 X4.600  X14    X1   X1.1 name X1.2 X0.2
1  19  0  72    0 0.380       6  4.100   14 1.700  0.588 name    1    0
2  16  0  55    0 0.260       4  3.420   14     1      1 name    1    0
3  57  0  60    0 0.253 12.062  4.603   16 1.450  0.788 name    1    0
4  19  1  57    0 0.160      22  5.750   18 2.250  0.571 name    1    0
5  26  0  68    0 0.260       5  4.310   12     1  0.857 name    1    0
6  13  0  62    0 0.230      31  5.430 22.5 1.875  0.857 name    1    0
```

이제 이 데이터로 분석할 수 있다. 예를 들어 세 번째 열은 나이이므로, 이 데이터에서 나이의 평균이나 다른 통계치를 낼 수 있다. 전체 변수에 대해서는 http://archive.ics.uci.edu/ml/machine-learningdatabases/echocardiogram/echocardiogram.names에서 echocardiogram.names 페이지를 확인하자.

10.2.6 파일에 쓰기

R이 통계 기반 언어이다 보니, 아마도 파일을 읽는 것이 파일에 쓰는 것보다 훨씬 자주 사용될 것이다. 하지만 쓰는 것 역시 필요한 경우가 있으므로 이 장에서 파일에 쓰는 방법에 대해 소개한다.

write.table()은 데이터 프레임을 읽는 것이 아니라 쓴다는 것만 제외하면 read.table()과 매우 비슷하다. 예를 들어 5장 초반에서 다뤘던 잭과 질의 예제를 살펴보자.

```
> kids <- c("Jack","Jill")
> ages <- c(12,10)
> d <- data.frame(kids,ages,stringsAsFactors=FALSE)
> d
  kids ages
1 Jack   12
2 Jill   10
> write.table(d,"kds")
```

kds 파일에는 다음과 같은 내용들이 들어간다.

```
"kids" "ages"
"1"   "Jack" 12
"2"   "Jill"  10
```

파일에 행렬을 쓰는 경우 열과 행 이름을 쓰고 싶지 않다면 다음과 같이 명시해 주면 된다.

```
> write.table(xc,"xcnew",row.names=FALSE,col.names=FALSE)
```

cat() 함수 역시 한 번에 한 부분을 파일에 기록해 주는 데에 사용할 수 있다. 다음 예제를 보자.

```
> cat("abc\n",file="u")
> cat("de\n",file="u",append=TRUE)
```

처음에 cat()을 호출하면 abc라는 한 줄의 내용이 들어간 파일 u를 생성한다. 두 번째 호출에서는 이 파일에 두 번째 줄을 붙인다. writeLines()와는 달리(이에 대해서는 뒤에서 다룸), 각 문장 수행 후 자동적으로 파일이 저장된다. 예를 들어 그 이후 파일은 다음과 같을 것이다.

```
abc
de
```

물론 한 번에 여러 필드를 기록할 수도 있다.

```
> cat(file="v",1,2,"xyz\n")
```

그러므로 이 경우에 파일 v는 다음과 같이 한 줄로 이뤄져 있을 것이다.

```
1 2 xyz
```

readLines()에 대응되는 writeLines()를 사용할 수도 있다. 만약 커넥션을 사용한다면, 파일을 읽는 것이 아니라 쓴다고 알려주기 위해 "w"를 명시한다.

```
> c <- file("www","w")
> writeLines(c("abc","de","f"),c)
> close(c)
```

파일 www에는 다음과 같은 내용이 들어 있을 것이다.

```
abc
de
f
```

이때 파일을 닫아줘야 한다는 것을 기억해 두자.

10.2.7 파일과 디렉터리 정보 얻기

R에는 파일 접근 권한 등의 설정을 위해 디렉터리와 파일의 정보를 가져오기 위한 다양한 함수들이 있다. 다음은 이 중 일부의 예다.

- file.info(): 인수에 들어있는 문자 벡터를 이름으로 갖는 파일에 대해 파일 크기, 생성 시각, 디렉터리/일반 파일 여부 등의 정보를 가져온다.
- dir(): 첫 번째 인수에 명기된 디렉터리의 파일명 리스트를 문자열로 벡터화해 반환한다. 추가로 recursive=TRUE를 명시해줄 경우 결과값으로 첫 번째 인수의 디렉터리의 하위 디렉터리 전체를 보여준다.
- file.exists(): 첫 번째 인수의 문자 벡터로 된 이름의 파일이 존재하는지 여부를 알려주는 불리언 벡터를 반환한다.
- getwd(), setwd(): 현재 디렉터리를 알려주거나 바꾸는 데 사용한다.

파일과 디렉터리 관련 함수 전체를 보고 싶다면 다음과 같이 입력한다.

```
> ?files
```

이 중 일부는 다음 예제에서 소개할 것이다.

10.2.8 확장 예제: 많은 파일의 내용의 합

여기서는 디렉터리 트리 내의 모든 파일의 내용(숫자만 들어있다고 가정함)의 합을 찾는 함수를 개발할 것이다. 예제에서 디렉터리 dir1에는 filea와 fileb라는 파일이 들어 있고, 하위 디렉터리 dir2에는 filec가 들어 있다. 각 파일에는 다음과 같은 내용이 들어 있다.

- filea: 5, 12, 13
- fileb: 3, 4, 5
- filec: 24, 25, 7

dir1이 현재 디렉터리라면, sumtree("dir1")을 호출하면 이 모든 숫자를 더한 값인 98이 나올 것이다. 아닌 경우라면 dir1의 전체 경로를 sumtree("/home/nm/dir1")처럼 명시해 줘야 한다. 이에 대한 코드는 다음과 같다.

```
1 sumtree <- function(drtr) {
2    tot <- 0
3    # 트리 내의 모든 파일의 이름을 가져온다
4    fls <- dir(drtr,recursive=TRUE)
5    for (f in fls) {
6       # is f a directory?
7       f <- file.path(drtr,f)
8       if (!file.info(f)$isdir) {
9          tot <- tot + sum(scan(f,quiet=TRUE))
10      }
11   }
12   return(tot)
13 }
```

이 문제에는 7.9장에서 다뤘던 재귀적 성격이 기본으로 포함돼 있다. 하지만 여기서는 R은 dir()의 옵션에 재귀를 명기해 주는 것으로 이를 처리한다. 그래서 디렉터리 트리의 다양한 하위 레벨에서 파일을 찾기 위해 코드의 4번째 줄에 recursive=TRUE라고 설정한다.

file.info()를 호출해 현재 파일 이름 f가 drtr과 관련됐는지를 확인한다. 여기서 파일 filea는 dir1/filea를 의미한다. 경로명을 만들어 주기 위해 drtr

과 '/'와 filea를 붙인다. 이때 R의 문자열 결합 함수 paste()를 사용할 수 있지만, 윈도우의 경우에는 경로명에 '/' 대신 '\'를 사용하는 문제가 있다. 하지만 file.path()를 사용하면 이런 문제를 모두 해결할 수 있다.

다음으로 코드 8번째에 대해 몇 가지 설명을 할 차례다. file.info()는 각 행에 각 파일이 할당돼 행 이름이 파일명으로 돼 있고, isdir이라는 열을 가진 데이터 프레임 f에 대한 정보를 반환한다. 이 열은 각 파일이 디렉터리인지에 대한 여부가 불리언값으로 표시돼 있다. 그러므로 코드의 8번째 줄에서 현재 파일 f가 디렉터리인지 아닌지 알 수 있다. f가 일반 파일이라면 코드가 계속 진행되고 내용은 전체 합에 더해진다.

10.3 인터넷에 접근하기

R의 소켓 관련 기능을 사용하여 프로그래머가 인터넷의 TCP/IP 프로토콜에 접근할 수 있다. 이 프로토콜에 익숙하지 않은 독자를 위해 TCP/IP에 대해 간략히 살펴본다.

10.3.1 TCP/IP 개요

TCP/IP는 꽤 복잡하다. 여기서 다룰 기본적인 내용은 어떻게 보면 너무 단순화한 측면이 있을지도 모르지만, R의 소켓 함수의 기능을 이해하는 데에는 충분할 정도는 될 것이다.

여기서 사용할 '네트워크'라는 단어는 인터넷으로 연결된 게 아닌, 내부적으로 여러 컴퓨터들이 연결된 것을 의미한다. 이런 경우는 보통 집에 있는 컴퓨터들이나 작은 기업체의 컴퓨터들로 이루어져 있다. 이들 사이에 물리적으로 위치한 것은 보통 몇 가지 형태의 이더넷Ethernet 네트워크가 사용된다.

인터넷은 이름 자체가 의미하는 대로, 네트워크 간 연결을 의미한다. 인터넷의 네트워크는 두 개 이상의 네트워크를 연결해주는 특정한 목적으로 사용되는 컴퓨터의 일종인 '라우터'를 통해 한 개 이상의 네트워크가 연결돼 있다.

인터넷의 모든 컴퓨터는 인터넷 프로토콜IP, Internet Protocol 주소를 갖는다. 이는 숫자로 돼 있지만 www.google.com 같이 도메인 이름 서비스를 통해 숫자로 된 주소를 문자로 나타낼 수도 있다.

그러나 IP 주소만으로는 충분하지 않다. A가 B에게 메시지를 보낼 때, B가 인터넷 메시지를 받을 수 있는 방법으로는 웹 브라우징, 이메일 서비스 등 여러 애플리케이션이 있다. B의 OS가 A가 보낸 메시지를 어떻게 열어야 할지 알 수 있을까? 답은 A가 IP 주소에 포트 번호를 명시해 주는 것이다. 포트 번호는 B의 프로그램 중 어떤 것이 해당 메시지에 응답할지 알려주는 역할을 한다. 또한 A 역시 포트 번호를 사용해 B의 답장을 정확하게 받을 수 있다.

A가 B에게 무언가를 보낼 때는, 파일에 쓰는 것과 문법적으로는 유사한 방식인 '소켓'을 사용한 소프트웨어 종류를 사용하게 된다. 소켓을 호출하면, A는 보내고자 하는 B의 IP 주소와 포트 번호를 명시해 준다. B 역시 소켓을 갖고 있으므로 해당 소켓을 사용해 A에게 응답을 보낸다. 이를 A와 B 사이에 소켓으로 '커넥션'이 이뤄졌다고 말한다. 하지만 물리적으로 변화가 생긴 것은 아니고, 단순히 A와 B 사이에 데이터를 교환하기로 합의된 것으로 보면 된다.

관련 응용 프로그램들은 클라이언트/서버 모델을 따르고 있다. B에서는 기본 웹 포트인 80 포트에서 웹 서버가 돌고 있다고 하자. B의 서버는 80번 포트에 '귀를 기울이고' 있다. 다시 말하지만 이 단어를 문자 그대로 받아들이면 곤란하다. 이는 단순히 서버 프로그램이 80번 포트에 커넥션이 생기는지, OS에서 감지하기 위한 함수를 호출한다는 의미다. A의 네트워크 노드에 커넥션이 들어오면, 서버에서 호출한 함수값이 날아오고 커넥션이 생성된다.

만약 권한이 없어서 이런 서버 프로그램을 쓸 수 없다면, 1024보다 큰 포트 번호를 할당 받아야 한다.

> **노트** 서버 프로그램이 다운됐거나 깨졌다면 같은 포트를 다시 사용할 때 몇 초 정도 지연되는 현상이 발생할 수 있다.

10.3.2 R의 소켓

명심해 뒤야 할 매우 중요한 점은 커넥션이 존재하는 시간 안에 A가 B로 보내는 모든 바이트는 '하나의 거대한 메시지'로 뭉뚱그려진다는 것이다. A가 8개의 문자로 된 한 줄의 텍스트를 보내고 20개의 문자로 다음 줄을 보냈다고 하자. A가 보기에는 두 줄의 메시지를 보낸 것이지만, TCP/IP에서는 단순히 아직 완성되지 않은 28개의 문자일 뿐이다. 긴 메시지를 여러 줄로 나누려면 약간의 추가 작업이 더 필요하다. R은 이를 위해 다음 내용을 포함하는 다양한 함수를 제공한다.

- readlines(), writeLines(): 이 함수들을 사용하면 실제로는 그렇게 동작하지 않겠지만 TCP/IP에서 메시지를 줄별로 보낼 수 있는 프로그램을 짤 수 있다. 만약 줄별로 사용해야 할 프로그램을 만들어야 한다면, 이 두 함수가 꽤 유용할 것이다.
- serialize(), unserialize(): 이 함수들을 사용해 행렬이나 통계 함수로부터 나온 복잡한 결과값 같은 R 객체를 전송할 수 있다. R 객체를 보낼 때 문자열 형태로 바뀌어서 전송되며 받은 후 이를 다시 원래의 객체 형태로 변환한다.
- readBin(), writeBin(): 바이너리 형태로 데이터를 전송할 때 사용하는 함수다(10.2.2장 서두의 용어 설명을 상기 바람).

각 함수들은 R 커넥션에서 동작하며, 다음 예제에서 살펴볼 것이다.

각 작업에 대해 적합한 함수를 선택해 사용하는 것이 매우 중요하다. 예를 들어 만약 긴 벡터를 사용한다면, serialize()와 unserialize()를 사용하면 좀 더 편하겠지만 시간을 더 소모할 것이다. 이를 사용하면 숫자도 문자로 변환돼야 하는데, 문자는 보통 전송 시간이 더 오래 걸리기 때문이다.

다음은 또 다른 R의 소켓 관련 함수다.

- `socketConnection()`: 이 함수는 소켓을 사용해 R 커넥션을 생성한다. `port` 인수에 포트 번호를 명시하고 `server` 인수를 `TRUE` 혹은 `FALSE`라고 설정해 생성할 쪽이 서버인지 클라이언트인지 명확히 해야 한다. 클라이언트의 경우 `host` 인수에 서버의 IP 주소를 기록해야 한다.
- `socketSelect()`: 서버가 여러 클라이언트와 연결될 때 유용한 함수다. 주요 인수인 `socklist`에는 커넥션의 리스트가 들어 있고, 결과값으로 서버에서 데이터를 읽을 준비가 된 커넥션 리스트를 반환한다.

10.3.3 확장 예제: 병렬처리 R 구현하기

일부 통계 분석에는 시간이 매우 오래 소요되기 때문에 여러 R 프로세스가 주어진 일을 수행하는 '병렬 처리 R$_{parallel R}$'에 대한 관심이 조금씩 생겨났다. '병렬 처리로 가야 하는' 다른 이유로는 메모리 한계가 있다. 한 대의 기계에서는 한 번에 주어진 일을 처리할 메모리가 충분하지 않으므로, 여러 방법을 통해 다양한 기계에서 메모리를 공유할 수 있다면 도움이 될 것이다. 16장에서는 이 중요한 문제에 대해 간단히 소개한다.

소켓은 여러 병렬 R 패키지에서 핵심적인 역할을 한다. 서로 협력할 R 프로세스는 같은 기계에서 돌 수도 있고 다른 기계에서 돌 수도 있다. 후자의 경우 혹은 전자에서도 병렬 처리를 구현하는 가장 자연스러운 방법은 R 소켓을 사용하는 것이다. snow 패키지를 사용하거나 내가 작성한 Rdsm 패키지를 사용하는 것이 다음과 같은 이유로 한 가지 방법이 될 수 있다. 두 패키지는 R의 코드 저장소인 CRAN에서 사용 가능하다. 자세한 것은 책의 참조 부분을 살펴보자.

- snow에서 서버는 작업을 클라이언트로 보낸다. 클라이언트에서는 해당 작업을 실행한 후 결과를 서버로 보내고, 서버에서 해당 결과를 조합한다. `serialize()`와 `unserialize()`를 통해 데이터가 오가며, 어떤 클라이언트가 결과값을 보낼 준비가 됐는지 판단하는 데에 `socketSelect()`을 사용한다.

- Rdsm은 가상 공유 메모리 패러다임을 구현해 서버는 공유 변수를 저장하는 데에 사용된다. 클라이언트는 공유 변수가 필요할 때마다 서버에 접속한다. 속도의 최적화를 위해 서버와 클라이언트 간의 커뮤니케이션은 serialize()와 unserialize() 대신 readBin()과 writeBin()을 사용한다.

Rdsm의 소켓 관련 세부 내용을 살펴보자. 우선 다음은 클라이언트와 커넥션을 설정하고, cons라는 리스트를 서버에 저장하는 서버 코드다. 이때 ncon은 클라이언트다.

```
1 # 클라이언트와 소켓 커넥션을 설정함
2 #
3 cons <<- vector(mode="list",length=ncon)  # 커넥션 리스트
4 # 디버그나 무리한 처리로 커넥션이 죽는 것을 방지함
5 options("timeout"=10000)
6 for (i in 1:ncon) {
7    cons[[i]] <<-
8        socketConnection(port=port,server=TRUE,blocking=TRUE,
           open="a+b")
9    # 클라이언트 i로부터 응답을 기다림
10   checkin <- unserialize(cons[[i]])
11 }
12 # ACK를 전송함
13 for (i in 1:ncon) {
14    # 클라이언트에게 ID 번호와 그룹의 크기를 전송함
15    serialize(c(i,ncon),cons[[i]])
16 }
```

클라이언트 메시지와 서버에 대한 정보는 짧은 메시지이므로, 이런 목적에는 serialize()와 unserialize()면 충분하다.

서버의 주 반복문의 첫 번째 부분은 준비 상태가 된 클라이언트를 찾고 거기서 메시지를 읽어오는 것이다.

```
1 repeat {
2    # 아직 클라이언트가 있는가?
3    if (remainingclients == 0) break
4    # 서비스 응답을 기다린 후 데이터를 읽어온다.
```

```
 5    # 지연된 클라이언트 응답을 모두 찾는다.
 6    rdy <- which(socketSelect(cons))
 7    # 하나를 고른다
 8    j <- sample(1:length(rdy),1)
 9    con <- cons[[rdy[j]]]
10    # 클라이언트의 응답을 읽는다.
11    req <- unserialize(con)
```

여기서도 클라이언트가 어떤 종류의 연산을 수행했는지에 대한 응답(보통은 공유 변수를 읽거나 쓰는 연산임)으로, 짧은 메시지이므로 serialize()와 unserialize()면 충분하다. 하지만 공유 변수 자체를 읽고 쓰는 작업은 readBin()과 writeBin() 함수를 사용하는 것이 더 빠르다. 쓰는 부분은 다음과 같다.

```
# 실수형 중 정수형 형식의 md를 커넥션 cn을 사용해 데이터 dt에 기록한다.
binwrite <- function(dt,md,cn) {
    writeBin(dt,con=cn)
```

다음은 읽는 부분이다.

```
# 실수형 중 정수형 형식의 md의 원소 sz를 커넥션 cn을 통해 읽어온다.
binread <- function(cn,md,sz) {
    return(readBin(con=cn,what=md,n=sz))
```

클라이언트 쪽의 커넥션 설정 코드는 다음과 같다.

```
1 options("timeout"=10000)
2 # 서버에 접속한다.
3 con <- socketConnection(host=host,port=port,blocking=TRUE,
      open="a+b")
4 serialize(list(req="checking in"),con)
5 # 서버로부터 클라이언트의 ID와 전체 클라이언트의 수를 받아온다.
6 myidandnclnt <- unserialize(con)
7 myinfo <<-
8    list(con=con,myid=myidandnclnt[1],nclnt=myidandnclnt[2])
```

서버에 읽고 쓰는 코드는 앞의 서버 예제와 비슷하다.

11장

장

문자열 처리

R이 숫자로 된 벡터와 행렬을 사용하는 통계 언어이지만 R에서 문자열 역시 매우 중요하다. 의료 연구 데이터 파일에 저장된 생일부터 텍스트 마이닝 프로그램에 이르기까지, 문자 데이터는 R 프로그램에서 꽤 자주 나타난다. 따라서 R에는 문자열을 처리할 수 있는 많은 함수를 가지고 있고, 이 중 상당수를 이 장에서 소개한다.

11.1 문자열 처리 함수 개요

여기서는 R이 제공하는 많은 문자열 함수 중 일부만 간단히 확인할 것이다. 이 장에서는 함수를 호출할 때 매우 단순한 형태로만 사용할 것이므로, 많은 선택적 인수는 보통 생략된다는 것을 염두에 두자. 이 인수들은 이 장의 뒷부분의 확장 예제에서 일부 다루겠지만, 보다 자세한 내용을 위해 R의 온라인 도움말을 확인하자.

11.1.1 grep( )

grep(pattern,x)는 문자열 벡터 x에서 특정 부분 문자열 pattern을 찾기 위해 호출한다. 만약 x가 n개의 원소(문자열)를 갖고 있다면, grep(pattern,x)는 크기가 n인 벡터를 보여줄 것이다. 결과값 벡터의 각 원소는 부분 문자열로서 pattern이 있는 x[i]에 대한 x의 인덱스가 된다.

다음은 grep을 사용한 예제다.

```
> grep("Pole",c("Equator","North Pole","South Pole"))
[1] 2 3
> grep("pole",c("Equator","North Pole","South Pole"))
integer(0)
```

첫 번째의 경우 "Pole" 문자열은 두 번째 인수의 2번째와 3번째 원소에서 나타나므로, 결과는 (2,3)이 된다. 두 번째의 경우 문자열 "Pole"은 아무 데도 없으므로 빈 벡터가 반환된다.

11.1.2 nchar( )

nchar(x)는 x의 길이를 알려준다. 다음 예제를 보자.

```
> nchar("South Pole")
[1] 10
```

문자열 "South Pole"은 10개의 문자를 가진 것을 알 수 있다. C 프로그래머라면 R에서 문자열이 종료될 경우 따로 널 문자가 없다는 사실을 기억해 두자.

또한 만약 x가 문자 형식이 아니라면 nchar()의 결과값을 알 수 없음 역시 기억해두자. 예를 들어 nchar(NA)는 2이고, nchar(factor("abc"))는 1이다. 문자열이 아닌 객체에 대해 보다 일관성 있는 결과를 얻고 싶다면 CRAN에서 해들리 위컴이 만든 stringr 패키지를 다운로드 받아 사용하라.

11.1.3 paste()

paste(...)는 여러 문자열을 하나의 긴 문자열로 합쳐준다. 다음 예제를 보자.

```
> paste("North","Pole")
[1] "North Pole"
> paste("North","Pole",sep="")
[1] "NorthPole"
> paste("North","Pole",sep=".")
[1] "North.Pole"
> paste("North","and","South","Poles")
[1] "North and South Poles"
```

예제에서 선택 인수 sep는 문자열 사이에 기본으로 사용되는 띄어쓰기 대신 다른 문자를 넣고 싶을 때에 사용한다. 만약 sep에 빈 문자열을 둔다면, 각 인수들은 붙어서 나타날 것이다.

11.1.4 sprintf()

sprintf(...)는 주어진 형식에 맞춰서 문자열을 조합한다. 다음의 간단한 예제를 보자.

```
> i <- 8
> s <- sprintf("the square of %d is %d",i,i^2)
> s
[1] "the square of 8 is 64"
```

이 함수 이름은 화면에 문자열을 '출력(printing)'한다는 string print에서 온 말이다. 이 예제에서는 문자열 s를 출력한다.

출력 내용은 무엇인가? 함수에서는 우선 'the square of'를 출력하고 i의 10진수값을 출력하도록 한다. 여기서 '10진수decimal'라는 뜻은 10을 밑으로 한 진수의 숫자값으로, 소수점을 찍으라는 말이 아니다. 그래서 결과는 "the square of 8 is 64"라는 문자열이 된다.

11.1.5 substr( )

substr(x, start, stop)은 주어진 문자열 x에서 start부터 stop까지의 범위에 위치한 부분 문자열을 출력한다. 다음 예제를 보자.

```
> substring("Equator",3,5)
[1] "uat"
```

11.1.6 strsplit( )

strsplit(x, split)은 x에서 문자열 split을 기준으로 나눠 부분 문자열의 리스트를 만든다. 다음 예제를 보자.

```
> strsplit("6-16-2011",split="-")
[[1]]
[1] "6"     "16"     "2011"
```

11.1.7 regexpr( )

regexpr(pattern,text)는 text 내에서 pattern이 가장 먼저 나타나는 위치를 찾아 준다. 다음은 이에 대한 예제다.

```
> regexpr("uat","Equator")
[1] 3
```

uat는 Equator의 3번째 문자부터 시작해 나타난다는 것을 알려준다.

11.1.8 gregexpr( )

gregexpr(pattern,text)는 regexpr()과 같지만, 이 함수는 패턴이 나타나는 모든 부분을 찾는다. 다음 예제를 보자.

```
> gregexpr("iss","Mississippi")
[[1]]
[1] 2 5
```

"iss"가 "Mississippi"에서 두 번 나타나고, 각 시작 문자 위치가 2와 5임을 알 수 있다.

11.2 정규 표현식

프로그래밍 언어에서 문자열 함수를 다룰 때 '정규 표현식'에 대한 문제가 종종 부상한다. R에서는 문자열 함수 grep(), grepl(), regexpr(), gregexpr(), sub(), gsub(), strsplit()를 사용할 때 이에 대해 주의해야 한다.

정규 표현식은 와일드 카드의 일종이다. 문자열 관련 다양한 클래스를 축약해 정의한 것이다. 예를 들어 "[au]"는 a나 u 문자 중 하나라도 포함한 문자열을 뜻한다. 이를 다음과 같이 사용할 수 있다.

```
> grep("[au]",c("Equator","North Pole","South Pole"))
[1] 1 3
```

이 예제는 ("Equator", "North Pole", "South Pole") 중 1번과 3번 원소인 "Equator"와 "South Pole"에 a나 u가 포함돼 있음을 알려준다.

마침표(.)는 단일 문자를 나타낸다. 이를 사용한 예제는 다음과 같다.

```
> grep("o.e",c("Equator","North Pole","South Pole"))
[1] 2 3
```

여기서는 o 이후에 문자 하나가 오고 뒤에 e가 나오는 3개의 문자로 된 문자열을 찾는다. 다음은 마침표 2개를 사용해 아무 문자 두 개가 붙어 나와도 상관없도록 한 예제다.

```
> grep("N..t",c("Equator","North Pole","South Pole"))
[1] 2
```

여기서는 N으로 시작해 문자 두 개가 나오고 그 뒤에 t가 나오는 4개의 문자열을 찾았다.

마침표는 문자 그대로 사용되지 않는 문자인 메타문자metacharacter의 한 예이다. 예를 들어 마침표가 grep()의 첫 번째 인수에서 사용된다면, 이는 실제 마침표로 쓰이지 않고 모든 문자를 대표하는 뜻으로 사용된다.

하지만 grep()을 사용해 마침표를 찾고자 하면 어떻게 해야 할까? 보통은 다음과 같이 쓸 것이다.

```
> grep(".",c("abc","de","f.g"))
[1] 1 2 3
```

결과는 (1,2,3)이 아니라 3이 나와야 한다. 마침표는 메타문자로 사용되므로 이렇게 호출하면 틀린 결과가 나온다. 이런 경우 '\'을 사용해 마침표의 메타문자 성격에서 '벗어나야' 한다.

```
> grep("\\.",c("abc","de","f.g"))
[1] 3
```

여기서 왜 '\'라고 하지 않았는지, 왜 두 개를 사용하는지 궁금할 것이다. 안타깝게도 '\' 역시 자신이 가진 메타문자 성격에서 벗어나야 하기 때문이다. 이는 복잡한 정규 표현식이 얼마나 불가사의하게 만들어질 수 있는지를 보여준다. 실제로 수많은 책들이 다양한 프로그래밍 언어에서 사용하는 정규 표현식을 다루고 있다. 이 주제에 대해서 배우고 싶다면, ?regex를 입력해 R의 온라인 도움말을 참고하자.

11.2.1 확장 예제: 주어진 확장자의 파일명 테스트

파일명 내 특정 확장자에 대해 테스트하고 싶다고 하자. 예를 들어 확장자가 .html, .htm 등인 모든 HTML 파일을 찾고자 할 수 있다. 이에 대해 다음과 같이 코드를 작성한다.

```
1 testsuffix <- function(fn,suff) {
2    parts <- strsplit(fn,".",fixed=TRUE)
3    nparts <- length(parts[[1]])
4    return(parts[[1]][nparts] == suff)
5 }
```

실행해 보자.

```
> testsuffix("x.abc","abc")
[1] TRUE
> testsuffix("x.abc","ac")
[1] FALSE
> testsuffix("x.y.abc","ac")
[1] FALSE
> testsuffix("x.y.abc","abc")
[1] TRUE
```

함수가 어떻게 작동하는가? 우선 기억해 둘 것은 코드의 두 번째 줄의 strsplit()에서 하나의 원소(fn은 한 개의 원소로 이뤄진 벡터이므로)로 이뤄진 리스트, 즉 문자열 벡터를 반환한다. 예를 들어 testsuffix("x.y.abc","abc")는 x, y, abc의 세 개를 원소로 갖는 벡터로 이뤄진 리스트를 parts에 줄 것이다. 그러면 이 중 마지막 원소를 골라내어 suff와 비교한다.

여기서 가장 중요한 부분은 fixed=TRUE라는 인수다. 이 인수가 없다면 구분자 '.'(strsplit()의 형식 인수 중 split으로 불림)는 일반 정규 표현식으로 사용됐을 것이다. fixed=TRUE를 설정하지 않으면, strsplit()은 그냥 모든 문자를 다 분리해 버린다.

물론 다음처럼 마침표의 메타 문자적 성격을 벗겨내도 된다.

```
1 testsuffix <- function(fn,suff) {
2    parts <- strsplit(fn,"\\.")
3    nparts <- length(parts[[1]])
4    return(parts[[1]][nparts] == suff)
5 }
```

그럼 제대로 작동하는지 확인해 보자.

```
> testsuffix("x.y.abc","abc")
[1] TRUE
```

다음은 좀더 복잡하지만 잘 정리된, 다른 방식으로 확장자 처리를 해결한 코드다.

```
1 testsuffix <- function(fn,suff) {
2    ncf <- nchar(fn) # nchar()는 문자열의 길이를 알려준다.
3    # suff가 fn의 확장자인 경우 확장자가 어디서 시작하는지 찾는다.
4    dotpos <- ncf - nchar(suff) + 1
5    # suff가 맞는지 확인한다.
6    return(substr(fn,dotpos,ncf)==suff)
7 }
```

여기서도 substr()이 fn = "x.ac"와 suff = "abc"의 인수와 함께 호출된 것을 알 수 있다. 이 경우 dotpos는 1이 될 것이다. 이는 즉 abc라는 확장자가 있을 경우 fn의 첫 번째 문자는 마침표가 돼야 한다는 뜻이다. 그러면 substr()은 substr("x.ac",1,4)가 돼 x.ac의 첫 번째부터 네 번째까지의 문자를 잘라내어 부분 문자열을 만들게 된다. 이는 abc가 아닌 x.ac가 돼 원하는 확장자를 찾지 못한다.

11.2.2 확장 예제: 파일명 구성하기

$N(0,i^2)$의 분산을 갖는 100개의 임의의 수에 대한 히스토그램이 들어 있는 q1.pdf부터 q5.pdf까지 다섯 개의 파일을 만들고자 한다. 이때 다음과 같은 코드를 실행할 수 있다.

```
1 or (i in 1:5) {
2    fname <- paste("q",i,".pdf")
3    pdf(fname)
4    hist(rnorm(100,sd=i))
5    dev.off()
6 }
```

이 예제에서 가장 중요한 점은 파일명 fname을 생성할 때 문자열을 편집하는 부분이다. 이 예제에서 사용된 그래픽 관련 기능에 대해 좀더 자세히 알고 싶다면 12.3장을 참고하면 된다.

paste() 함수는 문자열 "q"와 숫자 i의 문자열 형태를 결합한다. 예를 들어 i = 2인 경우, fname은 q 2 .pdf가 될 것이다. 하지만 이는 우리가 원하는 형태와 좀 거리가 있다. 리눅스 시스템을 사용할 경우 파일명에 띄어쓰기가 들어 있으면 골치가 아파지므로, 띄어쓰기 부분을 제거해야 한다. 한 가지 방법은 다음과 같이 sep 인수를 사용해 구분자로 빈 문자열을 지정해 주는 것이다.

```
1 for (i in 1:5) {
2    fname <- paste("q",i,".pdf",sep="")
3    pdf(fname)
4    hist(rnorm(100,sd=i))
5    dev.off()
6 }
```

다른 방법은 C에서 가져온 sprintf()를 사용하는 것이다.

```
1 for (i in 1:5) {
2    fname <- sprintf("q%d.pdf",i)
3    pdf(fname)
4    hist(rnorm(100,sd=i))
5    dev.off()
6 }
```

이때 부동 소수점과 관련해 %f와 %g 출력 형식에 차이가 있음을 염두에 두자.

```
> sprintf("abc%fdef",1.5)
[1] "abc1.500000def"
> sprintf("abc%gdef",1.5)
[1] "abc1.5def"
```

%g는 불필요한 0들을 다 제거한다.

11.3 디버깅 도구 edtdbg에서 문자열 관련 기능 사용하기

13.4장에서 다룰 디버깅 도구 edtdbg의 내부 코드를 보면 문자열 관련 기능이 굉장히 많이 사용됐음을 알 수 있다. 이렇게 사용된 내용 중 dgbsendeditcmd() 함수를 예로 살펴보자.

```
# 에디터에 명령어를 보냄
dbgsendeditcmd <- function(cmd) {
    syscmd <- paste("vim --remote-send ",cmd," --servername
        ",vimserver,sep="")
    system(syscmd)
}
```

무슨 일이 일어났을까? 여기서 핵심은 edtdbg가 Vim 텍스트 에디터에 원격으로 명령어를 보냈다는 것이다. 예를 들어 지금 168번 서버에 Vim을 돌리고 있고 Vim에서 커서를 12번째 줄로 이동시키고 싶을 때, 다음과 같이 터미널 윈도우(쉘)에 입력하면 된다.

```
vim --remote-send 12G --servername 168
```

이러면 직접 Vim 화면에 12G라고 입력하는 것과 같은 결과를 보여줄 것이다. 12G는 커서를 12번째 줄로 옮기라는 Vim 명령어다. 함수에서 다음을 호출했던 것을 생각해 보자.

```
paste("vim --remote-send ",cmd," --servername ",vimserver,sep="")
```

여기서 cmd는 "12G"라는 문자열이고, vimserver는 168이며, paste()를 사용해 이 문자열을 다 붙인다. 인수 sep=""은 합칠 때 구분자로 빈 문자열을 넣으라는 말이므로 한 마디로 구분하지 말고 붙이라는 뜻이다. 그러므로 paste()는 다음과 같은 결과를 반환한다.

```
vim --remote-send 12G --servername 168
```

edtdbg의 기능 중 다른 중요한 부분은 프로그램이 R 윈도우의 R 디버거에서 가장 많이 나타나는 결과값인 파일 dbgsink를 기록할 때 R의 sink()를 호출해 사용한다는 것이다. 이때 edtdbg 기능은 이 디버거와 함께 조합해 사용한다. 이 파일에는 R 디버거를 사용하면서 현재 보고 있는 소스 파일의 줄 번호 같은 정보가 기록된다.

디버거 결과의 줄 번호 정보는 다음과 같은 형태다.

```
debug at cities.r#16: {
```

edtdbg 내에는 dbgsink에서 debug at으로 시작하는 가장 마지막 줄에 어디인지 판단하는 코드가 들어 있다. 이 줄은 debugline 변수에 문자열로 들어 있다. 다음 코드는 줄 번호(이 예제에서는 16이 된다)와 소스 파일명이나 Vim 버퍼명(여기서는 cities.r)을 찾아내는 부분이다.

```
linenumstart <- regexpr("#",debugline) + 1
buffname <- substr(debugline,10,linenumstart-2)
colon <- regexpr(":",debugline)
linenum <- substr(debugline,linenumstart,colon-1)
```

regexpr()은 debugline에서 어디에 # 문자가 있는지(이 예제에서는 18번째 문자) 찾아내는 역할을 한다. 여기에 1을 더하면 debugline에서 줄 번호의 위치가 된다.

앞 예제를 기반으로 살펴보면 debug at 뒤에 오면서 # 앞에서 끝나는 부분에 버퍼명이 들어감을 알 수 있다. debug at은 9개의 문자로 이뤄져서 버퍼명이 10번째부터 시작하므로 함수 내에서 10을 사용한다.

```
substr(debugline,10,linenumstart-2)
```

버퍼명이 끝나는 위치는 줄 번호가 시작되는 # 앞이므로 linenumstart-2가 된다. 줄 번호 계산도 비슷하다.

edtdbg의 내부 코드 중 다른 볼 만한 예제로는 strsplit()를 사용하는 부분이다. 예를 들어 어떤 부분에서 디버거는 사용자에게 다음과 같은 프롬프트를 띄운다.

```
kbdin <- readline(prompt="enter number(s) of fns you wish to
    toggle dbg: ")
```

보다시피 이에 대한 사용자의 반응은 kbdin에 기록된다. 이는 다음과 같이 띄어쓰기로 구분된 숫자들이다.

```
1 4 5
```

여기서 문자열 1 4 5에서 각 숫자를 추출해서 정수 벡터로 만들고 싶다. 우선 strsplit()을 사용해 "1", "4", "5"라는 세 개의 문자열로 만든 후, as.integer()를 사용해 문자를 숫자로 변환한다.

```
tognums <- as.integer(strsplit(kbdin,split=" ")[[1]])
```

이 경우 strsplit()의 결과값은 벡터 ("1", "4", "5")라는 하나의 원소로 이뤄진 리스트임을 염두에 두자. 그래서 이 예제에서 [[1]]과 같은 표현을 사용한 것이다.

## 12장

그래픽

R에는 매우 다양한 그래픽 기능이 있다. R 홈페이지(http://www.r-project.org/)에는 다양한 색이 들어간 예제가 일부만 소개돼 있지만, R의 그래픽 기능을 제대로 확인하고 싶다면, R 그래프 갤러리(http://addictedtor.free.fr/graphiques)를 확인해 보라.

이 장에서는 R의 기본 패키지와 많이 사용되는 그래픽 패키지의 기본적인 내용을 다룰 것이다. 이를 통해 R의 그래픽 기능을 사용하는 데에 기본을 충분히 다질 수 있을 것이다. 만약 R 그래픽을 좀더 깊이 있게 다루고 싶다면, 이와 관련된 좋은 책들[1]을 참고할 수 있을 것이다.

---

1   관련 책으로는 ①Hadley Wickham, 『ggplot2: Elegant Graphics for Data Analysis』(New York: Springer-Verlag, 2009) ②Dianne Cook and Deborah F. Swayne, 『Interactive and Dynamic Graphics for Data Analysis: With R and GGobi』(New York: Springer-Verlag, 2007) ③Deepayan Sarkar, 『Lattice: Multivariate Data Visualization with R』(New York: Springer-Verlag, 2008) ④Paul Murrell, 『R Graphics』(Boca Raton, FL: Chapman and Hall/CRC, 2011) 등이 있다.

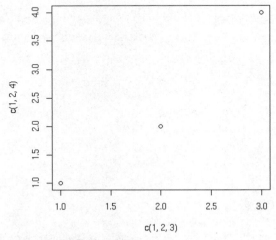12.1 그래프 만들기

우선 그래프를 그리는 가장 기초적인 함수인 plot()을 살펴본다. 이어서 그래프를 만들어 선과 점을 추가하고 범례를 붙이는 법에 대해 알아볼 것이다.

12.1.1 R 기본 그래픽의 주요 담당자: plot() 함수

plot()은 여러 다양한 종류의 그래프를 그려주는 역할을 하는 함수로, 대부분의 R의 기본 그래픽 연산의 밑바탕이다. 9.1.1장에서 언급했듯이 plot()은 제네릭 함수로 관련 함수군의 대표 역할을 한다. 그래서 실제로 이 함수를 호출했을 때 사용되는 함수는 해당 객체의 클래스에 따라 달라진다.

plot()에 X벡터와 Y벡터를 넣어 호출해 (x,y) 평면에서 쌍으로 처리되는 것을 확인해 보자.

```
> plot(c(1,2,3), c(1,2,4))
```

그러면 팝업으로 윈도우가 뜨면서 그림 12-1처럼 점 (1,1), (2,2), (3,4)가 출력된다. 그림에서 보듯이 이는 일반적인 평면 그래프다. 이 장의 후반부에서는 이를 꾸밀 수 있는 방법에 대해서 알아볼 것이다.

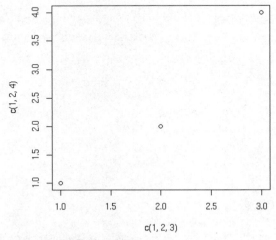

그림 12-1 단순한 점 그래프

그림 12-1의 그래프의 점은 빈 원으로 표시돼 있다. 만약 다른 모양을 사용하고 싶다면 pch(점문자, point character)라는 인수에 특정 값을 지정해 주면 된다.

plot()은 조금씩 실행된다. plot()을 호출하면 여러 명령어를 하나하나씩 실행하면서 그래프가 조금씩 만들어진다는 뜻이다. 예를 들어 가장 기본적인 축만 있는 빈 그래프를 다음과 같이 그려보자.

```
> plot(c(-3,3), c(-1,5), type = "n", xlab="x", ylab="y")
```

x와 y라고 이름이 붙은 축이 그려질 것이다. 가로축 x의 범위는 -3에서 3까지고 세로축 y의 범위는 -1에서 5까지다. type="n"이라는 인수는 어떤 그래프도 그리지 않음을 뜻한다.

12.1.2 선 추가하기: abline( ) 함수

빈 그래프가 그려졌으므로 다음 단계로 넘어가서 선을 그려보자.

```
> x <- c(1,2,3)
> y <- c(1,3,8)
> plot(x,y)
> lmout <- lm(y ~ x)
> abline(lmout)
```

plot()을 호출하면 그래프에는 x와 y축에 눈금이 그려지고 이를 따라 점 3개를 간단히 표시해 줄 것이다. abline()을 호출하면 이 그래프에 선을 추가할 것이다. 어떤 선이 추가될까?

1.5장에서 이미 배운 대로 선형 회귀 함수 lm()을 호출한 결과값으로 조건에 맞춰진 직선의 기울기와 y 절편을 가진 클래스 인스턴스가 반환된다. 여기서는 인스턴스의 다른 값에 대해서는 신경 쓰지 않는다. 이 클래스 인스턴스를 lmout에 할당한다. 기울기와 y 절편은 lmout$coefficients에 들어갈 것이다.

그럼 여기에 abline()을 호출하면 어떻게 될까? 이 함수는 인수를 선의 기울기와 절편으로 사용해 간단한 직선을 그린다. 예를 들어 abline(c(2,1))을 호출하면 이전의 그래프가 어떻게 생겼든지 신경 쓰지 않고 다음 직선을 추가할 것이다.

$$y = 2 + 1 \cdot x$$

하지만 abline()이 회귀 관련 객체에 호출되면 특이하게 동작한다. 놀랍게도 이 함수는 제네릭 함수도 아니다. 이 함수는 lmout$coefficients에서 알아서 기울기와 y 절편을 가져와서 선을 그린다. 이 함수는 점이 세 개 찍혀 있던 기존 그래프 위에 선을 그린다. 그래서 그림 12-2와 같이 점과 선이 동시에 그려진 새 그래프가 만들어진다.

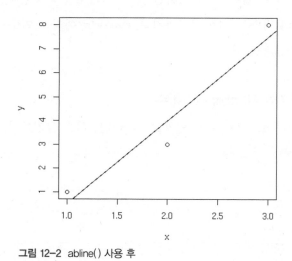

그림 12-2 abline() 사용 후

lines()를 사용해 선을 더 추가할 수도 있다. 많은 선택 인수들도 붙일 수 있으나, lines()의 두 가지 기본 인수는 x값 벡터와 y값 벡터다. 이 벡터들은 (x,y)쌍으로 만들어져서 현재 그래프에 점으로 표시되고, 이 점들을 연결하는 선이 그려진다. 예를 들어 X와 Y가 (1.5, 2.5), (3,3)의 벡터라면 다음과 같이 호출해 현재 그래프에 (1.5,3)에서 (2.5,3)으로 연결된 선을 추가할 수 있다.

```
> lines(c(1.5,2.5),c(3,3))
```

만약 '점을 연결하는' 선을 그리고 싶지만 점 자체는 표시하고 싶지 않을 때는 lines()나 plot()에 다음과 같이 type="l"을 추가해 주면 된다.

```
> plot(x,y,type="l")
```

plot()에 lty를 사용해 직선이나 점선 등 선의 유형을 정의할 수도 있다. 가능한 유형과 관련 코드를 보고 싶다면 다음과 같이 입력한다.

```
> help(par)
```

12.1.3 기존 것을 유지한 상태로 새 그래프 그리기

plot()을 호출할 때마다 직접적 혹은 간접적으로, 현재 창의 그래프는 새 그래프로 대체된다. 만약 이를 원하지 않는다면 OS에 따라 다음 명령어를 사용한다.

- 리눅스: x11()
- 맥: macintosh()
- 윈도우: windows()

예를 들어 두 벡터 X와 Y에 대한 히스토그램 두 개를 그린 후 서로 옆에 놓고 비교하고 싶다고 하자. 리눅스 시스템을 사용하고 있다면 다음과 같이 입력하면 된다.

```
> hist(x)
> x11()
> hist(y)
```

12.1.4 확장 예제: 한 화면에 두 개의 밀도 추정 그래프 나타내기

한 화면에 두 개의 시험 점수 집합에 대한 비모수 밀도 추정(기본적으로 히스토그램을 곡선화한 형태의 그래프가 나온다) 그래프를 그려보자. 추정값을 생성하기 위해 density() 함수를 사용한다. 사용한 전체 명령어는 다음과 같다.

```
> d1 = density(testscores$Exam1,from=0,to=100)
> d2 = density(testscores$Exam2,from=0,to=100)
> plot(d1,main="",xlab="")
> lines(d2)
```

우선 두 변수로부터 비모수 밀도 추정값을 계산해, 이를 계속 사용하기 위해 객체 d1과 d2에 저장한다. 그 후 plot()을 호출해 그림 12-3과 같이 시험 1에 대한 곡선을 그린다. 그 다음 lines()를 호출해 그림 12-4와 같이 시험 2에 대한 곡선을 추가한다.

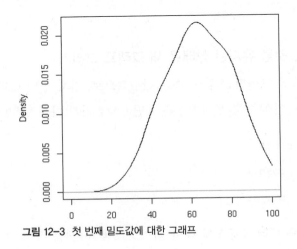

그림 12-3 첫 번째 밀도값에 대한 그래프

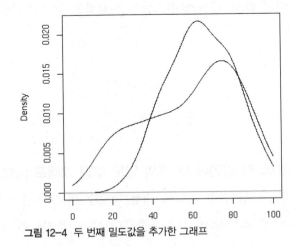

그림 12-4 두 번째 밀도값을 추가한 그래프

전체 그래프와 x축에 대해 이름에 빈 값을 준 것을 기억해 두자. 필요하다면 d1 같은 이름을 붙일 수도 있지만 이는 시험 1에 한정된 이름일 수 있다.

또한 시험 1에 대한 그래프를 먼저 그려야 했다는 것도 기억하자. 시험 1 점수의 분산이 더 작아서, 밀도 추정값이 보다 좁고 높다. 만약 시험 2에 대해 먼저 그렸다면 곡선이 더 짧게 그려져 있어서, 시험 1의 더 높은 곡선을 이 그래프 창에 맞출 수 없다. 여기서는 두 그래프를 따로 그려 어떤 것이 더 높은 지확인했다. 하지만 보다 일반적인 상황을 고려해 보도록 하자.

한 그래프에 여러 밀도 추정 그래프를 그리는 함수를 보다 널리 사용할 수 있도록 작성하고 싶다고 하자. 이를 위해서는 자동적으로 어떤 밀도 추정 그래프가 가장 높은지 판단해 주는 과정이 필요하다. 이때 밀도 추정값은 density()의 결과값의 y 요소에 들어 있다는 사실을 이용할 것이다. 그러면 각 밀도 추정값에 max()를 호출하고 which.max()를 사용해 어떤 밀도 추정값이 가장 높은지를 판단할 수 있을 것이다.

plot()을 호출하면 그래프 화면을 초기화하고 첫 번째 곡선을 그린다. 이때 type="l"이라고 명시해 주지 않으면 점만 찍힐 것이다. 그 다음 lines()를 호출해 두 번째 곡선을 그린다.

12.1.5 확장 예제: 다항 회귀 예제

9.1.7장에서 다항 회귀 모델에 사용하는 'polyreg'라는 클래스를 정의했었다. 그때 코드에 print()에 대한 제네릭 함수까지 구현했다. 그럼 여기에 plot()의 제네릭 함수를 추가해 보자.

```
1  # polyfit(y,x,maxdeg)은 maxdeg 차의 모든 다항식을 사용해 모델을 만든다.
2  # y는 대응하는 변수 벡터, x는 예측 변수다.
3  # 여러 회귀 모델의 결과값과 원 데이터가 포함된
4  # "polyreg" 클래스 객체를 생성한다.
5  polyfit <- function(y,x,maxdeg) {
6     pwrs <- powers(x,maxdeg) # 예측 변수의 멱함수
7     lmout <- list() # 클래스 생성 시작
8     class(lmout) <- "polyreg" # 새 클래스 생성
9     for (i in 1:maxdeg) {
10       lmo <- lm(y ~ pwrs[,1:i])
```

```
11          # lm 클래스에 교차 확인된 예측값을 추가해 확장한다.
12          lmo$fitted.xvvalues <- lvoneout(y,pwrs[,1:i,drop=F])
13          lmout[[i]] <- lmo
14      }
15      lmout$x <- x
16      lmout$y <- y
17      return(lmout)
18 }
19
20 # "polyreg" 클래스 객체에 대한 print()의 제네릭 함수
21 # 교차 확인된 평균 제곱 오류값을 같이 출력
22 print.polyreg <- function(fits) {
23      maxdeg <- length(fits) - 2 # $x와 $y 뿐만이 아닌 lm의 다른 결과들도 센다.
24      n <- length(fits$y)
25      tbl <- matrix(nrow=maxdeg,ncol=1)
26      cat("mean squared prediction errors, by degree\n")
27      colnames(tbl) <- "MSPE"
28      for (i in 1:maxdeg) {
29          fi <- fits[[i]]
30          errs <- fits$y - fi$fitted.xvvalues
31          spe <- sum(errs^2)
32          tbl[i,1] <- spe/n
33      }
34      print(tbl)
35 }
36
37 # 제네릭 함수 plot(); 실데이터에 대해 플로팅
38 plot.polyreg <- function(fits) {
39      plot(fits$x,fits$y,xlab="X",ylab="Y") # 배경에 데이터를 점으로 플로팅
40      maxdg <- length(fits) - 2
41      cols <- c("red","green","blue")
42      dg <- curvecount <- 1
43      while (dg < maxdg) {
44          prompt <- paste("RETURN for XV fit for degree",dg,
45              "or type degree", "or q for quit ")
46          rl <- readline(prompt)
47          dg <- if (rl == "") dg else if (rl != "q")
48              as.integer(rl) else break
49          lines(fits$x,fits[[dg]]$fitted.values,col=cols
50              [curvecount%%3 + 1])
51          dg <- dg + 1
52          curvecount <- curvecount + 1
53      }
54 }
```

```
55
56  # dg를 사용해 x의 멱행렬 생성
57  powers <- function(x,dg) {
58     pw <- matrix(x,nrow=length(x))
59     prod <- x
60     for (i in 2:dg) {
61        prod <- prod * x
62        pw <- cbind(pw,prod)
63     }
64     return(pw)
65  }
66
67  # 교차 확인 예측값 찾기
68  # 행렬을 사용해 훨씬 빠르게 찾을 수 있다.
69  lvoneout <- function(y,xmat) {
70     n <- length(y)
71     predy <- vector(length=n)
72     for (i in 1:n) {
73        # regress, leaving out ith observation
74        lmo <- lm(y[-i] ~ xmat[-i,])
75        betahat <- as.vector(lmo$coef)
76        # the 1 accommodates the constant term
77        predy[i] <- betahat %*% c(1,xmat[i,])
78     }
79     return(predy)
80  }
81
82  # cfs를 계수로 한 x의 다항 함수
83  poly <- function(x,cfs) {
84     val <- cfs[1]
85     prod <- 1
86     dg <- length(cfs) - 1
87     for (i in 1:dg) {
88        prod <- prod * x
89        val <- val + cfs[i+1] * prod
90     }
91  }
```

앞서 말한 대로 새 코드는 plot.polyreg() 뿐이다. 편의를 위해 이 부분만
다시 뽑아내서 보자.

```
# 제네릭 함수 plot(); 실데이터에 대해 플로팅
plot.polyreg <- function(fits) {
    plot(fits$x,fits$y,xlab="X",ylab="Y")
    # 배경으로 데이터에 해당하는 점을 플로팅한다.
    maxdg <- length(fits) - 2
    cols <- c("red","green","blue")
    dg <- curvecount <- 1
    while (dg < maxdg) {
        prompt <- paste("RETURN for XV fit for degree",dg,
            "or type degree", "or q for quit ")
        rl <- readline(prompt)
        dg <- if (rl == "") dg else if (rl != "q") as.integer(rl)
            else break
        lines(fits$x,fits[[dg]]$fitted.values,col=cols[curvecount%%3
            + 1])
        dg <- dg + 1
        curvecount <- curvecount + 1
    }
}
```

전에 소개한 대로 제네릭 함수를 구현할 때는 클래스의 이름을 가져오므로, 여기서도 plot.polyreg()로 명명했다.

여러 다항의 차수만큼 while() 반복문이 실행된다. 벡터 cols에 curvecount %%3으로 설정해 세 가지 색으로 그래프를 그려준다는 것을 기억해 두자.

사용자는 이어서 다음 차수의 그래프를 그릴 것인지 다른 일을 할 것인지 선택할 수 있다. 사용자 프롬프트에서 사용자의 반응을 읽어오는 쿼리는 다음 줄에서 실행된다.

```
rl <- readline(prompt)
```

R 문자열 함수 paste()를 사용해 사용자가 다음 다항식을 그릴 것인지, 다른 차수의 다항식을 그릴 것인지, 이 함수를 종료할 것인지 고를 수 있는 프롬프트를 만들었다. 프롬프트는 plot()이 호출된 다음 인터랙티브 R 윈도우에 나타날 것이다. 예를 들어 기본값을 두 번 선택한 다음, 즉 엔터를 두 번 치면 다음 명령어 윈도우에는 다음과 같이 나타날 것이다.

```
> plot(lmo)
RETURN for XV fit for degree 1 or type degree or q for quit
RETURN for XV fit for degree 2 or type degree or q for quit
RETURN for XV fit for degree 3 or type degree or q for quit
```

그래프 윈도우에는 그림 12-5처럼 나타날 것이다.

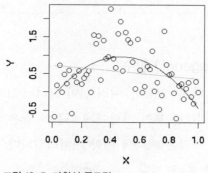

그림 12-5 다항식 플로팅

12.1.6 점 추가: points( ) 함수

points( ) 함수는 이미 그려져 있는 그래프에다가 (x,y) 쌍에 라벨을 달아 화면
에 점으로 찍어주는 함수다. 예를 들어 첫 번째 예제에다가 다음과 같은 명령어
를 입력했다고 하자.

```
points(testscores$Exam1,testscores$Exam3,pch="+")
```

결과는 이 예제에서 사용해 이미 그려져 있는 시험 점수 그래프의 위에 점을
+ 모양으로 추가할 것이다.

대부분의 다른 그래픽 함수들과 마찬가지로 이 함수 역시 점의 색이나 배경
색과 관련된 많은 선택 조건들이 있다. 예를 들어 배경을 노란색으로 하고 싶다
면 다음 명령어를 입력한다.

```
> par(bg="yellow")
```

그러면 다른 설정값을 주기 전까지는 그래프의 배경은 노란색을 띠고 있을 것이다.

다른 함수들처럼 이 선택 내용에 대해 자세한 것을 알고 싶다면 다음을 입력한다.

```
> help(par)
```

12.1.7 범례 추가: legend( ) 함수

`legend()`는 이름에서 알 수 있듯이, 여러 선이 그려진 그래프에 범례를 추가하는 함수다. 범례는 그래프를 보는 사람에게 다음과 같은 내용을 알려준다. "녹색 곡선은 남자, 빨간 곡선은 여자에 대한 데이터입니다." 다음과 같이 입력하면 여러 유용한 예제를 볼 수 있다.

```
> example(legend)
```

12.1.8 텍스트 추가: text( ) 함수

`text()` 함수를 사용해 현재 그래프의 어디에나 텍스트를 추가할 수 있다. 다음 예제를 보자.

```
text(2.5,4,"abc")
```

이렇게 하면 "abc"라는 텍스트가 그래프의 (2.5,4)의 부분에 쓰여질 것이다. 문장의 중간(여기서는 'b')이 해당 점에 위치한다.

보다 예제에 대해 자세히 알고 싶다면, 이미 만든 시험 점수 그래프에 다음과 같은 텍스트를 추가해 보자.

```
> text(46.7,0.02,"Exam 1")
> text(12.3,0.008,"Exam 2")
```

결과는 그림 12-6과 같다.

원하는 위치에 정확하게 글자를 위치하게 하기 위해서는 몇 번의 시행착오를 거쳐야 할 것이다. 혹은 다음 장에서 다룰 locator()를 사용해 원하는 위치를 보다 빨리 찾아낼 수도 있을 것이다.

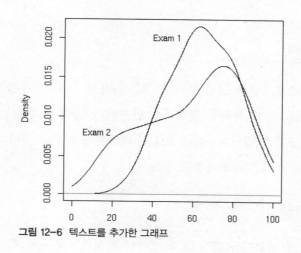

그림 12-6 텍스트를 추가한 그래프

12.1.9 위치 찾기: locator( ) 함수

원하는 위치에 텍스트를 정확히 위치시키는 데에는 트릭이 필요하다. 물론 좋은 위치를 찾을 때까지 여러 다른 x와 y의 지점에 시도를 해 볼 수도 있겠지만, locator() 함수를 사용하면 이런 여러 불편함을 덜어줄 것이다. 간단히 이 함수를 호출한 다음 그래프의 원하는 점을 마우스로 클릭하면 된다. 이 과정을 거치면 이 함수에서는 클릭한 지점의 x와 y 좌표를 반환해 준다. 특히 다음과 같이 입력하면 그래프의 한 지점을 클릭할 거라고 R에게 알려준다.

```
locator(1)
```

한 번 클릭하면 R은 클릭한 지점의 정확한 좌표를 알려준다. locator(2)를 호출하면 두 군데의 위치를 알려주는 식이다. 이때 인수를 반드시 추가해야 한다.

다음 예제를 보자.

```
> hist(c(12,5,13,25,16))
> locator(1)
$x
[1]  6.239237

$y
[1]  1.221038
```

R에서는 히스토그램을 그린 후 인수 1을 사용한 `locator()`를 호출해 곧 사용자가 마우스를 한 번 클릭할 것이라고 인지한다. 클릭 후 함수는 클릭한 화면의 x와 y의 좌표를 가진 x와 y라는 요소의 리스트를 반환할 것이다.

이 정보를 바로 텍스트에 사용할 수도 있다.

```
> text(locator(1),"nv=75")
```

여기서 `text()`에는 "nv=75"를 위치시킬 지점의 x와 y의 좌표가 들어가야 한다. `locator()`의 반환값은 이 좌표들을 제공한다.

12.1.10 그래프 복구

R에는 undo라는 명령어가 없다. 하지만 만약 그래프를 그린 후 했던 작업을 취소하는 방법이 있다. `recordPlot()`을 사용해 그래프를 저장한 후 `replayPlot()`을 사용해 저장한 그래프를 나중에 다시 불러올 수 있다.

형식적인 면에서는 좀 떨어지지만 더 간편한 방법도 있다. 그래프를 그리는 모든 명령어를 파일에 저장한 후 `source()`를 사용하거나, 마우스로 잘라낸 후 붙이기를 사용해 다시 실행하는 방법이 바로 그것이다. 한 명령어를 바꾸고 싶다면 파일을 다시 읽거나 파일을 복사해 붙여 전체 그래프를 다시 그려야 한다.

예를 들어 현재 그래프에서 다음과 같이 examplot.R이라는 파일을 생성할수 있다.

```
d1 = density(testscores$Exam1,from=0,to=100)
d2 = density(testscores$Exam2,from=0,to=100)
plot(d1,main="",xlab="")
lines(d2)
text(46.7,0.02,"Exam 1")
text(12.3,0.008,"Exam 2")
```

만약 exam1에 붙인 텍스트가 오른쪽으로 너무 치우쳐 있다면, 파일을 수정한 후 복사해 붙이거나 혹은 다음을 실행하면 된다.

```
> source("examplot.R")
```

12.2 그래프 꾸미기

지금까지 간단한 그래프를 plot()부터 시작해 단계적으로 쉽게 만들 수 있다는 것에 대해 살펴 보았다. 그러면 이제 이런 그래프를 여러 R에서 제공하는 옵션을 사용해 수정할 준비가 됐다.

12.2.1 문자 크기 조절: cex 옵션

cex character expect(문자 확장) 함수는 그래프 내의 문자를 키우거나 줄이는 데 사용하며, 여러 모로 유용하다. 여러 그래프 함수의 매개 변수명에 이를 사용할 수 있다. 예를 들어 (2.5, 4) 같은 특정 점에 텍스트 "abc"를 좀더 강조하기 위해 큰 글꼴로 쓰고 싶다고 하자. 다음과 같이 입력함으로써 큰 글꼴로 바꿀 수 있다.

```
text(2.5,4,"abc",cex = 1.5)
```

이렇게 하면 앞의 예제와 같은 결과가 나오지만 글씨가 1.5배 커진다.

12.2.2 축의 범위 바꾸기: xlim과 ylim 옵션

그래프에서 x와 y축의 범위를 기본값보다 넓게 혹은 좁게 바꾸고 싶을 때가 있을 것이다. 한 그래프에서 여러 선을 표시할 때 특히 유용하게 사용할 수 있다.

축 변경은 plot()이나 point()를 호출할 때 xlim과 ylim 매개 변수를 정의해 조절할 수 있다. 예를 들어 ylim = c(0,90000)이라고 하면, y축의 범위를 0부터 90,000까지로 정의하는 것이다.

만약 그래프에서 여러 선을 표시하는데 xlim이나 ylim을 따로 정의하지 않으면, 가장 길고 높은 선을 먼저 그려야 모든 그래프가 그 공간에 다 들어갈 수 있다. 그렇지 않다면 R은 첫 번째로 그린 그래프에 맞춰 공간을 그린 후 다른 그래프가 그 안에 들어가지 못할 경우 잘라낼 것이다. 앞 예제에서 한 그래프 안에 두 밀도 추정치를 나타내는 그래프를 그렸다(그림 12-3과 12-4). 이때 어떤 밀도 추정치가 더 높은 값을 찾아내는지 미리 찾아 보았다. d1에서는 다음과 같았다.

```
> d1

Call:
        density.default(x = testscores$Exam1, from = 0, to = 100)

Data: testscores$Exam1 (39 obs.);        Bandwidth 'bw' = 6.967
        x                  y
Min.   :  0     Min.   :1.423e-07
1st Qu.: 25     1st Qu.:1.629e-03
Median : 50     Median :9.442e-03
Mean   : 50     Mean   :9.844e-03
3rd Qu.: 75     3rd Qu.:1.756e-02
Max.   :100     Max.   :2.156e-02
```

그래서 가장 큰 y 값이 0.022였다. d2에서는 0.017이었다. 이는 만약 ylim을 0.03으로 설정한다면 두 그래프가 모두 들어가기에 충분하다는 뜻이다. 그러면 다음과 같이 해 한 그림에 두 그래프를 모두 넣을 수 있다.

```
> plot(c(0, 100), c(0, 0.03), type = "n", xlab="score", ylab="density")
> lines(d2)
> lines(d1)
```

일단 바탕이 될 그래프, 즉 그림 12-7처럼 내용이 없고 축만 있는 그래프를 그린다. plot()의 처음에 xlim과 ylim의 두 인수를 넣어 줘, y 축의 최소값과 최대값이 0과 0.03임을 알려준다. lines()를 두 번 호출해 그림 12-8과 12-9에서 보이는 것처럼 두 선을 그려준다. 이때 미리 충분한 공간을 주었으므로 어떤 lines()가 먼저 호출되든지 상관없다.

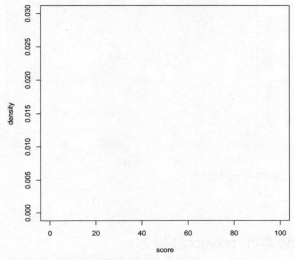

그림 12-7 축만 있는 그래프

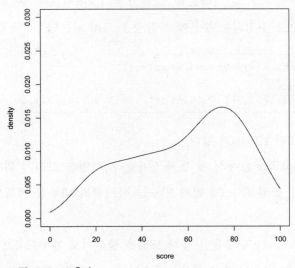

그림 12-8 d2 추가

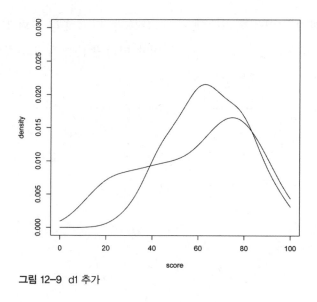

그림 12-9 d1 추가

12.2.3 다각형 추가: polygon( ) 함수

`polygon()`을 사용해 임의의 다각형을 그릴 수 있다. 예를 들어 다음 코드를 보면 함수 f(x) = 1 - e^{-x}의 그래프를, 그리고 x=1.2에서 x=1.4에 해당하는 부분의 그래프 값으로 추정되는 부분에 사각형을 그려 넣는다.

```
> f <- function(x) return(1-exp(-x))
> curve(f,0,2)
> polygon(c(1.2,1.4,1.4,1.2),c(0,0,f(1.3),f(1.3)),col="gray")
```

이 결과는 그림 12-10과 같다.

이 예제의 `polygon()`에서 첫 번째 인수는 사각형을 그리기 위한 x 좌표이고 두 번째 인수는 y 좌표다. 세 번째 인수는 사각형의 내부를 회색으로 칠하라고 명시한 것이다.

다른 예로 `density` 인수를 사용해 도형을 줄무늬로 채우도록 명시할 수도 있다. 다음은 각 인치당 10줄로 채우도록 명시한 것이다.

```
> polygon(c(1.2,1.4,1.4,1.2),c(0,0,f(1.3),f(1.3)),density=10)
```

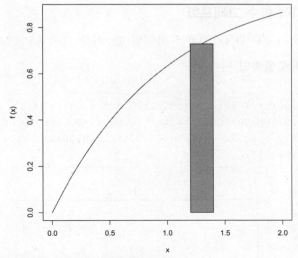

그림 12-10 회색으로 칠한 사각형 범위

12.2.4 선의 곡선화: lowess( )와 loess( ) 함수

연결이 됐든 안 됐든 무수한 점들이 잔뜩 찍힌 그래프는 아무런 정보를 줄 수 없는 쓰레기에 불과하다. 다양한 경우 lowess() 같은 비모수 회귀 추정 등으로 데이터에 형태를 만들어 주는 것이 더 유용하다.

시험 점수 데이터를 사용해 이를 활용해 보자. 시험 1에 대한 시험 2의 점수를 플로팅할 것이다.

```
> plot(testscores)
> lines(lowess(testscores))
```

결과는 그림 12-11과 같다.

lowess()의 새로운 대안은 loess()다. 두 함수는 매우 유사하지만 기본 및 옵션이 좀 다르다. 이 차이에 대해 알기 위해서는 깊이 있는 통계 지식이 필요하다. 둘 중 상황에 따라 좀더 나은 함수를 이용하면 된다.

12.2.5 명시적 함수 그래프화

함수 $g(t) = (t^2 + 1)^{0.5}$를 t가 0과 5 사이일 때, 이를 그래프로 그리고자 한다면 다음 R 코드를 수행하면 된다.

```
g <- function(t) { return (t^2+1)^0.5 } # g() 정의하기
x <- seq(0,5,length=10000) # x = [0.0004, 0.0008, 0.0012,..., 5]
y <- g(x) # y = [g(0.0004), g(0.0008), g(0.0012), ..., g(5)]
plot(x,y,type="l")
```

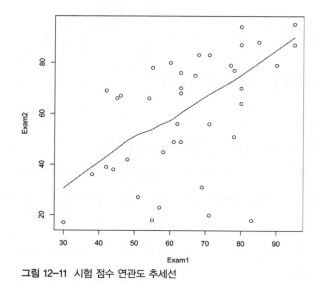

그림 12-11 시험 점수 연관도 추세선

하지만 curve()를 사용하면 여기서 사용된 몇 가지 작업을 피할 수 있다.

```
> curve((x^2+1)^0.5,0,5)
```

이미 있는 그래프에 이 곡선을 추가하려면 add 인수를 사용하면 된다.

```
> curve((x^2+1)^0.5,0,5,add=T)
```

선택 인수 n의 기본값은 101로, 이 함수는 x의 특정 범위 내에서 101개의 동일 간격의 점을 표시한다는 뜻이다.

점의 수는 추세선을 그리는 데에 충분히 필요한 정도만 보여주면 된다. 101 개가 충분치 않다고 생각되면 n의 수를 더 크게 설정해 보자.

또한 다음처럼 plot()을 사용할 수도 있다.

```
> f <- function(x) return((x^2+1)^0.5)
> plot(f,0,5) # the argument must be a function name
```

여기서 plot()은 function 클래스에 대해 만들어진 plot()의 제네릭 함수 plot.function()을 호출하게 된다.

다시 말하지만 이 중 원하는 방향으로 골라 사용하면 된다.

12.2.6 확장 예제: 곡선의 일부 확대하기

그래프를 그리기 위해 curve()를 사용한 다음, 곡선의 특정 부분을 '확대'하고 싶은 경우가 있다. 그러면 간단히 x의 범위만 조정해 curve()를 다시 호출하면 된다. 그런데 원래의 그래프는 그냥 놔둔 상태에서 특정 부분을 확대해서 보고 싶을 수도 있다. 여기서는 이럴 때 사용하는 inset()이라고 명명한 함수를 개발할 것이다.

curve()가 원래의 그래프를 그리면서 한 작업을 또 실행하는 것을 막기 위해, 함수의 반환값을 통해 작업 내용을 저장하는 식으로 다음과 같이 코드를 약간 수정할 것이다. 이는 R로 작성된 R 함수의 코드를 쉽게 확인할 수 있는 이점을 활용한 것이다(C로 작성된 R 기본 함수에서는 할 수 없다).

```
1 > curve
2 function (expr, from = NULL, to = NULL, n = 101, add = FALSE,
3     type = "l", ylab = NULL, log = NULL, xlim = NULL, ...)
4 {
5     sexpr <- substitute(expr)
6     if (is.name(sexpr)) {
7 # ...중략...
8     x <- if (lg != "" && "x" %in% strsplit(lg, NULL)[[1]]) {
9         if (any(c(from, to) <= 0))
10            stop("'from' and 'to' must be > 0 with log=\"x\"")
11        exp(seq.int(log(from), log(to), length.out = n))
12    }
```

```
13    else seq.int(from, to, length.out = n)
14    y <- eval(expr, envir = list(x = x), enclos = parent.frame())
15    if (add)
16       lines(x, y, type = type, ...)
17    else plot(x, y, type = type, ylab = ylab, xlim = xlim,
18       log = lg, ...)
19 }
```

코드에서는 그려질 곡선에 대한 x와 y값으로 이뤄진 벡터 x와 y를 만들고, x
의 범위 내에서 n개의 동일한 구간의 점을 만든다. 이 코드를 inset()에서 활
용하면서, x와 y값을 반환하는 형태로 코드를 수정해 보자. 다음은 crv()라고
이름을 바꾼 코드다.

```
 1 > crv
 2 function (expr, from = NULL, to = NULL, n = 101, add = FALSE,
 3    type = "l", ylab = NULL, log = NULL, xlim = NULL, ...)
 4 {
 5    sexpr <- substitute(expr)
 6    if (is.name(sexpr)) {
 7 # ...중간 생략...
 8    x <- if (lg != "" && "x" %in% strsplit(lg, NULL)[[1]]) {
 9       if (any(c(from, to) <= 0))
10          stop("'from' and 'to' must be > 0 with log=\"x\"")
11          exp(seq.int(log(from), log(to), length.out = n))
12    }
13    else seq.int(from, to, length.out = n)
14    y <- eval(expr, envir = list(x = x), enclos = parent.frame())
15    if (add)
16       lines(x, y, type = type, ...)
17    else plot(x, y, type = type, ylab = ylab, xlim = xlim,
18       log = lg, ...)
19    return(list(x=x,y=y))  # 이 부분만 수정됐음
20 }
```

그럼 이제 inset() 함수를 만들어 보자.

```
 1 # savexy: crv()에서 반환되는 x와 y 벡터로 이뤄진 리스트
 2 # x1,y1,x2,y2: 확대될 사각형 범위의 좌표
 3 # x3,y3,x4,y4: 삽입될 범위의 좌표
```

```
 4 inset <- function(savexy,x1,y1,x2,y2,x3,y3,x4,y4) {
 5    rect(x1,y1,x2,y2)  # 확대될 범위에 사각형을 그린다.
 6    rect(x3,y3,x4,y4)  # 화면에 보여줄 부분의 사각형을 그린다.
 7    # 이미 화면에 그려진 부분의 좌의 벡터
 8    savex <- savexy$x
 9    savey <- savexy$y
10    # 확대할 범위의 xi에 대한 내용
11    n <- length(savex)
12    xvalsinrange <- which(savex >= x1 & savex <= x2)
13    yvalsforthosex <- savey[xvalsinrange]
14    # 확대할 범위의 사각형에 X 범위의 전체 곡선이 포함되는지 확인
15    if (any(yvalsforthosex < y1 | yvalsforthosex > y2)) {
16       print("Y value outside first box")
17       return()
18    }
19    # 좌표 간 차이 기록
20    x2mnsx1 <- x2 - x1
21    x4mnsx3 <- x4 - x3
22    y2mnsy1 <- y2 - y1
23    y4mnsy3 <- y4 - y3
24    # plotpt()는 새로 삽입되는 곡선에서 원래 그래프의 i번째 점에 대한
25    # 위치를 계산해 준다.
26    plotpt <- function(i) {
27       newx <- x3 + ((savex[i] - x1)/x2mnsx1) * x4mnsx3
28       newy <- y3 + ((savey[i] - y1)/y2mnsy1) * y4mnsy3
29       return(c(newx,newy))
30    }
31    newxy <- sapply(xvalsinrange,plotpt)
32    lines(newxy[1,],newxy[2,])
33 }
```

그럼 실행해 보자.

```
xyout <- crv(exp(-x)*sin(1/(x-1.5)),0.1,4,n=5001)
inset(xyout,1.3,-0.3,1.47,0.3, 2.5,-0.3,4,-0.1)
```

결과 그래프는 그림 12-12와 같다.

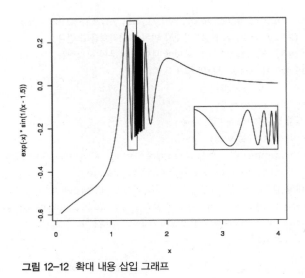

그림 12-12 확대 내용 삽입 그래프

12.3 그래프를 파일에 저장하기

R 그래픽 화면은 여러 그래픽 장치에서 사용할 수 있다. 기본 장치는 화면이다. 만약 그래프를 파일로 저장하고 싶다면, 다른 장치에 대해 설정해야 한다.

이 장에서는 앞서 R 그래픽의 장치를 사용하는 내용에 대해 기본적으로 소개한 다음, 보다 직접적이고 편리한 방법을 소개할 것이다.

12.3.1 R 그래픽 장치

다음 파일을 열자.

```
> pdf("d12.pdf")
```

d12.pdf 파일을 열었다. 여기서 두 개의 장치가 사용되는데, 이에 대해 다음과 같이 확인할 수 있다.

```
> dev.list()
X11 pdf
  2   3
```

R이 리눅스에서 실행중이라면 화면은 X11이라는 이름을 갖는다. 윈도우에서는 windows라는 이름을 갖는다. 장치 번호는 2다. PDF 파일의 장치 번호는 3이다. 현재 사용되는 장치는 PDF 파일이다.

```
> dev.cur()
pdf
  3
```

모든 그래픽 결과물은 화면이 아닌 파일에 쓰여질 것이다. 하지만 만약 이미 화면에 나온 것을 저장하고 싶다면 어떻게 해야 할까?

12.3.2 출력된 그래프 저장하기

현재 화면에 나온 그래프를 저장하는 한 가지 방법은 현재 장치를 화면으로 재설정한 후 이를 예제에서 장치 번호 3번으로 나온 PDF 장치에 다음과 같이 복사하는 것이다.

```
> dev.set(2)
X11
  2
> dev.copy(which=3)
pdf
  3
```

하지만 실제로는 PDF 장치를 미리 설정해 놓은 후에 현재 분석값이 화면에 보이도록 재실행하는 것이 가장 좋은 방법이다. 복사 작업으로 인해 화면 장치와 파일 장치 간에 충돌이 날 경우에는 결과 왜곡이 생길 수 있기 때문이다.

12.3.3 R 그래픽 장치 닫기

PDF 파일은 닫기 전까지는 사용할 수 없다는 사실을 기억하자. 그러므로 사용후 다음처럼 해 줘야 한다.

```
> dev.set(3)
pdf
   3
> dev.off()
X11
   2
```

R을 종료할 때도 작업이 완료됐다면 장치를 닫을 수 있다. 하지만 R의 이후 버전에서는 자동으로 작업이 종료되면서 장치가 닫히므로 이런 동작 자체가 없어질 것이다.

12.4 3차원 그래프 생성하기

R에서는 면을 그려주는 persp()나 wireframe(), 3차원 점 그래프를 그려주는 cloud() 등 3차원 데이터를 플로팅해 주는 다양한 함수를 제공한다. 여기서는 wireframe()을 사용하는 간단한 예제를 살펴 볼 것이다.

```
> library(lattice)
> a <- 1:10
> b <- 1:15
> eg <- expand.grid(x=a,y=b)
> eg$z <- eg$x^2 + eg$x * eg$y
> wireframe(z ~ x+y, eg)
```

우선 lattice 라이브러리를 불러온다. 그 후 expand.grid()를 호출해 두 입력값의 모든 조합으로 이뤄진 x와 y의 두 행을 가진 데이터 프레임을 생성한다. 여기서 a와 b는 10과 15 값을 가지므로, 결과 데이터 프레임은 150행이 된다. 이때 wireframe()의 입력값인 데이터 프레임이 꼭 expand.grid()로부터 생성될 필요는 없다.

여기에 첫 두 행이 들어간 함수로부터 만들어진 z라는 세 번째 열을 추가한다. wireframe()을 호출하면 그래프가 그려진다. 회귀 모델 형태의 인수는 z가 x와 y에 의해 그려진다고 명시한 것이다. 물론 z,x,y는 eg 열의 이름에서 가져온 것이다. 결과는 그림 12-13과 같다.

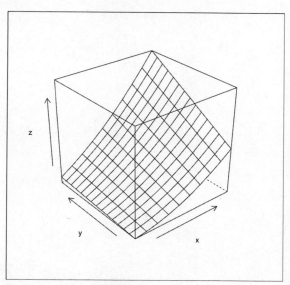

그림 12-13 wireframe( ) 예제

　모든 점은 2차원의 선과 그 선을 연결하는 점으로 이뤄진 평면처럼 연결돼 있다. 반면에 cloud( )를 사용하면 각 점은 떨어져 있다.

　wireframe( )에서 (x,y)쌍은 반드시 균일하게 떨어져 있을 필요는 없지만 격자 모양을 이뤄야 한다.

　3차원 플로팅 함수에는 여러 다양한 옵션들이 있다. 예를 들어 wireframe( )에서 데이터를 더 보기 좋게 만들어주는 shade=T 같은 옵션이 좋은 예다. 유연하게 사용할 수 있는 옵션들을 가진 많은 함수들과 새로운 많은 패키지들은 R의 기본 그래픽 패키지보다 편리하고 유용한 기능을 갖고 있다. 보다 많은 정보는 이 장의 시작 페이지의 각주에 소개한 책들을 참고하면 된다.

## 13장

디버깅

프로그래머들은 보통 실제로 코드를 작성하는 것보다 프로그램의 디버깅에 더 많은 시간을 쓴다. 그래서 뛰어난 디버깅 능력은 매우 중요하다. 이 장에서는 R 디버깅에 대해 다룰 것이다.

13.1 디버깅의 기본 원칙

> 위의 코드에서 버그를 조심하시오. 난 이게 맞는지 증명했을 뿐 실행해 보지는 않았습니다.
>
> — 전산학의 선구자, 도널드 크누스(Donald Knuth)

디버깅은 과학이라기보다는 예술에 가깝지만 몇 개의 기본 원칙을 갖고 있다. 여기서는 디버깅의 몇 가지 모범 사례에 대해 살펴 본다.

13.1.1 디버깅의 기본: 확인 원칙

피트 잘츠만Pete Salzman과 필자가 쓴 디버깅에 대한 책인 「The Art of Debugging, with GDB, DDD, and Eclipse」에서 확인 원칙은 디버깅의 본질이라고 언급하고 있다.

> 버그가 있는 프로그램을 고치는 것은 프로그래머가 진실이라고 '믿는' 것이 실제로 코드'에서도' 진실인지 하나 하나 확인하는 과정이다. 만약 가정이 하나라도 진실이 '아니라는' 것을 발견했다면, 정확하지는 않으나 버그의 위치를 찾을 단서를 발견한 것이다.

이를 다르게 말하자면 '놀라는 게 좋은 것이다!' 예를 들어 다음과 같은 코드가 있다고 하자.

```
x <- y^2 + 3*g(z,2)
w <- 28
if (w+q> 0) u <- 1 else v <- 10
```

x에 값이 할당된 이후에 x의 값이 3이어야 한다고 생각하나? 이제 확인해 보자! 세 번째 줄에서 if가 아니라 else가 실행돼야 한다고 생각하는가? 확인해 보자!

필시 당연히 될 것이라고 가정한 것 중에서 실제로는 그렇지 않은 경우가 하나는 발생할 것이다. 그러면 오류를 수정하기 위해 오류가 발생한 것으로 추정되는 지점을 정확히 찾아야 할 것이다.

13.1.2 작은 것부터 시작하기

디버깅 과정은 작은 부분에 대해 간단한 테스트 케이스를 실행해 보는 것으로 부터 시작된다. 큰 데이터 객체를 다루려면 문제 해결이 더욱 어려워진다.

물론 나중에는 코드를 크고 복잡한 경우에서도 테스트해 봐야 하지만, 일단 작은 것부터 시작하라.

13.1.3 모듈식, 하향식 디버깅

대부분의 좋은 소프트웨어 개발자라면 코드를 모듈식으로 작성해야 한다는 데에 동의할 것이다. 첫 단계에 작성하는 코드는 일단 12줄을 넘지 말아야 하고, 대신 함수를 호출하는 식으로 코드를 작성한다. 이 함수들 역시 너무 길게 작성하지 말고 필요하다면 다른 함수를 호출하는 식으로 만들어라. 이 방법으로 코드를 작성하는 것이 코드를 구조화하거나 다른 사람이 이 코드를 확장해야 할 때 읽고 이해하기 쉽다.

또한 디버깅은 하향식top-down으로 이뤄지는 것이 좋다. 다음 줄이 들어 있는 함수 f()를 디버그 상태로 설정해야 한다고 가정해 보자. 한 마디로 debug(f)를 호출한다는 말이다.

```
y <- g(x,8)
```

g()는 '유죄로 판명되기 전까지는 결백한' 상태라고 가정하고 접근해야 한다. 그러므로 아직 debug(g)를 호출할 때가 아니다. 이 줄을 실행해 보고 g()가 예상값을 반환하는지 확인하자. 만약 결과가 제대로 나온다면, g() 부분은 건너뛰어서 시간을 절약할 수 있다. 만약 잘못된 값 반환한다면 이제 debug(g)를 호출할 때다.

13.1.4 버그 예방

일부 부분에서는 '버그 예방' 전략을 적용할 수도 있을 것이다. 만약 x가 양수가 나와야 하는 코드가 있다고 하자. 그러면 다음과 같은 줄을 코드에 추가할 수 있다.

```
stopifnot(x > 0)
```

예를 들어 이 코드에 x에 -12를 대입하는 버그가 있어서 stopifnot()이 바로 작동되면, 다음과 같은 오류 메시지를 보여줄 것이다.

```
Error: x > 0 is not TRUE
```

C 프로그래머라면 C의 assert 명령어와 비슷하다는 것을 알아차렸을 것이다.

버그를 수정하고 새 코드를 테스트한 후에는 버그가 나중에 어떻게든 다시 나타나지 않게 하기 위해 다시 확인할 수 있도록 코드를 잘 보관하는 것이 좋을 것이다.

13.2 왜 디버깅 도구를 사용할까?

예전에 프로그래머들은 코드 중간 중간마다 임시로 print 구문을 넣어 프로그램을 돌려서 중간에 출력되는 내용을 보면서 확인했다. 예를 들어 앞의 코드에서 x=3인지 확인하기 위해 중간에 x의 값이 얼마인지 찍어봐야 했고, if-else의 경우에도 비슷하게 다음과 같이 해야 했다.

```
x <- y^2 + 3*g(z,2)
cat("x =",x,"\n")
w <- 28
if (w+q> 0) {
    u <- 1
print("the 'if' was done")
} else {
    v <- 10
    print("the 'else' was done")
}
```

수정 후 프로그램을 다시 돌려서 출력되는 결과를 보고 반영한다. 그 후 print 구문을 지우고 다음 버그를 추적하기 위해 새로운 곳에 print 구문을 넣는다.

한두 번 돌리는 데는 이런 수동적 방법도 나쁘지 않지만, 디버깅해야 할 분량이 많다면 이는 굉장히 지루한 작업이다. 게다가 이런 수정 작업은 주의를 떨어뜨리기 때문에 버그를 찾는 데 집중하기 힘들어 진다.

따라서 코드에 print 구문을 넣어 디버깅하는 작업은 느리고, 성가시고, 산만한 방법이다. 만약 특정 프로그래밍 언어로 진지하게 프로그래밍하게 된다면, 해당 언어의 좋은 디버깅 도구를 찾게 될 것이다. 디버깅 도구를 사용하면 변수의 값을 찾거나, if가 실행될지 else가 실행될지 확인하는 등의 작업을 훨씬 쉽게 할 수 있다. 게다가 버그가 실행 오류를 일으키면 디버깅 도구는 이를 분석해 이 오류의 원인에 대한 주요 단서들을 제공해 줄 수도 있다. 이런 모든 기능은 대체적으로 생산성을 높이는 데 도움을 줄 것이다.

13.3 R 디버깅 기능 사용하기

R 기본 패키지에는 여러 디버깅 기능이 포함돼 있고, 그 외에도 여러 디버깅 패키지를 사용할 수 있다. 여기서는 기본 기능과 다른 패키지들 모두에 대해 이야기할 것이고, 확장 예제에서는 보다 자세한 디버깅에 대해 설명할 것이다.

13.3.1 debug( )와 browser( ) 함수를 사용한 개별 단계 살펴보기

R의 디버깅 기능의 핵심은 '브라우저'로 이뤄져 있다. 이를 통해 코드에 개별 단계로 접근해 각 줄별, 원하는 부분을 살펴볼 수 있다. 브라우저는 debug()나 browser() 함수를 호출해 실행할 수 있다.

R의 디버깅 기능은 개별 함수에 특화돼 있다. 만약 함수 f()에 버그가 있다고 생각된다면, debug(f)를 호출해 f()에 대한 디버그 상태를 설정할 수 있다. 즉 해당 시점 이후부터 함수를 호출할 때마다 자동으로 함수의 시작 부분에서 브라우저로 들어가게 된다. undebug(f)를 호출하면 디버그 상태에서 벗어나게 돼서 함수의 시작 부분에서도 브라우저를 호출하지 않게 된다.

만약 f()의 특정 줄에서 browser()를 호출한다면, 그 줄이 실행될 때에만 브라우저가 실행될 것이다. 이 환경에서는 그 함수를 종료할 때까지 코드를 개별 단계로 살펴볼 수 있다. 만약 버그가 함수 시작 부분 근처에 있지 않다고 생각한다면, 함수가 시작할 때부터 개별 단계로 살펴보고 싶지는 않을 것이므로 이 방법이 보다 효과적이다.

GDB(GNU 디버거) 같은 C 디버거를 사용해 본 사람이라면 아마 이것도 비슷하다는 생각이 들겠지만, 어떤 부분들은 놀랍게 다가올 것이다. 예를 들자면 이미 언급했듯이 debug()는 전체 프로그램 레벨이 아닌 함수 레벨에서 호출된다. 만약 여러 함수에 버그가 있다고 생각된다면, 각각에 대해 모두 debug()를 호출해 줘야 한다.

f()에 대해 디버깅 한번 하기 위해 debug(f)를 호출한 후 undebug(f)를 하는 것이 귀찮을 수도 있다. R 2.10부터는 이런 경우에 대신 debugonce()를 호출할 수 있다. debugonce(f)는 처음 실행하면 f()를 디버깅 상태로 만든 후 함수가 종료되는 대로 상태를 변경한다.

13.3.2 브라우저 명령어 사용하기

브라우저 안에서 프롬프트는 >에서 Browse[d]>로 변경된다. 이때 d는 호출 단계 수이다. 브라우저 프롬프트에서는 다음과 같은 명령어를 사용할 수 있다.

- n (다음, next): R이 다음 줄을 실행한 후 멈추도록 한다. 엔터 키를 쳐도 동일하게 동작한다.
- c (계속, continue): n과 비슷하지만, 다음 멈출 때까지 여러 줄의 코드가 실행될 수도 있다. 만약 반복문 안에서 이 명령어를 실행했다면 반복문의 나머지 부분을 다 실행하고 벗어난 후에 멈출 것이다. 만약 함수 내에 있으나 반복문 안에 있는 것이 아니라면, 나머지 함수 부분은 다음 멈추는 부분 전까지 실행될 것이다.
- R 명령어: 브라우저 안에서도 R의 인터랙티브 창에 그대로 있는 것이므로 x를 입력해 x의 값을 확인하는 등의 작업이 가능하다. 물론 브라우저 명령어와 동일한 이름의 변수가 있다면, print(n)처럼 print() 함수 같은 것을 사용해 명시적으로 호출해야 한다.

- where: 추적값을 출력한다. 현재 위치에서 실행된 함수 호출 수를 보여 준다.
- Q: 브라우저를 종료하고 R의 기본 인터랙티브 창으로 다시 이동한다.

13.3.3 중단점 설정하기

debug(f)를 호출하면 f()의 시작점에서 browser()를 호출한다. 하지만 이는 어떤 경우 불편한 방식이 될 수도 있다. 만약 버그가 함수 중간에 있다고 판단 된다면, 앞의 코드에 대해서는 완전히 작업 낭비인 셈이다.

이에 대한 해결책으로 코드의 특정 주요 부분, 즉 실행하다 멈추고 싶은 지점에 '중단점breakpoint'을 설정하는 것이다. R에서 이를 어떻게 하는가? browser()를 직접 실행하든가 setBreakpoint() 함수(R 버전 2.10 이상에서 실행)를 사용할 수 있다.

13.3.3.1 browser( ) 직접 호출하기

코드에서 신경 쓰이는 부분에서 browser()를 직접 호출함으로써 간단히 중단 점을 설정할 수 있다. 이는 중단점을 원하는 부분에 명확히 설정해 주는 효과가 있다.

브라우저의 상태 설정을 통해 특정 상황에서만 브라우저를 호출하도록 할 수도 있다. expr 인수를 사용해 이런 상황을 설정할 수 있다. 예를 들어 버그가 s라는 변수가 1보다 클 때만 발생한다고 생각되는 경우라면 다음 코드를 사용 할 수 있다.

```
browser(s > 1)
```

브라우저는 s가 1보다 큰 경우에만 호출될 것이다. 다음 코드도 같은 효력을 가진다.

```
if (s > 1) browser()
```

여러 반복문이 사용되고 버그가 반복문이 50번 수행된 이후에 나타나는 경우 같은 상황에서는 debug()를 통해 디버깅 상태에 들어가는 것에 비해 브라우저를 직접 호출하는 것이 훨씬 유용하다. 만약 반복문의 인덱스가 i라면 다음과 같이 쓸 수도 있다.

```
if (i > 49) browser()
```

이런 방법으로 처음 49번의 반복문을 일일이 거치는 지루한 작업을 피할 수 있다!

13.3.3.2 setBreakpoint() 함수 사용하기

R 2.10 버전부터 다음과 같은 형식으로 setBreakpoint()를 사용할 수 있다.

```
setBreakpoint(filename, linenumber)
```

그러면 결과가 browser() 내에서 원 파일 filename의 linenumber의 줄이 나타날 것이다.

이는 특히 디버거를 사용하면서 개별 단계별로 살펴보고 있을 때에 유용하게 쓸 수 있다. 만약 파일 x.R의 12번째 줄에서 작업하고 있는데, 28번째 줄에 중단점을 만들고 싶다고 가정하자. 이때 디버거를 종료하고 코드의 28번째 줄로 가서 browser()를 추가한 다음, 다시 그 함수를 실행하는 대신 간단하게 다음과 같이 입력하면 된다.

```
> setBreakpoint("x.R",28)
```

이제 디버거 내에서 c를 눌러서 다시 하던 일을 계속하면 된다.

setBreakpoint()는 다음 장에서 이야기할 trace()를 호출해 작동한다. 그래서 중단점을 취소하면 추적 역시 취소된다. 예를 들어 만약 setBreakpoint()를 함수 g() 내의 줄에서 호출했다면, 다음과 같이 입력해 중단점을 취소할 수 있다.

```
> untrace(g)
```

현재 디버거 내에 있든지 아니든지 setBreakpoint()를 호출하는 데에는 상 관없다. 만약 지금 디버거를 실행하지 않고 있고 관련 함수를 실행하면서 실행 중에 중단점을 넣는다면, 자동으로 브라우저가 실행될 것이다. 이는 browser() 를 실행하는 경우와 유사하지만, 코드를 텍스트 에디터에서 직접 수정해야 하 는 귀찮음을 덜 수 있다.

13.3.4 trace() 함수로 추적하기

trace()는 처음에 배우기 좀 까다롭긴 하지만 유연하고 강력한 함수다. 여기서 는 다음과 같이 이를 간단하게 사용할 수 있는 방법에 대해 알아볼 것이다.

```
> trace(f,t)
```

이 경우 R에서는 함수 f()에 들어갈 때마다 함수 t()를 호출하게 된다. 예를 들어 만약 gy()의 시작 부분에 중단점을 넣고 싶다면, 다음 명령어를 사용하면 된다.

```
> trace(gy,browser)
```

이렇게 하면 원 코드의 gy() 내에 browser() 명령어를 넣는 것과 같은 효 과를 내지만, 코드를 열어 한 줄을 넣고 파일을 저장하고 source()를 실행 해 파일에서 새 버전의 코드를 새로 불러오는 것보다 훨씬 빠르고 간편하다. trace()를 호출하면 R에서 갖고 있는 파일의 임시 버전을 변경하므로 원래 파 일은 건드리지 '않는다'. 그래서 취소 역시 untrace()를 실행하기만 하면 되므 로 훨씬 빠르고 간단하다.

```
> untrace(gy)
```

tracingState()를 사용해 전역적으로 추적을 켜고 끌 수 있다. 함수 내부 인 수를 TRUE로 설정하면 켜지고, FALSE로 설정하면 꺼진다.

13.3.5 충돌 발생 후 traceback( )과 debugger( ) 함수를 사용해 확인하기

디버거를 돌리지 않고 있는데 R 코드에서 충돌 났다고 해보자. 이후에도 사용할 수 있는 디버깅 도구가 있다. 간단히 `traceback()`을 호출해 포스트 모템[1] post-mortem을 할 수 있다. 이를 통해 어떤 함수에서 문제가 발생했으며, 이 함수까지 어떤 경로로 오게 됐는지를 알 수 있다.

충돌 상황인 경우 프레임에 해당 내용을 가져오도록 설정하면 더 많은 정보를 얻을 수 있다.

```
> options(error=dump.frames)
```

만약 이렇게 했다면 충돌 난 후에 다음 명령어를 실행해 보자.

```
> debugger()
```

그러면 이제 보고자 하는 함수 레벨의 단계를 선택할 수 있는 화면이 나올 것이다. 선택에 따라 이에 해당하는 변수값을 확인할 수 있다. 한 레벨을 살펴본 후, N을 입력해 `debugger()`의 기본 상태로 돌아올 수 있다.

다음 코드를 입력해 디버거에 자동으로 들어가도록 설정할 수도 있다.

```
> options(error=recover)
```

하지만 만약 이렇게 자동 설정을 한다면, 굳이 디버거에 들어가 시간 낭비할 필요가 없는 단순한 문법 오류에도 자동으로 디버거에 들어가 있을 수 있음을 유념하자.

이렇게 설정한 것들을 끄고 싶다면 다음을 입력하자.

```
> options(error=NULL)
```

다음 장에서 이 방법에 대한 예제를 살펴 볼 것이다.

---

1 '사후'라는 뜻으로 프로그래밍이나 서비스 시행 후 회고 의미로 주로 사용됨. - 옮긴이

13.3.6 확장 예제: 두 가지의 전체 디버깅 과정

지금까지 디버깅 도구에 대해 살펴보았으니, 이제 이를 사용해 코드에서 직접 문제를 찾아서 해결해 보자. 일단 간단한 예제로 시작하고 그 이후 좀더 복잡한 예제로 넘어가겠다.

13.3.6.1 연속된 1 찾는 예제의 디버깅

2장에서 연속된 1을 찾는 확장 예제를 기억해 보자. 다음은 그 프로그램의 버그가 있는 버전이다.

```
1 findruns<- function(x,k) {
2    n <- length(x)
3    runs <- NULL
4    for (i in 1:(n-k)) {
5       if (all(x[i:i+k-1]==1)) runs <- c(runs,i)
6    }
7    return(runs)
8 }
```

그럼 간단한 테스트 예제를 실행해 보자.

```
> source("findruns.R")
> findruns(c(1,0,0,1,1,0,1,1,1),2)
[1] 3 4 6 7
```

이 함수에서는 4, 7, 8의 인덱스를 표시해 줄 것이라고 예상했으나, 일부 예상값은 빠졌고 필요 없는 값이 들어가기도 했다. 뭔가 잘못 되고 있다는 뜻이다. 디버거로 들어가서 내부를 살펴보자.

```
> debug(findruns)
> findruns(c(1,0,0,1,1,0,1,1,1),2)
debugging in: findruns(c(1, 0, 0, 1, 1, 0, 1, 1, 1), 2)
debug at findruns.R#1: {
   n <- length(x)
   runs<- NULL
   for (i in 1:(n - k)) {
      if (all(x[i:i + k - 1] == 1))
         runs<- c(runs, i)
```

```
    }
    return(runs)
}
attr(,"srcfile")
findruns.R
```

그럼 확인 원칙에 따라 첫 번째 테스트 벡터가 값을 제대로 받아 왔는지 확인해 보자.

```
Browse[2]> x
[1] 1 0 0 1 1 0 1 1 1
```

아직까진 좋다. 그럼 좀더 나가보자. n을 두어 번 입력해 한 단계씩 진행해 보자.

```
Browse[2]> n
debug at findruns.R#2: n <- length(x)
Browse[2]> n
debug at findruns.R#3: runs <- NULL
Browse[2]> print(n)
[1] 9
```

매 단계를 지날 때마다 R은 다음에 수행될 구문이 무엇인지 알려준다는 것을 기억해 두자. 달리 말해 print(n)을 실행할 때마다 아직 runs에 NULL을 대입하는 문장이 실행된 것이 아니라는 말이다.

또한 보통 변수명을 입력해 바로 변수의 값을 출력할 수 있지만, 여기서는 n이 다음 단계로 넘어가라는 디버거의 next 명령어의 약어므로 변수 n의 값을 출력해 볼 수는 없다는 것 또한 염두에 두자. 그래서 여기서는 print()를 사용한다.

어쨌든 우리가 알고 있던 대로 테스트 벡터의 길이가 9라는 것은 알아냈다. 그럼 이제 몇 단계 더 나아가서 반복문으로 들어가자.

```
Browse[2]> n
debug at findruns.R#4: for (i in 1:(n - k + 1)) {
    if (all(x[i:i + k - 1] == 1))
```

```
        runs<- c(runs, i)
    }
Browse[2]> n
debug at findruns.R#4: i
Browse[2]> n
debug at findruns.R#5: if (all(x[i:i + k - 1] == 1)) runs <-
    c(runs, i)
```

k는 2이므로(현재 연속으로 2개의 1을 확인하고 있다는 것이다) if() 구문은 x의 처음 두 원소인 (1,0)을 확인해야 한다. 그럼 이를 확인해 보자.

```
Browse[2]> x[i:i + k - 1]
[1] 0
```

보다시피 확인되지 '않았다'. 현재 제대로 1:2의 범위를 보고 있는지 확인해 보자. 맞는가?

```
Browse[2]> i:i + k - 1
[1] 2
```

여기도 잘못 돼 있다. 그럼 i와 k의 값은 어떤가? 각각 1과 2여야 한다. 과연 그럴까?

```
Browse[2]>i
[1] 1
Browse[2]> k
[1] 2
```

두 값은 확인됐다. 그럼 문제는 i:i + k - 1 식에 있을 것이다. 좀 생각해보고, 이는 연산자 순서 문제라는 것을 깨달았다. 그리고 i:(i + k - 1)로 식을 바꾸었다.

이제는 제대로 나오는가?

```
> source("findruns.R")
> findruns(c(1,0,0,1,1,0,1,1,1),2)
[1] 4 7
```

아니다. 위에서 언급했듯이 답은 (4,7,8)이 나와야 한다.

반복문 내에 중단점을 설정하고 좀더 자세히 들여다 보자.

```
> setBreakpoint("findruns.R",5)
/home/nm/findruns.R#5:
    findruns step 4,4,2 in <environment: R_GlobalEnv>
> findruns(c(1,0,0,1,1,0,1,1,1),2)
findruns.R#5
Called from: eval(expr, envir, enclos)
Browse[1]> x[i:(i+k-1)]
[1] 1 0
```

자, 지금은 벡터의 앞의 두 원소를 사용하고 있으므로 버그 수정은 좀더 있어야 할 것이다. 반복문의 두 번째 반복 부분을 살펴보자.

```
Browse[1]> c
findruns.R#5
Called from: eval(expr, envir, enclos)
Browse[1]>i
[1] 2
Browse[1]> x[i:(i+k-1)]
[1] 0 0
```

여기도 정확하다. 다른 반복 부분으로 갈 수도 있겠지만, 대신 보통 반복문에서 주로 버그가 발견되는 마지막 반복 부분을 살펴보도록 하자. 그럼 다음과 같이 조건부 중단점을 추가해 보자.

```
findruns<- function(x,k) {
   n <- length(x)
   runs<- NULL
   for (i in 1:(n-k)) {
      if (all(x[i:(i+k-1)]==1)) runs <- c(runs,i)
      if (i == n-k) browser() # 마지막 반복일 경우 빠져나감
   }
   return(runs)
}
```

그리고 다시 돌려보자.

```
> source("findruns.R")
> findruns(c(1,0,0,1,1,0,1,1,1),2)
Called from: findruns(c(1, 0, 0, 1, 1, 0, 1, 1, 1), 2)
Browse[1]>i
[1] 7
```

마지막 반복문이 i = 7일 때라는 것을 알려준다. 하지만 벡터의 길이는 9이고, k = 2이므로 반복문에서 i = 8이어야 한다. 반복문에 대해 다음과 같이 범위를 작성했기 때문이라고 추정된다.

```
for (i in 1:(n-k+1)) {
```

그나저나 setBreakpoint()로 설정한 중단점은 더 이상 유효하지 않으므로, 다시 findruns의 이전 버전으로 되돌아간다는 것을 염두에 두자.

여기서 나오지 않은 후속 테스트는 현재 작동하는 코드를 사용할 것이다. 그럼 이제 좀더 복잡한 예제를 살펴보자.

13.3.6.2 도시 쌍 찾기 문제 디버깅

3.4.2장에서 보았던 가장 가까운 도시의 쌍을 찾는 코드를 떠올려 보자. 다음은 그 코드의 버그가 있는 버전이다.

```
1  # 정사각 대칭행렬 d에 대해 d[i,j] 중i != j인 값에서 최소값과
2  # 최소값이 위치한 행과 열을 반환함.
3  # 같은 경우 특별한 규칙 없음
4  # 거리 행렬 사용
5  mind <- function(d) {
6     n <- nrow(d)
7     # apply()에 사용할 행 번호를 정의해주는 열 추가
8     dd<- cbind(d,1:n)
9     wmins<- apply(dd[-n,],1,imin)
10    # wmins는 1번 행에는 인덱스가 들어가고 2번 행에는 그 값이 들어간
11       2-n 행렬 형태가 된다.
12    i<- which.min(wmins[1,])
13    j <- wmins[2,i]
14    return(c(d[i,j],i,j))
15 }
16
17 # 행 x 중 최소값의 인덱스와 최소값을 찾아줌
```

```
18 imin<- function(x) {
19    n <- length(x)
20    i<- x[n]
21    j <- which.min(x[(i+1):(n-1)])
22    return(c(j,x[j]))
23 }
```

R의 디버깅 도구를 사용해 문제를 찾아 고쳐보자.

일단 다음의 간단한 테스트 케이스를 돌려볼 것이다.

```
> source("cities.R")
> m <- rbind(c(0,12,5),c(12,0,8),c(5,8,0))
> m
     [,1] [,2] [,3]
[1,]    0   12    5
[2,]   12    0    8
[3,]    5    8    0
> mind(m)
Error in mind(m) : subscript out of bounds
```

시작부터 반갑지가 않다. 불행히도 오류 메시지만으로는 코드의 어디에서 문제가 생겼는지 알 수 없다. 하지만 디버거는 이에 대한 정보를 찾아 줄 것이다.

```
> options(error=recover)
> mind(m)
Error in mind(m) : subscript out of bounds

Enter a frame number, or 0 to exit

1: mind(m)

Selection: 1
Called from: eval(expr, envir, enclos)

Browse[1]> where
where 1: eval(expr, envir, enclos)
where 2: eval(quote(browser()), envir = sys.frame(which))
where 3 at cities.R#13: function ()
{
   if (.isMethodsDispatchOn()) {
      tState<- tracingState(FALSE)
...
```

자, 문제는 `imin()`이 아니라 `mind()`의 13번째 줄에서 발생했다. 물론 여전히 `imin()`에서 오류가 난 것이라고 나오겠지만, 지금부터는 그 앞을 살펴볼 것이다.

> **노트** 13번째 줄에서 문제가 발생했는지 판단하는 다른 방법이 있다. 앞에서처럼 디버거에 들어가지만 지역변수를 확인하기 위한 것이다. 만약 코드의 9번째 줄에서 오류가 났다면, wmins 변수에는 아무 값도 들어있지 않으므로 'Error: object' wmins' not found (오류: 'wmins' 객체가 없습니다)'라는 오류 메시지가 나타날 것이다. 혹은 오류가 13번째 줄에서 났다면 j 값도 설정돼 있을 것이다.

오류가 d[I,j]에서 발생했으므로 이 변수들을 살펴보자.

```
Browse[1]> d
     [,1] [,2] [,3]
[1,]    0   12    5
[2,]   12    0    8
[3,]    5    8    0
Browse[1]>i
[1] 2
Browse[1]> j
[1] 12
```

여기에는 문제가 있다. 즉 d는 3개의 열을 가지므로 j는 열 값에 따라 12라는 것을 알 수 있다.

j를 만드는 변수 wmins를 살펴보자.

```
Browse[1]>wmins
     [,1]   [,2]
[1,]    2      1
[2,]   12     12
```

코드가 어떻게 구성됐는지 기억한다면, wmins의 k열이 d의 k행의 최소값에 대한 정보를 갖고 있다는 것을 알 것이다. 그러므로 여기서 wims는 d의 첫 번째 행(k = 1)인 (0, 12, 5)에서 2번째 인덱스가 가리키는 12라는 것이다. 하지만 3번째 인덱스의 5가 돼야 할 것이다. 그러므로 다음 줄에서 무언가가 잘못됐다는 것을 알 수 있다.

```
wmins <- apply(dd[-n, ], 1, imin)
```

여러 가지 가능성이 있다. 하지만 imin()이 확실히 호출됐으므로 이 함수 내부에서 모두 확인 가능하다. 그럼 imin()을 디버깅 상태로 설정하고, 디버거를 종료한 후 코드를 다시 실행해 보자.

```
Browse[1]> Q
> debug(imin)
> mind(m)
debugging in: FUN(newX[, i], ...)
debug at cities.R#17: {
    n <- length(x)
    i<- x[n]
    j <- which.min(x[(i + 1):(n - 1)])
    return(c(j, x[j]))
}
...
```

현재 imin() 내부에 들어가 있다. 그럼 dd의 첫 번째 행으로부터 (0,12,5,1)의 값을 제대로 받아오는지 살펴보자.

```
Browse[4]> x
[1]  0 12  5  1
```

제대로임을 확인했다. 이로부터 apply()의 첫 번째 두 인수는 정확하고, 두고 봐야 알겠지만 문제는 imin() 내부에 있는 게 아닐 거라는 것을 알 수 있다. 중간중간 확인 질의를 입력하면서 한 단계씩 진행해 보자.

```
Browse[2]> n
debug at cities.r#17: n <- length(x)
Browse[2]> n
debug at cities.r#18: i<- x[n]
Browse[2]> n
debug at cities.r#19: j <- which.min(x[(i + 1):(n - 1)])
Browse[2]> n
debug at cities.r#20: return(c(j, x[j]))
Browse[2]> print(n)
[1] 4
```

```
Browse[2]>i
[1] 1
Browse[2]> j
[1] 2
```

which.min(x[(i + 1):(n - 1)]을 설계할 때 이 행의 위삼각 부분만을 보려고 했던 것을 상기하자. 행렬은 대칭 형태이고 도시가 자기 자신과의 거리를 계산해야 할 필요가 없기 때문이다.

다만 $j = 2$라는 값은 확인되지 않았다. (0,12,5)의 0을 제외한 최소값은 2번째가 아닌 3번째 인덱스의 5이다. 그러므로 문제는 다음 줄에서 발생한 것이다.

```
j <- which.min(x[(i + 1):(n - 1)])
```

뭐가 잘못됐을까?

잠시 살펴보니 (0,12,5)의 최소값은 벡터의 3번째 인덱스에서 발생하지만, which.min()에게 찾으라고 한 값은 이 값이 '아니다'. $i + 1$이란 식으로 인해 (12,5)의 최소값이 있는 인덱스를 찾게 되고 이때의 값은 2다.

정확한 정보를 찾고자 which.min()을 사용했으나, (0,12,5)에 대한 인덱스를 기대했기 때문에 이를 제대로 사용하는 데에 실패한 것이다. 그러므로 다음과 같이 which.min()의 결과값을 수정할 필요가 있다.

```
j <- which.min(x[(i+1):(n-1)])
k <- i + j
return(c(k,x[k]))
```

수정 후 다시 실행해 보자.

```
> mind(m)
Error in mind(m) : subscript out of bounds

Enter a frame number, or 0 to exit

1: mind(m)

Selection:
```

세상에, '또 다른' 범위 오류가 발생했다! 이번에는 무슨 오류가 난 것인지 확인하기 위해, 앞서 했던 것처럼 where 명령어를 사용해 13번째 줄에서 또 오류가 났다는 것을 알아냈다. 그럼 이번엔 i와 j 값은 무엇일까?

```
Browse[1]>i
[1] 1
Browse[1]> j
[1] 5
```

j의 값이 여전히 잘못돼 있다. 행렬에는 3개의 행밖에 없으므로 j가 3보다 커지면 안 된다. 하지만 i의 값은 맞다. dd 전체의 최소값은 5로, 1번째 행의 3번째 열에 있다.

그럼 j의 값을 만드는 wmins 행렬을 다시 확인해 보자.

```
Browse[1]>wmins
      [,1]  [,2]
[1,]    3     3
[2,]    5     8
```

1열에는 케이스에서 넣었던 3과 5가 들어있다. 1열에는 d의 1행에 대한 정보가 들어있으므로 wmins가 의미하는 것은 1행의 최소값은 이 행의 3번째 인덱스의 5라는 뜻으로 정확한 값이다.

그럼 잠시 다시 생각해 보면, wmins가 정확하다면 이를 '사용하는 방법'이 잘못됐다는 뜻이다. 행렬의 열과 행을 엉망으로 사용한 것이다.

```
i <- which.min(wmins[1,])
j <- wmins[2,i]
```

이 코드는 다음과 같이 돼야 한다.

```
i <- which.min(wmins[2,])
j <- wmins[1,i]
```

바꾸고 파일을 새로 저장한 후 다시 실행한다.

```
> mind(m)
[1] 5 1 3
```

이제 정확한 값이 나왔고, 더 큰 행렬을 사용한 이후 테스트에서도 제대로 작동했다.

13.4 세계적 움직임: 보다 편리한 디버깅 도구

앞에서 본 것처럼 R의 디버깅 도구는 매우 유용하다. 하지만 그다지 쓰기 편하지는 않다. 다행히도 디버깅 과정을 보다 쉽게 해주는 여러 도구들이 있다. 대략적인 개발 순서대로 봤을 때, 다음과 같이 나열할 수 있다.

- 마크 브라빙턴의 debug 패키지
- Vim과 이맥스 텍스트 에디터에서 사용 가능한 edtdbg[2] 패키지
- 이맥스에서 작동하는(edtdbg와 같은 목적으로 사용되지만 보다 이맥스에 특화된 기능들을 갖고 있다) 비탈리스피누의 ess-tracebug
- 레볼루션 애널리틱스의 IDE

> 노트 이 책이 쓰여진 2011년 7월에는 StatET와 RStudio IDE에서 디버깅 도구를 개발 진행 중이었다.[3]

이 도구들은 레볼루션 애널리틱스 제품을 제외하고는 모두 리눅스, 윈도우, 맥 등 OS에 상관없이 사용할 수 있다. 레볼루션 애널리틱스 IDE의 경우 비주얼 스튜디오가 설치된 윈도우 환경에서만 사용 가능하다. 역시나 레볼루션 애널리틱스 제품을 제외하고는 모두 오픈소스거나 무료 프로그램이다.

---

2   책의 저자가 만든 패키지임 – 옮긴이

3   현재 StatET에는 visual debugging tool이 들어간 상태(ver 2.0.0)이고 Rstudio는 아직 개발 중이다(2012년 3월 기준). – 옮긴이

그럼 이 패키지들이 지원하는 기능은 무엇인가? 내가 보기엔 R의 기본 디버깅 도구의 가장 큰 문제 중 하나는 큰 그림을 볼 수 있는 윈도우가 없다는 것이다. 여기서 윈도우는 R 코드를 커서와 함께 보여주고 한 단계씩 진행돼 나갈 때마다 커서가 코드를 따라 움직인다. 예를 들어 앞서 본 브라우저 결과에서 일부 발췌한 내용을 살펴보자.

```
Browse[2]> n
debug at cities.r#17: n <- length(x)
Browse[2]> n
debug at cities.r#18: i<- x[n]
```

이는 매우 훌륭한 기능이나, 이 내용이 코드의 어디에 있는지 어떻게 알겠는가? 다른 언어들에서 사용하는 대부분의 GUI 디버거들은 실제 코드를 보여주고, 다음에 수행될 줄을 표시해주는 기능이 있다. 이 장의 앞에서 제시한 모든 R 도구들은 기본적인 R이 갖고 있는 이런 약점을 해결해 준다. 브라빙턴의 debug 패키지는 정확히 이런 목적으로 새로운 윈도우를 생성한다. 다른 도구들은 텍스트 에디터의 창을 분리해 두 개로 보여주므로, debug를 사용했을 때에 비해 화면 공간을 절약할 수 있다는 장점이 있다.

게다가 이런 도구들을 사용하면 굳이 화면의 커서를 에디터 윈도우에서 R 실행 윈도우로 옮기지 않고도 중단점을 설정한다든가 다른 디버깅 명령을 실행할 수 있다. 이는 타이핑을 줄일 수 있으며 매우 편리한 기능으로 실제로 해야 하는 작업, 즉 버그 찾는 일에 집중할 수 있도록 해준다.

도시 예제를 다시 떠올려 보자. GVim 텍스트 에디터로 edtdbg와 함께 원본 파일을 열어 edtdbg를 실행하는 몇 가지 작업을 한 후 '['를 두 번 입력해 코드를 두 단계 이동했다. 이때 GVim 윈도우 화면의 결과는 그림 13-1과 같다.

> **노트** 이맥스에서 edtdbg를 사용할 때의 기능 역시 앞에서 말한 것과 동일하지만, 명령어로 사용되는 키가 일부 다르다. 예를 들어 단계 진행 시 '[' 대신 F8을 사용한다.

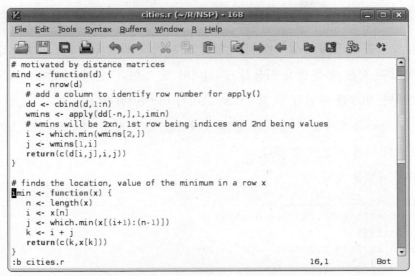

```
┌──────────────────────────────────────────────────────────────────────────┐
│ ✗              cities.r (~/R/NSP) - 168                          _ □ x     │
│ File  Edit  Tools  Syntax  Buffers  Window  R  Help                         │
│ ┌────────────────────────────────────────────────────────────────────┐    │
│ │# motivated by distance matrices                                     │▲   │
│ │mind <- function(d) {                                                │    │
│ │   n <- nrow(d)                                                      │    │
│ │   # add a column to identify row number for apply()                 │    │
│ │   dd <- cbind(d,1:n)                                                 │    │
│ │   wmins <- apply(dd[-n,],1,imin)                                     │    │
│ │   # wmins will be 2xn, 1st row being indices and 2nd being values    │    │
│ │   i <- which.min(wmins[2,])                                          │    │
│ │   j <- wmins[1,i]                                                    │    │
│ │   return(c(d[i,j],i,j))                                              │    │
│ │}                                                                     │    │
│ │                                                                     │    │
│ │# finds the location, value of the minimum in a row x                │    │
│ │imin <- function(x) {                                                │    │
│ │   n <- length(x)                                                    │    │
│ │   i <- x[n]                                                          │    │
│ │   j <- which.min(x[(i+1):(n-1)])                                    │    │
│ │   k <- i + j                                                        │    │
│ │   return(c(k,x[k]))                                                 │    │
│ │}                                                                    │▼   │
│ │:b cities.r                                        16,1        Bot   │    │
│ └────────────────────────────────────────────────────────────────────┘    │
└──────────────────────────────────────────────────────────────────────────┘
```

그림 13-1 edtdbg의 코드 파일

우선 에디터의 커서가 다음 줄에 있다고 하자.

```
wmins<- apply(dd[-n, ], 1, imin)
```

이는 다음에 이 줄이 실행될 것이라고 알려주는 것이다.

다음 줄로 한 단계 진행하고자 할 때마다, 에디터 윈도우에서 간단히 '['만 치면 된다. 그럼 R 실행 윈도우로 마우스를 직접 옮길 필요 없이 에디터에서 n 명령어가 실행됐다고 브라우저에게 알려준다. 또한 브라우저의 c 명령어를 실행하기 위해서는 에디터에서]만 치면 된다. 이런 식으로 한 줄 혹은 여러 줄을 실행할 때마다 에디터의 커서는 이에 따라 이동할 것이다.

코드를 변경할 때마다 ,src(쉼표도 오타가 아닌 명령어의 일부다)를 GVim 창에 입력해 주면 R은 자동으로 source()를 호출한다. 코드를 다시 실행하고 싶다면 ,dt를 입력하면 된다. 그래서 에디터 윈도우에서 R 윈도우로 마우스를 옮기고 다시 돌아오고 할 일이 거의 없다.

즉 핵심은 편집기가 편집 기능에다 추가로 디버거 역할도 하고 있다는 것이다.

13.5 시뮬레이션 코드 디버깅에서의 일관성 보장하기

랜덤 숫자를 이용해 무언가를 하고 있다면, 디버깅 세션에서 프로그램을 실행할 때마다 같은 숫자 행을 사용할 수 있어야 할 것이다. 만약 이것이 보장되지 않는다면, 버그를 재현할 수 없으므로 고치기 더 어려워진다.

set.seed() 함수를 사용하면 랜덤 숫자열을 특정 값을 이용해 새로 초기화함으로써 이를 조절할 수 있다.

다음 예제를 보자.

```
[1] 0.8811480 0.2853269 0.5864738
> runif(3)
[1] 0.5775979 0.4588383 0.8354707
> runif(3)
[1] 0.4155105 0.4852900 0.6591892
> runif(3)
> set.seed(8888)
> runif(3)
[1] 0.5775979 0.4588383 0.8354707
> set.seed(8888)
> runif(3)
[1] 0.5775979 0.4588383 0.8354707
```

runif(3)은 (0,1) 내에서 균등 분포 기반으로 3개의 랜덤 숫자를 생성한다. 이 함수를 호출할 때마다 새로운 3개의 숫자 집합이 생겨난다. 하지만 set.seed()를 사용하면 매 번 같은 숫자열을 얻을 수 있다.

13.6 구문 및 런타임 오류

가장 일반적인 구문 오류는 괄호, 대괄호, 따옴표 숫자가 맞지 않아서 일어난다. 구문 오류가 생기면 이들을 확인하고 다시 확인해 봐야 한다. 기본적으로 R에서도 Vim이나 이맥스처럼 괄호를 맞춰주고 색으로 표시해주는 텍스트 에디터를 사용하는 것을 강력하게 추천한다.

특정 줄에서 구문 오류가 발생했다는 메시지가 나타나면, 보통 실제 에러는 한참 앞에서 생겼을 경우가 많으니 유의해야 한다.

이는 어느 언어에서나 발생하는 일이지만, R에서는 특히 발생하기 쉬운 것으로 보인다.

만약 구문 오류가 어디서 일어났는지 찾기 어렵다면 코드의 일부를 주석 처리해, 구문 오류의 위치를 찾기 쉽게 하는 방법을 추천한다. 보통 이는 바이너리 서치 방식으로 볼 수 있는데, 즉 코드의 반을 주석 처리한 후(구문 통일성은 유지하도록 하라) 동일한 오류가 나는지 확인하라. 만약 오류가 발생한다면 남은 부분에 오류가 있는 것이고, 아니라면 주석 처리한 부분에서 오류가 발생한 것이다. 그런 식으로 반씩 제거해 가는 것이다.

다음과 같은 메시지가 나타나는 것을 본 적이 있을 것이다.

```
There were 50 or more warnings (use warnings() to see the first 50)
```

이는 주의가 필요하다는 뜻으로, 메시지에서 나온 대로 `warnings()`를 실행해 보자. 알고리즘이 제대로 결합되지 않은 것에서부터 함수의 행렬 인수가 잘못 지정이 된 것까지의 다양한 범위에서 문제가 생겼을 수 있다. 여러 경우에 제대로 돌아가더라도 다음과 같은 메시지를 띄우면서 결과가 이상하게 나올 수도 있다.

```
Fitted probabilities numerically 0 or 1 occurred in: glm...
```

일부의 경우 다음 명령어를 사용해 이를 활용할 수 있다.

```
> options(warn=2)
```

이 명령어는 R이 경고를 실제 에러로 변환해 경고가 일어난 부분의 위치를 찾기 쉽게 해준다.

13.7 R 자체에서 GDB 실행하기

이 장은 만약 R에서 버그를 수정할 일이 없다고 해도 관심 있는 사람도 있을 것이다. 예를 들어 R에 인터페이스할 C 코드를 작성하는 데(이에 대해서는 15장에서 다룬다) 버그가 있는 것을 발견했다. 이 C 함수에 대해서 따로 GDB를 돌리는 대신, GDB를 이용해 이를 R에서 직접 실행할 수 있다.

혹은 효율적인 R 코드를 작성하려다 보니 R의 내부 구조에 대해 관심이 생겼고, 그래서 R 내부 코드를 GDB 같은 디버깅 도구를 사용해 살펴보고 싶을 수도 있다.

이런 용도로는 쉘 커멘드 라인(15.1.4장을 보자)에서 GDB를 통해 R을 호출할 수도 있지만, R과 GDB를 다른 창에서 사용하는 것을 추천한다. 전반적인 과정은 다음과 같다.

1. 보통 때처럼 하나의 창에서 R을 실행한다.
2. 다른 창에서 R 프로세스의 ID를 확인한다. 예를 들어 유닉스 계열의 시스템에서는 ps-a 같은 명령어를 사용해 확인할 수 있다.
3. 이 창에서 GDB의 attach 명령어에 R 프로세스 번호를 입력해 실행한다.
4. GDB에서 continue 명령어를 실행한다.

GDB를 실행하면서 혹은 ctrl-C를 사용해 GDB를 잠시 중단시켜 놓은 상태에서 R 원본 코드에 중단점을 설정할 수 있다. R에서 호출한 C 코드를 디버깅하는 것에 대한 자세한 내용은 15.1.4장을 참고하자. 대신 만약 GDB에서 R 코드를 탐색하고자 한다면 다음 내용을 기억해 두자.

R 코드는 R 변수의 값, 형식 등을 가진 C 구조체의 포인터인 S 표현 포인터(SEXPs)에서 거의 영향을 받았다. SEXP 값을 보고 싶다면 R 내부 함수인 Rf_PrintValue(s)를 사용하면 된다. 예를 들어 SEXP의 이름이 s라면 GDB에서 다음과 같이 입력한다.

```
callRf_PrintValue(s)
```

그럼 이에 대한 값이 나타날 것이다.

## 14장

성능 향상:
속도와 메모리

전산학의 교과 과정에서 공통적인 주제는 시간과 공간 사이의 가치 교환에 대한 것이다. 빨리 돌아가는 프로그램을 만들다 보면, 메모리 공간을 보다 많이 사용하게 된다. 반면 메모리 공간을 절약하다 보면 보다 느리게 돌아가는 코드를 짜게 될 수 있다. R 언어에서 이런 맞교환(trade-off)은 다음과 같은 이유로 특히 관심을 끌고 있다.

- R은 인터프리터 언어다. 많은 명령어는 C로 만들어져서 빠르게 돌아간다. 하지만 다른 명령어나 직접 만든 R 코드의 경우 100% R로 만들어져서 해석 절차를 거쳐야 한다. 그래서 직접 만든 R 프로그램의 경우 생각보다 더 느리게 돌아갈 수도 있다.

- R 세션의 모든 객체는 메모리에 저장된다. 보다 엄밀히 말해 모든 객체는 R의 메모리 주소 공간에 저장된다. R 공간은 64비트 컴퓨터에 RAM이 아무리 많다고 해도 어떤 객체든 $2^{31}-1$ 바이트를 넘으면 안 된다는 제한이 있다. 그러나 일부 프로그램에서는 이보다 큰 객체들이 이미 생겨나고 있다.

이 장에서는 시간과 공간 간의 교환 문제가 닥쳤을 때 R 코드의 성능을 향상시키기 위한 방안들을 알아본다.

14.1 빠른 R 코드 작성하기

R 코드를 빠르게 하려면 어떻게 해야 할까? 다음은 주로 이를 위해 할 수 있는 방안들이다.

- 벡터화, 바이트-코드 컴파일 등의 방법으로 R 코드를 최적화한다.
- 코드의 주요 부분 및 CPU에 민감한 부분은 C/C++ 같은 컴파일 언어를 사용해 작성한다.
- 병렬 R 형태로 코드를 작성한다.

첫 번째 방법은 이 장에서 다룰 것이고 나머지 방법은 15장과 16장에서 다룰 것이다.

R 코드를 최적화하기 위해서는 R의 함수형 프로그램으로서 성격과 R이 메모리를 어떻게 사용하는지에 대해 이해해야 한다.

14.2 반복문에 대한 두려움

R의 r-help 토론 메일링 리스트에서는 종종 for 문을 사용하지 않고 여러 작업을 하는 방법에 대한 질문이 올라오곤 한다. 이런 걸 보면 프로그래머들이 어떻게든 반복문을 피하고 싶어한다는 생각이 든다.[1] 이런 의문을 제기하는 사람들은 보통 코딩 결과물의 속도를 높이고 싶어하는 사람들이다.

단순히 코드 작성 시 반복문을 사용하지 않는 것이 반드시 코드를 빠르게 하지 않는다는 것을 이해할 필요가 있다. 하지만 어떤 경우에는 벡터화를 통해 놀라운 속도 향상을 가져오기도 한다.

14.2.1 속도 향상을 위한 벡터화

가끔 반복문 대신 벡터화를 사용할 수 있다. 예를 들어 x와 y가 동일한 길이의 벡터라면, 다음과 같이 쓸 수 있다.

1 　반면 while 반복문의 경우 효과적으로 벡터화하기가 어렵기 때문에 더욱 더 까다롭다.

```
z <- x + y
```

이는 매우 간편할 뿐만 아니라 정말 중요한 점은, 다음처럼 반복문 사용보다 더 빠르다는 점이다.

```
for (i in 1:length(x)) z[i] <- x[i] + y[i]
```

간단히 시간 비교를 해보자.

```
> x <- runif(1000000)
> y <- runif(1000000)
> z <- vector(length=1000000)
>system.time(z <- x + y)
   user system elapsed
 0.052 0.016 0.068
>system.time(for (i in 1:length(x)) z[i] <- x[i] + y[i])
   user system elapsed
 8.088 0.044 8.175
```

얼마나 큰 차이인가! 반복문 없이 사용한 버전이 무려 소요 시간이 120배나 빨랐다. 어떤 경우에는 하나가 돌고 다른 게 돌 때에 타이밍에 따라 차이가 날 수는 있지만(반복문을 사용한 버전을 두 번째 돌렸을 때는 소요시간이 22.958이었다), R 코드에서 '반복문을 제거하면' 실제로 훨씬 좋은 결과가 나온다.

반복문을 사용할 경우 속도가 낮아지는 데에 대해서는 좀더 살펴볼 필요가 있다. 다른 프로그래밍 언어를 사용하다 R로 넘어오는 프로그래머의 경우 헷갈리는 게 수많은 함수 호출이 반복문과 상관이 있다는 것이다.

- 문법적으로 아무 문제없어 보이지만 사실 for()는 함수다.
- ':' 역시 아무런 문제가 없어 보이지만 이 역시도 함수다. 예를 들어 1:10 은 실제로 1부터 10까지의 인수를 호출하는 함수다.

```
> ":"(1,10)
 [1]  1 2 3 4 5 6 7 8 9 10
```

- 각 벡터를 서술하는 연산들은 함수로 이뤄져 있다. [의 경우 안의 내용을 읽고 [<-의 경우 쓰는 함수다.

함수 호출은 스택 프레임 같은 것들을 설정해야 하므로 시간이 소요되는 작업이다. 반복문에서 매회 시간 문제가 생기면 더 큰 성능 저하를 불러올 수 있다.

반면 이를 C로 작성했다면 함수를 호출할 일이 없었을 것이다. 사실 첫 번째 코드에서도 마찬가지였다. +와 ->같은 함수 호출이 있었지만, 둘 다 반복문에서 사용되는 것처럼 백만 번 사용된 것도 아닌, 단 한 번씩만 사용됐을 뿐이다. 그러므로 첫 번째 코드가 훨씬 빠르다.

벡터화의 한 가지 유형으로는 '벡터 필터링'이 있다. 예를 들어 1.3장에서 사용한 oddcount()를 다시 작성해 보자.

```
oddcount <- function(x) return(sum(x%%2==1))
```

여기서 외적으로 보이는 반복문은 없고, R이 행렬 내부에서 반복문을 사용한다고 해도 이는 이미 기계어로 변환된 코드다. 그래서 예상대로 시간이 단축된다.

```
> x <- sample(1:1000000,100000,replace=T)
> system.time(oddcount(x))
user system elapsed
0.012 0.000 0.015
> system.time(
+    {
+    c <- 0
+    for (i in 1:length(x))
+       if (x[i] %% 2 == 1) c <- c+1
+    return(c)
+    }
+ )
   user    system   elapsed
  0.308    0.000     0.310
```

이 코드의 반복문 버전도 돌아가는 데 1초 미만이 걸렸으므로 시간 단축이 이 예제에서도 적용되는지 궁금할 것이다. 하지만 이 코드는 완전한 반복문의 일부이므로 전체가 여러 번 돈 후라면 이 차이는 훨씬 더 명백했을 것이다.

속도 향상을 위한 다른 벡터화 함수의 예로는 `ifelse()`, `which()`, `where()`, `any()`, `all()`, `cumsum()`, `cumprod()`가 있다. 행렬의 경우 `rowSums()`, `colSums()` 등을 쓸 수 있다. '모든 가능한 조합'을 사용해야 하는 경우 `combin()`, `outer()`, `lower.tri()`, `upper.tri()`, `expand.grid()` 등을 사용할 수 있다.

`apply()`는 명시적 반복문을 제거해 주지만, 이는 실제로는 C가 아닌 R로 구현돼 보통 코드의 속도 향상에는 도움이 되지 않는다. 하지만 `lapply()` 같은 다른 `apply()` 함수는 코드 속도 향상에 도움이 될 것이다.

14.2.2 확장 예제: 몬테카를로 시뮬레이션의 속도 향상시키기

몇몇 프로그램에서 시뮬레이션 코드는 몇 시간이고 며칠이고, 심지어는 몇 달이고 돌아가므로 속도 향상이 관건이다. 여기서는 두 가지 시뮬레이션 예제를 살펴 볼 것이다.

일단 8.6장에서 사용한 코드를 보도록 하자.

```
sum <- 0
nreps <- 100000
for (i in 1:nreps) {
   xy <- rnorm(2) # generate 2 N(0,1)s
   sum <- sum + max(xy)
}
print(sum/nreps)
```

다음은 속도를 더 빠르게 하려고 한 수정 버전이다.

```
nreps <- 100000
xymat <- matrix(rnorm(2*nreps),ncol=2)
maxs <- pmax(xymat[,1],xymat[,2])
print(mean(maxs))
```

이 코드에서는 모든 랜덤 변수를 한 번에 생성해 한 행에 하나의 (X,Y) 쌍이 들어가는 xymat이라는 행렬에 저장했다.

```
xymat<- matrix(rnorm(2*nreps),ncol=2)
```

다음은 최대 (X,Y)의 값을 찾아서 maxs에 이 값들을 저장하고 간단하게 mean()을 호출한다.

이는 프로그래밍 하기도 쉽고 아마도 더 빠를 것이라고 생각된다. 그럼 확인해보자. 원래 코드는 MaxNorm.R에 저장해 놓았고 수정한 버전은 MaxNorm2.R에 저장했다.

```
> system.time(source("MaxNorm.R"))
[1] 0.5667599
   user  system elapsed
  1.700   0.004   1.722
>system.time(source("MaxNorm2.R"))
[1] 0.5649281
   user  system elapsed
  0.132   0.008   0.143
```

다시 한 번 괄목할 만한 속도 향상을 확인했다.

> **노트** 랜덤 숫자를 한 번에 한 쌍씩 생성하고 버리는 대신, 행렬에 저장함으로써 메모리를 더 사용하는 대신 속도를 향상시켰다. 앞에서 말했듯이, 시간-공간 교환은 컴퓨팅 분야에서는 늘 있는 일이고 특히 R에서는 더 빈번하다.

이 예제에서 속도가 매우 향상됐지만 이는 너무 쉬웠으므로 약간의 오해의 소지가 따를 수 있다. 이번에는 좀더 어려운 예제를 통해 살펴보자.

다음 예제는 기초 확률 수업의 고전적인 문제다. 1번 항아리에는 파란 돌 10개와 노란 돌 8개가 있다. 2번 항아리에는 6개의 파란 돌과 6개의 노란 돌이 있다. 항아리 1번에서 돌 하나를 아무거나 꺼낸 뒤 2번 항아리에 넣고, 2번 항아리에서 돌 하나를 꺼낸다. 이때 두 번째 돌이 파란색일 확률은 얼마일까? 수학적으로 계산하기는 쉽지만, 여기서는 시뮬레이션을 사용할 것이다. 다음은 직관적으로 이를 푸는 방법이다.

```
 1  # P(2번 항아리에서 파란색 돌을 꺼냄)을 추정하기 위해
 2  # n번의 돌을 꺼내는 실험을 반복한다.
 3  sim1 <- function(nreps) {
 4     nb1 <- 10  #1번 항아리에는 10개의 파란 돌이 있다.
 5     n1 <- 18  # 첫 번째에 1번 항아리에서 꺼낼 수 있는 돌의 수
 6     n2 <- 13  # 두 번째에 2번 항아리에서 꺼낼 수 있는 돌의 수
 7     count <- 0  # 2번 항아리에서 파란 돌을 꺼내기 위해 반복해야 하는 횟수
 8     for (i in 1:nreps) {
 9        nb2 <- 6  # 원래 항아리 2번에는 6개의 파란 돌이 있다.
10        # 1번 항아리에서 돌을 하나 꺼내어 2번 항아리에 넣을 때, 그 돌이 파란색인가?
11        if (runif(1) < nb1/n1) nb2 <- nb2 + 1
12        # 2번 항아리에서 꺼낸 돌이 파란색인가?
13        if (runif(1) < nb2/n2) count <- count + 1
14     }
15     return(count/nreps)  # (2번 항아리에서 파란색 돌을 꺼냄)을 추정
16  }
```

다음은 apply()를 사용해 반복문 없이 작성한 것이다.

```
 1  sim2 <- function(nreps) {
 2     nb1 <- 10
 3     nb2 <- 6
 4     n1 <- 18
 5     n2 <- 13
 6     # 한 행에 한 번 반복할 때 쓰이는 만큼 미리 랜덤 숫자를 모두 생성해 놓는다.
 7     u <- matrix(c(runif(2*nreps)),nrow=nreps,ncol=2)
 8     # apply()를 사용해 실험을 반복하는 simfun()을 정의한다.
 9     simfun<- function(rw) {
10        # rw ("row")는 랜덤 숫자의 쌍이다.
11        # 1번 항아리에서 선택
12        if (rw[1] < nb1/n1) nb2 <- nb2 + 1
13        # 2번 항아리에서 돌을 선택한 후, 파란색 여부에 대해 불리언값의 결과를 반환한다.
14        return (rw[2] < nb2/n2)
15     }
16     z <- apply(u,1,simfun)
17     # z는 불리언 벡터로 값을 1과 0으로 처리한다.
18     return(mean(z))
19  }
```

여기서 $U(0,1)$에서 생성되는 랜덤 변수를 가진 두 열로 이뤄진 행렬 u를 만든다. 첫 번째 열은 1번 항아리에서 뽑은 시뮬레이션 결과를 저장하고 두 번째

열에는 2번 항아리에서 뽑은 결과다. 이런 식으로 사용할 모든 랜덤 숫자를 한 번에 생성함으로써 시간을 절약했지만, 여기서 가장 중요한 부분은 apply()를 사용한 것이다. 목적에 부응하기 위해 simfun()은 한 번에 동작한다. 즉 u의 한 행에 대해 작동하는데, 여기에 apply()를 호출해 모든 nrep에 대해 동작을 반복하도록 했다.

simfun()이 sim2() 내에서 선언됐으므로, sim2()의 전역변수 n1, n2, nb1, nb2가 simfun()에서는 광역변수로 사용될 수 있다는 것을 기억해 두자. 또한 불리언 벡터는 R에서 자동으로 1과 0으로 변환되므로 간단히 mean()만 호출함으로써 벡터에서 TRUE의 비율을 찾아낼 수 있다.

그럼 이제 성능을 비교해 보자.

```
> system.time(print(sim1(100000)))
[1] 0.5086
   user   system elapsed
  2.465    0.028    2.586
> system.time(print(sim2(10000)))
[1] 0.5031
   user   system elapsed
  2.936    0.004    3.027
```

함수형 프로그래밍의 많은 장점에도 불구하고 apply()를 사용한 방법이 그다지 좋지는 않았다. 오히려 더 나빠졌다. 랜덤 샘플링 문제 때문일 수도 있어서 여러 번 시도해 봤지만 결과는 비슷했다.

그럼 이 시뮬레이션을 벡터화한 코드를 살펴보자.

```
 1 sim3 <- function(nreps) {
 2    nb1 <- 10
 3    nb2 <- 6
 4    n1 <- 18
 5    n2 <- 13
 6    u <- matrix(c(runif(2*nreps)),nrow=nreps,ncol=2)
 7    # 상태 벡터를 설정한다.
 8    cndtn<- u[,1] <= nb1/n1 & u[,2] <= (nb2+1)/n2 |
 9           u[,1] > nb1/n1 & u[,2] <= nb2/n2
10    return(mean(cndtn))
11 }
```

핵심은 다음 문장이다.

```
cndtn<- u[,1] <= nb1/n1 & u[,2] <= (nb2+1)/n2 |
       u[,1] > nb1/n1 & u[,2] <= nb2/n2
```

이를 위해 두 번째 집었을 때에 파란 돌이 나왔을 경우, 어떤 상태가 되는지를 추론해 표기하고, 이 값을 cndtn에 할당한다.

여기서 <=과 &은 함수라는 사실을 기억하자. 특히 이 둘은 벡터 함수이므로 매우 빠르다. 당연히 이를 통해 성능도 향상된다.

```
> system.time(print(sim3(10000)))
[1] 0.4987
   User   system  elapsed
  0.060   0.016    0.076
```

기본적으로 여기서 코드의 속도 향상을 위해 사용한 방법은 다른 많은 몬테카를로 시뮬레이션에도 적용할 수 있다. 하지만 여기서 cndtn을 계산하는 문장의 복잡도는 간단한 프로그램에서도 급속도로 높아질 수 있다.

게다가 이 방법은 시간 제한이 없는 '무한 단계' 시뮬레이션에서는 돌아가지 않는다. 여기서 돌 집기 예제는 행렬 u의 두 열에 대한 2단계를 고려했을 뿐이다.

14.2.3 확장 예제: 멱행렬 생성하기

9.1.7장에서 다루었던 예측 변수에 대한 멱행렬을 생성하는 예제를 떠올려 보자. 다음과 같은 코드를 사용했다.

```
 1 # 차수일 때의 벡터 x의 멱행렬 생성
 2 powers1 <- function(x,dg) {
 3    pw <- matrix(x,nrow=length(x))
 4    prod <- x # 현재 값
 5    for (i in 2:dg) {
 6       prod <- prod * x
 7       pw <- cbind(pw,prod)
 8    }
 9    return(pw)
10 }
```

여기서 바로 보이는 문제는 cbind()가 열 대 열로 결과 행렬을 만드는 데에 사용된다는 것이다. 이는 메모리 할당 시간을 매우 많이 차지한다. 처음에 빈 행렬이더라도 미리 전체 행렬을 할당해 놓으면, 메모리 할당 작업을 한 번만 하게 되므로 시간 비용 면에서 훨씬 낫다.

```
1  # 차수일 때의 벡터 x의 멱행렬 생성
2  powers2 <- function(x,dg) {
3     pw <- matrix(nrow=length(x),ncol=dg)
4     prod <- x # 현재 값
5     pw[,1] <- prod
6     for (i in 2:dg) {
7        prod <- prod * x
8        pw[,i] <- prod
9     }
10    return(pw)
11 }
```

당연히 powers2()가 훨씬 빠르다.

```
> x <- runif(1000000)
> system.time(powers1(x,8))
   user   system elapsed
  0.776   0.356   1.334
>system.time(powers2(x,8))
   user   system elapsed
  0.388   0.204   0.593
```

하지만 여전히 powers()는 반복문을 사용한다. 더 낫게 할 수 있을까? 이 경우 다음과 같은 형태로 사용하는 outer()를 쓰면 완벽해질 것 같다.

```
outer(X,Y,FUN)
```

이 함수는 FUN() 함수를 X의 원소와 Y의 원소의 모든 가능한 쌍에 적용한다. FUN의 기본 값은 원소 간의 곱이다.

그러므로 이를 다음과 같이 쓸 수 있다.

```
powers3 <- function(x,dg) return(outer(x,1:dg,"^"))
```

x의 원소와 1:dg의 원소의 각 조합(length(x) * dg의 결과가 나올 것이다)에 대해
outer()는 제곱 함수 ^를 적용해, 이 결과를 length(x) * dg 크기의 행렬에 저
장한다. 이는 정확하게 본 의도와 일치하며, 추가로 코드 또한 매우 간결하다.
하지만 이 코드가 과연 더 빠를까?

```
> system.time(powers3(x,8))
   user  system elapsed
  1.336   0.204   1.747
```

실망스러운 결과다! 앞서 매우 괜찮은 R 함수를 써서 코드를 간단히 만들었
지만, 세 함수 중 성능은 가장 안 좋다.

상황은 점점 안 좋아진다. 다음 예에서 cumprod()를 사용했을 때에 무슨 일
이 벌어지는지 보자.

```
> powers4
function(x,dg) {
   repx <- matrix(rep(x,dg),nrow=length(x))
   return(t(apply(repx,1,cumprod)))
}
>system.time(powers4(x,8))
   user  system elapsed
 28.106   1.120  83.255
```

이 예제에서 숫자 n의 멱행렬은 간단히 cumprod(c(1,n,n,n...))가 되므로,
x를 여러 번 복사했다. 하지만 두 개의 C 기반의 R 함수를 사용했음에도 불구
하고 성능은 최악이다.

여기서 얻을 수 있는 교훈은 성능 문제는 예측할 수 없다는 것이다. 이에 대
처해서 할 수 있는 것은 벡터화와 다음 장에서 이야기할 메모리 문제에 대해
기본적으로 이해하고 여러 방법을 시도하는 것이다.

14.3 함수형 프로그래밍과 메모리 문제

대부분의 R 객체는 '불변성'을 갖고 있어서 변경할 수 없다. 그래서 R 연산은 특정 객체를 재할당하는 함수로 구현돼 있는데, 이런 성격은 성능에 영향을 미치게 된다.

14.3.1 벡터 할당 문제

문제를 일으키는 경우의 예로 다음의 간단한 문장을 살펴보자.

```
z[3] <- 8
```

7장에서 언급한 대로 이런 할당 문제는 보기보다 복잡하다. 이 문장은 실제로는 대체함수 [<-에 의해 할당되는 식으로 구현된다.

```
z <- "[<-"(z,3,value=8)
```

내부에서 z를 복사하고 복사본의 3번째 원소를 8로 바꿔, 결과 벡터를 z에 재할당한다. 그리고 이때 결과의 z는 복사본을 가리키고 있다는 것을 기억해 두자.

달리 말해 표면상으로는 벡터의 원소 하나를 바꿨을 뿐이지만, 문법적으로는 '벡터 전체를 새로 계산한 것이다'. 긴 벡터의 경우 이는 프로그램을 더 느리게 만들 수도 있다. 또한 짧은 벡터라고 해도 코드 내 반복문에서 할당될 경우 비슷한 현상이 생길 것이다.

어떤 경우 R 자체적으로 이러한 영향을 완화하기 위해 특정 조치를 취하기도 하지만, 빠른 코드를 만들기 위해서는 이런 요소는 반드시 고려해야 한다. 배열을 포함해 벡터를 다룰 때에 이를 반드시 명심해야 한다. 만약 코드가 예상치 못하게 느리게 돈다면, 벡터 할당 문제가 주요 원인일 수 있다.

14.3.2 복사 후 변경 문제

앞 장과 관련된 문제로서 R은 보통 '복사 후 변경' 공식을 따른다는 것이 있다. 예를 들어 앞 장의 예제에 이어서 다음을 실행한다고 해보자.

```
> y <- z
```

그럼 y는 기본적으로 z와 같은 메모리 영역을 공유할 것이다. 하지만 이 중 하나라도 변경된다면 메모리의 다른 영역에 복사본이 만들어지고, 변경된 변수는 메모리의 새 영역을 차지할 것이다. 하지만 '첫 번째' 변경 내용만 영향을 받으므로, 이동한 변수를 재배치하는 것은 더 이상 그 변수는 공유할 일이 없다는 것이다. tracemem()은 이런 메모리 재배치에 대한 내용을 알려준다.

일반적으로 R에서는 복사 후 변경 법칙을 고수하지만, 이에도 예외는 있다. 예를 들어 다음 설정에서는 위치 변경 작업을 하지 않는다.

```
> z <- runif(10)
> tracemem(z)
[1] "<0x88c3258>"
> z[3] <- 8
> tracemem(z)
[1] "<0x88c3258>"
```

z의 위치는 변경되지 않았다. z[3] 할당이 실행되기 전후 모두 0x88c3258의 메모리 주소에 위치해 있다. 그러므로 메모리 위치 변화에 대해 항상 신경을 써야 하지만, 이에 대해 항상 확신할 수도 없다.

관련해 실행 시간을 살펴보자.

```
> z <- 1:10000000
> system.time(z[3] <- 8)
   user  system elapsed
  0.180   0.084   0.265
> system.time(z[33] <- 88)
   user  system elapsed
      0       0       0
```

어떤 이벤트에서든지 복사 작업이 실행될 때는 R의 내부 함수인 duplicate()를 사용하게 된다. 이 함수는 R의 이전 버전에서는 duplicate1()로 사용됐다. 만약 GDB 디버깅 도구에 익숙하고 R 빌드 내용이 디버깅 정보를 갖고 있다면, 복사가 실행된 부분의 상황을 파악할 수 있을 것이다.

15.1.4장의 지침을 따라 R과 GDB를 실행한 후 GDB 내에서 R을 한 단계씩 실행하고, duplicate1()에 중단점을 설정한다. 그럼 이 함수에 들어갈 때마다, 다음 GDB 명령어가 실행될 것이다.

```
callRf_PrintValue(s)
```

이 명령어는 s 혹은 다른 지정한 변수의 값을 출력한다.

14.3.3 확장 예제: 메모리 복사 피하기

이 예제는 좀 인위적으로 보일 수도 있겠지만, 앞 장에서 다루었던 메모리 복사 문제를 다룰 것이다.

만약 연관성 없는 수많은 벡터 및 다른 객체들을 사용하는 도중에, 각 객체의 세 번째 원소를 8로 설정하고 싶다고 하자. 이 벡터들을 한 행당 하나의 벡터 씩, 한 행렬에 모든 벡터를 저장할 수 있다. 하지만 이 객체들 간에 상관관계가 없고 심지어는 길이도 다를 수 있으므로, 이들을 리스트에 저장하는 것을 고려해야 할 수도 있을 것이다.

하지만 R의 성능 문제를 고려하게 되면 이는 매우 까다로운 문제가 된다. 다음을 한 번 실행해 보자.

```
> m <- 5000
> n <- 1000
> z <- list()
> for (i in 1:m) z[[i]] <- sample(1:10,n,replace=T)
> system.time(for (i in 1:m) z[[i]][3] <- 8)
   user  system elapsed
  0.288   0.024   0.321
> z <- matrix(sample(1:10,m*n,replace=T),nrow=m)
> system.time(z[,3] <- 8)
   user  system elapsed
  0.008   0.044   0.052
```

시스템 시간을 다시 제외하고 나면, 행렬 연산이 더 낫다. 이 이유 중 하나는 리스트의 경우 반복문이 실행될 때마다 메모리 복사 문제에 부딪히기 때문이다. 하지만 행렬 버전의 경우 메모리 복사가 한 번만 일어난다. 게다가 물론 행렬 버전은 벡터화된 코드다.

하지만 리스트 버전에 `lapply()`를 사용하면 어떻게 될까?

```
>
> set3 <- function(lv) {
+     lv[3] <- 8
+     return(lv)
+ }
> z <- list()
>for (i in 1:m) z[[i]] <- sample(1:10,n,replace=T)
>system.time(lapply(z,set3))
   user   system elapsed
  0.100    0.012    0.112
```

이 코드는 벡터화 코드를 뛰어넘기 어렵다.

`14.4` 코드에서 느린 부분을 찾을 때 사용하는 Rprof( )

R 코드를 실행하는 데 이유 없이 느리다고 생각될 때 문제점을 찾기 위한 간편한 도구로 `Rprof()`가 있다. 이 함수는 코드가 각 함수에서 시간을 얼마나 소요하는지에 대한 개략적인 내용을 알려준다. 이는 만약 프로그램의 '모든' 부분을 최적화할 필요는 없다고 하더라도 매우 중요한 기능이다. 최적화는 코딩 시간과 코드의 명확성을 좋게 해주기 때문에 어떤 부분을 최적화하는 것이 정말로 도움이 될 수 있는지를 알게 해 준다.

14.4.1 Rprof( )를 사용한 모니터링

앞의 먹행렬을 찾는 확장 예제의 세 가지 버전의 코드에 `Rprof()`를 사용해 보자. 모니터링을 시작하면서 `Rprof()`를 호출해 코드를 실행하고, `Rprof()`에 NULL 인수를 적용해 모니터링을 중단할 것이다. 마지막으로 결과를 보기 위해 `summaryRprof()`를 호출할 것이다.

```
> x <- runif(1000000)
> Rprof()
> invisible(powers1(x,8))
> Rprof(NULL)
> summaryRprof()
$by.self
           self.time self.pct total.time total.pct
"cbind"         0.74     86.0       0.74      86.0
"*"             0.10     11.6       0.10      11.6
"matrix"        0.02      2.3       0.02       2.3
"powers1"       0.00      0.0       0.86     100.0


$by.total
           total.time total.pct self.time self.pct
"powers1"        0.86     100.0      0.00      0.0
"cbind"          0.74      86.0      0.74     86.0
"*"              0.10      11.6      0.10     11.6
"matrix"         0.02       2.3      0.02      2.3


$sampling.time
[1] 0.86
```

이전 장에서 확장 예제 코드를 실제로 느리게 한다고 지적했던 cbind()의 호출에 따라 코드의 실행 시간이 결정됨을 한 눈에 알 수 있다.

그리고 이 예제에서 호출한 invisible()은 출력값을 보여주지 않는 데에 사용된다. 여기서 powers1()의 결과값인 1,000,000 행의 행렬을 보고 싶지는 않을 것이다!

powers2()에서는 어떤 애매한 병목현상도 일어나지 않는 것을 알 수 있다.

```
> Rprof()
> invisible(powers2(x,8))
> Rprof(NULL)
> summaryRprof()
$by.self
           self.time self.pct total.time total.pct
"powers2"       0.38     67.9       0.56     100.0
"matrix"        0.14     25.0       0.14      25.0
"*"             0.04      7.1       0.04       7.1
```

```
$by.total
           total.time  total.pct   self.time   self.pct
"powers2"        0.56      100.0        0.38       67.9
"matrix"         0.14       25.0        0.14       25.0
"*"              0.04        7.1        0.04        7.1

$sampling.time
[1] 0.56
```

좋은 접근법이라고 생각했지만 결과는 좋지 않았던 powers3()은 어떨까?

```
> Rprof()
> invisible(powers3(x,8))
> Rprof(NULL)
> summaryRprof()
$by.self
           self.time   self.pct   total.time  total.pct
"FUN"           0.94       56.6         0.94       56.6
"outer"         0.72       43.4         1.66      100.0
"powers3"       0.00        0.0         1.66      100.0

$by.total
           total.time  total.pct   self.time   self.pct
"outer"          1.66      100.0        0.72       43.4
"powers3"        1.66      100.0        0.00        0.0
"FUN"            0.94       56.6        0.94       56.6

$sampling.time
[1] 1.66
```

가장 시간이 오래 걸린 함수는 확장 예제에서는 단순하게 곱만 사용했던 FUN()이다. x의 원소끼리 각각 쌍을 만들어 하나의 원소가 다른 원소와 곱해지면서, 두 정수의 곱을 계산하는 식이었다. 그러므로 전혀 벡터화되지 않은 것이다. 느려진 것은 어찌 보면 당연한 일이다.

14.4.2 Rprof()의 작동 원리

Rprof()에 대해 좀더 자세히 살펴보자. R은 기본값으로 0.02초마다 어떤 함수가 그때 그때 영향을 미치는지 호출 스택을 확인한다. 매 확인 결과를 기본적으로 `Rprof.out`이라는 파일에 쓰게 된다. 다음은 `powers3()`을 실행했을 때 파일에 기록된 내용의 일부다.

```
...
"outer" "powers3"
"outer" "powers3"
"outer" "powers3"
"FUN" "outer" "powers3"
"FUN" "outer" "powers3"
"FUN" "outer" "powers3"
"FUN" "outer" "powers3"
...
```

`Rprof()`에서는 `powers()`가 `FUN()`를 실제로 실행하는 함수인 `outer()`를 호출했을 때 역시 확인 가능하다. `summaryRprof()` 함수는 파일의 각 줄의 내용을 간략히 요약해 주지만, 어떤 경우는 보다 확실한 아이디어를 얻기 위해 파일을 직접 볼 필요도 있을 것이다.

`Rprof()`는 만병 통치약이 아니라는 사실 또한 기억해 두자. 만약 확인하고 있는 코드가 많은 함수를 호출한다면, 결과 해석이 더 어려울 수 있다. 이때 코드는 어떤 함수를 실행하면서 R 내부의 다른 함수를 호출하게 되는 간접 호출까지 포함한다.

다음은 분명 `powers4()`의 결과다.

```
$by.self
             self.time  self.pct  total.time  total.pct
"apply"          19.46      67.5       27.56       95.6
"lapply"          4.02      13.9        5.68       19.7
"FUN"             2.56       8.9        2.56        8.9
"as.vector"       0.82       2.8        0.82        2.8
"t.default"       0.54       1.9        0.54        1.9
"unlist"          0.40       1.4        6.08       21.1
"!"               0.34       1.2        0.34        1.2
"is.null"         0.32       1.1        0.32        1.1
"aperm"           0.22       0.8        0.22        0.8
"matrix"          0.14       0.5        0.74        2.6
"!="              0.02       0.1        0.02        0.1
```

```
"powers4"          0.00        0.0        28.84      100.0
"t"                0.00        0.0        28.10       97.4
"array"            0.00        0.0         0.22        0.8

$by.total
              total.time total.pct self.time self.pct
"powers4"         28.84      100.0      0.00        0.0
"t"               28.10       97.4      0.00        0.0
"apply"           27.56       95.6     19.46       67.5
"unlist"           6.08       21.1      0.40        1.4
"lapply"           5.68       19.7      4.02       13.9
"FUN"              2.56        8.9      2.56        8.9
"as.vector"        0.82        2.8      0.82        2.8
"matrix"           0.74        2.6      0.14        0.5
"t.default"        0.54        1.9      0.54        1.9
"!"                0.34        1.2      0.34        1.2
"is.null"          0.32        1.1      0.32        1.1
"aperm"            0.22        0.8      0.22        0.8
"array"            0.22        0.8      0.00        0.0
"!="               0.02        0.1      0.02        0.1

$sampling.time
[1] 28.84
```

14.5 바이트 코드 컴파일

2.13 버전 이후의 R에는 '바이트 코드 컴파일러'가 포함돼 있기 때문에 이를 이용해 코드의 속도를 향상시킬 수 있다. 14.2.1장의 예제를 생각해 보자.

```
z <- x + y
```

이 코드는 당연히 다음 코드보다 훨씬 빠르다.

```
for (i in 1:length(x)) z[i] <- x[i] + y[i]
```

물론 당연하지만 어떻게 바이트 코드 컴파일러가 동작하는지 확인하기 위해, 다시 한번 실행해 보자.

```
> library(compiler)
> f <- function() for (i in 1:length(x)) z[i] <<- x[i] + y[i]
> cf <- cmpfun(f)
> system.time(cf())
   user  system elapsed
  0.845   0.003   0.848
```

여기서는 원래의 함수 f()로부터 새로운 함수 cf()를 만들었다. 새 코드의
실행 시간은 0.848초로, 컴파일되지 않은 버전의 실행 시간인 8.175초보다 훨
씬 빠르다. 물론 여전히 벡터화된 코드만큼 빠르지는 않지만, 바이트 코드 컴파
일이 효과가 있다는 것은 명확하다. 코드의 속도를 빠르게 해야 한다면 바이트
코드 컴파일을 활용해 보자.

14.6 데이터가 메모리에 들어가지 않아요!

앞서 언급했듯이 R 세션의 모든 객체는 메모리에 저장된다. R에는 동작하는 환
경이 32비트든 64비트든, RAM 사이즈 크기가 얼마이든 관계없이 $2^{31}-1$ 바이
트의 객체 크기 제한이 있다. 하지만 실질적으로 이에 크게 제한 받을 일은 없
다. 좀만 신경을 쓰면 많은 메모리를 필요로 하는 프로그램도 R에서 잘 사용할
수 있다. 보통 사용하는 방법은 청킹chunking과 메모리 관리용 R 패키지다.

14.6.1 청킹

따로 R 패키지를 사용하지 않고 쓸 수 있는 방법은 파일로부터 한 번에 하나의
청크 단위로 데이터를 읽어 들이는 방법이다. 예를 들어 특정 변수의 평균이나
크기를 알고자 한다고 해보자. 이때 read.table()에서 skip 인수를 사용할 수
있다.

데이터 세트에 1,000,000개의 데이터가 있고 이를 10개 혹은 그 이상으로
메모리에 적합한 크기로 데이터를 잘랐다고 하자. 그리고 처음에는 skip = 0으
로 설정하고 두 번째에는 skip = 100000이라고 설정해 보자. 매번 청크를 읽을
때마다 각 청크의 수나 총합을 계산해 기록한다. 전체 평균이나 크기를 계산할
필요 없이 모든 청크를 다 읽은 후 기록된 수나 합을 더해주면 된다.

다른 예로 굉장히 행이 많지만(굉장히 많은 관측치를 갖고 있지만) 변수의 수는 그럭
저럭 다룰 만한 데이터에 대해 기본적인 통계 연산을 한다고 하자. 여기서도 청
킹을 사용할 수 있다. 각 청크에 대해 통계 연산을 적용한 후 모든 청크 결과의
평균을 내면 된다. 이런 결과 추정 값은 많은 통계 방법에서 통계적으로 효용성
이 있다는 연구들이 나와 있다.

14.6.2 메모리 관리를 위한 R 패키지 사용하기

큰 메모리가 필요한 경우 메모리 관리용 R 패키지를 사용하는 것이 더 나은 대
안이다.

이런 패키지 중 하나로는 SQL 데이터베이스에 R을 인터페이스 해주는
RMySQL이 있다. 이를 사용하려면 데이터베이스 기술이 좀 있어야 하지만, 큰
데이터 세트를 다루기 훨씬 유용하고 편리하다. 이 패키지를 통해서 SQL로
데이터베이스 단에서 변수 선택 작업을 하고 SQL로 처리된 결과를 읽어올 수
있다.

이렇게 읽어온 결과는 전체 데이터 세트에 비해 훨씬 작아지므로, R의 메모
리 제한을 피해갈 수 있다.

다른 유용한 패키지로는 큰 데이터 세트를 사용해 회귀분석 및 일반적인 선
형 모델 분석을 해주는 biglm이 있다. 이 패키지에서도 청킹을 사용하지만 좀
다른 방식이다. 각 청크는 회귀분석에 필요한 총액의 실행 합계를 업데이트하
는 데 사용되고 이후 삭제된다.

마지막으로 R과는 독립적으로 자체 저장 공간을 만들어 사용하므로 큰 데
이터 세트를 처리하는 데 별 문제가 없는 패키지가 있다. 오늘날 일반적으로
많이 사용되는 두 패키지는 ff와 bigmemory이다. 전자의 경우 데이터를 메모
리가 아닌 디스크에 저장함으로써 이를 피해간다. bigmemory의 경우에도 마찬
가지이지만, 이 패키지는 디스크뿐만이 아니라 컴퓨터의 메인 메모리에도 데
이터를 저장할 수 있으므로 멀티코어 컴퓨터의 경우 매우 이상적으로 활용할
수 있다.

## 15장

타 언어와 R을
인터페이스하기

R은 훌륭한 언어이지만 모든 기능을 갖고 있는 것은 아니다. 그래서 가끔 다른 언어로 만들어진 코드를 R에서 불러올 필요가 있다. 반대로 다른 좋은 언어들을 사용해 작업을 할 때도 R로 하면 훨씬 나을 것 같은 일들이 닥칠 때가 있을 것이다.

R 인터페이스는 어디에서나 볼 수 있는 C 같은 언어부터 야카스(Yacas) 컴퓨터 대수 시스템 같은 극소수만 사용하는 언어까지, 수많은 다양한 언어에 대해 개발돼 왔다. 이 장에서는 R에서 C/C++를 호출하는 것과 파이썬에서 R을 호출하는 것에 대한 두 개의 인터페이스에 대해 다룰 것이다.

15.1 R에서 호출하는 C/C++ 함수 작성하기

R에서 호출하는 C/C++ 함수를 작성하고 싶다고 하자. 일반적으로 아무리 R에서 벡터화 및 속도 향상을 위한 최적화를 한다고 해도 C/C++ 코드가 R 코드보다 훨씬 빠르게 돌기 때문에 보통 성능 향상을 위해 많이 사용된다.

C/C++ 레벨로 가서 코드를 작성하는 다른 이유로는 특정 I/O를 사용하기 위해서다. 예를 들어 R에서는 표준 인터넷 통신 시스템의 3단계의 TCP 프로토콜을 사용하지만, 특정 경우에는 UDP가 더 빠를 수 있다.

UDP를 사용하기 위해서는 C/C++가 필요하고, 이를 R에서 사용하려면 이 언어들과 R과의 인터페이스가 필요하다.

실제로 R에서는 `.C()`와 `.Call()`이라는 두 C/C++ 인터페이스 함수를 지원한다. 후자가 좀더 다용도로 사용할 수 있지만 R의 내부 구조에 대한 지식이 필요하므로, 여기서는 `.C()`만 다룰 것이다.

15.1.1 R을 C/C++와 연동할 때 선행지식

C에서 2차원 배열은 행 우선 순위로 저장되며, 이는 R의 열 우선 순위와 반대다. 예를 들어 3-4 배열을 저장한다고 하자. 두 번째 행의 두 번째 열은 행 중심으로 보면, 첫 번째 행에 3개의 원소가 있고 그 다음 두 번째 행의 두 번째 원소이므로 행렬의 5번째 원소가 된다. 또한 C에서는 R처럼 인덱스가 1부터 시작하는 게 아니라 0부터 시작한다는 사실도 명심하자.

R에서 사용한 모든 인수는 C에서는 포인터로 받게 된다. C 함수 자체는 보이드void 값을 반환해야 함을 기억하자. 보통 반환하던 값은 다음 예제의 `result` 같은 인수값으로 전달돼야 한다.

15.1.2 예제: 정사각행렬에서 부분 대각행렬 추출

여기서는 정사각행렬에서 부분 대각행렬을 뽑아내는 C 코드를 작성할 것이다. 이 함수의 초기 버전을 작성해 준 이전 제자 황민유Min-Yu Huang에게 감사 드린다. 다음은 sd.c 파일에 작성한 코드다.

```
#include <R.h> // 필요 헤더 파일
// 인수:
//    m: 정사각행렬
//    n: m의 열과 행 수
//    k: 부분 대각행렬 인덱스—전체 대각행렬일 경우 0,
//       첫 번째 대각행렬일 때는 1, 두 번째인 경우 2….
//    result: 반환될 대각행렬용 공간

void subdiag(double *m, int *n, int *k, double *result)
{
    intnval = *n, kval = *k;
    int stride = nval + 1;
    for (inti = 0, j = kval; i<nval-kval; ++i, j+= stride)
        result[i] = m[j];
}
```

stride는 병렬 처리 개념을 적용하기 위해 사용한다. 만약 1,000개의 열을 가진 행렬을 사용하고 C 코드에서 열별로 모든 원소에 대해 처음부터 끝까지 반복문을 사용한다고 하자. 그러면 C에서는 행 우선 순위를 사용하므로, 열에서 이어서 나오는 원소들은 행렬을 하나의 긴 벡터로 봤을 때에는 1,000개의 원소만큼 떨어져서 나타나게 될 것이다.

그러므로 다음 원소를 찾기 위해 매번 이 긴 벡터에서 1,000개 단위로 건너뛰어서 찾아야 할 것이다. 즉 매번 1,000번째 뒤의 원소를 찾아가야 한다는 말이다.

15.1.3 컴파일하고 코드 실행하기

코드는 C에서 컴파일할 수 있다. 예를 들어 리눅스 터미널 윈도우에서는 다음과 같이 코드를 컴파일할 수 있다.

```
% R CMD SHLIB sd.c
gcc -std=gnu99 -I/usr/share/R/include    -fpic -g -O2 -c sd.c -o sd.o
gcc -std=gnu99 -shared -o sd.so sd.o    -L/usr/lib/R/lib -lR
```

그러면 동적 공유 라이브러리 파일인 sd.so가 생성된다.

예제 작동 결과 R에서 어떻게 GCC를 불러오는지를 알아두자. 물론 특정 라이브러리를 연결해야 한다든가 하는 상황에서는 각 명령어를 하나하나 개별적으로 실행할 수도 있다. 또한 include와 lib 디렉토리의 위치가 시스템마다 다를 수 있으니 유의하자.

> **노트** GCC는 리눅스 시스템에서는 쉽게 내려받아 사용할 수 있다. 윈도우의 경우 오픈소스 패키지인 시그윈(Cygwin)에 포함돼 있다(http://www.cygwin.com/).

컴파일 후 만들어진 라이브러리를 R에서 불러와서 다음과 같이 C 함수를 호출할 수 있다.

```
> dyn.load("sd.so")
> m <- rbind(1:5, 6:10, 11:15, 16:20, 21:25)
> k <- 2
> .C("subdiag", as.double(m), as.integer(dim(m)[1]), as.integer(k),
result=double(dim(m)[1]-k))
[[1]]
 [1]  1  6 11 16 21  2  7 12 17 22  3  8 13 18 23  4  9 14 19 24  5 10 15 20 25

[[2]]
[1] 5

[[3]]
[1] 2

$result
[1] 11 17 23
```

편의를 위해 C 코드 안의 형식인수와 R 코드에서 사용하는 실제인수 모두에 result라는 이름을 붙여줬다. 이때 R 코드 내의 result에 대한 공간을 할당해줘야 한다는 것을 기억하자.

이 예제에서 보다시피 반환값은 R에서 호출한 인수들로 이뤄진 리스트의 형태이다. 이 경우 함수명을 포함해 4개의 인수를 호출했고, 따라서 결과값 리스트에도 4개의 요소를 갖고 있다. 보통 일부 인수는 C 코드 실행 도중 바뀌기도 하는데 여기서는 result가 이 경우에 속한다.

15.1.4 R/C 코드 디버깅하기

13장에서 R 코드를 디버깅하는 많은 도구 및 방법에 대해 소개했다. 하지만 R/
C 인터페이스에서는 또 다른 방법이 필요하다. 여기서 GDB 같은 디버깅 도구
를 사용하려면 이를 일단 R에 바로 적용해야 한다.

다음은 앞서 예제로 사용했던 sd.c 코드를 GDB를 사용해 R/C 디버깅 단계
를 거치는 과정이다.

```
$ R -d gdb
GNU gdb 6.8-debian
...
(gdb) run
Starting program: /usr/lib/R/bin/exec/R
...
> dyn.load("sd.so")
> # hit ctrl-c here
Program received signal SIGINT, Interrupt.
0xb7ffa430 in __kernel_vsyscall ()
(gdb) b subdiag
Breakpoint 1 at 0xb77683f3: file sd.c, line 3.
(gdb) continue
Continuing.

Breakpoint 1, subdiag (m=0x92b9480, n=0x9482328, k=0x9482348,
    result=0x9817148) at sd.c:3
3            intnval = *n, kval = *k;
(gdb)
```

디버깅 과정에서 무슨 일이 일어났는지 살펴보자.

1. GDB를 실행하고 터미널 윈도우에서 커맨드 라인으로 R을 로딩했다.

```
R -d gdb
```

2. GDB에서 R을 실행했다.

```
(gdb) run
```

3. 보통 때처럼 R에서 컴파일된 C 코드를 로딩했다.

```
> dyn.load("sd.so")
```

4. ctrl+C를 입력해 R을 중단하고 GDB 프롬프트로 돌아갔다.
5. subdiag()에 중단점을 설정했다.

```
(gdb) b subdiag
```

6. GDB에서 R을 다시 실행하도록 했다(R 프롬프트로 돌아가기 위해 엔터를 두 번 입력했다).

```
(gdb) continue
```

그 후 C 코드를 실행했다.

```
> m <- rbind(1:5, 6:10, 11:15, 16:20, 21:25)
> k <- 2
> .C("subdiag", as.double(m), as.integer(dim(m)[1]), as.integer(k),
  + result=double(dim(m)[1]-k))

Breakpoint 1, subdiag (m=0x942f270, n=0x96c3328, k=0x96c3348,
   result=0x9a58148) at subdiag.c:46
46 if (*n < 1) error("n < 1\n");
```

디버깅을 위해 일반적으로 사용하는 GDB를 사용했다. 만약 GDB가 어렵다면 웹 상에서 여러 튜토리얼 중 하나를 골라 살펴보면 도움이 될 것이다. 표 15-1에 여러 유용한 GDB 명령어를 정리해 놓았다.

표 15-1 일반 GDB 명령어

명령어	설명	명령어	설명
l	코드 리스팅	b	중단점 설정
r	실행/재실행	n	다음 문장으로 넘어감
s	함수 내부로 들어감	p	변수 및 표현식 출력
c	계속하기	h	도움말
q	종료		

15.1.5 확장 예제: 이산 시계열값 예측

2.5.2장에서 시간 단위마다 0과 1의 관측치를 가진 데이터로, 앞의 k개의 값 중 다수인 값을 다음 값으로 예측하는 예제를 다뤘다. 이 내용으로 다음과 같이 preda()와 predb()라는 두 개의 함수를 만들어 비교해 보자.

```
# 이산 시계열 예측; 0과 1; k개의 연속값 사용
# 다수의 값으로 다음 관측치 예측;
# 오류율 계산
preda <- function(x,k) {
   n <- length(x)
   k2 <- k/2
   # pred에 다음 예측값 저장
   pred<- vector(length=n-k)
   for (i in 1:(n-k)) {
      if (sum(x[i:(i+(k-1))]) >= k2) pred[i] <- 1 else pred[i] <- 0
   }
   return(mean(abs(pred-x[(k+1):n])))
}

predb<- function(x,k) {
   n <- length(x)
   k2 <- k/2
   pred<- vector(length=n-k)
   sm<- sum(x[1:k])
   if (sm >= k2) pred[1] <- 1 else pred[1] <- 0
   if (n-k >= 2) {
      for (i in 2:(n-k)) {
         sm<- sm + x[i+k-1] - x[i-1]
```

```
            if (sm>= k2) pred[i] <- 1 else pred[i] <- 0
        }
    }
    return(mean(abs(pred-x[(k+1):n])))
}
```

후자의 경우 중복 계산을 피하므로 더 빠를 것이라고 예상할 수 있다. 수행 시간을 확인해 보자.

```
> y <- sample(0:1,100000,replace=T)
> system.time(preda(y,1000))
   user  system elapsed
  3.816   0.016   3.873
> system.time(predb(y,1000))
   user  system elapsed
  1.392   0.008   1.427
```

나쁘지 않다! 꽤 많이 좋아졌다.

하지만 R이 원하는 대로 튜닝이 됐는지 항상 자문해 봐야 한다. 기본적으로 이동 평균을 계산해야 하므로 다음과 같이 계수 벡터를 사용하는 filter() 함수를 사용해 볼 수도 있다.

```
predc <- function(x,k) {
    n <- length(x)
    f <- filter(x,rep(1,k),sides=1)[k:(n-1)]
    k2 <- k/2
    pred <- as.integer(f >= k2)
    return(mean(abs(pred-x[(k+1):n])))
}
```

첫 번째 코드에 비해 훨씬 짧아졌다. 하지만 읽기도 어렵고 다음에 살펴보겠지만 그다지 빠르지도 않다. 확인해 보자.

```
>system.time(predc(y,1000))
   user  system  elapsed
  3.872   0.016    3.945
```

두 번째 버전이 여전히 빠르다. 이는 코드를 살펴보면 이해가 갈 것이다. 다음과 같이 입력해 함수 코드를 살펴보자.

```
> filter
```

여기서는 설명하지 않겠지만 이 코드를 보면 filter1()을 호출하는 것을 알수 있다. 이 함수는 속도 향상을 위해 C로 작성됐지만 여전히 반복 계산이 이뤄지고 있어서 속도가 느려질 수밖에 없다.

그럼 한번 직접 C 코드를 작성해 보자.

```c
#include <R.h>

voidpredd(int *x, int *n, int *k, double *errrate)
{
    intnval = *n, kval = *k, nk = nval - kval, i;
    intsm = 0; // 이동 평균
    int errs = 0; // 오류 수
    intpred; // 예측값
    double k2 = kval/2.0;
    // 초기 윈도우를 계산함으로써 초기화함
    for (i = 0; i<kval; i++) sm += x[i];
    if (sm>= k2) pred = 1; else pred = 0;
    errs = abs(pred-x[kval]);
    for (i = 1; i<nk; i++) {
        sm = sm + x[i+kval-1] - x[i-1];
        if (sm>= k2) pred = 1; else pred = 0;
        errs += abs(pred-x[i+kval]);
    }
    *errrate = (double) errs / nk;
}
```

이는 기본적으로 앞의 predb()를 C로 '직접 변환'한 것이다. 이것이 predb()보다 성능이 더 좋은지 살펴보자.

```
> system.time(.C("predd",as.integer(y),as.integer(length(y)),
    as.integer(1000), + errrate=double(1)))
   user  system elapsed
  0.004   0.000   0.003
```

숨막힐 정도로 속도 향상이 이뤄졌다.

함수를 C로 직접 작성하는 것이 얼마나 유용한 일인지 알 수 있다. 특히 R에서 `for()` 같은 함수로 반복문을 작성해 느려지는 함수에 대해서는 특히 필요하다.

15.2 파이썬에서 R 사용하기

파이썬은 우아하고 강력한 언어지만, R의 강점 영역인 통계 및 데이터 처리용 내장 함수는 취약한 편이다. 이 장에서는 두 언어 간의 가장 유명한 인터페이스 중 하나인 RPy를 사용해 파이썬에서 R을 호출하는 법에 대해 소개한다.

15.2.1 RPy 설치하기

RPy는 파이썬에서 R에 접근하기 위한 파이썬 모듈이다. 보다 효율적으로 사용하려면 NumPy와 함께 사용하면 좋다.

소스파일을 http://rpy.sourceforge.net에서 받아서 모듈을 빌드하거나, 이미 빌드된 버전을 다운받아서 사용하면 된다. 만약 우분투에서 사용할 것이라면 간단히 다음을 입력하기만 하면 된다.

```
sudo apt-get install python-rpy
```

파이썬에서 RPy를 불러오려면 파이썬 인터랙티브 모드이거나 코드 내에서 다음을 실행한다.

```
fromrpy import *
```

이 코드는 파이썬 클래스 인스턴스인 변수 r을 불러 온다.

15.2.2 RPy 문법

파이썬에서 R을 실행하는 것은 기본적으로는 매우 간단하다. 다음은 파이썬 프롬프트 〉〉〉에서 명령어를 입력한 것이다.

```
>>>r.hist(r.rnorm(100))
```

이 문장은 R 함수인 rnorm()을 호출해 100개의 표준 정규 분포에 따른 숫자를 생성하고 이를 R의 히스토그램 함수인 hist()에 입력값으로 넣어준다.

보다시피, R은 r.이라는 접두사를 사용해 R 함수의 파이썬 래퍼가 클래스 인스턴스 r의 멤버라는 것을 알려준다.

앞의 코드는 좀 수정되지 않으면 아마 커다란 데이터가 그래프 제목과 x 축에 잔뜩 출력된 형태의 보기 좋지 않은 결과를 보여줄 것이다. 그러므로 다음예제처럼 제목과 x 축의 내용을 명시해 주면 이런 결과를 피할 수 있다.

```
>>>r.hist(r.rnorm(100),main='',xlab='')
```

RPy 문법은 이런 예제들에서 보는 것보다 덜 단순할 때도 있다. 이는 R과 파이썬 문법이 충돌할 때에 나타난다. 예를 들어 R 선형 모델 함수 lm()을 호출하는 상황을 생각해 보자. 예제에서는 a로부터 b를 예측할 것이다.

```
>>> a = [5,12,13]
>>> b = [10,28,30]
>>> lmout = r.lm('v2 ~ v1',data=r.data_frame(v1=a,v2=b))
```

R에서 직접 하는 것에 비해 좀더 복잡한 부분이 있다. 뭐가 문제일까?

우선 파이썬 문법은 ~ 문자를 처리하지 않으므로 모델 식을 문자열을 통해 정의해야 한다. 하지만 어쨌든 이를 R에 넣어 처리할 수 있으므로 크게 중요한 문제는 아니다.

두 번째로 데이터를 넣을 데이터 프레임이 필요하다. 우선 R의 data.frame()을 사용해 하나를 만들었다. R 함수 이름을 사용하기 위해 .대신 _를 사용해야 한다. 그래서 r.data_frame()을 호출했다. 이때 데이터 프레임 열의 이름을 v1, v2라고 하고 이를 모델 식에 사용해야 한다는 것을 기억해 두자.

출력될 객체는 다음과 같이 파이썬 딕셔너리(R의 list 유형과 유사) 형태로 나온다. 다음은 이것의 일부다.

```
>>> lmout
{'qr': {'pivot': [1, 2], 'qr': array([[ -1.73205081, -17.32050808],
       [  0.57735027,   -6.164414 ],
       [  0.57735027,    0.78355007]]), 'qraux':
```

여기서도 lm()의 여러 속성들이 들어 있다는 것을 알아챘을 것이다. 예를 들어 R에서 lmout$coefficients에 들어 있던 회귀 추세선의 계수는 파이썬에서는 lmout['coefficients']에 들어있다. 따라서 다음 예제처럼 이 계수에 접근할 수 있다.

```
>>>lmout['coefficients']
{'v1': 2.5263157894736841, '(Intercept)': -2.5964912280701729}
>>>lmout['coefficients']['v1']
2.5263157894736841
```

또한 R의 네임스페이스의 변수에서 r()을 사용해 R 명령어를 입력할 수 있다. 이는 문법 충돌이 많이 일어나는 경우에 유용하게 사용할 수 있다. 다음은 12.4장의 wireframe() 예제를 RPy를 사용해 실행한 것이다.

```
>>> r.library('lattice')
>>> r.assign('a',a)
>>> r.assign('b',b)
>>> r('g <- expand.grid(a,b)')
>>> r('g$Var3 <- g$Var1^2 + g$Var1 * g$Var2')
>>> r('wireframe(Var3 ~ Var1+Var2,g)')
>>> r('plot(wireframe(Var3 ~ Var1+Var2,g))')
```

우선 r.assign()을 사용해 파이썬의 네임스페이스로부터 R쪽으로 변수를 복사했다. 그 후 expand.grid()(R의 네임스페이스를 사용하므로 '_'을 사용하지 않고 이름을 그대로 사용할 수 있다) 결과를 g에 할당했다. 이 역시도 R의 네임스페이스에 들어 있다. wireframe()은 바로 그래프를 그려주지 않으므로, plot()을 따로 호출했다는 것을 염두에 두자.

RPy에 대한 공식 문서는 http://rpy.sourceforge.net/rpy/doc/rpy.pdf에서 볼 수 있다. 또한 ttp://www.daimi.au.dk/~besen/TBiB2007/lecture-notes/rpy.html에 가면 'RPy - R from Python'이라는 훌륭한 프레젠테이션을 볼 수 있다.

R 사용자가 많은 컴퓨팅 자원을 필요로 하게 됨으로써 R에서 병렬 처리를 할 수 있는 여러 도구들이 소개되고 있다. 이 장 역시 병렬 R에 대해 할애할 것이다.

병렬 처리의 대다수들은 일부 프로그램에 병렬 처리 코드를 작성하고는 병렬 처리 버전이 실제로 직렬로 처리한 버전보다 느리다는 것만을 발견하게 된다. 이 장에서도 논의하겠지만, 이런 문제는 특히 R에서 심각하게 나타난다.

따라서 하드웨어 및 소프트웨어의 병렬 처리에 대한 본질을 이해하는 것은 병렬 개념을 제대로 사용하기 위해 필수적이다. 이런 문제는 병렬 R의 일반적인 플랫폼의 개념에서 다뤄질 것이다.

이 장에서는 몇 가지 코드 예제를 갖고 시작해 보다 일반적인 성능 문제로 들어갈 예정이다.

16.1 상호 아웃링크 문제

웹 링크나 소셜 네트워크 링크 같은 네트워크 그래프를 떠올려보자. A는 그래프의 인접 행렬adjacency matrix이다. 즉 A[3,8]은 3번 노드에서 8번 노드로 이어지는 링크가 있느냐 없느냐에 따라 1 또는 0 값을 갖는다.

어떤 두 점에 대해 각각을 웹 사이트라고 했을 때, 이 사이에 상호 아웃링크(두 사이트 간에 연결되는 하이퍼링크)가 있는지 궁금할 수 있다. 만약 데이터 세트 내의 웹 사이트의 모든 쌍에 대해 평균 상호 아웃링크의 수를 알고자 한다고 가정하자. 이는 다음과 같이 n-n 행렬을 통해 찾아낼 수 있을 것이다.

```
1 sum = 0
2 for i = 0...n-1
3     for j = i+1...n-1
4         for k = 0...n-1 sum = sum + a[i][k]*a[j][k]
5 mean = sum / (n*(n-1)/2)
```

주어진 그래프가 몇 천 개, 심지어는 몇 백만 개의 웹 사이트에 대한 것일 수 있으므로, 여기서 수행하는 작업은 꽤 많은 수의 연산을 처리해야 할 수 있다. 이런 문제를 처리하는 일반적인 방법은 연산을 보다 작은 청크로 나눠 각 청크를 각각 다른 컴퓨터에서 동시에 처리하는 방법이다.

사용 가능한 컴퓨터 두 대가 있다고 하자. 하나의 컴퓨터에서는 코드의 두 번째 줄의 for i 반복문에서 i가 홀수인 경우를 처리하고, 두 번째 컴퓨터에서는 짝수인 경우를 처리할 수 있을 것이다. 혹은 요즘 듀얼코어 컴퓨터가 많이 사용되고 있으므로, 이와 같은 연산을 하나의 컴퓨터에서 처리할 수도 있을 것이다. 이는 매우 단순한 것처럼 들리지만 이를 실행할 경우 매우 중요한 몇 가지 문제가 발생하는데, 이에 대해 이 장에서 다룰 것이다.

16.2 snow 패키지 소개

루크티어니Luke Tierney의 snowSimple Network of Workstation 패키지는 CRAN R 코드 저장소에서 내려받아서 사용할 수 있으며, 병렬 R 패키지 중 가장 간단하고 사용하기 쉬우며 가장 유명한 패키지 중 하나다.

> **노트** 병렬 R의 CRAN 작업 페이지(http://cran.r-project.org/web/views/
> HighPerformanceComputing.html)에는 사용 가능한 병렬 R 패키지의 리스트가 잘 갱신돼 올
> 라오고 있다.

snow가 어떻게 작동하는지 보기 위해 이전 장에서 다룬 상호 아웃링크 문제
코드를 가져와 보았다.

```
1  # 상호 링크 문제의 snow 버전
2
3  mtl<- function(ichunk,m) {
4     n <- ncol(m)
5     matches <- 0
6     for (i in ichunk) {
7        if (i< n) {
8           rowi<- m[i,]
9           matches <- matches +
10             sum(m[(i+1):n,] %*% rowi)
11       }
12    }
13    matches
14 }
15
16 mutlinks <- function(cls,m) {
17    n <- nrow(m)
18    nc <- length(cls)
19    # 어떤 일꾼이 i의 어떤 청크를 다룰지 결정함
20    options(warn=-1)
21    ichunks <- split(1:n,1:nc)
22    options(warn=0)
23    counts <- clusterApply(cls,ichunks,mtl,m)
24    do.call(sum,counts) / (n*(n-1)/2)
25 }
```

이 코드가 SnowMutLinks.R 파일에 저장됐다고 가정하자. 그럼 우선 이를
실행하는 방법에 대해 이야기해 보자.

16.2.1 snow 코드 실행하기

앞 장에서 소개한 snow 코드는 다음의 단계를 거쳐 실행된다.

1. 코드를 불러온다.
2. snow 라이브러리를 읽어온다.
3. snow 클러스터를 만든다.
4. 필요 부분의 인접 행렬을 만든다.
5. 클러스터별 행렬에 대해 코드를 실행한다.

현재 코드를 듀얼 코어 컴퓨터에서 실행하고 있다고 가정하고, 다음 R 명령어를 실행한다.

```
> source("SnowMutLinks.R")
> library(snow)
> cl<- makeCluster(type="SOCK",c("localhost","localhost"))
> testm<- matrix(sample(0:1,16,replace=T),nrow=4)
> mutlinks(cl,testm)
[1] 0.6666667
```

현재 컴퓨터에서 snow를 사용해 '일꾼'이라고 부를 2개의 새 R 프로세스를 시작하도록 했다. 이때 localhost는 로컬 컴퓨터의 표준 네트워크 이름이다. 또한 앞에서 명령어를 입력한 부분인 원래의 R 프로세스를 '관리자'라고 부를 것이다. 따라서 현재 시점에서 로컬 컴퓨터 내에서는 3개의 R 인스턴스가 돌고 있다는 것을 알 수 있다. 예를 들어 리눅스 시스템을 사용하고 있다면, ps 명령어를 통해 프로세스 실행 내역을 볼 수 있다.

일꾼들은 여기서는 cl이라고 명명한, snow 용어로 '클러스터'라는 것을 만든다. snow 패키지는 병렬 처리 계열 중 'scatter/gather' 패러다임이라고 알려진 방식을 사용한다. 이 방식은 다음과 같다.

1. 관리자가 데이터를 청크로 나눈 후 각각을 일꾼에게 할당한다(퍼뜨리기 scatter 단계).
2. 일꾼은 각 청크에 대해 프로세스를 진행한다.

3. 일꾼들이 수행한 결과를 관리자가 수집해(모으기gather 단계) 애플리케이션에 적합하게 합친다.

관리자와 일꾼 간의 커뮤니케이션은 네트워크 소켓(10장에서 다뤘다)에 의해 이뤄지도록 정의했다.

다음은 코드 확인을 위한 테스트 행렬이다.

```
> testm
   [,1] [,2] [,3] [,4]
[1,]   1    0    0    1
[2,]   0    0    0    0
[3,]   1    0    1    1
[4,]   0    1    0    1
```

1행에는 2행과 공통인 아웃링크가 하나도 없고, 3행과는 두 개가 있으며, 4행과는 1개가 있다. 2행은 나머지와 공통된 아웃링크가 하나도 없지만, 3행은 4행과 공통인 아웃링크 1개가 있다. 상호 아웃링크는 4개가 있으므로 4 × 3/2 = 6쌍이 생성된다. 따라서 평균은 앞에서 보았듯이 4/6 = 0.6666667이다.

클러스터의 크기는 처리가 가능하다면 어떠한 크기의, 어떠한 개수로도 만들 수 있다. 나의 경우를 예로 들자면, 네트워크 명이 pc28, pc29, pc30인 컴퓨터가 있다. 각 컴퓨터는 듀얼 코어이므로 다음과 같이 6개의 일꾼 클러스터를 만들 수 있다.

```
> cl6 <- makeCluster(type="SOCK",c("pc28","pc28","pc29","pc29",
   "pc30","pc30"))
```

16.2.2 snow 코드 분석하기

그럼 mutlinks() 함수가 어떻게 동작하는지 살펴보자. 일단 코드 17번째 줄의 행렬 m이 몇 개의 행으로 이뤄져 있는지, 코드 18번째 줄에서 클러스터의 일꾼의 수가 얼만큼 되는지 확인한다.

다음으로 16.1장에서 본 것처럼 코드의 for i 반복문에서 어떤 i의 값에 대해 어떤 일꾼이 할당되는지 판단해야 한다. R의 split()은 이 용도로 쓰기 적합하다. 예를 들어 4개의 열을 가진 행렬에 두 일꾼이 할당됐을 때는 다음과 같이 처리할 수 있다.

```
> split(1:4,1:2)
$'1'
[1] 1 3

$'2'
[1] 2 4
```

첫 번째 원소가 벡터 (1,3)이고 두 번째 원소가 (2,4)인 R 리스트가 반환되는 것을 볼 수 있다. 즉 앞에서 말했던 것처럼 하나의 프로세스는 i가 홀수인 경우에 처리되고, 다른 프로세스는 i가 짝수인 경우에 대해 처리되는 것이다. 이때 split()에서 '데이터의 길이가 변수 수의 배수가 아닙니다(data length is not a multiple of splitvariable)'라는 경고가 발생하면 options()를 호출해 이를 막을 수 있다.

실제 작업은 snow 함수인 clusterApply()를 호출한 코드의 23번째 줄에서 이뤄진다. 이 함수는 특정 함수(여기서는 mtl())를 몇몇 인수는 각 일꾼에게 맞게 분배하고, 다른 인수는 공통으로 적용해 호출해주는 역할을 한다. 따라서 여기서 코드 23번째 줄의 역할은 다음과 같다.

1. 1번 일꾼은 ichunks[[1]]과 m을 인수로 가진 mtl()을 호출하도록 지정된다.
2. 2번 일꾼은 ichunks[[2]]과 m을 인수로 해 mtl()을 호출하고, 나머지 일꾼도 마찬가지다.
3. 각 일꾼은 주어진 일을 하고 결과를 관리자에게 전달한다.
4. 관리자는 결과값을 counts라고 지정한 R 리스트에 모은다.

이때 단지 counts의 모든 원소의 합만 필요한 것은 아니다. 아, 여기서 '단지' 라고 한 이유는 코드의 24번째 줄에 해결해야 할 약간의 거슬리는 부분이 있기 때문이다.

R의 sum()은 다음과 같이 여러 벡터의 인수에 대해 동작한다.

```
> sum(1:2,c(4,10))
[1] 17
```

하지만 여기서 counts는 숫자 벡터가 아닌 R 리스트다. 따라서 counts에서 벡터를 추출하기 위해서는 do.call()을 사용해야 하고, 그 이후 결과값에 대해 sum()을 적용해야 한다.

코드의 9, 10번째 줄을 보자. 이미 충분히 알다시피 R에서는 성능 향상을 위해 가능한 한 벡터화된 계산을 사용하는 것이 좋다. 행렬 대 벡터 곱 방식을 사용하면, 16.1장의 for j와 for k 반복문을 하나의 벡터 기반 표현식으로 변환할 수 있다.

16.2.3 어느 정도의 속도 향상이 가능할까

이 코드를 가지고 1000-1000 행렬인 m1000을 사용해 테스트해 보았다. 처음에는 4개의 클러스터를 사용하고 다음에는 12개의 클러스터를 사용했다. 원칙적으로 보면 4, 12개를 사용했을 때에 대해 각각 이에 걸맞은 속도 향상이 있어야 한다. 하지만 실제 수행 시간은 6.2초와 5.0초였다. 병렬처리를 전혀 하지 않은 상태에서 16.9초가 걸렸다는 것과 비교해 보자. 이 결과는 mtl(1:1000, m1000)을 호출한 것이다. 4개의 클러스터를 사용하면 이론적으로는 4.0배가 빨라져야 하지만 실제로는 2.7배가 빨라졌고, 12개의 노드를 사용한 시스템에서는 12.0배가 아닌 3.4배의 속도 향상이 있었다. 이때 각 실행 간에 시간 편차가 발생했다는 것을 염두에 두자. 뭐가 잘못된 것일까?

대부분의 병렬 처리 애플리케이션에서는, 연산처리가 아닌 동작에서 '과부하 overhead' 혹은 시간 '낭비'로 인한 시간 소모가 발생한다는 것을 알게 된다. 예제에서는 관리자가 일꾼에게 행렬을 전송하는 데에서 과부하가 발생한다. 또한

mtl() 함수 자체를 일꾼에게 전송하는 데에도 약간의 과부하가 발생한다는 것을 알 수 있다. 게다가 일꾼이 각자의 일을 마친 후, 결과를 다시 관리자에게 반환할 때 역시 약간의 과부하가 발생한다. 16.4.1장에서 이에 대해 좀더 자세히 살펴본 후 일반적인 성능 향상을 위해 고려할 점에 대해서 논의할 것이다.

16.2.4 확장 예제: K-평균 클러스터링

snow의 능력에 대해서 더 자세히 알기 위해 다른 예제를 하나 더 살펴보기로 하자. 다음은 K-평균 클러스터링KMC, K-means Clustering에 관련된 문제이다.

KMC는 탐색적 데이터 분석 기술이다. 데이터의 산점도를 살펴보면, 관측치가 특정 그룹별로 분포돼 있다는 직관이 생길 것이다. KMC는 그런 그룹들을 찾아주는 방법이다. 이 결과값은 각 그룹의 중심점으로 구성돼 있다.

다음은 이에 대한 개략적인 알고리즘이다.

```
1 for iter = 1,2,...,niters
2    set vector and count totals to 0
3    for i = 1,...,nrow(m)
4       set j = index of the closest group center to m[i,]
5       add m[i,] to the vector total for group j, v[j]
6       add 1 to the count total for group j, c[j]
7    for j = 1,...,ngrps
8       set new center of group j = v[j] / c[j]
```

여기서 초기 그룹의 중심점이라고 가정한 initcenters를 주고 niters 회 반복시킨다. 데이터는 행렬 m에 들어 있고, ngrps 개의 그룹을 만든다.

다음은 KMC를 병렬처리하기 위한 snow 코드다.

```
1 # K-평균 클러스터 문제의 snow 버전
2
3 library(snow)
4
5 # x부터 y의 각 벡터까지의 거리 반환;
6 # x는 단일 벡터이고 y는 단일 벡터의 묶음임;
7 # 두 점 간의 거리는 각 원소 간 차이의 절대값의 합으로 정의함
8 # 예) (5,4.2) (3,5.6) 간의 거리는
```

```
9  # 2 + 1.4 = 3.4
10 dst <- function(x,y) {
11     tmpmat <- matrix(abs(x-y),byrow=T,ncol=length(x))
12     # rowSums(tmpmat)을 재활용한다는 것을 명시할 것
13 }
14
15 # 각 일꾼의 currctrs(현재 그룹의 중심점)에 대해 mchunk 행렬을 확인하고
16 # 다음 행렬을 반환함;
17 # 행렬의 j행은 현재 j번째 중심점과 가장 가까운 mchunk 내의 점의 벡터 합과
18 # 각 점의 수로 이뤄져 있음
19 findnewgrps <- function(currctrs) {
20     ngrps <- nrow(currctrs)
21     spacedim <- ncol(currctrs)  # 현재 차원 공간
22     # 결과 행렬 설정
23     sumcounts <- matrix(rep(0,ngrps*(spacedim+1)),nrow=ngrps)
24     for (i in 1:nrow(mchunk)) {
25         dsts <- dst(mchunk[i,],t(currctrs))
26         j <- which.min(dsts)
27         sumcounts[j,] <- sumcounts[j,] + c(mchunk[i,],1)
28     }
29     sumcounts
30 }
31
32 parkm <- function(cls,m,niters,initcenters) {
33     n <- nrow(m)
34     spacedim <- ncol(m)  # 현재 차원 공간
35     # 어떤 일꾼이 m의 어떤 행들을 사용하는지 파악하기
36     options(warn=-1)
37     ichunks <- split(1:n,1:length(cls))
38     options(warn=0)
39     # 행 청크 만들기
40     mchunks <- lapply(ichunks,function(ichunk) m[ichunk,])
41     mcf <- function(mchunk) mchunk<<- mchunk
42     # 행 청크를 일꾼에게 전송;
43     # 각 청크는 일꾼이 사용하도록 mchunk라는 전역변수로 만듦
44     invisible(clusterApply(cls,mchunks,mcf))
45     # dst()를 일꾼에게 전송
46     clusterExport(cls,"dst")
47     # 반복 시작
48     centers <- initcenters
49     for (i in 1:niters) {
50         sumcounts <- clusterCall(cls,findnewgrps,centers)
```

```
51        tmp <- Reduce("+",sumcounts)
52        centers <- tmp[,1:spacedim] / tmp[,spacedim+1]
53        # 그룹이 비었을 경우 중심점을 0으로 설정
54        centers[is.nan(centers)] <- 0
55     }
56     centers
57 }
```

이 코드는 앞에서 예제로 다룬 상호 아웃링크에 대한 코드와 매우 유사하다. 하지만 여기는 새로운 두 개의 snow 함수 호출과 이전에 사용했던 함수를 다른 용도로 사용한 내용이 포함돼 있다.

코드의 39번째 줄부터 44번째 줄까지를 보자. 행렬 m은 첫 번째 반복에서 다음으로 넘어갈 때까지는 변경되지 않으므로, 이를 다시 일꾼에게 보내 과부하를 더 심하게 만들 필요가 없다. 그러므로 우선 각 일꾼에게 할당된 m의 청크를 한 번만 보내도록 하는 것이 필요하다. 이는 44번째 줄에서 snow의 clusterApply() 함수를 사용해 구현됐다. 이 함수는 이전에도 사용했었지만 여기서는 더 창의적으로 활용된다. 코드의 41번째 줄에서는 현재 작업 수행중인 일꾼에게 관리자가 할당한 청크를 전달하고 일꾼이 사용 가능하도록 mchunk를 전역변수로 만들어주는 함수 mcf()를 정의한다.

코드의 46번째 줄에서는 관리자의 전역변수를 복사해 일꾼에게 전달하는 역할을 하는 새 snow 함수 clusterExport()를 사용한다. 이 함수의 변수는 함수인 dst()이다. 이를 따로따로 보내야 하는 이유는 다음과 같다. 코드의 50번째 줄을 보면 함수 findnewgrps()를 각 일꾼들에게 전송하는데, 이 함수는 dst()를 사용한다. 하지만 snow는 이 함수까지 보내야 하는지를 알 수 없다. 그러므로 이를 직접 보내줘야 한다.

코드의 50번째 줄 자체에서는 다른 snow 함수인 clusterCall()을 사용한다. 이 함수는 각 일꾼들에게 centers를 인수로 해 findnewgrps()를 호출하도록 지시한다.

각 일꾼은 서로 다른 행렬 청크를 처리하므로, 각 일꾼들은 이 함수들을 서로 다른 데이터에 대해 사용한다는 것을 기억해 두자. 이는 7.8.4장에서 논의했던

전역변수 사용에 대한 논란을 다시 한 번 불러올 수 있다. 몇몇 소프트웨어 개발자는 `findnewgrps()`의 숨겨진 인수를 사용하는 것에 대해 혼란스러워할 것이다. 한편 앞에서도 언급했듯이 `mchunk`를 인수로 사용하는 것은 이를 일꾼들에게 매번 전달해준다는 뜻으로 성능 저하를 야기할 수 있다.

마지막으로 코드의 51번째 줄을 보자. `snow` 함수 `clusterApply()`는 항상 R 리스트를 반환한다. 이 경우에 반환값은 각 원소가 행렬로 이뤄진 `sumcounts`이다. 우리가 필요한 값은 이 행렬들의 합이므로 최종 합으로 이뤄진 행렬을 만들어야 한다.

R의 `sum()` 함수를 사용하면 각 행렬의 전체 원소를 더해 하나의 숫자를 만들 것이므로 이를 사용하면 안 된다. 여기서 필요한 것은 행렬 합이다.

R의 `Reduce()`를 사용하면 행렬 합을 구할 수 있다. R의 모든 연산자는 함수로 구현돼 있다는 것을 기억하자. 합의 경우는 '+' 함수로 구현돼 있다. 따라서 `Reduce()`로 `sumcount` 리스트에 '+'를 적용하면 된다. 물론 반복문을 써서 이를 구할 수도 있지만, `Reduce()`를 사용하면 약간의 성능 향상을 거둘 수 있다.

16.3 C 사용하기

앞서 보았듯이 병렬 R을 사용하면 R 코드의 속도를 놀라울 정도로 빠르게 해준다. 이를 통해 R에서 큰 애플리케이션을 사용하면서 실행 시간이 오래 걸리는 것을 개선해야 할 때 보다 쉽고 다양한 방법을 사용하는 것이 가능하다. 병렬 R을 사용해 충분히 좋은 성능이 나왔다면, 좋은 일이다.

하지만 병렬 R 역시 R이므로 14장에서 논의한 성능 이슈는 여전히 존재한다. 14장에서 논의했던 하나의 해결책은 성능 문제가 발생하는 부분을 C로 작성한 후 R 프로그램에서 이 코드를 호출하는 방식이었다. 여기서 C라하는 것은 C나 C++를 뜻한다. 이를 병렬처리 관점에서도 살펴볼 수 있다. 여기서는 병렬 R을 사용하는 대신 병렬 C 코드를 호출하는 일반 R 코드를 작성하도록 한다. 이 장에서는 독자들이 C에 대한 지식이 있다고 가정하고 소개하고 있다.

16.3.1 멀티코어 사용하기

여기서 다룰 C 코드는 멀티코어 시스템에서만 동작하므로 우선 이 시스템에 대해 설명하겠다.

아마도 이미 듀얼코어 컴퓨터는 친숙할 것이다. 모든 컴퓨터에는 프로그램을 실제로 실행하는 부분인 CPU가 들어있다. 본질적으로 듀얼코어 컴퓨터에는 2개의 CPU가 있고, 쿼드코어에는 4개의 CPU가 들어있는 식이다. 여러 코어의 컴퓨터라면 병렬 연산을 할 수 있다!

병렬 연산은 snow의 일꾼 같은 개념인 '스레드thread'를 사용한다. 연산 집약적인 애플리케이션에서는 듀얼코어에서 두 개의 스레드를 생성하는 식으로 코어의 수만큼 스레드를 생성하는 것이 일반적이다. 이상적으로는 각 스레드가 동시에 돌아가야겠지만, 오버헤드 이슈가 발생하게 된다. 이에 대해서는 16.4.1 장에서 일반적인 성능 문제에 대해 다루면서 같이 살펴 볼 것이다.

만약 컴퓨터에 여러 코어가 있다면, 공유 메모리 시스템으로 설계돼 있을 것이다. 모든 코어는 동일한 램RAM을 사용한다. 메모리 공유의 기본 목적은 프로그램에서 각 코어들 간의 커뮤니케이션을 용이하게 하도록 하는 것이다. 만약하나의 스레드가 메모리 위치를 지정하면, 프로그래머가 이에 대해 일일이 코드에 기술하지 않아도 다른 스레드들이 이런 변화 내용을 확인할 수 있다.

16.3.2 확장 예제: OpenMP에서의 상호 아웃링크 문제

OpenMP는 매우 유명한 멀티코어 프로그래밍 패키지다. 이 패키지가 어떻게 작동하는지 알기 위해, 이번에는 R에서 호출 가능한 OpenMP 코드를 사용해 상호 아웃링크 예제를 다시 작성해 보았다.

```
1 #include <omp.h>
2 #include <R.h>
3
4 int tot; // 모든 스레드에 대한 전체 쌍의 수
5
6 // 각 두 행의 쌍 (i,i+1), (i,i+2), ... 에 대한 프로세스
7 int procpairs(inti, int *m, int n)
8 {  intj,k,sum=0;
```

```
 9      for (j = i+1; j < n; j++) {
10        for (k = 0; k < n; k++)
11          // m[i][k]*m[j][k]를 찾는다.
12              이때 R은 열 우선 순서를 사용한다는 것을 기억하자.
13          sum += m[n*k+i] * m[n*k+j];
14      }
15      return sum;
16  }
17
18  void mutlinks(int *m, int *n, double *mlmean)
19  {   int nval = *n;
20      tot = 0;
21  # omp를 병렬 처리
22      {   int i,mysum=0,
23          me = omp_get_thread_num(),
24          nth = omp_get_num_threads();
25          // 모든 (i,j) 쌍을 확인하고 i에 따라 일을 분할함
26          // 이 스레드는 모든 i가 me와 같을 때 nth 간격에 따라 처리함
27          for (i = me; i<nval; i += nth) {
28              mysum += procpairs(i,m,nval);
29          }
30          # pragma omp atomic
31          tot += mysum;
32      }
33      int divisor = nval * (nval-1) / 2;
34      *mlmean = ((float) tot)/divisor;
35  }
```

16.3.3 OpemMP 코드 실행하기

다시 말하지만 컴파일하는 방법은 15장에 나온 대로 하면 된다. 하지만 이때 (fopenmp와) lgomp 옵션을 사용해 OpenMP 라이브러리와 연동해야 한다. romp. c라는 파일을 사용했다고 하면, 다음 명령어를 사용해 코드를 실행할 수 있다.

```
gcc -std=gnu99 -fopenmp -I/usr/share/R/include -fpic -g -O2 -c romp.c -o romp.o
gcc -std=gnu99 -shared -o romp.so romp.o -L/usr/lib/R/lib -lR -lgomp
```

다음은 R 테스트 내용이다.

```
> dyn.load("romp.so")
> Sys.setenv(OMP_NUM_THREADS=4)
> n <- 1000
> m <- matrix(sample(0:1,n^2,replace=T),nrow=n)
> system.time(z <- .C("mutlinks",as.integer(m),as.integer(n),result=double(1)))
   user  system elapsed
  0.830   0.000   0.218
> z$result
[1] 249.9471
```

OpenMP에서 스레드의 수를 지정하는 일반적인 방식은 OMP_NUM_THREADS라는 OS의 환경변수를 설정하는 방식이다. R에서는 sys.setenv()를 사용해 OS의 환경변수를 설정할 수 있다. 여기서는 쿼드코어 컴퓨터를 사용하므로 스레드의 수를 4개로 정해 주었다.

이때 실행 시간이 0.2초밖에 걸리지 않았다는 점을 확인하자. 이는 앞에서 본 12개 노드의 snow 시스템에서 5.0초가 걸렸던 것과 비교된다. 몇몇 독자는 이 결과를 보고 놀라워할 것이다. 특히 앞에서 언급했듯이 snow 버전 코드는 벡터화가 굉장히 잘 돼 있기 때문에 가능한 일이다. 하지만 다시 말하지만 벡터화는 매우 훌륭한 기능이나, R 자체에 숨겨진 과부하 요인이 많으므로 C가 더 나은 성능을 보인다.

> **노트** R의 새 바이트 컴파일 함수인 cmpfun()을 사용해 보았으나 mtl()은 실제로 더 느려졌다.

그러므로 만약 병렬 C 코드를 잘 활용하면, 놀라운 속도 향상이 가능할 것이다.

16.3.4 OpenMP 코드 분석

OpenMP 코드는 C에 OpenMP 연산을 수행하도록 해주는 몇 가지 라이브러리 코드를 컴파일러에 추가하라고 지시하는 '프라그마$_{pragma}$'가 더해진 구조다. 예를 들어 앞 페이지 코드의 20번째 줄을 보자. 이 부분을 실행하게 되면 스레드가 활성화돼 각 스레드가 다음의 코드 블록(21번째 줄부터 31번째 줄까지)을 병렬로 실행하게 된다.

여기서 핵심은 변수의 범위다. 코드의 21번째 줄부터 시작하는 블록 내의 모든 변수는 각 스레드에 대해 지역변수가 된다. 예를 들어 21번째 줄의 총합을 계산하는 변수명을 mysum이라고 붙여 줬다. 이는 각 스레드가 각각 자신의 합을 계산할 것이기 때문이다. 반면 4번째 줄의 광역변수 tot는 모든 스레드가 공통적으로 사용한다. 각 스레드는 30번째 줄에서 각자의 합을 전체 합에 추가할 것이다.

그러나 코드의 18번째 줄의 변수 nval은 21번째 줄부터 시작하는 블록 밖에서 선언됐으므로 모든 스레드에서(mutlinks()가 실행되는 동안) 공통으로 사용한다. C 범주에서 보았을 때 nval은 지역변수지만, 모든 스레드에서 광역변수로 사용된다. 실제로 tot도 같은 줄에서 선언했다. 모든 스레드에서 사용해야 하지만 mutlinks() 밖에서 사용되지는 않는 변수이므로, 18번째 줄에서 선언한 것이다.

코드의 29번째 줄에는 다른 프라그마인 atomic이 있다. 이는 전체 블록에 대해서가 아닌 바로 뒤의 한 줄에만(이 경우에는 30번째 줄) 적용된다. atomic 프라그마의 목적은 병렬 프로세싱 순환 구조에서 '경쟁 조건race condition'이라 불리는 경우를 피하는 것이다. '경쟁 조건'이란 두 스레드가 한 변수를 동시에 업데이트해 예측할 수 없는 결과가 나오는 상황을 말한다. atomic 프라그마는 코드의 30번째 줄이 한 번에 한 스레드에 의해서만 실행되는 것을 보장해 준다. 코드의 이 부분으로 인해 병렬 프로그램은 일시적으로 직렬 처리되므로, 실행이 느려지는 원인이 될 수도 있다는 것을 기억해 두자.

이 코드에서 관리자의 역할은 어디에 있는가? 사실 관리자는 처음의 스레드로, R 함수가 mutlinks()를 호출하는 .C()를 실행하는 18번째 줄과 19번째 줄을 실행한다. 일꾼 스레드가 21번째 줄에서 활성화될 때, 관리자는 휴지 상태가 된다. 일꾼 스레드는 31번째 줄을 마친 후 일시적으로 휴지기에 들어간다. 이때 관리자는 다시 실행된다. 일꾼이 실행되면서 관리자가 휴지기에 접어듦에 따라 컴퓨터에서 실행할 수 있을 만큼의 일꾼을 돌릴 수 있다.

procpairs()는 직관적이지만 이 함수에서 행렬 m에 접근하는 방식은 기억해 두자. 15장에서 R에서 C에 인터페이스할 때 두 언어가 행렬을 저장하는 방식이 R에서는 열 방향이고 C에서는 행 방향으로 다르다고 소개했던 것을 기억하자. 이 차이점을 명심해 둘 필요가 있다. 병렬 C 코드에서 일반적으로 쓰는 것처럼, 행렬 m을 1차원 배열처럼 다룰 것이다. 예를 들어 n이 4일 경우 m은 16개의 원소를 가진 벡터처럼 사용하는 것이다. R 행렬 저장 방식이 열 중심 방식이므로, 벡터는 첫 번째는 1열의 네 개의 원소가 들어가고, 다음은 2열의 원소 4개가 들어가는 식으로 이뤄질 것이다. 좀더 복잡하게 들어가면 C의 배열은 0부터 시작하지만, R에서는 1부터 시작한다는 것 또한 기억해 둬야 한다.

이런 모든 요소는 코드의 12번째 줄의 곱셈에서 찾아볼 수 있다. 여기서 인자는 C 코드의 m 버전으로는 (k,i)와 (k,j)에 위치한 원소지만, R코드에서는 (i+1, k+1)과 (j+1, k+1)의 원소다.

16.3.5 다른 OpenMP 프라그마

OpenMP는 여기서 다 다룰 수 없을 정도로 많은 다양한 연산을 포함한다. 이 장에서는 특히 유용하다고 생각되는 몇 가지 OpenMP 프라그마에 대해서 간략히 살펴보자.

16.3.5.1 omp barrier 프라그마
병렬처리에서 '경계barrier'는 코드에서 스레드가 만나는 지점을 말한다. omp barrier 프라그마의 문법은 간단하다.

```
#pragma omp barrier
```

스레드가 경계에 도달하면, 다른 스레드가 그 줄에 도달할 때까지 실행이 멈춰진다. 이는 반복 알고리즘에서 사용하기 매우 유용하다. 매번 반복할 때마다 스레드가 경계에서 대기할 수 있기 때문이다.

이렇게 경계를 명시적으로 사용하는 것 외에도, 다른 프라그마 블록 내에서 경계를 암시적으로 사용할 수도 있다는 것도 추가로 기억해 두자. 이런 프라그마로 single과 parallel 같은 것들이 있다. 예를 들어 앞의 코드의 31번째 줄에서는 암시적으로 경계가 사용돼, 모든 일꾼 스레드가 끝날 때까지 관리자가 휴지 상태에 들어간다.

16.3.5.2 omp critical 프라그마

이 프라그마의 블록은 한 번에 하나의 스레드만 실행될 수 있는 '임계 구역 critical section'이다. omp critical 프라그마는 본질적으로 앞에서 다룬 atomic 프라그마와 같은 목적으로 사용되지만, atomic의 경우 단일 문장에 대한 경우로 제한돼 있다.

> **노트** OpenMP 디자이너는 컴파일러가 특히 빨리 실행돼야 하는 명령어에 사용할 수 있도록 단일 문장을 사용하는 프라그마를 만들었다.

다음은 omp critical 프라그마 문법이다.

```
1  #pragma omp critical
2  {
3      // 한 줄 또는 여러 줄의 코드를 넣음
4  }
```

16.3.5.3 omp single 프라그마

이 프라그마 블록은 스레드 중 하나에서만 실행된다. 다음은 omp single 프라그마 문법이다.

```
1  #pragma omp single
2  {
3      // 한 줄 또는 여러 줄의 코드를 넣음
4  }
```

이 프라그마는 스레드 간에 공유되는 총합에 대한 변수 같은 것을 초기화하는 데에 유용하게 사용될 수 있다. 앞에서 언급했듯이 경계는 블록 다음에 위치한다. 이것은 이해가 갈 것이다. 만약 한 스레드가 총합을 초기화했다면, 다른 스레드가 이 변수가 제대로 설정되기 전에 이 변수를 사용한 명령을 실행하기를 바라지는 않을 것이다.

OpenMP에 대해서 더 알고 싶다면 병렬 처리에 대해 공개된 내용들을 http://heather.cs.ucdavis.edu/parprocbook에서 확인할 수 있다.

16.3.6 GPU 프로그래밍

메모리 공유 병렬 하드웨어의 다른 유형은 그래픽 프로세싱 유닛(GPU)이 있다. 만약 컴퓨터에 컴퓨터 게임을 하기 위해 고사양의 그래픽 카드를 장착했다면, 고사양의 GPU가 달린 PC들이 '책상에 슈퍼컴퓨터를 두자!'는 슬로건을 달 정도로 이 그래픽 카드가 매우 강력한 연산 장치라는 것을 깨닫지는 못할 것이다.

OpenMP처럼 여기서 사용될 개념 역시 병렬 R을 사용하는 것이 아니라, 병렬 C에 인터페이스하는 R 코드를 사용할 것이다. 참고로 OpenMP와 비슷하게 여기서 C는 C 언어의 여러 버전을 뜻한다. 기술적인 내용은 좀더 어려우므로 여기서는 관련 코드 예제를 보여주지는 않을 것이지만, 플랫폼의 개요는 알아 둬도 좋을 것이다.

앞서 말했듯이 GPU는 공유 메모리·스레드 모델을 따르지만, 훨씬 큰 규모로 사용한다. GPU에는 몇 십 개 혹은 몇 백 개의 코어('코어core'를 정의하기에 따라 다를 수 있지만)가 있다. 다만 가장 큰 차이점은 여러 스레드가 효율성을 요구하는 하나의 블록 안에서 동작할 수 있다는 것이다.

GPU에 접근하는 프로그램은 '호스트host'라는 컴퓨터 내의 CPU에서 동작한다. 그리고 GPU 혹은 다른 '장치'에서 돌아가는 코드가 실행된다. 이는 데이터가 호스트용에서 장치용으로 변환돼, 장치가 각자의 연산을 마치면 결과가 다시 호스트용으로 변환된다는 것을 뜻한다.

GPU는 R 사용자에게는 아직 친숙하지 않다. 이를 사용하기 위해 일반적으로 사용되는 것은 CRAN 패키지 gputools로, 이 패키지에는 R에서 호출할 수 있는 몇 가지의 행렬 대수와 통계 루틴이 있다. 예를 들어 역행렬 변환을 한다고 가정하자. R에서는 solve() 함수를 사용할 수 있지만, gputools에서 병렬 처리를 해 이 기능을 실행하고자 하면 gpuSolve()를 사용하면 된다.

GPU 프로그래밍에 대한 보다 자세한 내용은 앞서 언급한 병렬 프로세싱에 대한 자료인 http://heather.cs.ucdavis.edu/parprocbook을 참고하자.

16.4 성능에 대해 일반적으로 고려할 사항

이 장에서는 병렬 R 프로그램에서 일반적으로 유용하게 사용되는 이슈들에 대해 다룰 것이다. 과부하를 주는 주요 원인들을 제시한 후 두 가지 정도의 알고리즘 문제에 대해 논의할 것이다.

16.4.1 과부하의 원인

병렬 프로그래밍을 제대로 하기 위해서는 과부하의 물리적 요인에 대해서 대략적이라도 생각해 보는 것이 필요하다. 이에 대해 두 가지 주요 플랫폼인 공유 메모리와 네트워크 측면에서 살펴보자.

16.4.1.1 컴퓨터의 공유 메모리

앞서 언급했듯이 멀티코어 컴퓨터에서 메모리를 공유함으로써 프로그래밍을 보다 쉽게 할 수 있다. 하지만 메모리 공유로 인해 두 개의 코어가 동시에 메모리에 접근하려고 할 경우 충돌이 발생해 과부하를 일으킬 수 있다. 이는 곧 과부하를 피하기 위해서는 코어 중 하나가 대기 상태로 있어야 한다는 뜻이다. 이 때의 과부하는 일반적으로 몇 백 ns(몇 억 분의 일 초)의 범위 내에서 발생한다. 이렇게 들으면 사실 별것 아닌 것 같지만, CPU는 1ns보다도 짧은 속도로 동작하므로 메모리 접근에서 병목현상이 발생할 수 있다.

각 코어에는 일부 공유 메모리 내용을 내부에 복사해 놓는 '캐시'를 갖고 있다. 이는 코어 간 메모리 경합을 줄이기 위한 것으로 보이지만, 캐시 자체적으로도 일관성을 유지하기 위한 시간 소모가 발생하므로 이에 따른 과부하가 생긴다.

GPU는 멀티코어 체제의 특수한 유형이라는 것을 상기하자. 따라서 GPU 내에서도 앞서 언급한 문제가 발생한다. 우선 메모리로부터 GPU로 첫 비트가 도착한 이후, 메모리를 읽는다고 요청하는 시간까지의 '대기 시간'이 꽤 길다는 문제다.

또한 호스트와 각 장치 간 데이터를 교환하는 데에 걸리는 시간도 과부하가 된다. 여기서 발생하는 대기 시간은 몇 ms(몇 백만 분의 일 초)로, CPU와 GPU의 ns 단위 동작을 생각하면 영원에 가까운 시간다.

GPU는 여러 종류의 애플리케이션에 대해 매우 뛰어난 성능을 발휘할 수 있지만, 과부하는 분명 중요한 이슈다. gputools를 만든 사람들은 이 패키지에서 행렬 연산을 할 경우 행렬 크기가 1000-1000일 때에나 속도 향상을 기대할 수 있을 것이라고 언급했다. 앞에서 3.0초의 실행시간을 보였던 상호 아웃링크 예제의 GPU 버전의 경우도, snow 버전보다는 시간이 반으로 단축됐지만 OpenMP로 구현한 것보다는 좀 느렸다.

이런 문제를 개선할 방법들은 분명 있지만, 매우 창의적인 프로그래밍과 물리적인 GPU 구조에 대해 보다 자세히 익힌 후 신중하게 접근해야 한다.

16.4.1.2 네트워크 시스템

앞에서 살펴보았듯이 병렬 처리를 위한 다른 방법으로는 컴퓨터 간의 네트워크를 활용하는 방법이 있다. 물론 컴퓨터 내에서 여러 CPU를 사용할 수 있지만, 이 경우에는 분산 컴퓨터 환경에서 각 컴퓨터의 메모리를 사용할 수 있다.

앞서 지적했듯이 네트워크 상의 데이터 교환은 과부하를 일으킬 수 있다. 이때 소요되는 대기 시간 또한 마이크로 세컨드(ms) 단위다. 따라서 네트워크 상에서 소량의 데이터가 교환되는 것이 지연의 주요 원인이 될 수도 있다.

또한 snow에서는 관리자에서 일꾼에게 데이터가 전달될 때, 벡터나 행렬의 숫자 객체가 네트워크로 전송되는 과정에 문자로 변환되면서 추가로 과부하가 발생할 수 있음을 기억해 두자. 이로 인해 변환 시간(숫자에서 문자 형태로 변환되는 시간과 전송 후 다시 문자로 변환되는 시간 모두)으로 인한 부하뿐 아니라, 문자 형태는 보통 데이터 크기가 더 커지므로 네트워크 전송 시간 또한 길어지면서 추가적인 부하가 발생할 수 있다.

공유 메모리 시스템들은 보통 앞의 예제에서 보았듯이 네트워크로 연결돼 있다. 여러 네트워크로 연결된 듀얼코어 컴퓨터에서 snow 클러스터를 사용하면 이런 문제들이 혼합된 상태로 나타날 수 있다.

16.4.2 당황스러운 병렬 애플리케이션과 그렇지 않은 애플리케이션의 차이

> 가난한 것은 부끄러운 것은 아니지만, 영광스러운 일도 아니다.
>
> —테비에, 「지붕 위의 바이올린」 중

> 인간은 부끄러워하는 혹은 부끄러움이 필요한 유일한 동물이다.
>
> —마크 트웨인

'당황스러운 병렬embarrassingly parallel'이란 단어는 병렬 R 및 일반적인 병렬 프로세스 분야에서 종종 사용되는 단어다. '당황스럽다embarrassing'는 단어는 병렬 처리 부분이 생각할 여지조차 없이 너무 쉽다는 뜻이다. 한 마디로 '당황스러울 정도로' 쉽다는 뜻이다.

지금까지 살펴보니 두 예는 사실 당황스러운 병렬 예제라고 볼 수 있다. 16.1장의 상호 아웃링크 예제에서 for i 반복문을 병렬처리 하는 것은 너무 뻔하다. 16.2.4장의 KMC 예제에서 일을 나누는 것 역시 당연하고 쉬운 문제다.

반면 대부분의 병렬 소트sort 알고리즘은 수많은 상호 작용을 필요로 한다. 예를 들어 숫자를 정렬하는 일반적인 방법 중 하나인 머지 소트merge sort를 보자. 일단 벡터를 왼쪽 반 오른쪽 반의 두 개(혹은 그 이상)의 독립적 부분으로나눈 후 두 개의 프로세스가 병렬로 이를 정렬한다. 물론 이 역시도 최소한 벡터가 반으로 나뉜 후에는 당황스러운 정렬에 속한다. 하지만 이렇게 정렬된 반쪽들은 원 벡터의 정렬된 버전으로 병합되면서, 이 프로세스는 더 이상 당황스러운 병렬 처리가 '아니게' 된다. 병렬처리가 되지만 보다 복잡한 구조를 가지고 있다.

물론 테비에의 말에 따르면, 당황스러운 병렬 처리는 절대 부끄러운 것이 아니다! 물론 이는 자랑스러운 일도 아니겠지만, 이로 인해 프로그래밍이 쉬워진다면 이는 환영할 만한 일이다. 무엇보다 중요한 사실은 병렬 처리 문제는 앞에서도 언급했듯이 성능에 중요한 영향을 미치는, 커뮤니케이션으로 인한 과부하가 낮다는 점이다. 사실 대부분의 사람들이 당황스러운 병렬 애플리케이션을 사용하는 이유는 사람들이 이런 낮은 부하를 인지하고 있기 때문이다.

하지만 당황스럽지 않은 병렬 애플리케이션은 어떤가? 불행히도 병렬 R 코드는 'R의 함수형 프로그래밍 성격'이라는 매우 기본적인 이유 때문에 이런 용도에 적합하지 않다. 14.3장에서 다뤘던 다음과 같은 문장을 보자.

```
x[3] <- 8
```

위 문장은 누워서 떡 먹기 정도로 쉬운 문장이지만, 이 문장으로 인해 벡터 x 전체를 새로 써야 한다. 이는 커뮤니케이션으로 인한 트래픽 문제를 일으킬 수 있다. 따라서 만약 만들고자 하는 프로그램이 당황스러운 병렬 문제가 아니라면, 연산 집약적 부분은 OpenMP나 GPU 프로그래밍을 이용한 C 코드로 작성하는 편이 좋을 것이다.

또한 당황스러운 병렬 처리 문제라고 하더라도 알고리즘이 효율적이라는 법은 없음을 명심하자. 어떤 병렬 알고리즘은 심각한 커뮤니케이션 트래픽을 일으켜 성능에도 영향을 미칠 수 있다.

KMC 문제를 snow에서 실행했던 것을 떠올려 보자. 충분히 많은 수의 일꾼을 만들어서 상대적으로 각 일꾼들의 일이 적다고 해보자. 이 경우 매 반복 때마다 관리자와의 커뮤니케이션에 전체 실행 시간의 많은 부분이 할애된다. 이 경우 '분업화granularity'가 너무 세분화돼서 일꾼 수를 줄일 필요가 있다고 할 수 있다. 그 후 각 일꾼에게 더 많은 일을 할당하면, 보다 '입자가 굵은' 분업화가 될 것이다.

16.4.3 정적 할당 대 동적 할당

OpenMP 예제의 26번째 줄부터 시작하는 반복문을 다시 한번 살펴보자. 찾아보는 편의를 줄이기 위해 코드를 가져와 보겠다.

```
for (i = me; i<nval; i += nth) {
   mysum += procpairs(i,m,nval);
}
```

여기서 변수 me는 스레드의 숫자로, 이 코드를 통해 여러 스레드가 i의 값에 따라 데이터를 겹치지 않게 사용할 수 있다. 스레드들이 서로 겹치는 값을 사용해, 같은 일을 중복해 이에 따라 링크의 전체 수를 부정확하게 계산하는 일을 미연에 방지하므로, 잘 짜인 코드라고 볼 수 있다. 하지만 여기서 보고자 하는 점은 각 스레드가 다루는 일을 미리 할당한다는 것이다. 이를 가리켜 '정적 할당'이라고 한다.

다른 방법으로는 for 반복문을 다음과 같이 사용하는 것이다.

```
intnexti = 0; // 광역변수
...
for ( ;myi< n; ) { // for 반복문 수정
    #pragma omp critical
    {
        nexti += 1;
        myi = nexti;
    }
    if (myi< n) {
        mysum += procpairs(myi,m,nval);
        ...
    }
}
...
```

이는 '동적 할당'이라고 해 스레드가 어떤 i의 값에 대해 다루게 될지 미리 정하지 않는 방식이다. 업무 할당은 수행 도중에 이뤄진다. 딱 보기에 동적 할당이 성능이 더 좋을 것 같아 보인다. 예를 들어 정적 할당의 경우, 하나의 스레드가 i의 초기값에 대한 일을 끝내는 동안, 다른 스레드는 아직 두 개의 값에 대해 처리해야 할 것이 남아 있다고 하자. 그러면 프로그램이 예상보다 늦게 끝날 수 있다. 병렬 처리 용어로 이를 '로드 밸런스load balance' 문제라고 한다. 동적 할당에서는 두 개의 i가 남은 경우, 일이 끝난 스레드에 이 중 하나를 할당할 것이다. 그러면 일 할당에 있어서 보다 균형을 맞출 수 있으므로 이론적으로 전체 실행시간도 줄어들 것이다.

하지만 바로 결론으로 접근하지는 말자. 늘 그랬듯이 과부하 문제를 계산해야 한다. critical 프라그마에서 코드를 동적으로 사용한 경우, 병렬처리 시의 임시 렌더링 처리로 인해 일렬로 처리했을 때보다 더 느려졌다. 게다가 여기서 다루기에는 어려운 기술적인 문제로, 이런 프라그마에서는 캐시에서의 과부하도 발생할 수 있다. 따라서 결론적으로, 동적 코드가 실제로는 정적 버전에 비해서 더 느려질 가능성도 충분히 있다.

이 문제를 해결하기 위해 guidded라는 OpenMP 구조 등의 다양한 방법이 개발됐다. 하지만 이런 걸 사용하기 이전에 내가 말하고자 하는 점은 이런 접근이 굳이 필요 없다는 것이다. 대부분의 경우 정적 할당만으로도 충분하다. 왜 그럴까?

동일하게 분산된 독립 랜덤 변수 합의 표준 편차를 합의 평균으로 나눴을 때 값은 0에 무한히 가까워진다. 달리 말해 총합은 보통 일정하다. 이는 로드 밸런싱에 대한 생각을 직접적으로 함축해 알려준다. 정적 할당에서 스레드 하나의 총 실행 시간은 각각의 실행 시간의 합으로, 이 전체 실행 시간은 대략 일정해진다. 스레드 간 시간 분산은 매우 작다. 따라서 대부분 다 비슷한 시간에 실행이 완료되므로 로드 밸런스가 무너지는 것에 대해 걱정할 필요가 없다. 동적 스케줄링이 굳이 필요하지 않은 것이다.

이는 통계적 가정에 의한 것은 아니지만, 실제로 이 가정이 결과에 충분히 맞아 떨어진다는 것을 알 수 있을 것이다. 정적 스케줄링도 전체 스레드들의 실행 시간의 균일성 측면에서 동적 스케줄링과 큰 차이가 없다. 또한 정적 스케줄링이 동적 스케줄링에 비해 과부하 문제를 일으키지 않으므로, 대부분의 경우 정적 스케줄링이 성능이 더 나은 편이다.

이에 대해서는 한 가지 더 논의해야 할 것이 있다. 이 이슈에 대해 설명하기 위해 상호 아웃링크 예제를 다시 사용해야 한다. 다음 알고리즘을 살펴보자.

```
1 sum = 0
2 for i = 0...n-1
3     for j = i+1...n-1
4         for k = 0...n-1 sum = sum + a[i][k]*a[j][k]
5 mean = sum / (n*(n-1)/2)
```

n이 10000이고 4개의 스레드를 사용할 때, for i 반복문을 각 스레드에 나눌 수 있는 방법을 생각해 보자. 직관적으로 0번 스레드에 i가 0부터 2499번까지를 할당하고, 1번 스레드에 2500부터 4999까지 할당하는 식으로 배분할 수 있다. 하지만 이는 i의 값이 일의 양과 비례해 스레드에 할당되는 것이 아니므로 심각한 로드 불균형을 불러올 수 있다. 사실 이때문에 실제 코드에서 i의 값을 함부로 할당할 수 없는 것이다. 0번 스레드 i가 0,4,8,...일 때를 처리하고 1번 스레드가 1,5,9,...일 때를 처리하는 식이 더 좋은 로드 밸런스를 가져다 줄 수 있다.

여기서 주목할 점은 정적 할당의 경우 좀더 계획을 잘 세워야 한다는 점이다. 이를 위해 일반적으로 일을 시작하기 전에 스레드에 랜덤하게 일을 배분한다. 여기서는 i의 값을 사용한다. 이에 대해 조금만 더 고려하면 정적 할당이 대부분의 애플리케이션에서 잘 활용될 수 있을 것이다.

16.4.4 소프트웨어 연금술: 일반적인 문제를 당황스러운 병렬 문제로 바꾸기

앞서 언급했듯이 당황스럽지 않은 병렬 알고리즘에서 좋은 성능을 얻기란 어렵다. 하지만 다행히도 통계 애플리케이션에서 당황스럽지 않은 병렬 문제를 당황스러운 병렬 문제로 바꾸는 방법이 있다. 이때 핵심은 통계적 성격을 활용하는 것이다.

이 방법을 설명하기 위해 다시 한번 상호 아웃링크 문제를 떠올려 보자. 링크 행렬 m의 일꾼 w에 다음과 같은 내용을 적용해 보겠다.

1. m의 행을 w개의 청크로 나눈다.
2. 각 일꾼들이 청크 내의 점의 쌍에 대한 상호 아웃링크의 평균 수를 계산하도록 한다.
3. 일꾼들이 계산한 결과의 평균을 구한다.

원래의 문제는 수학적으로 큰 문제인 것 같지만, 즉 이 문제를 계산하는 데 병렬 프로세싱이 필요하다고 혼자만 생각하고 있을지도 모르지만 청크를 사용하는 방법은 청크를 사용하지 않는 방법과 동일한 통계 정확성을 가진 추정값을 구해 준다. 그러나 한편으로 이로 인해 병렬이 아닌 문제를 병렬 문제로 바꿨을 뿐만 아니라 당황스러운 병렬 문제로 바꿨다! 앞의 일꾼들은 각자 완전히 독립적으로 계산을 해낸다.

이 방법을 병렬 프로세싱에서의 일반적인 청크 기반 방법과 헷갈려서는 안 된다. 469쪽에서 다룬 머지 소트 예제 같은 데에서 청킹은 당황스러운 병렬 문제이지만, 이를 결합하는 부분에서는 그렇지 않다. 반면 여기서 결과를 합치는 것은 단순히 수학적 방법을 통해 평균을 구하는 방법일 뿐이다. 이런 방법을 snow 클러스터에서 4개의 일꾼을 사용하는 상호 아웃링크 문제에 도입하려고 해보았다. 이 방법을 사용하면 실행 시간을 1.5초로 줄일 수 있다. 이는 일렬로 실행했을 때의 16초보다 훨씬 줄어들었을 뿐만 아니라, GPU를 사용했을 때보다 2배로 빨라졌고 OpenMP를 사용했을 때의 실행 시간에 가까워졌다. 또한 여기서 사용한 두 가지 방법에 적용된 이론은 유사한 통계적 정확성을 가진다. 청크를 사용한 방법에서는 상호 아웃링크의 평균이 249.2881로 나오는데, 원래의 추정값은 249.2993이다.

16.5 병렬 R 코드 디버깅하기

Rmpi, snow, foreach 등 병렬 R 패키지는 각 프로세스에 대해 터미널 윈도우를 설정할 수 없으므로, 각 일꾼에 대해 R의 디버거를 사용하는 것은 불가능하다. 참고로 R에서 스레드에 대해 설정할 수 있는 Rdsm 패키지의 경우에는 예외다.

이 패키지를 사용하면서 디버거를 사용하려면 어떻게 해야 할까? 간단한 예제로 snow에 대해 살펴보자.

우선 16.2장에서 사용한 mtl() 같이 하나의 일꾼이 사용되는 함수를 디버깅한다. 여기서는 인수에 일부 값을 설정하고 R의 일반적인 디버깅 기능을 사용할 수 있다.

내재된 함수는 디버깅이 가능하다. 하지만 버그가 인수 자체에 있거나 인수 설정 과정에서 발생할 수 있다. 이 경우에는 디버깅이 훨씬 어려워진다.

`print()`가 일꾼 프로세스에서는 동작하지 않으므로 변수의 값 같은 정보를 출력해 추적하기도 어렵다. 일부 패키지에서는 `message()`가 동작한다. 이 함수도 쓸 수 없는 경우에는 `cat()`을 사용해 파일에 기록하는 방법을 사용해야 할 수도 있다.

R 설치하기

이 장에서는 컴퓨터에 R을 설치하는 방법을 소개한다. 미리 컴파일된 바이너리를 손쉽게 내려받아 설치할 수도 있고, 유닉스 기반 시스템의 패키지 매니저를 사용하거나 필요한 경우 소스 파일을 직접 받아서 설치할 수도 있다.

A.1 CRAN에서 R 내려받기

R의 기본 패키지와 사용자가 작성한 패키지 모두 R 홈페이지(http://www.r-project.org/)의 CRAN에서 내려받을 수 있다. CRAN을 클릭하고 내려받을 가까운 지역을 선택한 후 OS에 맞는 기본 패키지를 내려받으면 된다.

대부분의 사용자는 플랫폼에 구애 받지 않고 R을 쉽게 설치할 수 있을 것이다. CRAN에는 윈도우, 리눅스, 맥 OS X에 대한 컴파일된 바이너리 파일이 있다. 적합한 파일을 내려받아 R을 설치하면 된다.

A.2 리눅스 패키지 매니저를 사용해 설치하기

만약 페도라나 우분투 같은 중앙 패키지 저장소에서 배포된 리눅스를 사용하는 경우, 미리 컴파일된 바이너리 파일을 사용하는 대신 OS 내의 패키지 매니저를 사용해 R을 설치할 수 있다. 예를 들어 페도라를 사용한다면 다음 명령어를 입력해 R을 설치할 수 있다.

```
$ yum install R
```

우분투 같은 데비안 기반의 시스템에서는 다음 명령어를 사용한다.

```
$ sudo apt-get install r-base
```

패키지를 설치하고 제거하는 것에 대한 보다 자세한 내용은 OS의 설명서를 참고하자.

A.3 소스 파일로 설치하기

리눅스나 맥 OS X를 포함한 유닉스 기반의 시스템에서는 R의 소스 코드를 직접 컴파일할 수도 있다. 소스 압축파일을 간단히 풀어 다음의 기본적인 세 개의 설치 과정에 사용되는 명령어를 입력해 주면 된다.

```
$ configure
$ make
$ make install
```

계정의 쓰기 권한이나 R을 설치하고자 하려는 위치에 따라서 `make install` 명령어를 사용할 때 관리자 권한이 필요할 수도 있다는 점을 기억해 두자. 만약 /a/b/c 같이 기본 디렉토터리가 아닌 곳에 설치하고자 한다면, `configure` 실행 시 -prefix 매개 변수를 사용해 명령어를 다음과 같이 실행한다.

```
$ configure --prefix=/a/b/c
```

만약 여러 명이 공유 중인 서버를 사용하고 /usr 같은 기본 설치 디렉터리에 쓰기 권한이 없는 경우 이 방법이 유용할 것이다.

패키지 설치 및 사용

R의 주요 강점 중 하나는 사용자가 작성한 몇 천 개의 패키지를 R 홈페이지(http://www.r-project.org/)의 CRAN에서 내려받아 사용할 수 있다는 것이다. 대부분의 경우 패키지 설치는 쉽지만 특정 몇 개의 패키지의 경우 신경을 써야 하는 경우가 있다.

이 장은 기본적인 몇 가지 패키지에 대한 내용으로 시작한 후 R 패키지를 하드 디스크에서나 웹에서 불러오는 방법에 대해 설명한다.

B.1 기본 패키지

R은 관련 소프트웨어 그룹을 저장하는 데에 패키지를 사용한다. R 배포판에 포함된 패키지는 R 설치 디렉터리 안의 library 디렉터리인 /usr/lib/R/library 같은 디렉터리의 하위 디렉터리로 보일 것이다.

> **노트** R 커뮤니티에서 '라이브러리(library)'라는 용어는 패키지를 의미한다.

R은 시작할 때에 base 디렉터리 같은 일부 패키지를 자동으로 불러온다. 하지만 R에서는 메모리와 시간 절약을 위해 모든 패키지를 자동으로 불러오지는 않는다.

다음 명령어를 입력해 어떤 패키지를 불러 왔는지 확인할 수 있다.

```
> .path.package()
```

B.2 하드 디스크에서 패키지 불러오기

만약 R 설치 시에는 같이 설치됐으나 메모리에서 아직 불러오지 않은 패키지를 사용하고자 한다면, library() 함수로 불러올 수 있다. 예를 들어 다변량 정규분포의 랜덤 벡터를 생성한다고 하자. 이때는 MASS 패키지의 mvrnorm()을 사용하면 된다. 다음과 같이 패키지를 불러오자.

```
> library(MASS)
```

이제 mvrnorm()을 사용할 준비가 됐다. 또한 이 패키지의 도움말을 볼 준비 역시 됐다. 이때 만약 MASS 패키지를 불러오기 전에 help(mvrnorm)을 입력하면 에러 메시지가 뜰 것이다.

B.3 웹에서 패키지 내려받기

사용하려는 패키지가 R 설치 파일에 포함돼 있지 않을 수도 있다. 오픈소스 소프트웨어의 큰 장점 중 하나는 사용자 간의 공유가 활발하다는 것이다. 전 세계의 사람들이 각자의 목적에 맞는 R 패키지를 만들어 CRAN 저장소 및 여기저기에 올려놓고 있다.

> **노트** CRAN에 사용자들이 올려놓은 패키지는 꼼꼼한 절차를 통과한 것으로, 일반적으로 잘 만들어진 것들이다. 하지만 R 자체에서 테스트한 것은 아니다.

B.3.1 자동으로 패키지 설치하기

패키지를 설치하는 방법 중 하나는 install_packages()를 사용하는 것이다. 예를 들어 다변량 정규 누적 분포 함수 및 관련 내용 계산 시에 사용하는 mvtnorm 패키지를 설치한다고 하자. 우선 패키지 및 추후 사용할 다른 필요한 것들을 설치할 디렉터리를 고르자. 이때 디렉터리를 /a/b/c라고 하면 R 프롬프트에 다음과 같이 입력하면 된다.

```
> install.packages("mvtnorm","/a/b/c/")
```

이 코드는 R이 이미 사용하고 있는 디렉터리 리스트에 새 디렉터리를 추가할 것이다. 이 디렉터리를 자주 사용할 경우, 이 디렉터리를 홈 디렉터리의 .Rprofile 시작 파일에 추가해 .libPaths()를 사용해 바로 불러올 수도 있다.

```
> .libPaths("/a/b/c/")
```

인수를 사용하지 않고 바로 .libPaths()를 호출하면 R이 패키지를 불러올 때 사용하는 모든 디렉터리 리스트를 볼 수 있다.

B.3.2 수동으로 패키지 설치하기

가끔 시스템에서 특정 R 패키지를 사용하고자 할 때 '수동으로' 설치해야 하는 경우가 있다. 다음 예제는 특정 인스턴스에서 직접 실행한 내용으로, 일반적인 방법이 제대로 동작하지 않을 때 어떻게 해야 할지 보여줄 것이다.

> **노트** 패키지를 수동으로 설치해야 하는 상황은 보통 OS에 따라 다르고, 이 책에서 가정한 상황에 비해 일반적으로 컴퓨터에 대한 전문지식을 필요로 한다. 특정 사례에 대해 도움을 얻고자 하는 경우라면, r-help 메일링 리스트가 큰 도움이 될 것이다. 이를 보고 싶다면 R 홈페이지(http://www.r-project.org/)에 접속해 FAQ 링크의 R FAQ 링크를 선택한 다음, 2.9장으로 스크롤해 'R에 어떤 메일링 리스트가 있는가?(What mailing lists exist for R?)' 항목을 살펴본다.

나는 우리 과의 교육용 서버의 /home/matloff/R 디렉터리에 Rmpi 패키지를 설치하려고 했다. 그래서 install.packages()를 실행했지만 자동 프로세스가 서버의 MPI 라이브러리를 못 찾는다는 것을 알게 됐다. 문제는 R에서는 이 파일들을 /usr/local/lam에서 찾고 있었으나, 실제 이 파일들은 /usr/local/LAM에 있었다. 하지만 이 서버는 공용이지 내 전용 컴퓨터가 아니므로, 디렉터리의 이름을 바꿀 권한이 없었다. 그래서 나는 Rmpi 파일을 Rmpi_0.5-3.tar.gz의 압축파일로 다운로드 받아 ~/tmp 내에 압축을 푼 다음, 디렉터리명을 ~/tmp/Rmpi로 바꿨다.

만약 이때 내가 이런 문제를 경험하지 못했다면, ~/tmp 디렉터리에서 터미널 윈도우에 다음 명령어만 입력하고 있었을 것이다.

```
R CMD INSTALL -l /home/matloff/R Rmpi
```

이 명령어는 ~/tmp/Rmpi의 패키지를 /home/matloff/R의 위치에 설치할 것이다. 이는 install.package()를 호출하는 것과 같은 역할을 한다.

하지만 앞서 언급한대로, 이를 그대로 실행하기에는 문제가 있다. ~/tmp/
Rmpi 디렉터리 안에는 configure 파일이 있다. 그래서 리눅스에서 다음과 같은
명령어를 실행했다.

```
configure -help
```

도움말에 따라 MPI 파일의 위치를 configure에 다음과 같이 지정해 줬다.

```
configure --with-mpi=/usr/local/LAM
```

configure 파일을 직접 실행할 수도 있으나 이 파일을 R에서 실행해 줬다.

```
R CMD INSTALL -l /home/matloff/R Rmpi --configure-args=--with-
mpi=/usr/local/LAM
```

패키지가 R에 잘 설치됐으니 작동에도 문제가 없을 것이라고 생각했다. 하지
만 R에서는 서버의 스레드 라이브러리에서도 문제가 생길 수 있다는 것을 알려
줬다. 역시나 Rmpi를 불러오다가 일부 스레드 함수가 없다면서 런타임 에러가
났다.

스레드 라이브러리는 정상적이었으므로, configure 파일을 열고 두 줄을 다
음과 같이 주석 처리했다.

```
# if test $ac_cv_lib_pthread_main = yes; then
    MPI_LIBS="$MPI_LIBS -lpthread"
# fi
```

달리 말해 나는 잘 작동한다고 알고 있는 파일을 강제로 사용하도록 한 것이
다. 이렇게 한 후 R CMD INSTALL을 다시 실행했고, 별다른 문제 없이 패키지를
불러올 수 있었다.

B.4 패키지 내의 함수 리스트 보기

library() 함수를 help 이수와 함께 호출하면 패키지 내의 함수 리스트를 볼 수 있다. 예를 들어 mvtnorm 패키지의 도움말을 이용하고자 하면, 다음 두 문장 중 하나를 입력해 보자.

- > library(help=mvtnorm)

- > help(package=mvtnorm)

기타

- 73
: 72
? 57, 59
[[]] 141
%*% 45, 278
%% 40, 87
+ 54
<<- 42, 233, 234, 246
== 101
$coefficients 173
.C() 438
.libPaths() 483
.Rdata 56
?regex 354
.Rprofile 55
1felse() 95
1차 객체 217
3차원 386
3차원 플로팅 387
10진수값 351

ㄱ

객체 49, 218
객체지향 프로그래밍 26, 222
견고성 94
결측치 162
경계 464
경쟁 조건 463
계층 134
계층별 135
계층적 구조 224
고급 할당 연산자 233, 234, 246
공분산 117

과부하 455, 456, 468
과적합 306
광역변수 228, 246, 247, 249, 463
광역변수값 229
교차 확인 306
교체 함수 261, 262
구문 오류 412, 413

ㄴ

난수 274
네임스페이스 448
네임스페이스 한정자 295
네트워크 343, 344
노이즈 113
누적 분포 함수 274
뉴튼-랩슨법 273
느슨한 평가 98

ㄷ

다형성 27, 292
단순화한 apply 85
당황스러운 병렬 469
대각값 279
대치 함수 220
데이터 클렌징 166, 170
데이터 프레임 48, 158, 160, 162, 163, 164, 165, 166, 167, 168, 169, 171, 173, 174
동적 스케줄링 472
디버깅 29, 441, 442
디버깅 모드 228
딕셔너리 447

ㄹ

레벨 184, 185
레볼루션 애널리틱스 26, 266, 409
로드 밸런스 471
로지스틱 회귀모델 172
로지스틱 회귀분석 174
리스트 46, 138, 139, 140, 142, 143, 144, 145,
146, 147, 148, 149, 151, 152, 154, 155, 156

ㅁ

마코브 체인 281
멀티코어 460
메모리 공유 460, 467
메모리 복사 428
메모리 재배치 427
메모장 265
메타문자 354
역행렬 423
명명 인자 214, 215
모듈 87
모듈식 391
무기명 268
문자열 44
문자 확장 375
미적분 273
밀도/pmf 275

ㅂ

바이너리 서치 트리 254, 255
바이너리 연산자 267, 285
바이너리 파일 330
바이트 코드 컴파일 416, 434
바이트 코드 컴파일러 433
반복문 66, 208, 209, 416, 417

반환값 215, 216, 217
배열 66, 134, 135, 136, 199, 438
배치 모드 33, 61
범위 222, 223
범위 규칙 42
베르누이 랜덤 변수 287
벡터 43, 64, 65, 68, 69, 70, 71, 72, 73, 81, 84,
85, 89, 90, 91, 92, 93, 94, 95, 96, 97, 98, 101,
103, 104, 110, 115
벡터 x 82
벡터값 80
벡터 연산 89
벡터의 산술 및 논리 연산 70
벡터 인덱싱 71, 79
벡터 할당 426
벡터화 80, 82, 84, 85, 90, 92, 93, 115, 416, 418,
422, 425
벡터화 함수 419
변산도 100
병렬 연산 460
병렬 처리 R 346
병렬 프로그래밍 467
보안 292
복사 후 변경 426, 427
부분 대각행렬 438
부분행렬 추출 116
분위 274, 275
분할표 192
불가시적 295
불리언값 90
불리언 데이터 43
브라우저 393, 394
비모수 밀도 추정 365
비모수 밀도 추정값 366
빈도 테이블 319

ㅅ

산점도 456
산포도 100
상관관계 측정 94
상속 299
상호 아웃링크 450, 453, 458
상호 아웃링크 문제 451
선언 67
선형대수 108
성능 425
성능 향상 456, 459
소켓 344, 345, 346
소켓 함수 343
속도 향상 455
속성 49
수치 분석 스윕 279
수행 시간 216
순환 벡터 138
스레드 460, 462, 463, 464, 465
스칼라 64, 70, 84
스피어만 등위 상관계수 94
슬롯 312
시뮬레이션 288
실 데이터 333
실 데이터 샘플 333
실제인수 440
스레드 코드 246

ㅇ

아웃라이어 121
아이겐밸류 279, 283
아이겐벡터 279
알골 35
연결 35
연산자 72, 212

(ㅅ column 2)

열 우선 배열 106
열 우선 배열 형식 107
열 중심 방식 464
예측 오차 310
오버헤드 460
오픈소스 소프트웨어 25
와일드 카드 316, 353
외적 280, 281
원자 벡터 138
윈도우 410
이더넷 343
이맥스 265, 266, 409
이미지 110
이벤트 리스트 237, 238, 239
이벤트 중심 패러다임 238
이산 사건 236
이산 사건 시뮬레이션 236
이항분포 274
익명 154
인덱스 35
인덱싱 108
인접 행렬 450
인터넷 프로토콜 344
인터랙티브 모드 32, 266, 293
인터페이스 466
임계 구역 465

ㅈ

재귀 252, 254
재귀 리스트 155, 156
재귀 함수 252, 260
재사용 69, 93, 124
재사용성 84
재할당 123, 125
재현 412
전역변수 42, 222

전이 확률 282
정규 분포 274
정규 표현식 353
정사각행렬 438
정적 스케줄링 472
제네릭 362
제네릭 함수 50, 53, 54, 292, 293, 310, 313, 327,
　　370, 381
조건문 206
조인 168
존재하지 않는 값 86
종합 R 아카이브 네트워크 62
좌 브레이스({) 39
주석 37
중단점 395, 402, 403
지역변수 222, 226, 227, 463
지역변수값 228, 229
지연 연산 215
집합 연산 284

컴파일 439, 461
컴파일 언어 416
켄달의 τ 94
코드 안정성 84
퀵소트 253
큐잉 시스템 237
클라이언트/서버 모델 344
클래스 49, 292, 315
클러스터 452, 453, 455
클로저 250

ㅌ

탐색적 데이터 분석 456
테이블 191, 193, 194, 195, 196, 198, 200, 201
텍스트 에디터 265
텍스트 파일 330
통합개발환경 26, 265
트레이닝 세트 78
트리 254, 260

ㅊ

차원 축소 131
참조 클래스 231
첨자 35
청킹 434, 435
초월함수 82
촐레스키 분해 279
최상위 레벨 221, 222, 223, 224, 226, 228
최적화 429, 438

ㅍ

파이썬 446, 447, 448
파일의 끝 332
팩터 185, 186, 187, 188, 189, 190, 191, 192,
　　193
페론-프로베니우스 283
폐쇄 221
포괄적 함수 27
포인터 231, 233
표준 분포 32
프라그마 462
플로팅 386
피어슨 상관계수 94

ㅋ

카이 스퀘어 274, 275
캡슐화 160, 222
커넥션 331, 332, 333, 344, 345
필터링 88, 89, 90, 91, 92, 114, 115, 161, 418

ㅎ

하노이 탑 252
할당 292
함수 39, 217, 218, 219, 220, 221
함수형 프로그래밍 27, 227
행렬 45, 66, 69, 106, 107, 108, 110, 114, 123,
  124, 125, 128, 129, 132, 133, 136
행렬의 행 134
형식 64
형식인수 440
호스트 466
확률 질량 함수 274
확인 원칙 390
환경변수 221, 222, 223, 224, 226, 228, 230,
  462
회귀분석 306
히스토그램 318

A

abline() 219, 363, 364
abs() 79, 270
addmargins() 195
adjacency matrix 450
aggregate() 202
all() 75, 76, 101
AND 116
anonymous 154, 268
any() 75, 76
apply 268
apply() 118, 119, 120, 121, 122, 127, 128,
  165, 195, 419
array 135
as.factor() 186
as.matrix() 330
aspell() 295, 296

B

barrier 464
biglm 435
bigmemory 435
body() 218, 220
breakpoint 395
browser() 393, 395, 397
by() 190, 191
byrow 107, 329
by.x 168
by.y 168

C

c() 103, 104
cat() 328, 340
cbind() 45, 123, 124, 145, 163, 424
cdf 274, 275
ceiling() 270
cex 375
character expect 375
chol() 279
choose(n,k) 284
chunking 434
c %in% y 284
class() 297
close() 333
closure 221
cloud() 386, 387

assign() 167, 233, 235, 236, 250
atomic 463, 465
attach 414
attr() 297
attribute() 52, 320

clusterApply() 454, 458, 459
clusterCall() 458
clusterExport() 458
col() 117, 304
combn() 286
complete.cases() 163
comprod() 272
concatenate 35
connection 331
contingency table 192, 319
continue 414
cos() 270
CRAN 62, 478
critical 465
critical section 465
crossprod() 277, 278
cross product 278
cross-validation 306
CSV 160
ctrl-D, cmd-D 38
cumprod() 270, 271
cumsum() 270, 271, 272
curve() 380, 381
cut() 203

D

data.frame() 158
debug 409, 410
debug() 393, 394
debug(f) 393
debugger() 398
debugline 359
debugonce() 394
density 378
density() 365, 367
DES 238

DES, Discrete-event simulation 236
det() 279, 280
dev.off() 34
df 275
diag() 279, 283
diff() 96
dimnames() 196
dir() 341
discrete event 236
dispatch 292
dot product 277
duplicate() 427

E

each 75
edit() 55, 219, 266
editor 266
edtdbg 228, 358, 359, 360, 409, 410
eigen() 279, 283
Emacs 265
embarrassingly parallel 469
environment 221
EOF 332
ESS 266
ess-tracebug 409
Ethernet 343
event list 237
event-oriented paradigm 238
example() 57, 58
exist() 321
exp() 270
expand.grid() 386
expression 218

F

factorial() 270
ff 435
file.exists() 341
file.info() 341, 342, 343
findInterval() 203
first-class object 217
floor() 270
for 206, 208
for() 99
formals() 218, 220
function() 218, 267, 268

G

GCC 439, 440
GDB 414, 428, 441, 442
generic function 27
get() 209, 230, 231, 250
getAnywhere() 295, 296
getwd() 55, 341
glm() 173, 174
global 222
global variable 246
Gmane 61
GPU 466, 467, 468
gpuSolve() 466
gputools 466, 468
GPU 코드 246
gregexpr 352
grep() 167, 354
grep(pattern,x) 350
guidded 472

H

header 51
help() 57
help.search() 59
hist() 34, 318
host 466

I

IDE, Integrated Development Environment
    26, 265, 266
identical 102
if 213
if-else 210, 211
ifelse() 93, 97, 98, 101, 212
if-then-else 207
include 440
inner product 277
install_packages() 483
intersect() 290
intersect(x,y) 284
invisible() 430
IP, Internet Protocol 344

J

JGR 266
join 168

K

KMC, K-means Clustering 456
K-평균 클러스터링 456

L

lapply() 95, 96, 118, 149, 154, 171, 209
lazy evaluation 98, 215
legend() 372
length() 65, 72, 143
length(x) 40, 66
level 184
lgomp 461
lib 440
library() 482
lines() 364, 365, 366, 367
list 317
lm() 26, 52, 293, 297
load() 317, 318, 321
load balance 471
local 222
localhost 452
locator() 112, 373, 374
loess() 379
log() 270
log10() 270
lowess() 379
ls() 222, 226, 231, 316
ls.str() 222

M

macintosh() 365
makerow() 337
MASS 59, 482
matrix 85, 320
matrix() 106, 305, 329
max() 270, 272, 367
mean() 119
median() 149
merge() 168

metacharacter 354
method() 295
microdata 333
min() 270, 272
missing data 162
M/M/1 238, 239, 242, 244
mvrnorm() 59, 482

N

NA 86, 88, 91, 162
named argument 214
names() 103, 147, 151, 320
namespace qualifier 295
na.rm 86, 162
nchar(x) 350
ncol() 130
new() 312
Newton-RaphsonMethod 273
next 207, 208, 290
nlm() 272
None 86
nonvisible 295
nrow() 26, 130
NULL 86, 87, 88
NumPy 446

O

oddcount() 39
odesolve 274
OOP 297
OpenMP 460, 461, 462, 464, 465, 466, 470, 472
optim() 272
options 267

options() 55, 158, 454
order 151
order() 152, 276
outer() 424
overfitting 306
overhead 455

P

page() 219
par 372
parallel 464
parallel R 346
parent.frame() 227, 231
paste(···) 351
paste() 167, 357, 358
pdf() 34
Perron-Frobenius 283
persp() 386
plot() 27, 50, 362, 363, 365, 366, 367
plot.function() 381
plyr 202
pmax() 270, 272, 288
pmf 274
pmin() 270, 272
pointer 231
points() 371
polygon() 378
polymorphic 27
pragma 462
print() 298, 299, 327
print.lm() 294, 295
prod() 270
PUMS 334

Q

q() 38
qr() 279
queuing system 237
quote() 221

R

race condition 463
rank() 277
rbind() 45, 123, 124, 145, 163, 246
rbinom() 287
rchisq 274
Rcmdr 266
Rdsm 346, 347
readBin() 345, 347, 348
read.csv() 99
read.fwf() 338
readline() 327
readlines() 330, 345
read.table() 99, 329, 330, 338, 434
rebol 62
recordPlot() 374
recursion 252
recursive 155
Reduce() 459
reference class 231
regexpr 352
rep() 75, 305
repeat 75, 206, 207
replacement functions 261
reshape 202
residuals 297
return 41
return() 215, 216, 217
Revolution Analytics 266
rexp() 287

Rf_PrintValue(s) 414
rgamma() 287
R_GlobalEnv 221
r-help 61
rm 317
rm() 316
RMySQL 435
rnorm() 34, 287
round() 83, 270
row() 117, 304
rownames() 133, 145
rpart 254
rpois() 287
Rprof() 429, 431, 432
RPy 446, 448
RSeek 61
RStudio 266
runif() 287
runif(3) 412
ryacas 274
R 팩터 184
R 프로젝트 61

S

S3 292, 297, 315
S4 111, 292, 311, 312, 313, 314, 315
sapply() 85, 149, 150, 152, 173, 180
save() 317, 318, 321
scan() 146, 189, 209, 324, 325, 326, 329, 338
scatter/gather 패러다임 452
seek() 332
sep 328, 351
sep= 167
seq() 58, 73
serialize() 345, 346, 347, 348
setBreakpoint() 395, 396, 397

setClass() 311
setdiff() 285, 290
setdiff(x,y) 284
setequal(x,y) 284
setMethod() 313
set.seed() 288, 412
setwd() 55, 341
SEXPs 414
show() 314
showframe() 229, 230
sign() 96, 97
Simple Network of Workstation 450
sin() 270
single 464, 465
sink() 359
skip 434
slot 312
slot() 312
snow 121, 346, 450, 451, 452, 454, 456, 458, 459, 460
socketConnection() 346
socketSelect() 346
solve() 283
sort() 151, 275
sos 61
source() 265, 374, 397
split 188
split() 147, 187, 189, 190, 454
sprintf() 351
sqrt() 270
StatET 266
stopifnot() 392
str() 48
stride 439
stringsAsFactors 158, 166
strsplit 352
strsplit() 360
subnames 197

subset() 26, 91, 162
substr() 180
substr(x, start, stop) 352
subtable() 197
sum() 79, 80, 270, 459
summary() 54
summaryRprof() 432
sweep 279
sweep() 279
sys.setenv() 462
S(통계 언어) 24
S 표현 포인터 414

T

t() 279
tabdom() 200
table() 192, 193, 195, 198, 319, 320
tabulate() 320
tapply 185
tapply() 118, 186, 188
tbl 197
TCP/IP 343
text() 372
thread 460
threaded code 246
trace() 396, 397
traceback() 398
tracemem() 427
tracingState() 397
transition probability 282
typeof(x) 64

U/V

unclass() 319, 320

undebug(f) 393, 394
undefined 86
union() 285
union(x,y) 284
unlist() 147, 148
unname() 149
unserialize() 345, 346, 347, 348
untrace() 397
UseMethod() 294, 296, 300
utils 296
vanilla 56
variability 100
vector() 139
Vim 265, 266, 409
Vim-R 266
VISUAL 266

W/Y/Z

warnings() 413
what 325
which() 91, 92, 98
which.max() 122, 270, 367
which.min() 127, 270, 407
while 206
wildcard 316
windows() 365
wireframe() 386
writeBin() 345, 347, 348
writeLines() 340, 345
write.table() 339
x11() 365
xlim 376
ylim 376

데이터 고급 분석과 통계 프로그래밍을 위한
빅데이터 분석 도구 R 프로그래밍

인 쇄 | 2012년 8월 16일

지은이 | 노만 매트로프
옮긴이 | 권 정 민

펴낸이 | 권 성 준
편집장 | 황 영 주
편 집 | 김 진 아
　　　　김 은 비
디자인 | 윤 서 빈

에이콘출판주식회사
서울특별시 양천구 국회대로 287 (목동)
전화 02-2653-7600, 팩스 02-2653-0433
www.acornpub.co.kr / editor@acornpub.co.kr

한국어판 ⓒ 에이콘출판주식회사, 2012
ISBN 978-89-6077-333-2
ISBN 978-89-6077-279-3 (세트)
http://www.acornpub.co.kr/book/r-programming

이 도서의 국립중앙도서관 출판시도서목록(CIP)은 서지정보유통지원시스템 홈페이지(http://seoji.nl.go.kr)와
국가자료공동목록시스템(http://www.nl.go.kr/kolisnet)에서 이용하실 수 있습니다.(CIP제어번호: 2012003678)

책값은 뒤표지에 있습니다.